职业教育机械类专业“互联网+”新形态教材

计算机绘图——CAXA电子图板2015

主　编　王　昆　周秋淑　邢毅飞　隋信举
副主编　臧艳红
参　编　管殿柱　田　东　谈世哲　赵景伟
莫正波　田绪[illegible]　[illegible]
张洪信　李文[illegible]

机械工业出版社

本书以 CAXA 电子图板 2015 为基础，对机械图样的绘制方法做了详细讲解，并对绘制机械图样的国家标准及机械图样的投影基础进行了说明。

全书共分 12 章，主要内容包括 CAXA 电子图板 2015 简介、制图的基本知识与技能、设置基本绘图环境、投影法与三视图、基本绘图命令、高级绘图命令、编辑命令、精确绘图、工程标注、标准件及其画法、零件的表达方法和零件图的绘制、装配图的绘制。本书主要侧重于机械图样绘制，书中图样大都来源于生产实际。

本书可供大专、中高职院校工科师生和工程技术人员使用，也可以作为计算机绘图培训的教材。

书中有关素材可以到 www. zerobook. net 上下载。

图书在版编目（CIP）数据

计算机绘图：CAXA 电子图板 2015/王昆等主编. —北京：机械工业出版社，2016. 9（2025. 1 重印）

职业教育机械类专业“互联网+”新形态教材

ISBN 978-7-111-55005-1

Ⅰ. ①计…　Ⅱ. ①王…　Ⅲ. ①自动绘图-软件包-职业教育-教材　Ⅳ. ①TP391. 72

中国版本图书馆 CIP 数据核字（2016）第 238194 号

机械工业出版社（北京市百万庄大街 22 号　邮政编码 100037）

策划编辑：齐志刚　责任编辑：齐志刚　黎　艳　责任校对：陈　越

封面设计：张　静　责任印制：邓　博

北京盛通数码印刷有限公司印刷

2025 年 1 月第 1 版 · 第 7 次印刷

184mm×260mm · 16. 5 印张 · 377 千字

标准书号：ISBN 978-7-111-55005-1

定价：48. 00 元

电话服务	网络服务
客服电话：010-88361066	机　工　官　网：www. cmpbook. com
010-88379833	机　工　官　博：weibo. com/cmp1952
010-68326294	金　书　网：www. golden-book. com
封底无防伪标均为盗版	机工教育服务网：www. cmpedu. com

前　言

CAXA 电子图板是北京数码大方科技股份有限公司开发的二维绘图软件，广泛用于机械、电子、服装、建筑等领域。

作为绘图和设计的平台，CAXA 电子图板将设计人员从繁重的设计绘图工作中解脱出来，大大提高了设计效率。和国外的一些绘图软件相比，该软件符合我国工程师的设计习惯，其绘图界面中的菜单、提示、系统状态及信息帮助均为中文，降低了使用者的门槛，而且功能强大、易学易用。CAXA 电子图板的功能简洁、实用，每增加一项新功能，都充分考虑到国内用户的实际需求。

本书是编者在多年使用和从事图学教学的基础上编写而成的，旨在帮助读者掌握机械图样的制图基础并熟练运用该绘图软件。

本书共 12 章。其中第 1、2 章对制图知识和 CAXA 软件做了基本介绍，第 3 ~ 8 章循序渐进地介绍了 CAXA 软件的操作功能和投影法与三视图，第 9、10 章介绍了图库和图块及工程标注的应用，第 11、12 章用实例讲解零件图和装配图的基本知识和绘制过程。本书在讲解理论知识的同时，辅以实例，使原本枯燥的知识变得生动直观。考虑到该软件目前用户群的实际情况，本书以机械类实例为主，在讲解过程中，注意由浅入深，从易到难。

本书主要面向工科类的初、中级读者，适用初、中级读者在入门与提高阶段使用。

本书由王昆（烟台南山学院）、周秋淑（烟台大学）、邢毅飞（烟台大学）、隋信举（烟台南山学院）主编，其中王昆编写第 3、8、9、10 章，周秋淑编写第 1、5、6、7 章，邢毅飞编写第 2、4 章，隋信举编写第 11、12 章。全书由臧艳红担任副主编并统稿。管殿柱、田东、谈世哲、赵景伟、莫正波、田绪东、管玥、王献红、张洪信、李文秋、宋一兵、易鑫参与了部分编写工作。

由于编者水平有限，书中难免有错误、遗漏之处，请读者批评指正，互相交流，共同进步。

编　者

目 录

第1章

CAXA电子图板2015简介

CAXA 电子图板 2015 为用户提供了功能齐全的作图方式。本章将系统地介绍 CAXA 电子图板 2015 的基本界面、基本功能和基本操作，主要包括 CAXA 电子图板 2015 的界面组成、文件管理等。通过本章内容的学习，可以对 CAXA 电子图板 2015 的界面、文件及界面的基本操作有大概了解。只有掌握这些基本操作，才能更好地使用 CAXA 电子图板，以提高工作效率。

重点知识

➢CAXA 电子图板 2015 的基本界面组成
➢命令的输入方法
➢文件的创建和保存
➢窗口的切换
➢视图的操作

练习案例

➢定义工具栏

1.1　CAXA 电子图板 2015 概述

CAXA 电子图板是北京数码大方科技股份有限公司开发的二维绘图通用软件。该软件易学易用，符合工程师设计习惯，而且功能强大，兼容 AutoCAD，是国内普及率较高的 CAD 软件之一。CAXA 电子图板在机械、电子、航空航天、汽车、船舶、建筑等多个领域都得到了广泛的应用。此外，CAXA 电子图板还是劳动部制图员资格考试指定软件。

1.1.1　CAXA 电子图板 2015 的主要功能

CAXA 电子图板是一个辅助设计软件，可以满足通用设计和绘图的主要需求，并提供各种接口，可以和其他软件共享设计成果。该软件主要提供如下的功能。

1）图形绘制功能。CAXA 电子图板提供了创建直线、圆、圆弧、轮廓线和轴/孔等多种图形对象的功能。

2）定位定形功能。CAXA 电子图板提供了坐标输入、对象捕捉、三视图导航等功能，利用这些功能可精确地为图形定位和定形。

3）图形编辑功能。CAXA 电子图板提供了复制、旋转、阵列、倒角、偏移等方便使用的编辑工具，极大地提高了绘图效率。

4）图形输出功能。CAXA 电子图板提供了方便的缩放和平移等屏幕显示工具及出图打印功能。

5）辅助设计功能。CAXA 电子图板可以查询绘制好的图形的长度、面积及力学特性等；CAXA 电子图板提供其他软件的接口，可方便地将设计数据和图形在其他软件中共享，进一步发挥各个软件的特点和优势。

1.1.2 CAXA 电子图板 2015 的安装

将 CAXA 电子图板 2015 的光盘放入光盘驱动器，欢迎界面将自动弹出，单击上面相应的按钮即可运行电子图板安装程序。若欢迎界面没有自动弹出，可打开 Windows 资源管理器的光盘驱动器，在光盘目录中找到 Autorun. exe 文件，双击运行即可启动欢迎界面。

启动电子图板的安装程序后，再选择安装语言，接受相应的安装协议，填写用户信息，确定安装路径，选择要安装的组件，设置开始菜单的图标文件夹，确认安装程序的设置后，即可完成电子图板的安装。

注意：CAXA 电子图板 2015 的运行环境为 Windows XP/Vista；P4 2. 0G 以上 CPU；512M 以上内存。

1.1.3 CAXA 电子图板 2015 的界面组成

CAXA 电子图板 2015 安装成功后，在计算机桌面上将出现 CAXA 电子图板 2015 的快捷方式，双击即可启动 CAXA 电子图板 2015。

注意：用户还可以选择单击桌面上的【开始】/【程序】/CAXA/CAXA 电子图板 2015 来启动该绘图软件；也可以双击电子图板安装目录下的一个 Eb. exe 文件，启动该绘图软件。

启动 CAXA 电子图板 2015 后，进入 CAXA 电子图板 2015 主窗口，单击【新建】按钮，弹出【新建】对话框，用于选择图形的模板，如图 1-1 所示。选择好所需的模板后，单击【确定】按钮，系统将进入图 1-2 所示的工作界面。

此界面为 Fluent 工作界面，主要由标题栏、绘图区、功能区、菜单按钮、快速启动工具栏等组成。电子图板的工作界面包括两种：最新的 Fluent 工作界面和经典工作界面。Fluent 工作界面主要使用功能区、快速启动工具栏和菜单按钮访问常用命令。经典工作界面（图 1-3）主要通过主菜单和工具栏访问常用命令。新的工作界面风格更加简洁、直接，使用者可以更加容易地找到各种绘图命令，交互效率更高。同时，新版本保留原有 CAXA 经典工作界面，并通过快捷键切换新老工作界面，方便老用户使用。

注意：在 Fluent 工作界面下单击【视图】选项卡中【界面操作】选项组上的【改变界面风格】，或者单击〈F9〉键进行界面的切换。

1. 功能区

界面最重要的部分为功能区，功能区通常包括多个功能区选项卡，每个功能区选项卡由

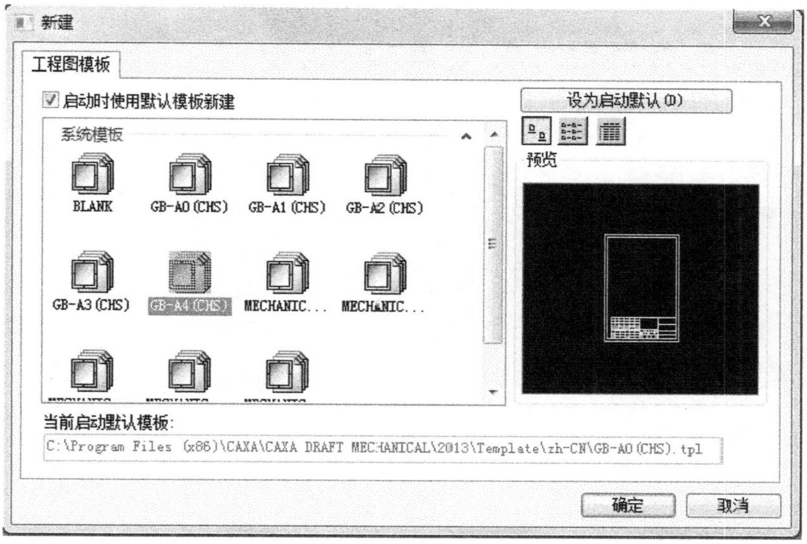

图 1-1 【新建】对话框

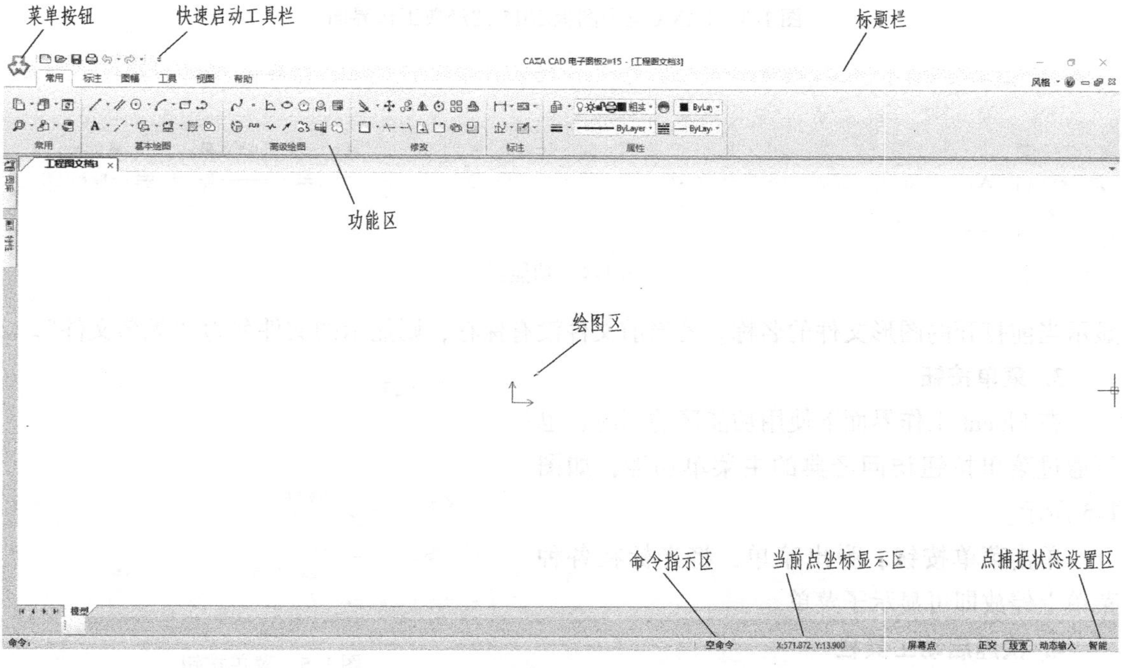

图 1-2 CAXA 电子图板 2015 的 Fluent 工作界面

各种功能区选项组组成，如图 1-4 所示。

功能区选项卡包括【常用】、【标注】、【图幅】、【工具】和【视图】等，【常用】选项卡由【常用】、【基本绘图】、【高级绘图】、【修改】、【标注】和【属性】功能区选项组组成，可以通过单击要使用的功能区选项卡在不同的功能区选项卡间进行切换。

2. 标题栏

在 CAXA 电子图板 2015 屏幕的最上端就是标题栏。在标题栏上显示软件的名称，同时

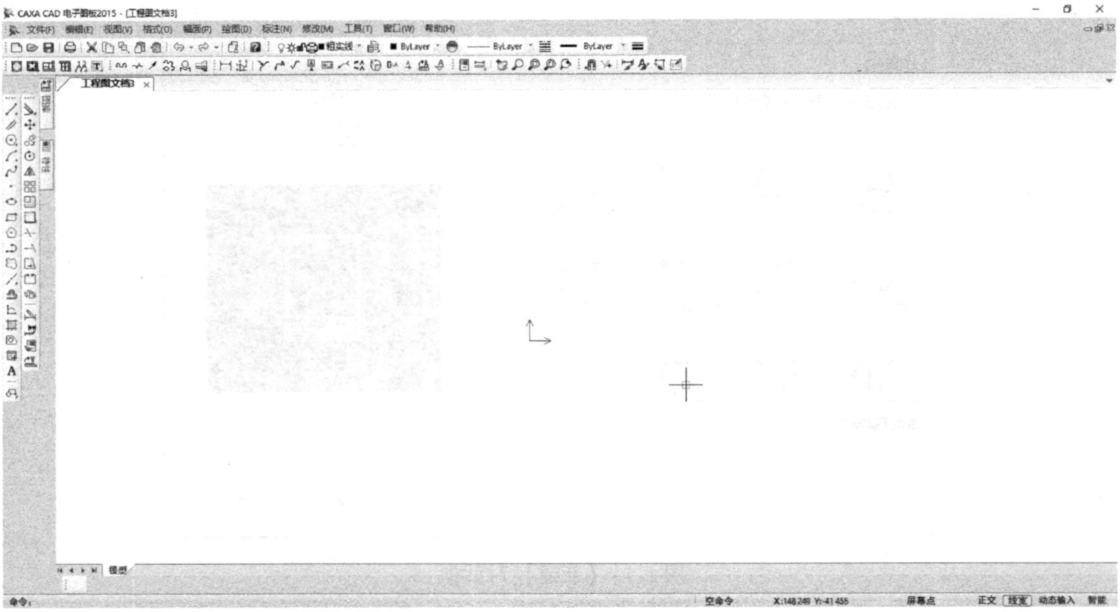

图 1-3　CAXA 电子图板 2015 的经典工作界面

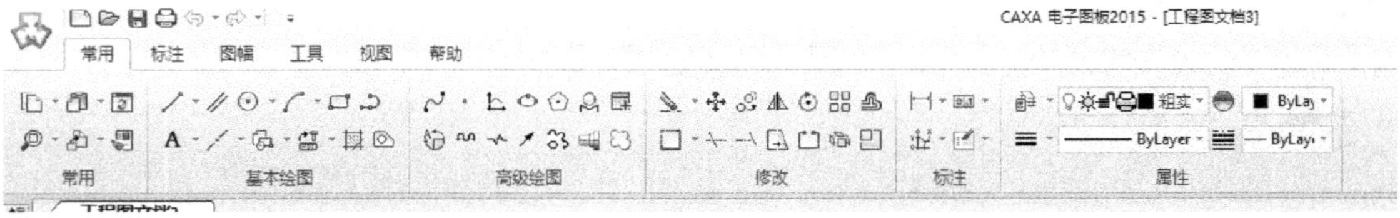

图 1-4　功能区

显示当前打开的图形文件的名称。若当前文件没有保存，则显示的文件名为“无名文件”。

3. 菜单按钮

在 Fluent 工作界面下使用功能区的同时，也可通过菜单按钮访问经典的主菜单功能，如图 1-5 所示。

单击菜单按钮，弹出菜单，将光标在各种菜单上停放即可显示子菜单。

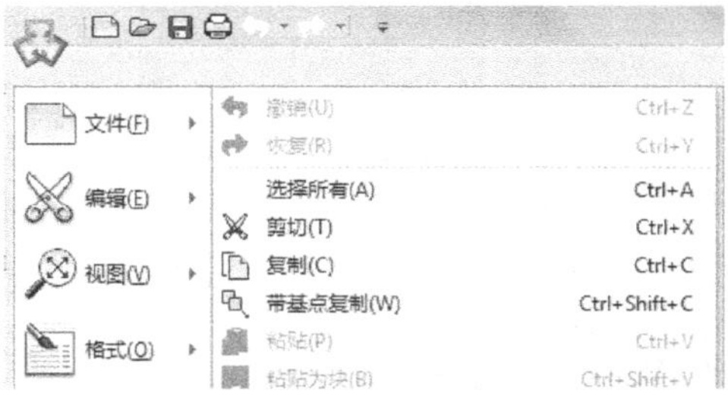

图 1-5　菜单按钮

4. 快速启动工具栏

快速启动工具栏用于组织经常使用的命令，该工具栏可以自定义。图 1-6 所示为 CAXA 电子图板 2015 的快速启动工具栏。

5. 立即菜单

CAXA 电子图板 2015 提供了立即菜单的交互方式，用来代替传统的、逐级查找的问答式交互，使得交互过程更加直观和快捷。

图 1-6　CAXA 电子图板 2015 的快速启动工具栏

立即菜单描述了该项命令执行的各种情况和使用条件。用户根据当前的作图要求，正确地选择某一选项，即可得到准确响应。用户在输入某些命令以后，在绘图区的底部会弹出一行立即菜单。

输入一条画直线的命令（从键盘输入“line”或单击【绘图】工具栏中的【直线】按钮），则系统立即弹出一行立即菜单及相应的操作提示，如图 1-7 所示。

此菜单表示当前待画的直线为两点线方式，连续的直线。在显示立即菜单的同时，在其下面显示如下提示：第一点。用户按要求输入第一点后，系统会提示“第二点:”用户再输入第二点，系统就在界面上从第一点到第二点之间画出一条直线。

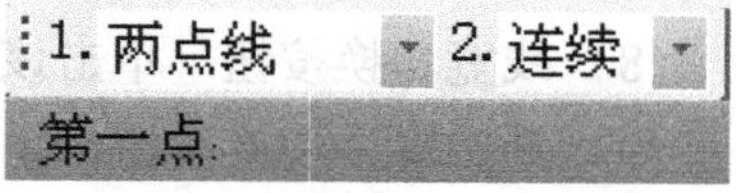

图 1-7　直线命令的立即菜单

立即菜单的主要作用是可以选择某一命令的不同功能，可以通过单击立即菜单中的下拉箭头或用快捷键〈Alt + 数字键〉进行激活。如果下拉菜单中有很多可选项时，可使用快捷键〈Alt + 连续数字键〉进行选项的循环。如上例，如果想画一条单根直线，那么可以单击立即菜单中的下拉箭头或用快捷键〈Alt + 2〉激活它。如果要使用【平行线】命令，那么可以单击立即菜单中的下拉箭头或用快捷键〈Alt + 1〉激活它。

6. 绘图区

绘图区是用户进行绘图设计的工作区域，如图 1-2 所示的空白区域。它位于界面的中心，并占据了界面的大部分面积。广阔的绘图区为显示全图提供了清晰的空间。

在绘图区的中央设置了一个二维直角坐标系，该坐标系称为世界坐标系，或称为绝对坐标系，坐标原点为（0,0）。

CAXA 电子图板 2015 以绝对坐标系的原点为基准，水平方向为 X 方向，向右为正、向左为负；垂直方向为 Y 方向，向上为正、向下为负。

在绘图区用鼠标拾取的点或由键盘输入的点，均以当前绝对坐标系为基准。

7. 状态栏

CAXA 电子图板 2015 提供了多种显示当前状态的功能。它包括屏幕状态显示、操作信息提示、当前工具点设置及拾取状态显示等。图 1-8 所示为 CAXA 电子图板的状态栏。

图 1-8　CAXA 电子图板的状态栏

（1）操作信息提示区　操作信息提示区位于状态栏的左侧，用于提示当前命令执行情况或提醒用户输入。

（2）点工具状态提示　当前工具点设置及拾取状态提示位于状态栏的左侧，自动提示当前点的性质以及拾取方式。例如：点可能为切点、端点等，拾取方式为添加状态、移出状态等。

（3）命令与数据输入区　命令与数据输入区位于状态栏左侧，用于输入命令或数据。

（4）命令提示区　命令提示区位于命令与数据输入区和当前点坐标显示区之间，显示目前执行的功能的键盘输入命令的提示，便于用户快速掌握电子图板的键盘命令。

（5）当前点坐标显示区　当前点坐标显示区位于状态栏的右侧。当前点的坐标值随光标的移动进行动态变化。

(6) 点捕捉状态设置区　点捕捉状态设置区位于状态栏的最右侧，在此区域内设置点的捕捉状态，分别为自由、智能、导航和栅格。

(7) 正交切换按钮　单击该按钮可以打开或关闭系统为【非正交】状态或【正交】状态。

(8) 线宽切换按钮　单击该按钮可以在【线宽】显示和【细线】显示状态间切换。

(9) 动态输入切换按钮　单击该按钮可以打开或关闭【动态输入】工具。

1.1.4 CAXA 电子图板 2015 的使用帮助

CAXA 电子图板 2015 提供了强大的帮助功能，用户可以随时获得任何命令的帮助信息。在 CAXA 电子图板 2015 中用户可以通过以下几种方法打开帮助信息对话框。

1）菜单按钮。单击菜单按钮，在出现的菜单中选择【帮助】命令。

2）命令行。输入“Help”或“?”并按〈Enter〉键。

3）快捷键。按〈F1〉键。

执行上述任一种方法启动帮助命令后，系统将弹出“CAXA 电子图板”帮助对话界面。利用该界面可以获得具体的帮助信息。CAXA 电子图板中的所有功能都能在该帮助信息中查到。

1.2 CAXA 电子图板 2015 基本操作

基本操作是学习某一类软件的基础，包括执行命令、输入点、选择对象以及如何使用右键菜单、动态输入、视图的显示控制、文件操作等交互工具。

1.2.1 文件操作

基本图形文件操作包括建立新的图形文件、打开已有的图形文件和保存所绘制的图形文件等操作。文件菜单如图 1-9 所示。

1. 新建文件

若要创建一个新的图形文件，可以使用下面几种方法。

1）下拉菜单。选择【文件】/【新建】命令。

2）工具栏。在快速启动工具栏中单击【新建】按钮。

3）命令行。输入“New”并按〈Enter〉键。

4）组合键。按〈Ctrl + N〉键。

执行上述任一种操作后，系统将弹出【新建】对话框，对话框中列出若干模板。它们是国家标准规定的 A0 ~ A4 图幅模板，以及一个名称为“BLANK”的空白模板。这里所说的模板，相当于已经印好图框和标题栏的一张空白图纸。用户调用某个模板相当于调用一张空白图纸。在对话框中选中所需的图形模板，单击【确定】按钮，一个用户选取的模板文件被调出，并显示在界面绘图区，这样一个新文件就建立好了。

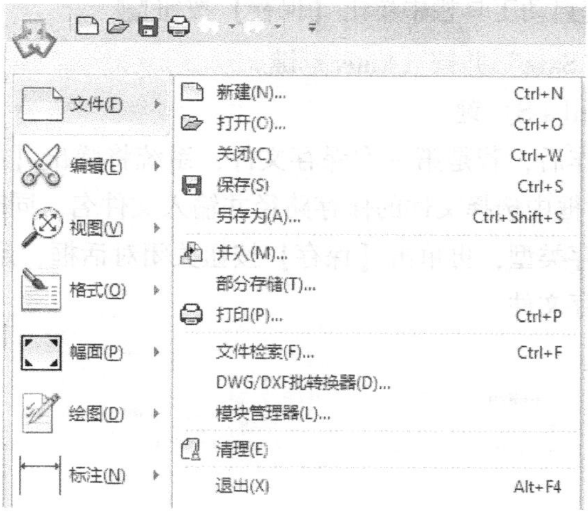

图 1-9　文件菜单

2. 打开文件

若要打开已有的图形文件，可以使用以下几种方法。

1）下拉菜单。选择【文件】/【打开】命令。

2）工具栏。在快速启动工具栏中单击【打开】按钮 。

3）命令行。输入"Open"并按〈Enter〉键。

4）组合键。按〈Ctrl + O〉键。

执行上述任一种操作后，系统均会弹出【打开】对话框，如图 1-10 所示。

对话框的上半部分为 Windows 标准对话框，用以显示文件及文件的存储路径；右边部分为图形的预览框。在对话框中选择要打开的图形文件，在【文件类型】下拉列表框中选择要打开的文件类型，然后单击【打开】按钮即可。

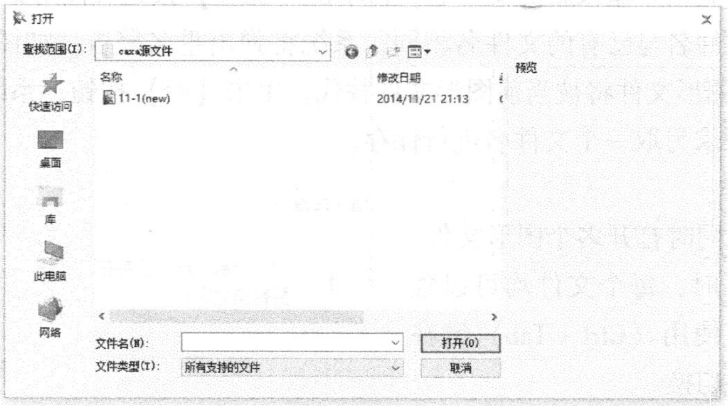

图 1-10　【打开】对话框

3. 保存文件

当绘制好图形后，需要退出 CAXA 系统，或者在绘图过程中，为了防止图形文件丢失，需要及时保存图形文件，这时可以使用下面几种方法保存图形文件。

1）下拉菜单。选择【文件】/【保存】命令。

2）工具栏。在快速启动工具栏中单击【保存】按钮。

3）命令行。输入“Save”并按〈Enter〉键。

4）组合键。按〈Ctrl + S〉键。

执行上述任一种操作后，若是第一次保存文件，系统将弹出【另存文件】对话框，如图 1-11 所示。在该对话框中选择文件的保存路径并输入文件名，同时在【保存类型】下拉列表框中选择文件的保存类型，再单击【保存】按钮关闭对话框，系统将按所给的文件名、保存类型及保存路径保存文件。

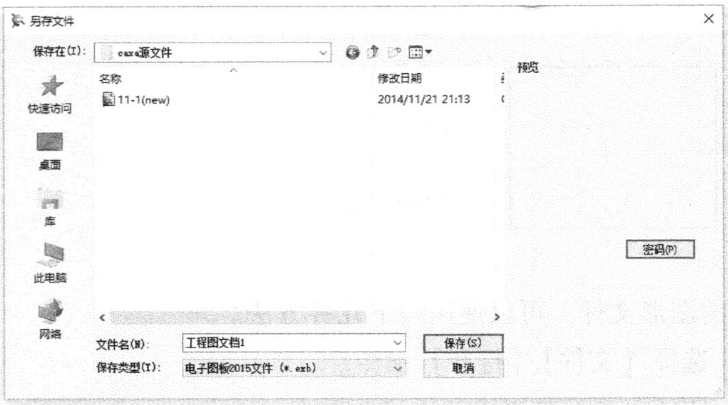

图 1-11 【另存文件】对话框

4. 另存文件

若要把当前图形文件保存为另一个图形文件并重新命名，可以使用以下几种方法。

1）下拉菜单。选择【文件】/【另存为】命令。

2）命令行。输入“Save As”并按〈Enter〉键。

执行上述任一种操作后，系统也会弹出【另存文件】对话框。在该对话框中选择文件的保存路径、保存类型并输入新的文件名，再单击【保存】按钮关闭对话框。

如果所取的文件名与已有的文件名相同，系统将弹出重名警告，如图 1-12 所示。单击【是】按钮，旧的图形文件将被当前图形文件替代。单击【否】按钮，系统重新回到【另存文件】对话框，要求另取一个文件名进行保存。

5. 多文档操作

电子图板可以同时打开多个图形文件。同时打开多个文件时，每个文件均可以独立设计和保存。可使用〈Ctrl + Tab〉键在不同的文件间循环切换。

图 1-12 【另存文件】重名警告

在 Fluent 工作界面下，可以单击【视图】选项卡，使用【窗口】选项组上的对应功能，如图 1-13 所示。

在经典工作界面下，可以单击【窗口】主菜单，出现图 1-14 所示的下拉菜单，选择相应的命令可以选择多个文件窗口的排列方式，如层叠、横向平铺、纵向平铺、排列图标，也

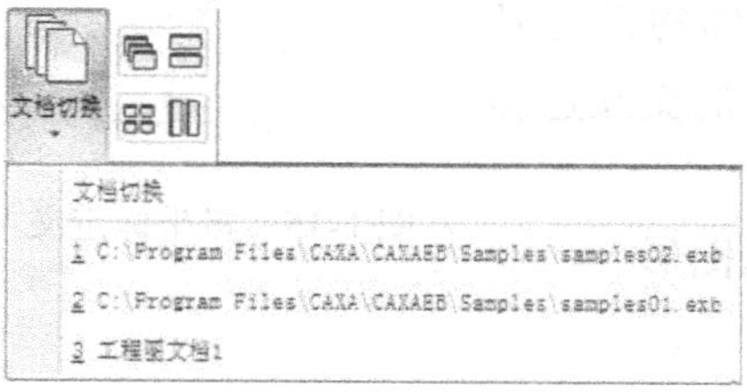

图1-13 Fluent工作界面的多文档操作

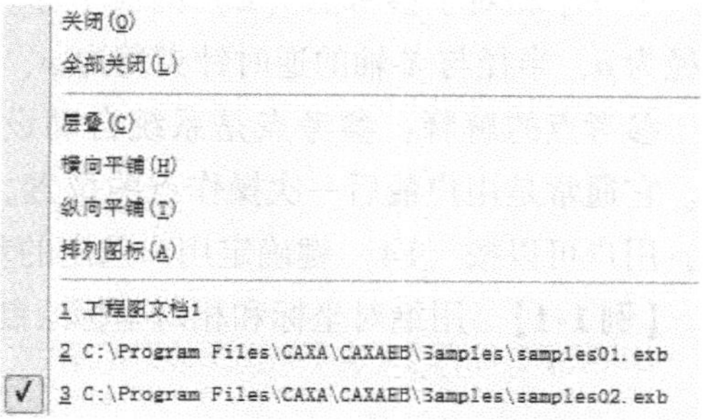

图1-14 经典工作界面的多文档操作

可以直接单击文件名称切换当前窗口。

1.2.2 执行命令

CAXA电子图板2015在执行命令的操作方法上，为用户设置了鼠标选择和键盘输入两种并行的输入方式。两种输入方式的并行存在，为不同用户提供了操作上的方便。

鼠标选择方式主要适合于初学者或是已经习惯于使用鼠标的用户。所谓鼠标选择就是根据界面显示出来的状态或提示，用鼠标去单击所需的菜单或者工具栏按钮。菜单或者工具栏按钮的名称与其功能相一致，选中了菜单或者工具栏按钮就意味着执行了与其对应的键盘命令。由于菜单或者工具栏选择直观、方便，减少了背记命令的时间，因此很适合初学者采用。

键盘输入方式是由键盘直接键入命令或数据。它适合于习惯键盘操作的用户。键盘输入要求操作者熟悉软件的各条命令以及它们相应的功能，否则将会给输入带来困难。实践证明，键盘输入方式比鼠标选择方式效率更高，希望初学者能尽快掌握和熟悉它。

在操作提示为命令时，使用鼠标右键和〈Enter〉键可以重复执行上一条命令，命令结束后会自动退出该命令。在命令执行过程中，也可以按〈Esc〉键退出命令。

1.2.3 点的输入

点是最基本的图形元素，点的输入是各种绘图操作的基础。CAXA电子图板除了提供常用的键盘输入和鼠标输入方式外，还设置了若干种捕捉方式。例如：智能点的捕捉、工具点的捕捉等。

点的坐标有绝对坐标和相对坐标两种方式。它们在输入方法上是完全不同的。

1. 由键盘输入点的坐标

绝对坐标是指相对于绝对坐标系原点的坐标。它的输入方法很简单，可直接通过键盘输入X、Y坐标，但X、Y坐标值之间必须用逗号隔开，如30，40。

相对坐标是指相对于参考点的坐标，与坐标系原点无关。输入时，为了区分不同性质的坐标，电子图板对相对坐标的输入做了如下规定：输入相对坐标时必须在第一个数值前面加上一个符号@，以表示相对。例如：@60，84表示相对于参考点来说，输入了一个X坐标为60，Y坐标为84的点。另外，相对坐标也可以用极坐标的方式表示。例如：@$\rho<\varphi$表示

输入了一个相对于参考点（E）的极坐标。相对于参考点的极坐标半径为ρ，半径与X轴的逆时针夹角为φ，如图1-15所示。

参考点的解释：参考点是系统自动设定的相对坐标的参考基准。它通常是用户最后一次操作点的位置。在当前命令的交互过程中，用户可以按〈F4〉键确定用户选定的参考点。

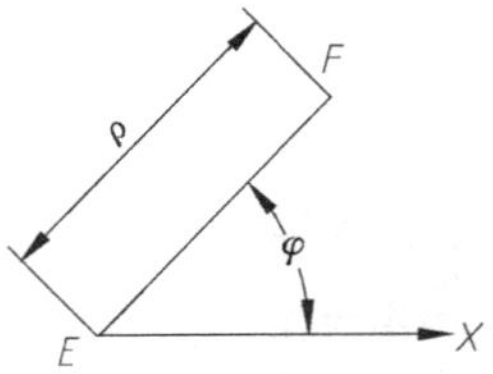

图1-15 极坐标定义

【例1-1】 用绝对坐标和相对坐标绘制图1-16所示图形。

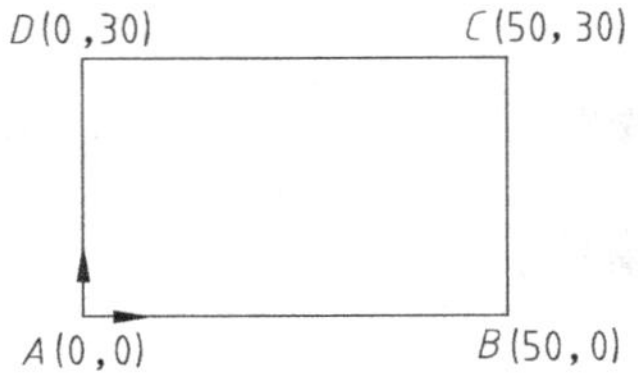

图1-16 【例1-1】图

操作步骤

1）绝对坐标法。单击绘图按钮，在命令行分别输入点的绝对坐标0，0、50，0、50，30、0，30即可完成图形的绘制。

2）相对直角坐标法。单击绘图按钮，在命令行输入点的绝对坐标0，0后，分别输入相对坐标@50，0、@0，30、@－30，0、@0，－30，即可完成图形的绘制。

3）相对极坐标法。单击绘图按钮，在命令行输入点的绝对坐标0，0后，分别输入相对极坐标@50<0、@30<90、@50<180、@30<－90，即可完成图形的绘制。

2. 鼠标输入点的坐标

鼠标输入点的坐标就是通过移动十字光标选择需要输入的点的位置，选中后单击，该点的坐标即被输入。鼠标输入的都是绝对坐标。用鼠标输入点时，应一边移动十字光标一边观察界面底部的坐标显示数字的变化，以便尽快较准确地确定待输入点的位置。

鼠标输入方式与工具点捕捉配合使用可以准确地定位特征点，如端点、切点、垂足点等。用功能键〈F6〉可以进行点的捕捉方式的切换。

1.2.4 工具点的捕捉

工具点就是在作图过程中具有几何特征的点，如圆心点、切点、端点等。所谓工具点的捕捉就是使用鼠标捕捉工具点菜单中的某个特征点。

在命令行提示输入点时，按〈Space〉键，会弹出图1-17所示的工具点菜单，用户可以根据作图需要从中选取特征点进行捕捉。

工具点的默认状态为屏幕点，用户在作图时拾取了其他的点状态，即在提示区右下角工具点状态栏中显示出当前工具点捕捉的状态。但这种点的捕捉只能一次有效，用完后立即自动回到屏幕点状态。

工具点捕捉状态的改变，也可以不用工具点菜单的弹出与拾取，用户在输入点状态的提示下，可以直接按相应的键盘字符（如“E”代表端点、“C”代表圆心等）进行切换。

当使用工具点捕捉时，其他设定的捕捉方式暂时被取消，这是工具点捕捉优先原则。

【例1-2】 绘制图1-18所示的公切线。

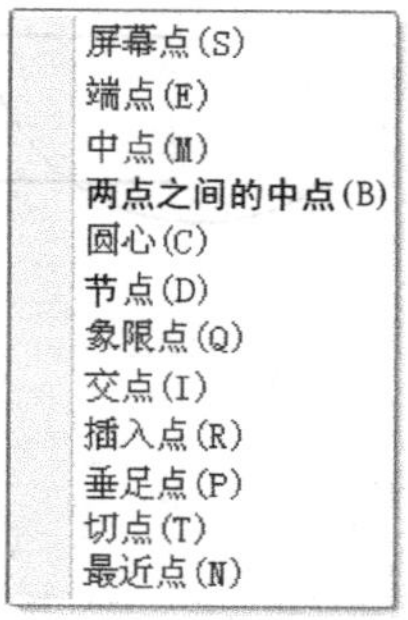

图1-17 工具点菜单

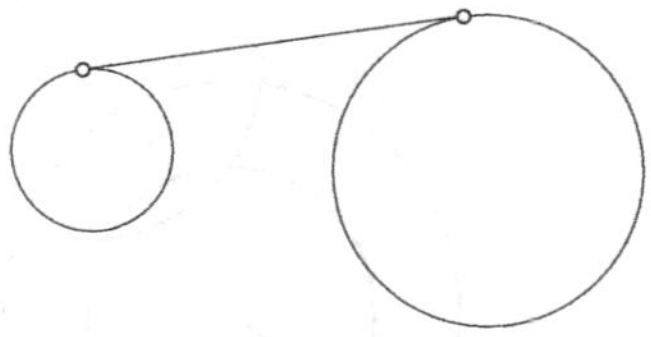

图1-18 【例1-2】图

操作步骤

1）单击【直线】按钮。

2）系统提示“第一点”：按〈Space〉键，在工具点菜单中选择【切点】命令，拾取圆，捕捉切点。

3）系统提示“下一点”：按〈Space〉键，在工具点菜单中选择【切点】命令，拾取另一圆，捕捉切点。

1.2.5 选择对象

绘图时所用的直线、圆弧、块等图形元素或图组，在交互软件中称为实体。CAXA电子图板中的实体有直线、圆或圆弧、点、椭圆、块、剖面线、尺寸等。

1. 点选

点选实体又称为单个拾取实体，即在命令行提示“拾取添加”时，用光标直接选中要拾取的对象。此时，被选中的实体会高亮显示（默认颜色为红色）。

2. 框选

框选实体是用一个矩形线框将实体选中，如图1-19所示。当命令行提示“拾取添加”时，在绘图区内不与任何实体交叉处单击后，命令行提示“另一角点”，此时，单击指定另一个角点与上一个点构成一个矩形，该矩形称为“窗口”。需要说明的是，此时应注意窗口两个点的拾取。如果矩形窗口是从左向右定义的，那么只有完全在矩形窗口内部的对象才会被选中；如果矩形窗口是从右向左定义的，那么位于矩形窗口内部或者与矩形窗口相交的对象都会被选中。如图1-19所示，框选点的选取不同，拾取的实体就不同。

被选中的实体会高亮显示（默认为红色虚线），以示与其他实体的区别。系统在各种实体上显示的实心小方框称为夹点，如图1-20所示。选中夹点并拖动可以进行各种编辑操作。

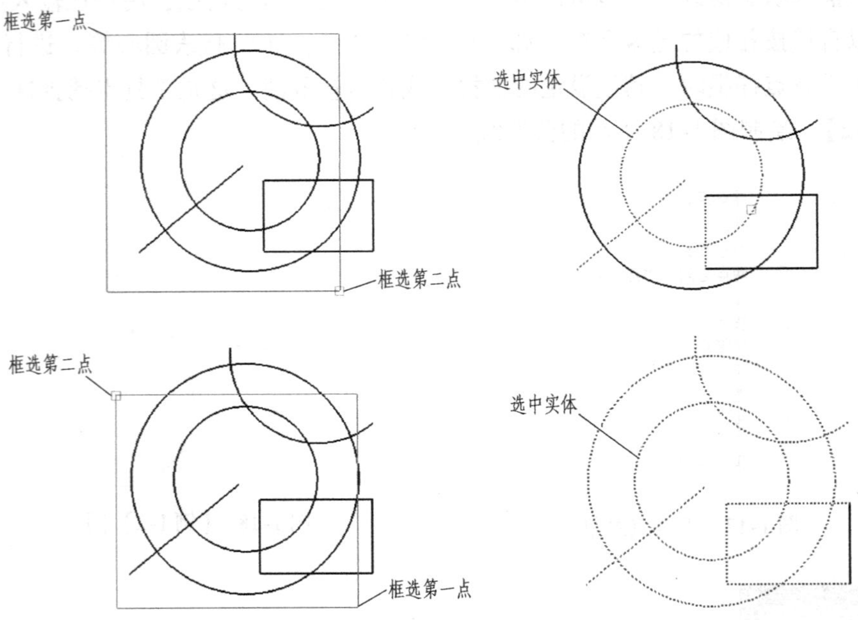

图 1-19　框选实体

1.2.6　右键菜单

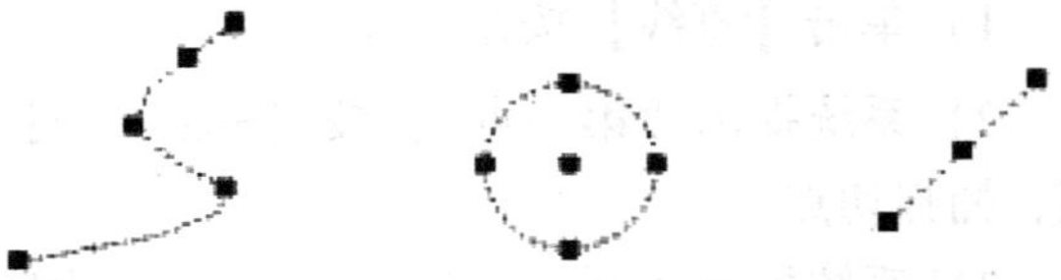

图 1-20　夹点

CAXA 电子图板在选择对象时，或者在无命令执行状态下，均可以通过单击鼠标右键弹出右键菜单。需要注意的是，在不同区域或者不同的操作状态下，打开的右键菜单内容也不同，图 1-21 所示为不同状态下的右键菜单。

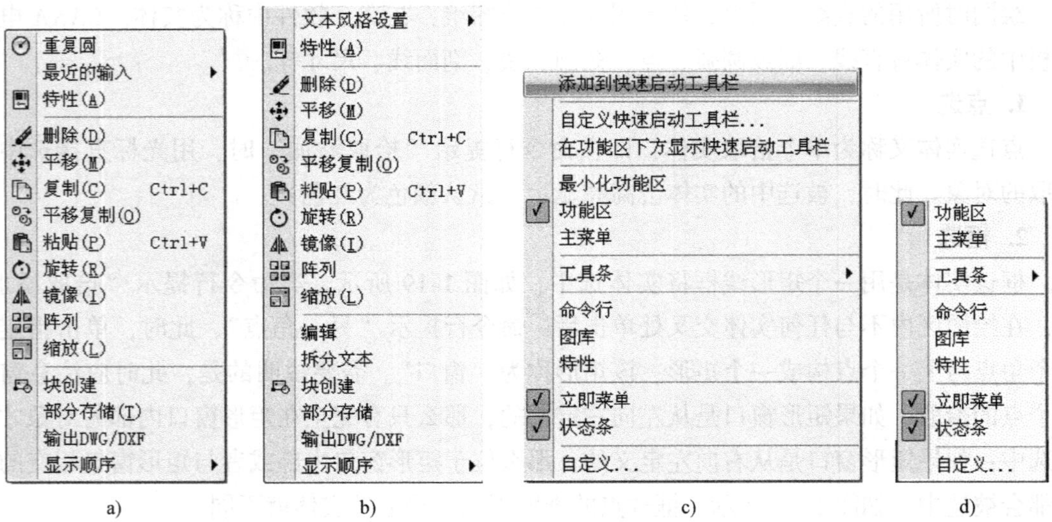

a)　b)　c)　d)

图 1-21　不同状态下的右键菜单

a）绘图区右键菜单　b）文本区右键菜单　c）功能区右键菜单　d）状态栏右键菜单

1.2.7　动态输入

CAXA 电子图板允许在状态栏输入区或者命令行中输入命令和点坐标。同时 CAXA 电子图板也提供了一个特殊的交互工具——动态输入，可以在光标附近显示命令界面进行命令和参数的输入。动态输入可以使用户专注于绘图区。启用动态输入时，在光标附近会显示命令提示。如果在执行命令时需要确定坐标点，光标附近也会出现坐标提示，如图 1-22 所示。

需要确定坐标点时，可以单击，也可以在动态输入的坐标提示中用键盘直接输入坐标值，而不用在命令行中输入。在输入过程中，按〈Tab〉键在不同的输入框内进行切换。

图 1-22　坐标提示

当命令提示输入第二点时，工具提示将显示距离和角度值。在工具提示中的值将随着光标移动而改变。按〈Tab〉键可以移动到要更改的值。如图 1-23 所示，通过动态输入可以确定距离、角度、半径等参数。

1.2.8　控制视图

在绘图编辑时，为了查看图形的细节，需要经常平移或缩放当前视图窗口。CAXA 电子图板提供了一系列命令可以方便地控制视图。

视图命令与绘制、编辑命令不同。它们只改变图形在屏幕上的显示情况，而不能使图形产生实质性的变化。它们允许操作者按期望的位置、比例、范围等条件调整视图显示，但是操作的结果既不改变原图形的实际尺寸，也不影响图形中原有对象之间的相对位置关系。简而言之，视图命令的作用只是改变主观视觉效果，而不会引起图形产生客观的实际变化。图形的显示控制对绘图操作，尤其是在绘制复杂视图和大型图样时具有重要作用，在图形绘制和编辑过程中要经常使用它们。

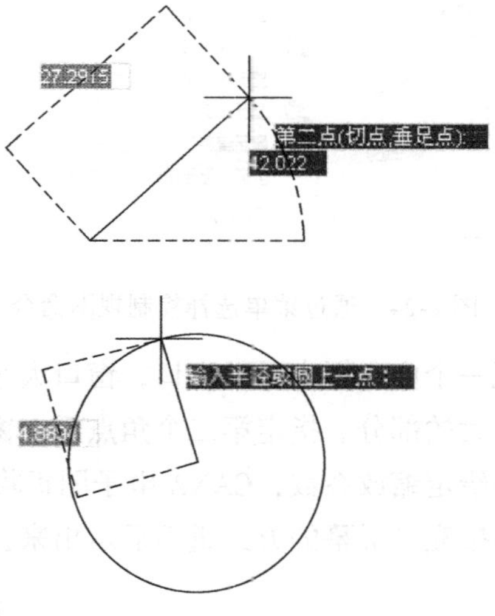

图 1-23　动态输入确定参数

控制视图的各项命令可以通过菜单按钮/【视图】（图 1-24）、功能区中【视图】选项卡中的【显示】选项组（图 1-25）选择，也可以使用鼠标中键或滚轮进行视图的平移或缩放。

1. 全部重生成

对所有显示失真的图形进行重新生成。

在菜单栏中选择【视图】/【全部重生成】命令或单击功能区中【视图】选项卡中【显示】选项组中的按钮，可使绘图区内所有显示失真的图形全部重生成。

2. 显示窗口

通过指定一个矩形区域的两个角点，放大该区域的图形至充满整个绘图区。

在菜单栏中选择【视图】/【显示窗口】命令或单击功能区中【视图】选项卡中【显示】选项组中的按钮，根据提示在所需位置指定显示窗口的第一个角点，再移动鼠标时，出

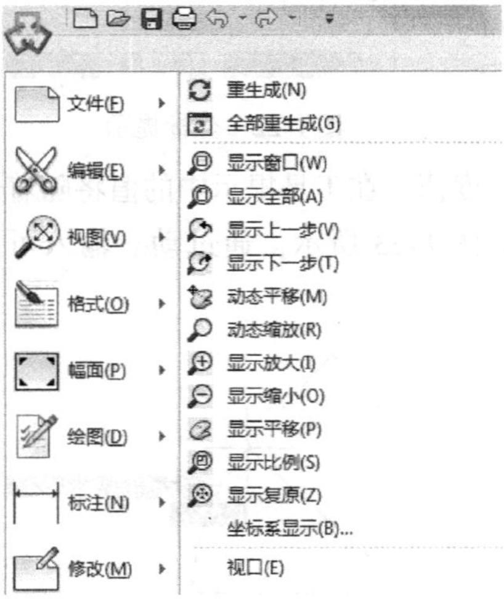

图 1-24 通过菜单选择控制视图命令

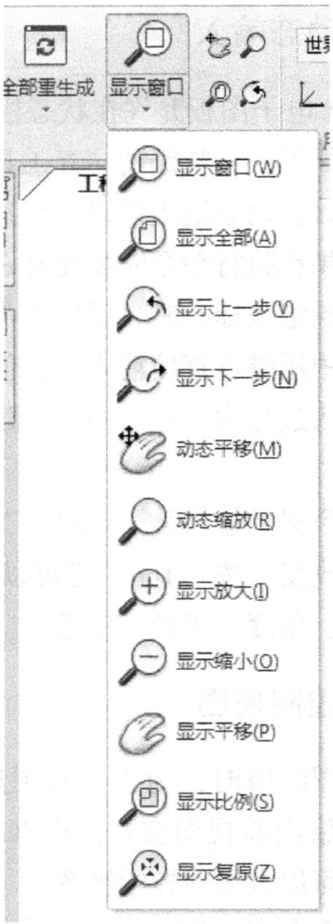

图 1-25 通过功能区选择控制视图命令

现一个由方框表示的窗口，窗口大小可随鼠标的移动而改变。窗口所确定的区域就是即将被放大的部分。指定第二个角点后，窗口的中心将成为新的屏幕显示中心。在该方式下，不需要给定缩放系数，CAXA 电子图板将使给定窗口范围按尽可能大的原则，把选中区域内的图形按充满屏幕的方式重新显示出来，如图 1-26 所示。

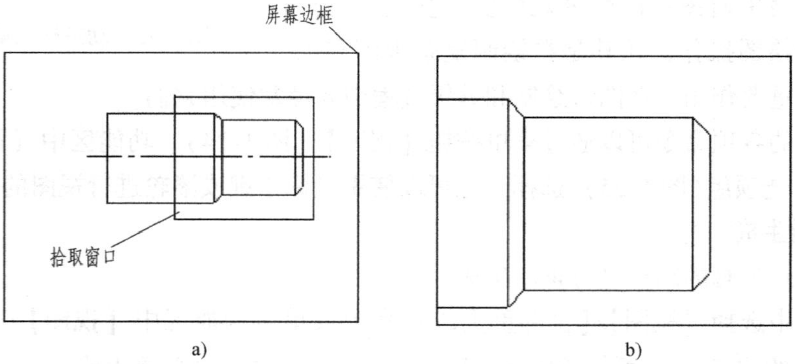

图 1-26 显示窗口操作

a）拾取窗口 b）显示结果

3. 动态平移

拖动鼠标平行移动图形。

在菜单栏中选择【视图】/【动态平移】命令或单击功能区中【视图】选项卡中【显示】选项组中的按钮，光标变成动态平移的，按住鼠标左键，拖动鼠标就能平行移动视图。按〈Esc〉键或者单击鼠标右键可以结束动态平移操作。

可以按住鼠标中键直接进行平移，松开鼠标中键退出平移。

4. 显示全部

将当前绘制的所有图形全部显示在绘图区内。

在菜单栏中选择【视图】/【显示全部】命令或单击功能区中【视图】选项卡中【显示】选项组中的按钮，用户当前所画的全部图形将在绘图区内显示出来，而且系统按尽可能大的原则，使图形按充满屏幕的方式重新显示出来。

1.2.9 界面定制

CAXA电子图板的界面风格是完全开放的，用户可以依照自己的习惯对界面进行定制。

在工具栏或功能区上单击鼠标右键，弹出如图1-27所示的右键菜单，在菜单中列出了功能区、主菜单、立即菜单、特性等选项。每一个选项都显示出当前的显示状态，带✓表示当前正在显示，单击即可将其切换为不显示。

此外，还可进行“自定义快速启动工具栏”和“最小化功能区”等操作。

【例1-3】 将帮助索引定义到快速启动工具栏中。

操作步骤

1）选择图1-27所示右键菜单中“自定义快速启动工具栏”命令，弹出图1-28所示的

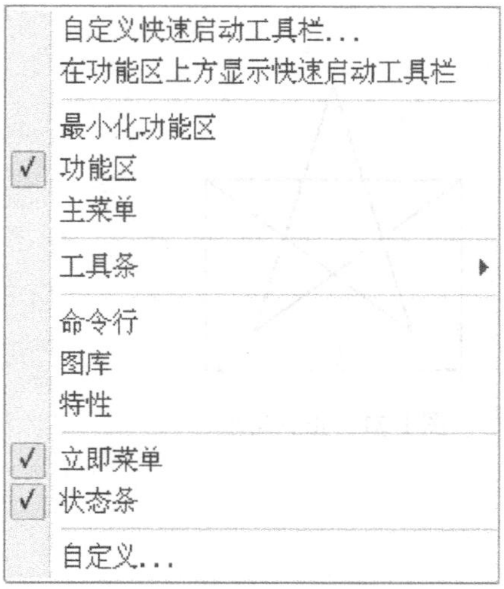

图1-27 右键菜单

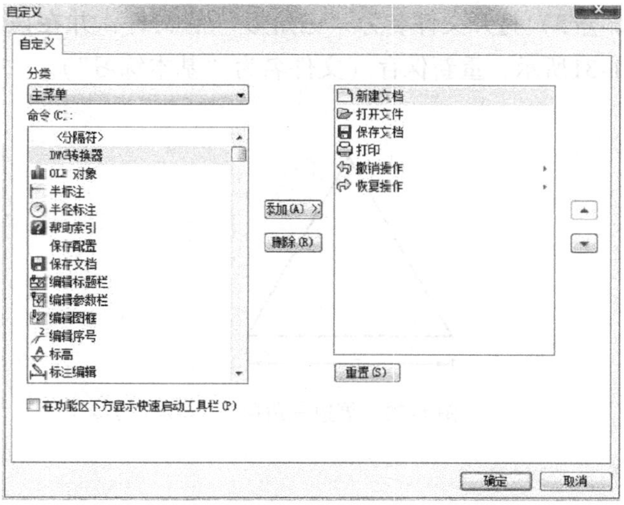

图1-28 【自定义】对话框

【自定义】对话框，在列表框中选中“帮助索引”，再单击【添加】、【确定】按钮，即完成操作。

2）完成后的快速启动工具栏如图1-29所示。

图1-29　快速启动工具栏

注意：图1-27所示的右键菜单还可改变快速启动工具栏的位置。

1.3　本章小结

本章主要介绍CAXA电子图板2015的主要功能、特点及界面组成、一些基本操作，主要讲述了文件操作，包括文件的新建、打开、保存，同时介绍了命令的输入方法、点的输入方法、动态输入等，以及对视图的操作。通过本章的学习，可以初步了解有关CAXA电子图板2015的基本操作，为以后的学习打好基础。

1.4　习题

1）熟悉CAXA电子图板2015的工作界面。

2）在CAXA电子图板2015工作界面上试着操作各种命令，看看命令提示行有哪些变化和相应的提示。

3）使用帮助工具栏查询“直线”的绘制。

4）新建一个文件（文件名为“三角形”），用绝对坐标和相对坐标分别绘制边长为60mm的等边三角形（图1-30）并保存。

5）打开文件名为“三角形”的文件，并在该文件上用相对坐标绘制正五角星，如图1-31所示，重新保存（文件名为“基本练习”）。

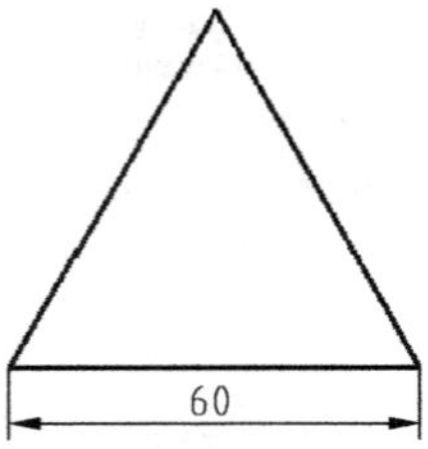

图1-30　等边三角形

图1-31　正五角星

第2章 制图的基本知识与技能

工程图样是设计和制造过程中的重要资料，是工程技术人员表达设计思想、进行技术交流的工具，也是指导生产的重要技术文件。因此，对于图样的内容、格式和表达方法等必须做出统一的规定。我国于1959年首次发布了国家标准《机械制图》，统一规定了生产和设计部门共同遵守的制图基本规范，并多次发布和修订了与工程图样相关的若干标准。本章主要介绍制图标准中图纸幅面及格式、比例、字体、图线和尺寸注法等标准。

重点知识

➢正确使用绘图工具和仪器
➢掌握国家标准《技术制图》《机械制图》中的有关基本规定，并在实践中严格遵守
➢熟练掌握几何作图的方法
➢掌握平面图形的尺寸分析和线段分析方法，正确拟订平面图形的作图步骤
➢初步养成良好的绘图习惯和一丝不苟的工作作风

2.1 绘图工具

绘图工具的正确使用对提高制图速度和图面质量起着重要的作用，熟练掌握绘图工具的使用方法是一个工程技术人员必备的基本素质。常见的绘图工具有图板、丁字尺、三角板等，如图2-1所示。

2.1.1 图板、丁字尺、三角板

1. 图板

图板是作图的垫板，图板板面应当平坦光洁，其左边用作导边，所以必须平直。

2. 丁字尺

丁字尺是用来画水平线的，由尺头和尺身组成。丁字尺的尺头内边与尺身的工作边必须垂直。使用时，尺头要紧靠图板左边，按住尺身来画。画水平线必须自左向右画，如图2-2所示。

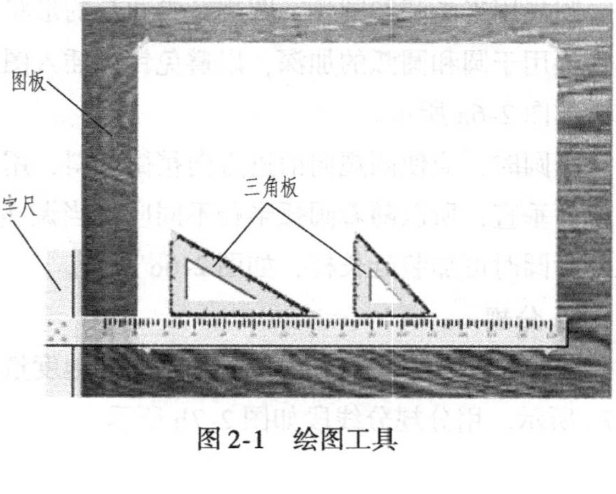

图2-1 绘图工具

3. 三角板

三角板可配合丁字尺画垂直线及与水平线成 15°整数倍的倾斜线。图 2-3 所示为用丁字尺配合三角板画垂直线。画垂直线时，必须自下向上画。

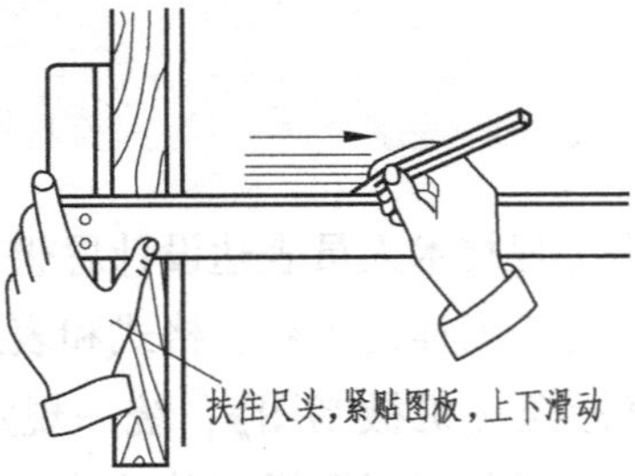

图 2-2 用丁字尺画水平线

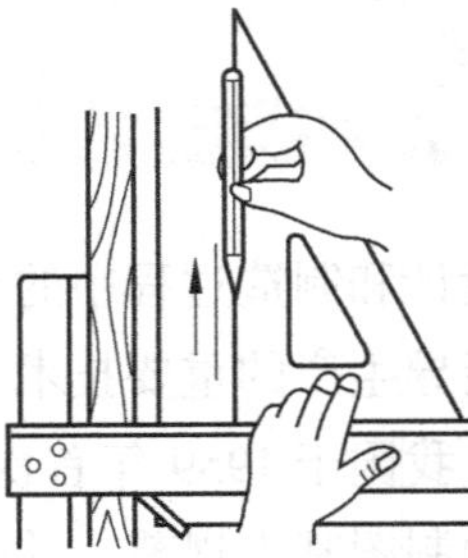

图 2-3 用丁字尺配合三角板画垂直线

图 2-4 所示为用两块三角板和丁字尺配合画 15°整数倍的倾斜线的示例。画图时，要随时注意将三角板下边缘与丁字尺尺身工作边靠紧。

用两块三角板可画出任意已知直线的平行线和垂直线，如图 2-5 所示。

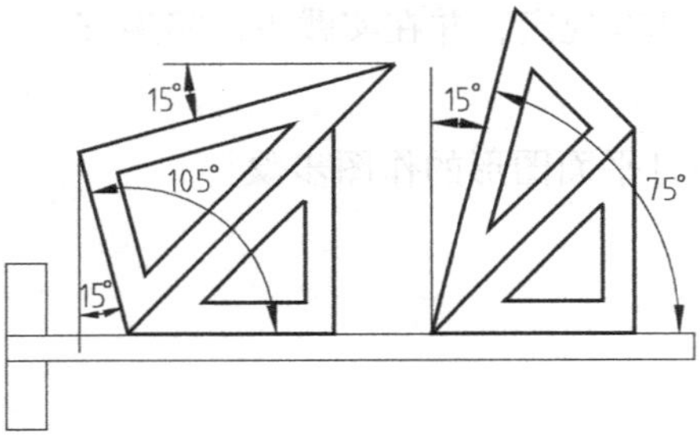

图 2-4 用两块三角板和丁字尺配合画 15°整数倍的倾斜线的示例

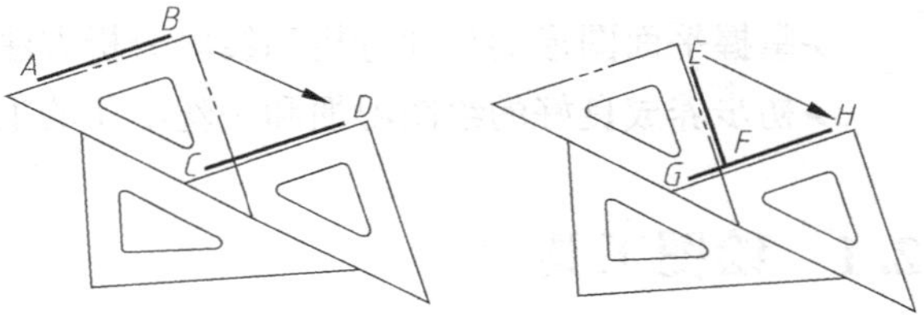

图 2-5 用两块三角板画平行线和垂直线

2.1.2 圆规与分规

1. 圆规

圆规用来画圆和圆弧。圆规针尖两端的形状不同，普通针尖用于绘制底稿，带支承面的小针尖用于圆和圆弧的加深，以避免针尖插入图板太深。使用前应调整针尖，使其略长于铅芯，如图 2-6a 所示。

画圆时，应使圆规向前进方向稍微倾斜，用力要均匀。画大圆时应使针尖和铅芯尽可能与纸面垂直，所以随着圆弧半径不同应适当调整铅芯插腿和钢针，如图 2-6b 所示。若圆较大，画圆时可加装延长杆，如图 2-6c 所示。

2. 分规

分规用来量取和等分线段。为了准确地度量尺寸，分规两脚的针尖并拢后应平齐，如图 2-7a 所示。用分规分线段如图 2-7b 所示。

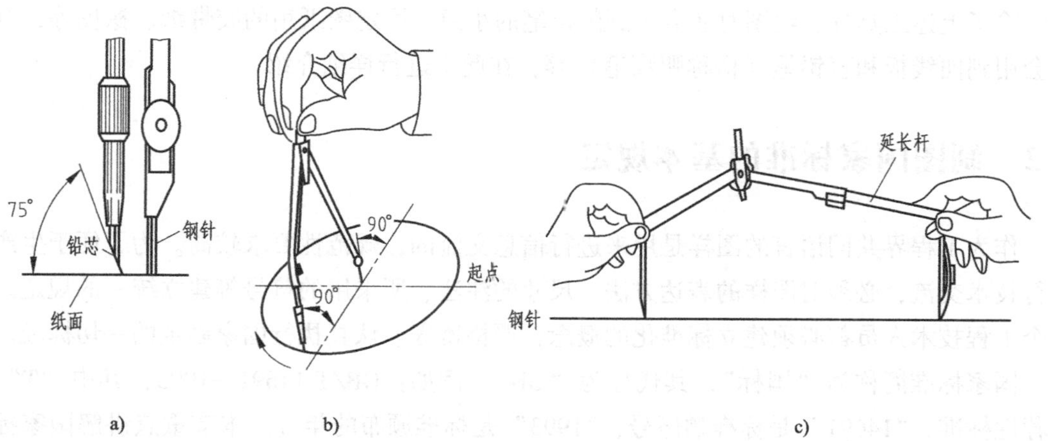

图 2-6　圆规的使用

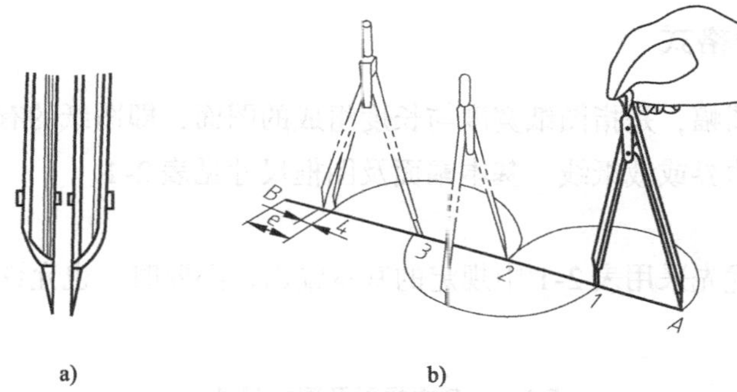

图 2-7　分规的用法

a）针尖应平齐　b）用分规分线段

2.1.3　铅笔

绘制图样时，要使用绘图铅笔。绘图铅笔铅芯的软硬分别以 B 和 H 表示。铅芯越硬，画出的线条越淡。因此，绘图时根据不同的使用要求，应准备以下几种不同硬度的铅笔。

B 或 HB——画粗实线用，加深圆弧时用的铅芯应比画粗实线的铅芯软一号。

HB 或 H——画细线、箭头和写字用。

H 或 2H——画底稿用。

铅笔的铅芯可削磨成两种，如图 2-8 所示。锥形用于画细实线和写字，楔形用于加深。

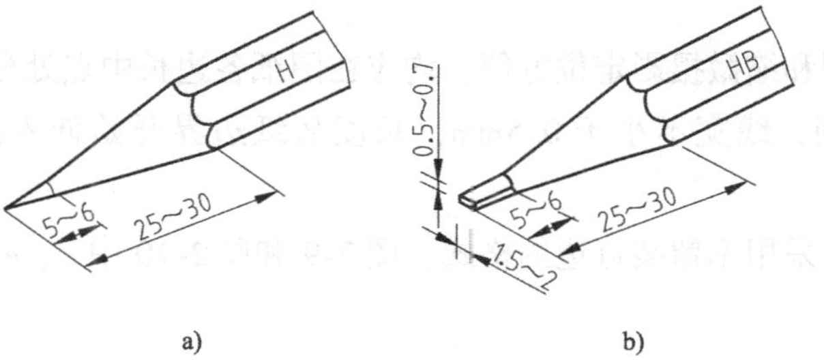

图 2-8　铅笔的削法

a）锥形　b）楔形

除了上述工具外，绘图时还会用到削铅笔的小刀、固定图纸用的胶带纸、橡皮等，有时还会用到曲线板和直铅笔（俗称鸭嘴笔）等，在此不进行详细介绍。

2.2 制图国家标准的基本规定

作为工程界共同语言的图样是用来进行信息交流的，规范性要求较高。为了便于生产和进行技术交流，必须对图样的表达方法、尺寸的注法、所采用的符号等建立统一的规定。每一个工程技术人员都必须建立标准化的概念，严格遵守、认真执行国家制定的一切标准。

国家标准简称为“国标”，其代号为“GB”。例如：GB/T 14691—1993，其中“T”为推荐性标准，“14691”是标准顺序号，“1993”是标准颁布的年号。本节重点讲解国家标准中有关机械制图的部分规定。

2.2.1 图纸幅面和格式

图纸幅面简称为图幅，是指图纸宽度与长度组成的图面，即图纸的有效范围，通常用细实线绘出，称为图纸边界或裁纸线。基本幅面及图框尺寸见表 2-1。

1. 图纸幅面

绘制图样时，应优先采用表 2-1 中规定的基本幅面。必要时，也允许以基本幅面的短边的整数倍加长幅面。

表 2-1 基本幅面及图框尺寸 （单位：mm）

幅面代号	A0	A1	A2	A3	A4
$B \times L$	841×1189	594×841	420×594	297×420	210×297
a	25				
c	10			5	
e	20		10		

2. 图框

图纸上限定绘图区域的线框称为图框，即绘图的有效范围。

在图纸上必须用粗实线画出图框，其格式分为不留装订边和留装订边两种。图纸可竖放也可横放。留装订边图纸，其图框格式如图 2-9 所示；不留装订边图纸，其图框格式如图 2-10所示。

为了使图样复制和缩微摄影定位方便，均应在图纸各边长中点处分别画出对中符号。对中符号用粗实线绘制，线宽不小于 0.5mm，长度从纸边界开始伸入图框内约 5mm，如图 2-10a所示。

注意：图框优先采用不留装订边的格式。图 2-9 和图 2-10 中 a、e、c 数据由表 2-1 根据幅面的大小查得。

3. 标题栏

每张图样上都必须画出标题栏。标题栏用来表达零部件及其管理等信息，一般位于图样

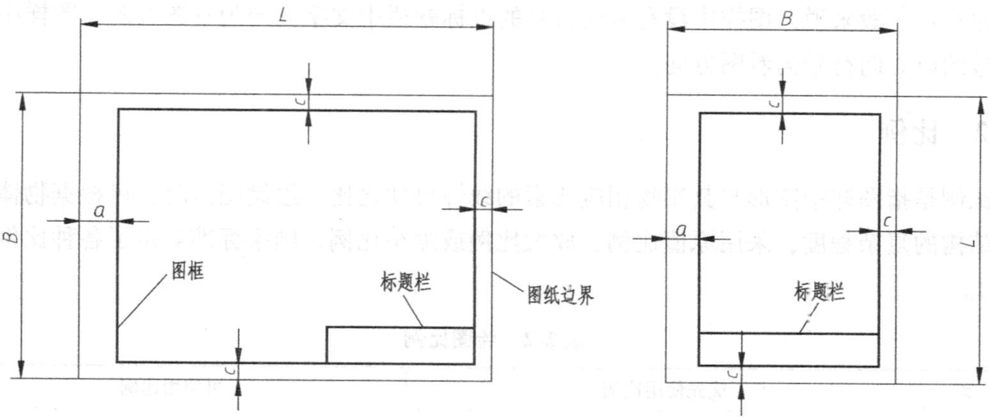

a) b)

图 2-9 留装订边图纸的图框格式

a）横放 b）竖放

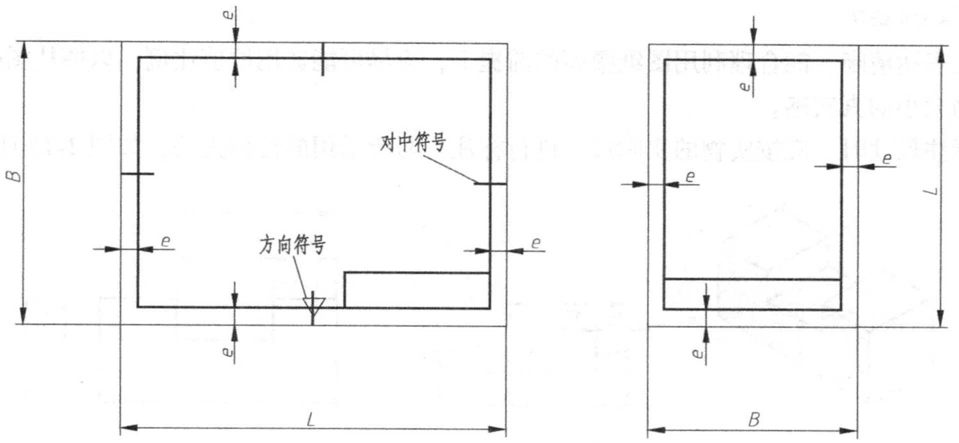

a) b)

图 2-10 不留装订边图纸的图框格式

a）横放 b）竖放

的右下角，并使其底边和右边分别与下图框线和右图框线重合。标题栏中的文字方向通常为看图方向。制图作业的标题栏建议采用图 2-11 所示的格式。

当使用按国家标准规定预先印制好图框和标题栏格式的图纸时，为了明确绘图与看图时图纸的方向，应在图纸的下边对中符号处画出一个方向符号，如图 2-12 所示。

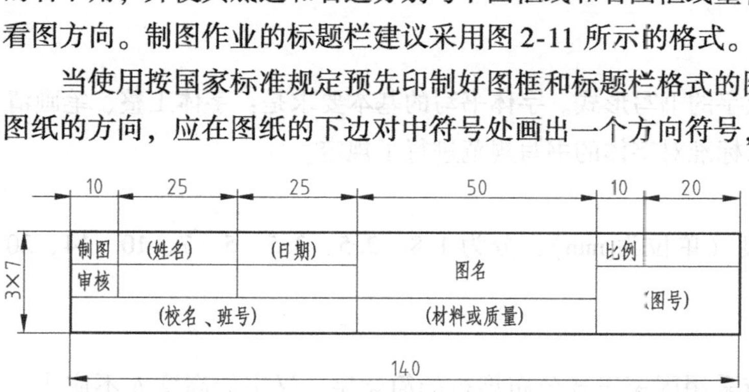

图 2-11 制图作业的标题栏格式及尺寸

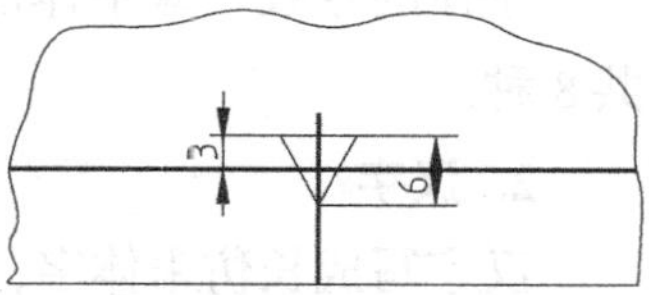

图 2-12 方向符号的画法

注意：一般来说，图样中没有方向符号的以标题栏中文字方向为看图方向，图样中有方向符号的以方向符号为看图方向。

2.2.2 比例

比例是指图样中图形与其实物相应要素的线性尺寸之比。绘制图样时，可根据物体的大小及结构的复杂程度，采用原值比例、放大比例或缩小比例。国家标准规定了各种比例，见表 2-2。

表 2-2 绘图比例

种 类	优先使用比例	可使用比例
原值比例	1:1	
放大比例	5:1 2:1 5×10^n:1 2×10^n:1 1×10^n:1	4:1 2.5:1 4×10^n:1 2.5×10^n:1
缩小比例	1:2 1:5 1:10 1:2×10^n 1:5×10^n 1:1×10^n	1:1.5 1:2.5 1:3 1:4 1:6 1:1.5×10^n 1:2.5×10^n 1:3×10^n 1:4×10^n 1:6×10^n

注：n 为正整数。

在表达清晰、能合理利用图纸幅面的前提下，应尽可能选用原值比例，以便从图样上得到实物大小的真实感。

标注尺寸时，应按实物的实际尺寸进行标注，与所采用的比例无关，如图 2-13 所示。

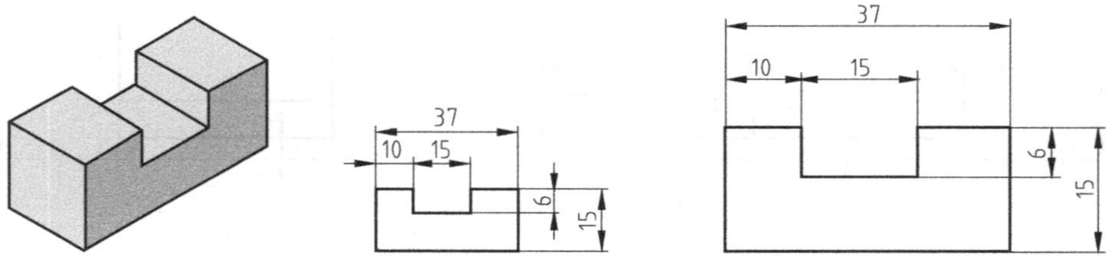

a) b) c)

图 2-13 按实物的实际尺寸进行标注

a）实物 b）1:2 c）1:1

2.2.3 字体

字体指图中汉字、字母、数字的书写形式。字体书写的基本要求是：字体工整、笔画清楚、间隔均匀、排列整齐。国家标准对字体的书写规范进行了规定。

1. 字号

字体的号数，即字体的高度（单位为 mm），分为 1.8、2.5、3.5、5、7、10、14、20 共 8 种。

2. 汉字

汉字写成长仿宋体字，并应采用国家正式公布推行的简化字。汉字的高度 h 不应小于 3.5 mm，其字宽约为 $0.7h$。

3. 字母和数字

字母和数字分 A 型和 B 型两类，可写成斜体或直体，一般采用斜体。斜体字字头向右倾斜，与水平基准线成 75°。

图 2-14 所示为汉字、字母以及数字的书写示例。

字体工整 笔画清楚 间隔均匀 排列整齐

横平竖直 注意起落 结构均匀 填满方格

技术制图 机械电子 汽车船舶 土木建筑

螺纹齿轮 航空工业 施工排水 供暖通风 矿山港口

ABCDEFGHIJKLMNOPQRSTUVWXYZ

abcdefghijklmnopqrstuvwxyz

0123456789 *0123456789*

图 2-14 汉字、字母以及数字的书写示例

2.2.4 图线

绘制机械图样使用的基本图线有粗实线、细实线、细虚线、细点画线、细双点画线、波浪线、双折线、粗点画线。

表 2-3 列出了机械图样中常用图线的名称、线型、线宽及其主要用途。图 2-15 所示为常用图线的用途示例。

表 2-3 常用图线

图线名称	线型	线宽 d	主要用途
细实线	——————	$d/2$	过渡线、尺寸线、尺寸界线、指引线、基准线、剖面线、重合断面的轮廓线等
波浪线		$d/2$	断裂处的边界线、视图与剖视图的分界线 在同一张图样上一般采用一种线型
双折线		$d/2$	

（续）

图线名称	线型	线宽 d	主要用途
粗实线	d	d	可见棱边线、可见轮廓线、相贯线等
细虚线	（间隔 1.5d，画 6d）	d/2	不可见棱边线、不可见轮廓线
细点画线		d/2	轴线、对称中心线、分度线等
细双点画线		d/2	重心线、成形前轮廓线、轨迹线、极限位置的轮廓线等

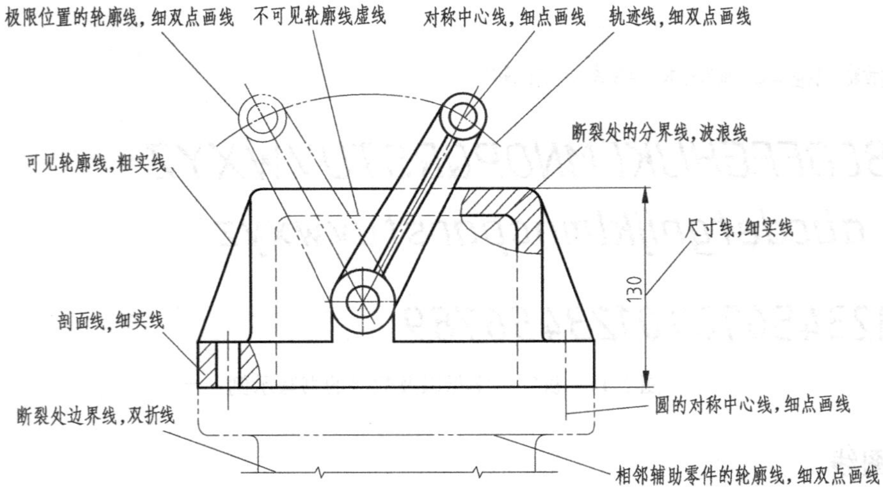

图 2-15　常见图线的用途示例

在绘图过程中除了正确掌握图线的标准和用法以外，还应遵守以下几点。

1）同一图样中，同类图线的宽度应保持一致。

2）虚线、点画线及双点画线的画长度和间隔应各自大致相等。

3）当虚线、点画线及双点画线在粗实线的延长线上时，连接处应空开，粗实线画到分界点。

4）点画线及双点画线的首末两端应是画，且应超出图形轮廓线 2～5mm。

5）在较小图形上绘制点画线或双点画线有困难时，可用细实线代替。

6）当各种线条重合时，应按粗实线、虚线、点画线的优先顺序画出。

7）绘制圆的对称中心线时，圆心应为画的交点。

8）虚线、点画线或双点画线和实线相交或它们自身相交时，应以画相交，而不应为点或间隔。

图2-16所示为图线画法的注意事项。

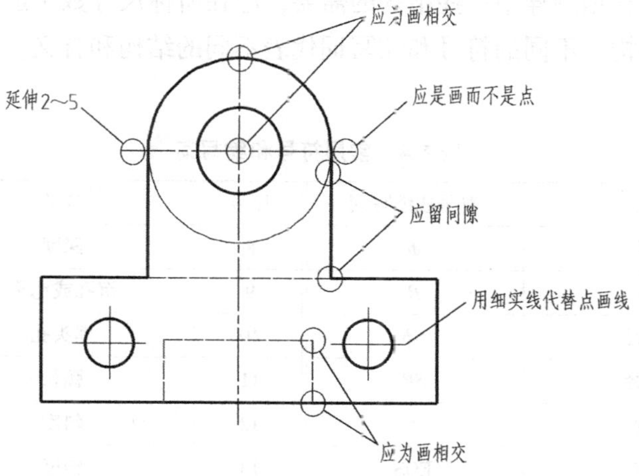

图2-16 图线画法的注意事项

2.3 尺寸注法

图形只能表达机件的形状，而机件的大小是由标注的尺寸确定的。尺寸标注是一项极为重要的工作，如果尺寸有遗漏或错误，会给生产带来困难和损失。国家标准对尺寸标注的基本原则、尺寸组成、尺寸注法做了明确规定。

2.3.1 尺寸标注的基本原则

1）图样上所标注尺寸为机件的真实大小，它与图形的比例和绘图的准确度无关。

2）图样中的尺寸以毫米为单位时，不标注单位名称；采用其他单位时必须注明单位名称。

3）图样中所标注的尺寸为该图样所示机件的最后完工尺寸。

4）机件的每一尺寸在图样中一般只标注一次，并应标注在反映该结构最清晰的图形上。

2.3.2 尺寸组成

一个完整的尺寸一般应包括尺寸数字、尺寸线和尺寸界线，如图2-17所示。国家制图标准中对尺寸组成做了详细的规定。

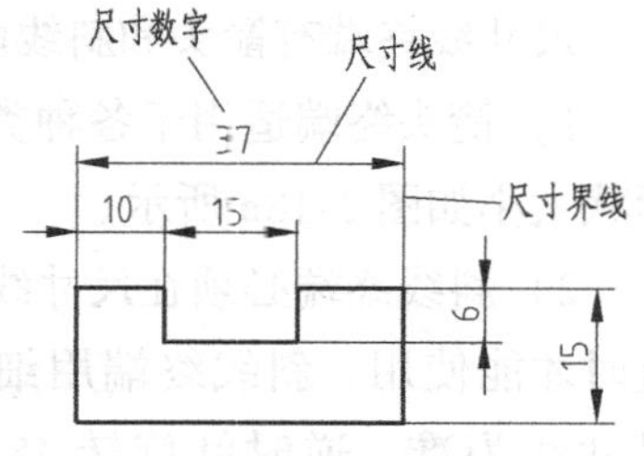

图2-17 尺寸组成

1. 尺寸数字

线性尺寸数字一般写在尺寸线的上方，水平方向字头向上，竖直方向字头向左，按国家标准对字体的规定形式书写，且不能被任何图线通过，否则必须将图线断开。同一张图样上的字高要一致，一般为3.5号字。

在标注尺寸时，根据图样中一些结构的需要，应在所标尺寸数字前注写特定的符号和缩写词，以表达这些结构。不同的符号和缩写词代表不同的结构和含义。常用符号和缩写词见表2-4。

表2-4　常用符号和缩写词

序号	含　义	符号或缩写词	序号	含义	符号或缩写词
1	直径	ϕ	8	深度	↧
2	半径	R	9	沉孔或锪平	⌴
3	球直径	$S\phi$	10	埋头孔	⌵
4	球半径	SR	11	弧长	⌒
5	厚度	t	12	斜度	∠
6	均布	EQS	13	锥度	◁
7	45°倒角	C	14	正方形	□
符号的比例画法	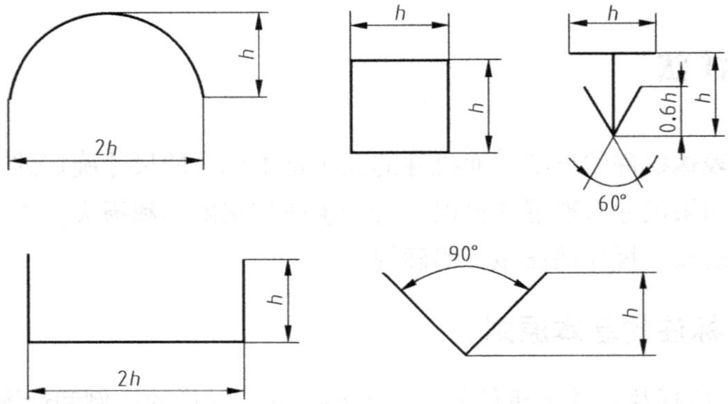				

2. 尺寸线

尺寸线用来表示所注尺寸的度量方向。制图标准对尺寸线做了如下的规定。

1）尺寸线用细实线绘制，不能用其他图线代替，一般也不与其他图线重合或画在其他图线的延长线上。

2）线性尺寸的尺寸线必须与所标注的线段平行。

3）当有几条相互平行的尺寸线时，大尺寸应在小尺寸外面。

4）尺寸线与轮廓线间的间距、相邻尺寸线间的间距为5～7mm。

尺寸线终端有箭头和斜线两种形式。

1）箭头终端适用于各种类型的图样，箭头的形状大小如图2-18a所示。

2）斜线终端必须在尺寸线与尺寸界线相互垂直时才能使用。斜线终端用细实线绘制，方向以尺寸线为准，逆时针旋转45°画出，如图2-18b所示。

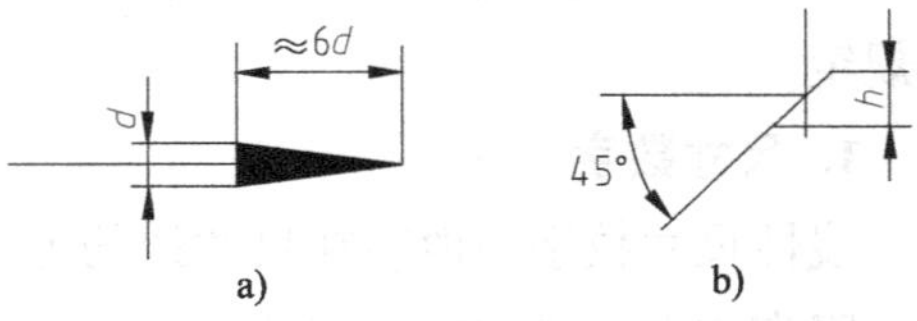

图2-18　尺寸线终端

a）箭头　b）斜线

3. 尺寸界线

尺寸界线用来限定尺寸度量的范围。尺寸界线用细实线绘制，一般与尺寸线垂直，并超出尺寸线 2 ~ 3mm，由图形的轮廓线、轴线或对称中心线引出。也可以用图形的轮廓线、轴线或对称中心线作为尺寸界线。

2.3.3　尺寸注法示例

表 2-5 列出了尺寸注法示例。

表 2-5　尺寸注法示例

内容	图　　例	说　　明
线性尺寸	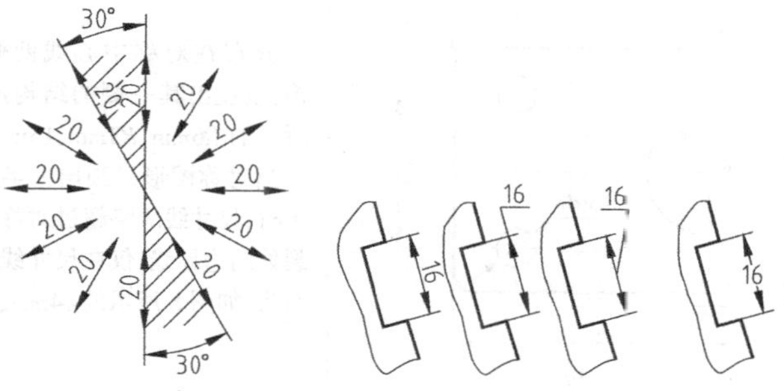 a)　b)　c)	线性尺寸数字应按图 a 所示的方向书写，并尽量避免在图示 30°范围内标注尺寸。当无法避免时，可按图 b 所示标注。在不致引起误解时，非水平方向的尺寸数字也允许水平注写在中断处，如图 c 所示。但同一图样中的注法应一致
角度	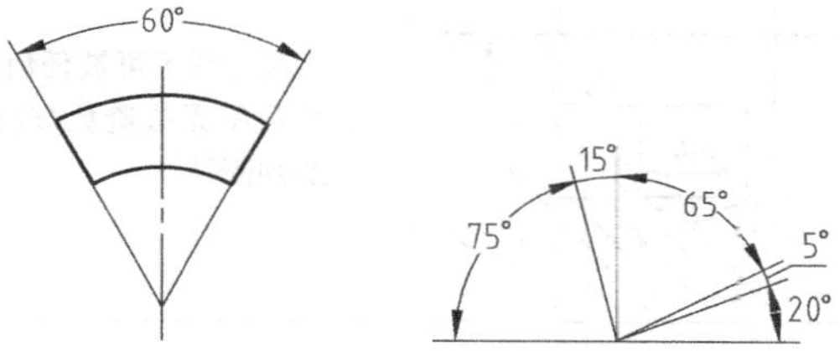	角度的尺寸界线应沿径向引出，尺寸线画成圆弧，圆心是该角的顶点。尺寸数字一律水平书写，一般标注在尺寸线中断处，必要时也可注写在尺寸线附近或注写在引出线上方
圆	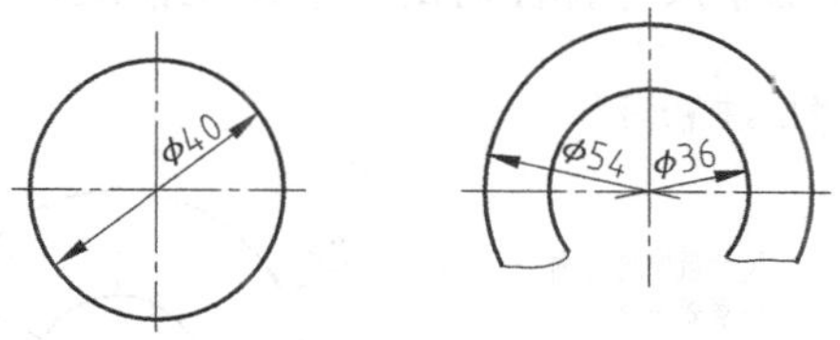	直径尺寸在尺寸数字前加“ϕ”。当尺寸线的一端无法画出箭头时，尺寸线要超过圆心一段
圆弧	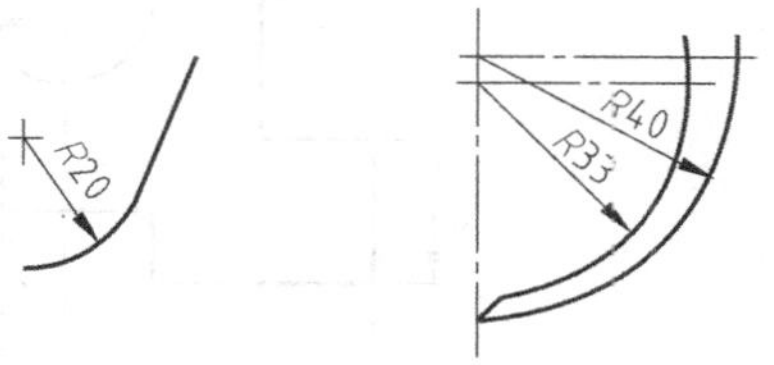	半径尺寸在尺寸数字前加“R”。半径尺寸线一般应通过圆心
大圆弧	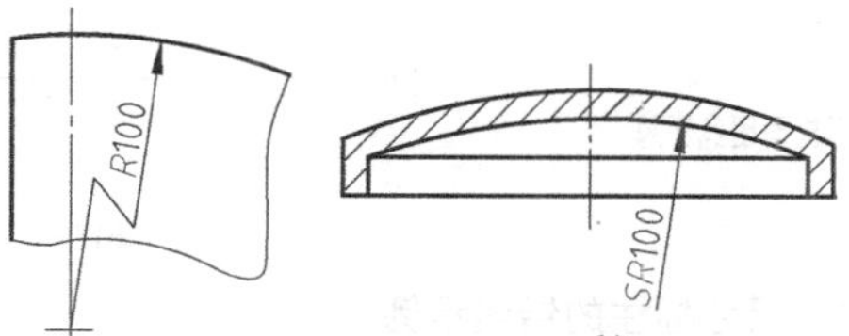 a)　b)	在图纸范围内无法标出圆心位置时，按图 a 所示标注；不需标注出圆心位置时，按图 b 所示标注

（续）

内容	图例	说明
小尺寸	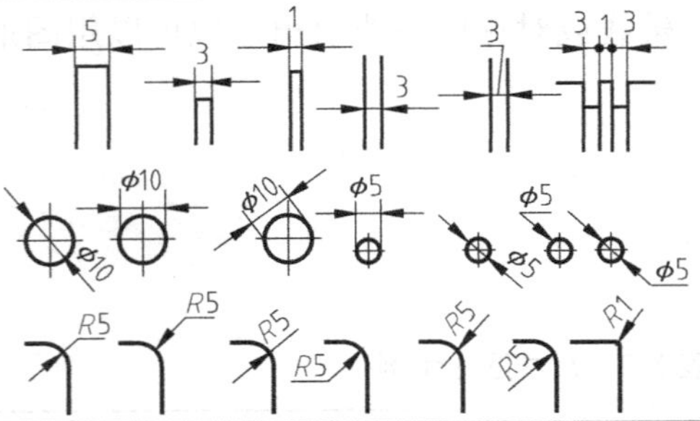	当没有足够的位置画箭头或注写尺寸数字时，可将箭头或尺寸数字布置在尺寸界线外面，或者两者都布置在尺寸界线外面，尺寸数字也可引出标注 对连续标注的小尺寸，中间的箭头可用圆点或斜线代替
对称结构	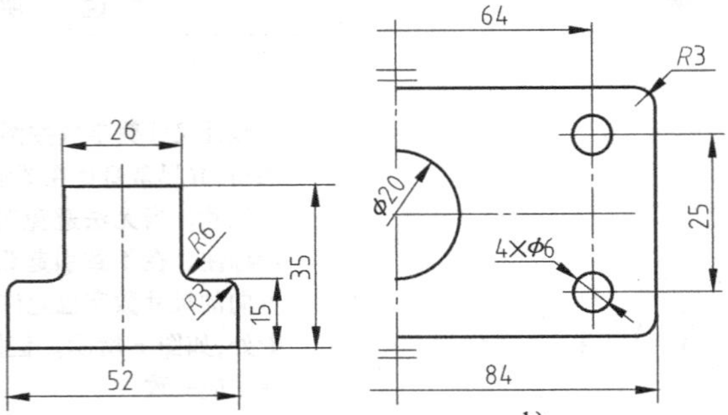 a)　b)	分布在对称中心线两侧的相同结构，仅注出其一侧的结构尺寸，如图 a 所示的 R6mm、R3mm、15mm 当对称图形只画出一半或略大于一半时，尺寸线应略超过对称中心线或断裂处的边界线，仅在尺寸线的一端画出箭头，如图 b 所示的 64mm、84mm
图线通过尺寸数字时的处理	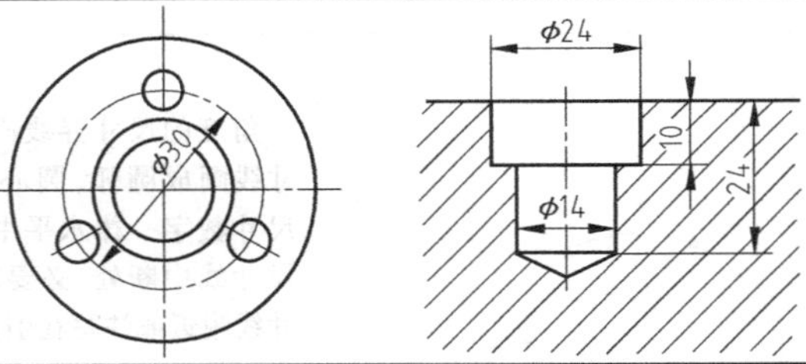	尺寸线不可被任何图线通过。当尺寸数字无法避免被图线通过时，图线必须断开

图 2-19 用正误对比的方法，列举了初学尺寸标注时的一些常见错误。

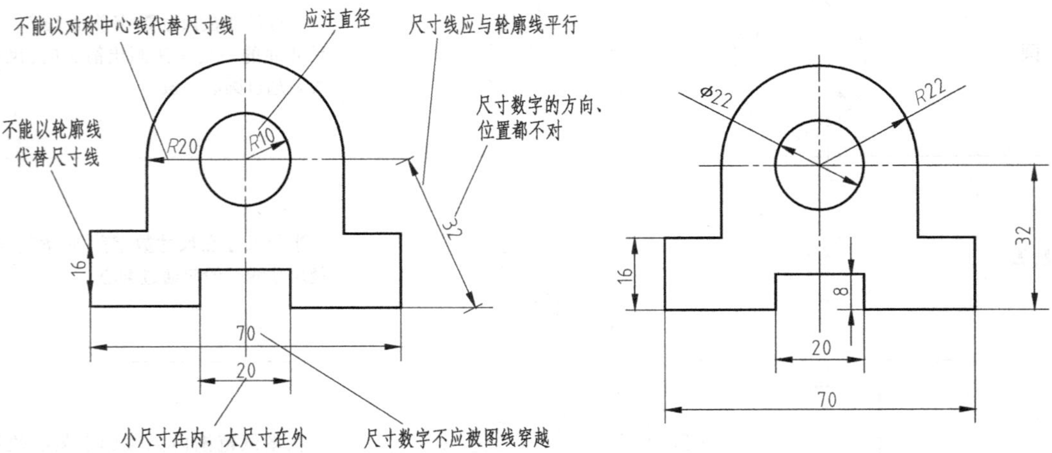

a)　b)

图 2-19　尺寸标注的错误示例

a）错误　b）正确

2.4　基本几何作图

在制图过程中，常会遇到等分线段、等分圆周、作多边形、画斜度和锥度、圆弧连接及绘制非圆曲线等的几何作图问题。

2.4.1　等分圆周及作圆内接正多边形

等分圆周及作圆内接正多边形见表2-6。

表2-6　等分圆周及作圆内接正多边形

等　　分	画　　图	说　　明
四等分圆周和作正四边形	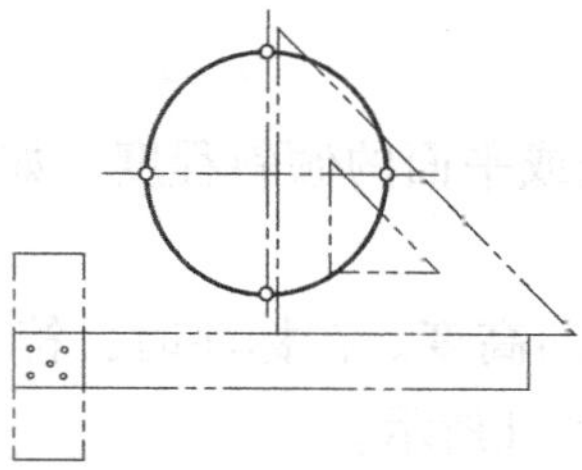	将四个点依次连接即可得到正四边形
八等分圆周和作正八边形	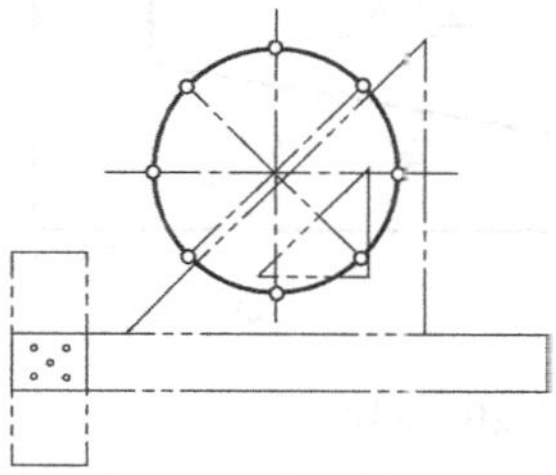	在四等分的基础上，借助45°三角板，过圆心即可得到各点，连接各点即可
三等分圆周和作正三角形	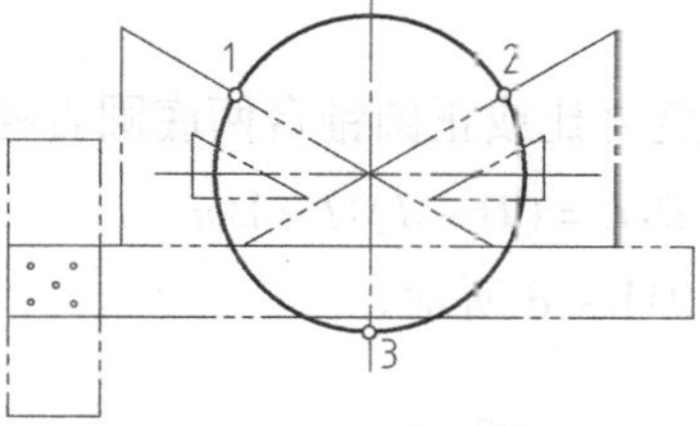	用30°直角三角板，长边靠紧丁字尺，使斜边通过圆心，得到斜边与圆的交点1，翻转三角板，得到另一点2，依次首尾连接点1～3即可
六等分圆周和作正六边形	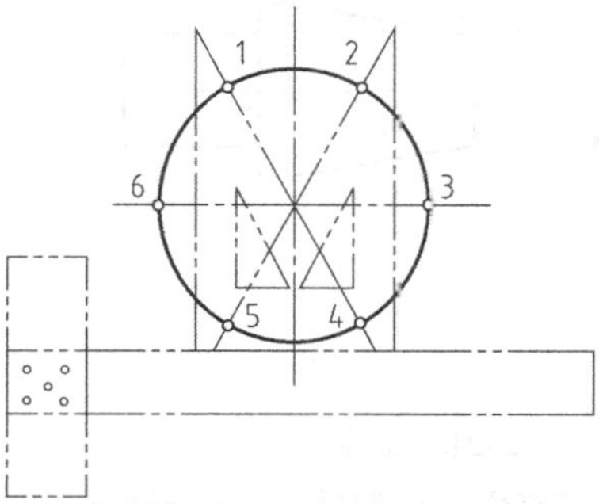	30°直角三角板的短边紧靠丁字尺，斜边过圆心，得斜边与圆的交点1、4，翻转三角板可得点2、5，将点1～6依次首尾连接即可 注：六等分圆还可用圆规以点6、3为圆心，以圆的半径为半径，画圆弧交被等分圆于点1、5、2、4

（续）

等　　分	画　　图	说　　明
五等分圆周和作正五边形	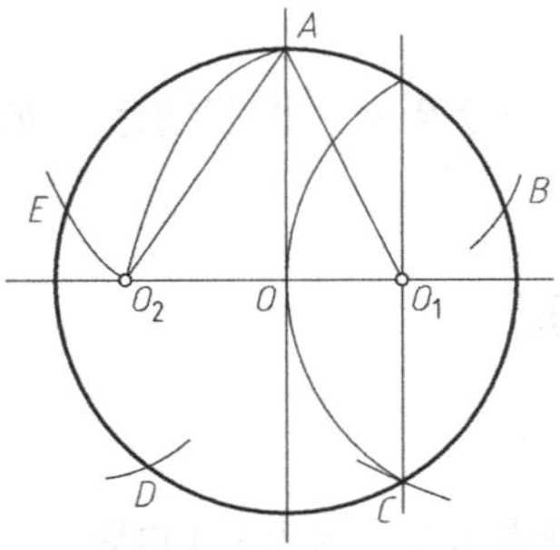	作水平半径的等分点 O_1，以 O_1 为圆心，O_1A 为半径画圆弧交水平直径线于 O_2；以 O_2A 为半径，分圆为五等分，顺序连接各等分点即成

2.4.2　斜度和锥度

1. 斜度

斜度是指一直线或平面相对另一直线或平面的倾斜程度，如图 2-20a 所示，即斜度 = $\tan\alpha = H:L = 1:n$ 。

斜度符号如图 2-20b 所示，h 为字体的高度。在标注时，符号的方向要与倾斜方向一致，如图 2-20c 所示。斜度的画法如图 2-20d 所示。

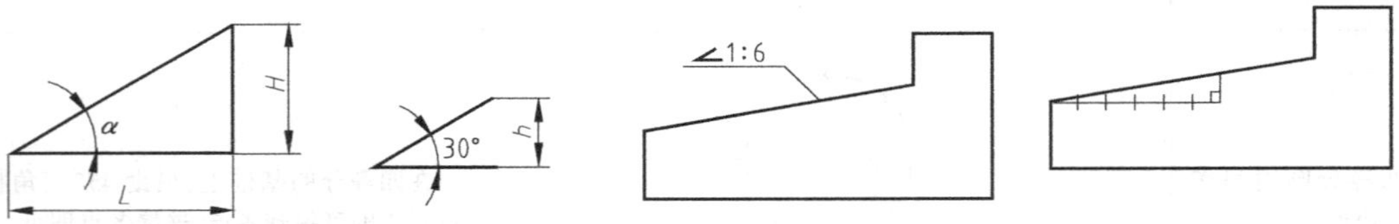

a)　　b)　　c)　　d)

图 2-20　斜度

a）斜度定义　b）斜度符号　c）斜度标注　d）斜度的画法

2. 锥度

锥度是正圆锥底圆直径与正圆锥高度之比或正圆锥台两底圆直径之差与正圆锥台高度之比，如图 2-21a 所示，即锥度 = $2\tan\alpha = D:L = (D-d):l = 1:n$。

锥度符号、标注、画法分别如图 2-21b ~ d 所示。

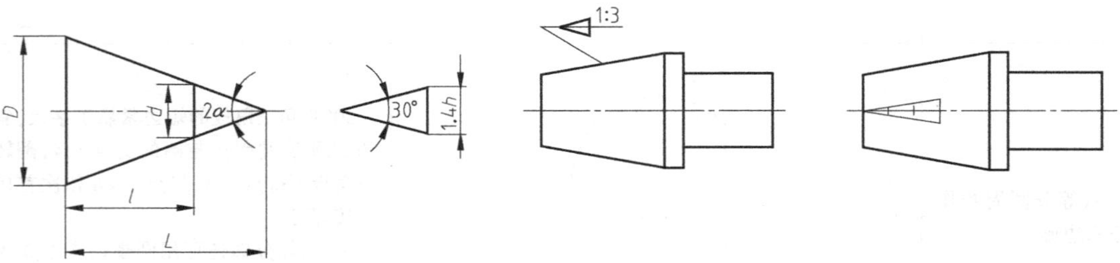

a)　　b)　　c)　　d)

图 2-21　锥度

a）锥度定义　b）锥度符号　c）锥度标注　d）锥度的画法

2.4.3 圆弧连接

工程图样中大多数图形是由直线与圆弧、圆弧与圆弧连接而成的。圆弧连接实际上就是用已知半径的圆弧光滑地连接两已知线段（直线或圆弧）。起连接作用的圆弧称为连接弧。

这里讲的连接，指圆弧与直线或圆弧与圆弧的连接处是相切的。因此，在作图时，必须根据连接弧的几何性质，准确求出连接弧的圆心和切点的位置。

1. 圆弧连接的基本原理

圆弧连接的基本原理见表2-7。

表2-7 圆弧连接的基本原理

类　　别	图　　例	基本原理
与已知直线相切	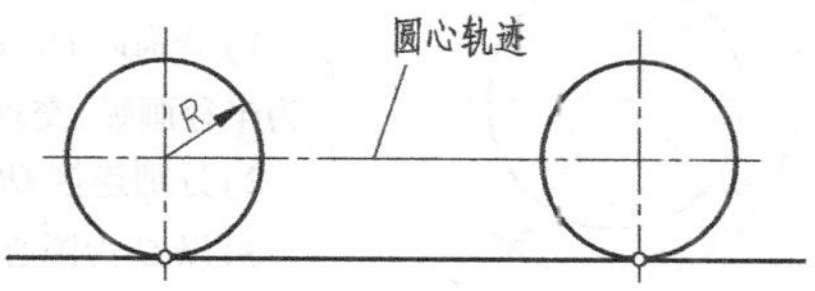	半径为 R 的连接弧与已知直线连接（相切）时，连接弧圆心的轨迹是与直线相距为 R 且平行于已知直线的直线，切点为由连接弧圆心向已知直线所作垂线的垂足
与已知圆弧外切	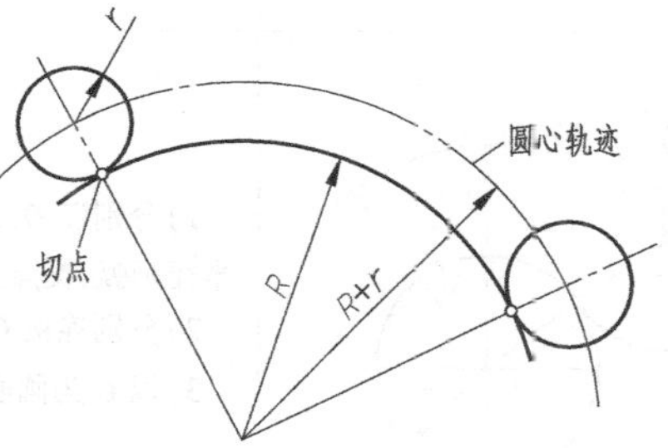	当一个半径为 r 的连接弧与已知圆弧（半径为 R）外切时，连接弧圆心的轨迹是已知圆弧的同心圆弧，其半径为 $R+r$，切点为两圆心的连线与已知圆弧的交点
与已知圆弧内切	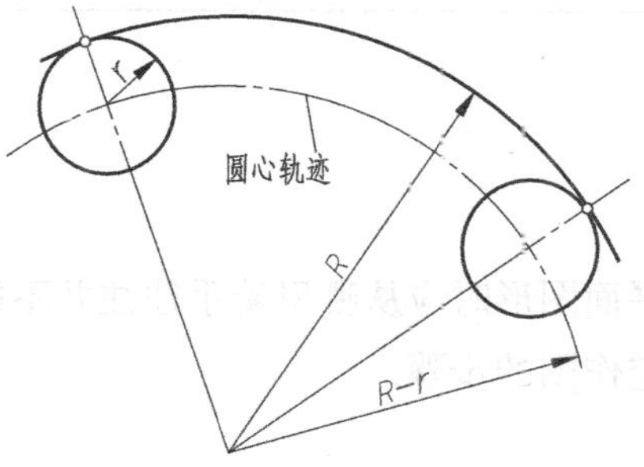	当一个半径为 r 的连接弧与已知圆弧（半径为 R）内切时，连接弧圆心的轨迹是已知圆弧的同心圆弧，其半径为 $R-r$，切点为两圆心的连线与已知圆弧的交点

2. 圆弧连接的作图方法

圆弧连接有三种基本形式：用已知圆弧连接两已知直线；用已知圆弧连接两已知圆弧（内切和外切）。

在作图过程中，一般遵循先求圆心，再定切点，最后画连接弧的步骤，具体的作图方法见表2-8。

表 2-8 圆弧连接的画法

类　别	图　例	操 作 步 骤
用半径为 R 的圆弧连接两已知直线	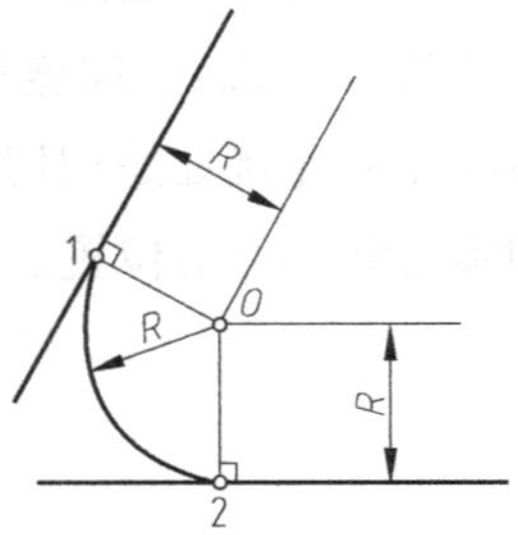	1)分别作两已知直线的平行线,交点 O 即为连接弧圆心 2)过圆心 O 分别向已知直线作垂线,垂足1、2即为切点 3)以 O 为圆心,以 R 为半径在两切点之间画连接弧
用半径为 R 的圆弧内切连接两已知圆弧	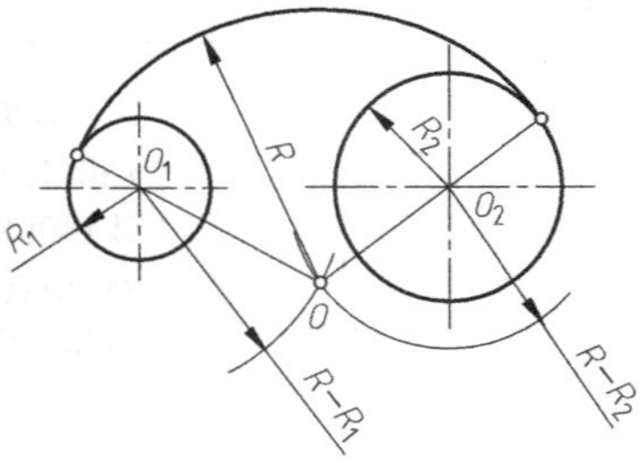	1)分别以 O_1、O_2 为圆心,以 $R-R_1$、$R-R_2$ 为半径画弧,交点为连接弧圆心 O 2)分别连接 OO_1、OO_2 并延长得切点 3)以 O 为圆心,R 为半径画弧,即得所求
用半径为 R 的圆弧外切连接两已知圆弧	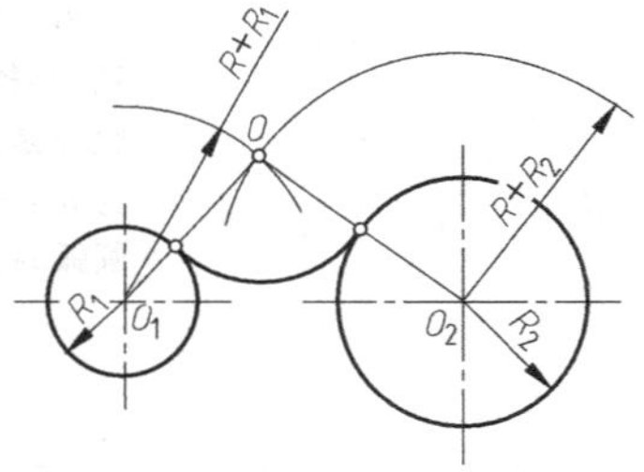	1)分别以 O_1、O_2 为圆心,$R+R_1$、$R+R_2$ 为半径画弧,交点为连接弧圆心 O 2)分别连接 OO_1、OO_2 得切点 3)以 O 为圆心,R 为半径画弧,即得所求

2.5 平面图形

平面图形由许多线段组成，画平面图形时应从哪里着手往往并不明确，因此需要分析图形的组成及其线段的性质，从而确定作图的步骤。

2.5.1 平面图形的尺寸分析

对平面图形进行尺寸分析，可以检查尺寸标注的完整性，确定各线段的作图顺序。

尺寸按其在平面图形中的作用，可分为定形尺寸和定位尺寸。现以图 2-22 所示的图形为例进行分析。

1. 定形尺寸

确定平面图形上各线段形状大小的尺寸称为定形尺寸，如图 2-22 所示 $\phi11$，$\phi19$、$R52$、

R5.5 等。

2. 定位尺寸

确定几何元素相对位置的尺寸，称为定位尺寸，如图 2-22 所示 80。

3. 尺寸基准

确定尺寸位置的几何元素称为尺寸基准，如图 2-22 所示的中心线。常用作基准线的有对称图形的对称线、较大圆的中心线、较长的直线等。

注意：有些尺寸既有定形尺寸的作用，又有定位尺寸的作用。

2.5.2　平面图形的线段分析

平面图形中的各线段，按所标注尺寸的不同可分为三类。

1. 已知线段

定形尺寸和定位尺寸都齐全的线段称为已知线段，如图 2-22 所示左端的两个矩形线框及圆弧 *R*5.5。

2. 中间线段

只有定形尺寸和一个定位尺寸，而缺少另一个定位尺寸的线段称为中间线段，如图2-22 所示圆弧 *R*52。这类线段要在其相邻一段的线段画出后，再根据连接关系（如相切），通过几何作图的方法画出。

3. 连接线段

只有定形尺寸而缺少定位尺寸的线段称为连接线段，如图 2-22 所示圆弧 *R*30mm。

【例 2-1】　抄画图 2-22 所示平面图形。

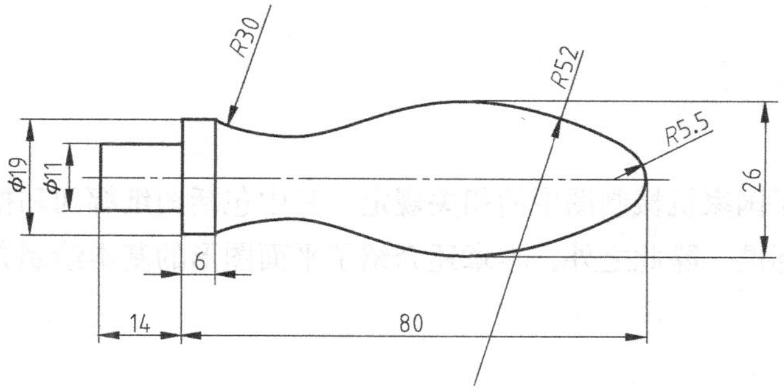

图 2-22　平面图形

作图步骤

1）对图形进行尺寸分析和线段分析，确定基准，确定尺寸和线段的类型。

2）用细点画线画出图形的基准线，并画已知线段，如图 2-23a 所示。

3）画中间线段，如图 2-23b 所示。

4）画连接线段，如图 2-23c 所示。

5）整理，擦去多余的线，并按线型规定加深，如图 2-23d 所示。

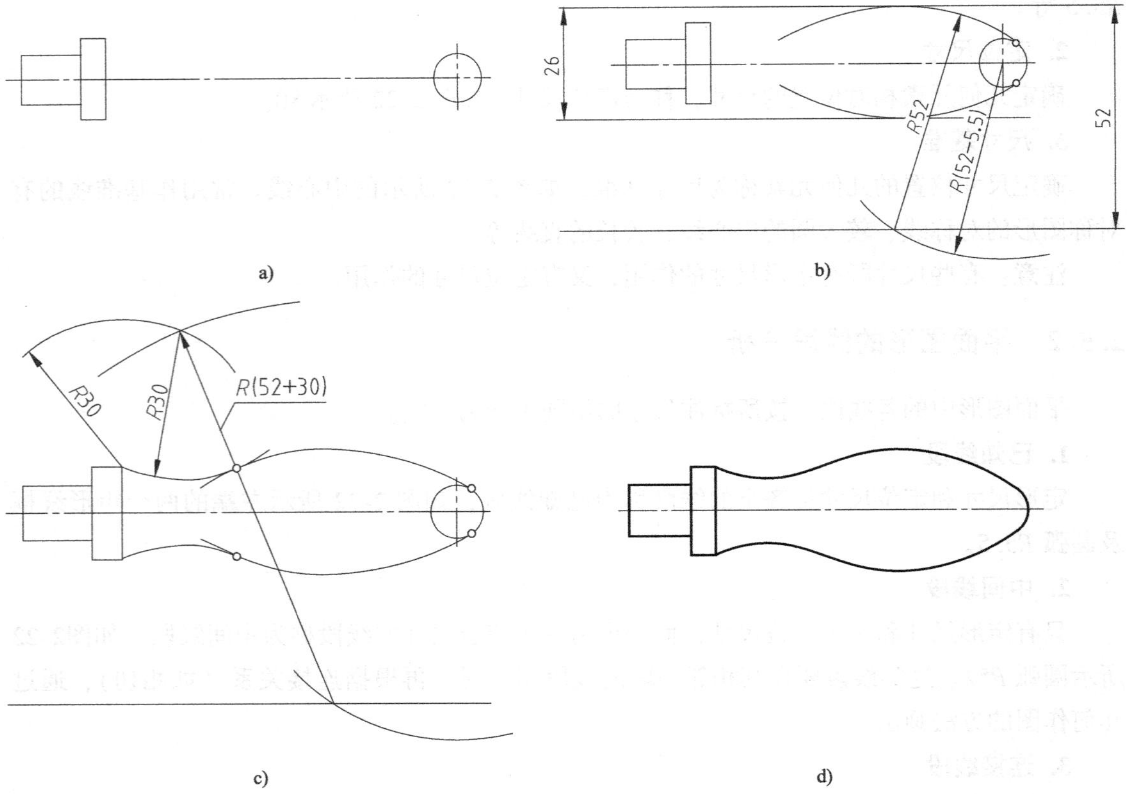

图2-23 平面图形的作图步骤

a）画中心线及已知线段 b）画中间线段 c）画连接线段 d）整理、加深

2.6 本章小结

本章主要介绍了国家机械制图中的相关规定，其中包括图纸幅面和格式、比例、字体以及尺寸注法等国家标准。除此之外，本章还介绍了平面图形的基本绘制方法。

2.7 习题

1）按国家标准规定，一共有几种类型的基本图幅？

2）有关看图方向，国家标准是怎样规定的？

3）在图样中书写的汉字和数字有什么要求？

4）图样中常用的图线有哪几种？

5）一个完整的尺寸由哪些元素组成？在进行尺寸标注时需注意哪些问题？

6）平面图形中的线段分为哪几类？绘制平面图形的步骤是怎样的？

第3章

设置基本绘图环境

在 CAXA 电子图板 2015 软件中，提供了图层以便控制图样中图线的颜色、宽度和线型。单击主菜单按钮，弹出下拉菜单，如图 3-1 所示。选择所需命令即可执行相应操作。

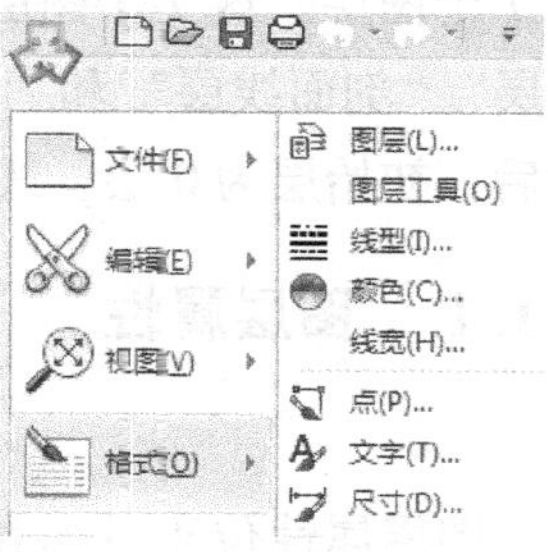

图 3-1　下拉菜单

重点知识

- 图层的设置
- 线型、颜色的设置

练习案例

- 建立图层

3.1　图层

CAXA 电子图板 2015 绘图系统同其他 CAD/CAM 绘图系统一样，为用户提供了分层功能。

层也称为图层，是开展结构化设计不可缺少的软件环境。众所周知，一幅机械工程图样包含有各种各样的信息，有确定对象形状的几何信息，也有表示线型、颜色等属性的非几何信息，当然也还有各种尺寸和符号。这么多的内容集中在一张图样上，必然给设计绘图工作造成很大负担。如果能够把相关的信息集中在一起，或把某个零件、某个组件集中在一起单独进行绘制或编辑，当需要时又能够组合或单独提取，那么将使绘图设计工作变得简单而又方便。本章介绍的图层就具备这种功能，可以采用分层的设计方式完成上述要求。

可以把图层想象为一张没有厚度的透明薄片，对象及其信息就存放在这张透明薄片上。CAXA 电子图板 2015 中的每一个图层必须有唯一的层名；不同的图层上可以设置不同的线型和不同的颜色，也可以设置其他信息。图层与图层之间由一个坐标系（即世界坐标系）统一定位。所以，一个图形文件的所有图层都可以重叠在一起而不会发生坐标关系的混乱。图 3-2形象地说明了图层的概念。

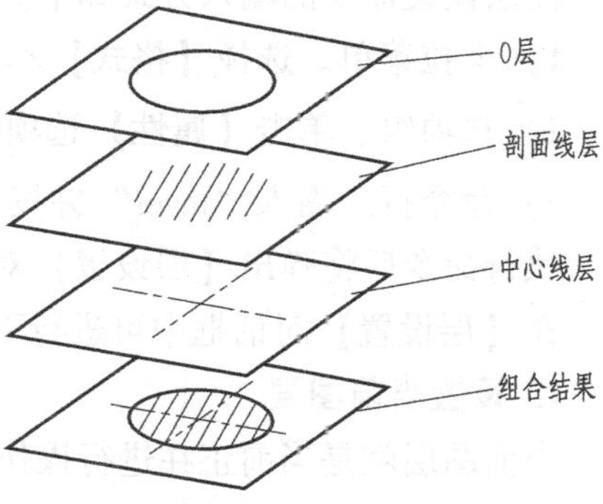

图 3-2　图层的概念

通过创建图层，可以将类型相似的对象指定给同一个图层使其相关联。例如：可以将粗实线、中心线、虚线、点画线、剖面线、文字、标注和标题栏等置于不同的图层上，然后进行控制。

图层的状态是可以改变的，即改变图层名、层描述、线型、颜色、打开与关闭以及是否为当前层等。图层可以建立也可以删除，可以打开也可以关闭。

注意：关闭的图层上的实体不被显示，也不能被拾取。

每一个图层有唯一的层名，具有自身的线型和颜色。为了便于用户使用，系统预先定义了 7 个图层。这 7 个图层的层名分别为“0 层”“中心线层”“虚线层”“细实线层”“尺寸线层”“剖面线层”和“隐藏层”。每个图层都按其名称设置了相应的线型和颜色。系统启动后，初始层为 0 层，线型为粗实线。

3.1.1　图层属性

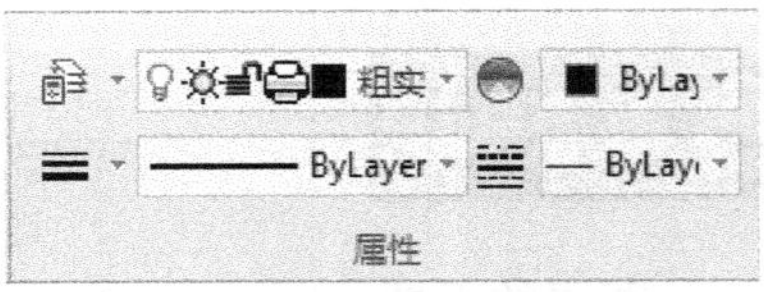

图 3-3　【属性】选项组

图层属性位于【常用】选项卡中【属性】选项组，如图 3-3 所示。【属性】选项组功能简介见表 3-1。

表 3-1　【属性】选项组功能简介

工具	名称	用途
	图层特性管理器	管理图层
	图层设置下拉列表框	显示当前层及其状态；单击下拉箭头从下拉列表中选择图层以更改当前层
	线型特征管理器	管理线型
	线型控制下拉列表框	显示当前创建对象的线型；单击下拉箭头从下拉列表中选择线型以更改当前线型
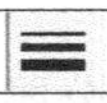	线宽特征管理器	管理线宽
	线宽控制下拉列表框	显示当前创建对象的线宽；单击下拉箭头从下拉列表中选择线宽以更改当前线宽
	颜色特征管理器	管理颜色
	颜色控制下拉列表框	显示当前创建对象的颜色；单击下拉箭头从下拉列表中选择颜色以更改当前颜色

3.1.2　图层设置

图层设置命令的输入方式如下。

1）下拉菜单。选择【格式】/【图层】命令。

2）选项组。单击【属性】选项组按钮。

3）命令行。输入“layer”并按 <Enter> 键。

执行命令后将弹出【层设置】对话框，如图 3-4 所示。

在【层设置】对话框中可进行下面的操作。

1. 设置当前图层

当前图层就是当前正在进行操作的图层。

单击图层列表中所需的图层，再单击右侧的【设为当前】按钮，设置完成后单击【确

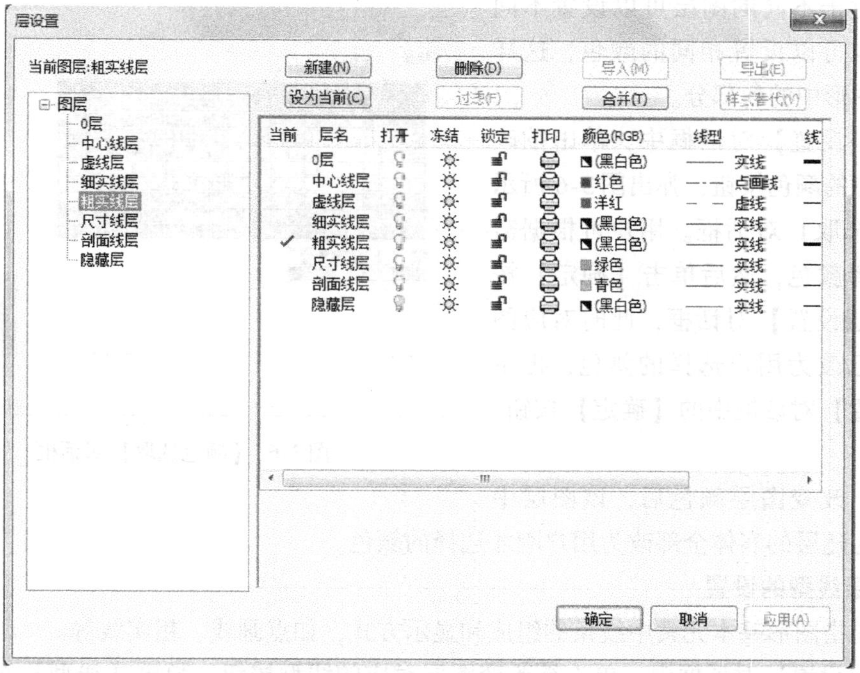

图 3-4 【层设置】对话框

定】按钮，结束操作。

设置当前图层的另一方法：单击【常用】选项卡中【属性】选项组中的图层设置下拉列表框右侧的下拉箭头，可弹出图层下拉列表，在下拉列表中单击所需的图层即可完成当前图层选择的设置操作，如图 3-5 所示。

注意：图层改名只改变图层的名称，不会改变图层上的原有状态。

2. 打开和关闭图层

在【层设置】对话框中，将鼠标移至欲改变图层的层状态（打开/关闭）位置上，单击按钮 💡 就可以进行打开和关闭图层的切换。

图层处于打开状态时，该图层的实体被显示在绘图区；图层处于关闭状态时，该图层的实体处于不可见状态，但实体仍然存在，并没有被删除。

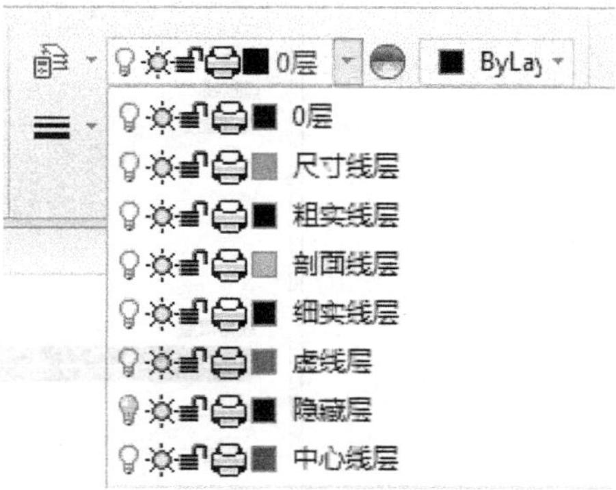

图 3-5 设置当前图层

打开和关闭图层功能在绘制复杂图形时非常有用。在绘制复杂得多视图时，可以把当前无关的一些细节（即某些实体）隐去，使图面清晰、整洁，以加快绘图和编辑的速度，待绘制完成后，再将其打开，显示全部内容。

注意：当前图层最好不要关闭，否则在当前图层上再进行的相关操作都无法显示。

3. 改变图层颜色

在图层中，为了区分不同的图层，对图层颜色的设置很重要。在每一个图层里都有一定的颜色。对于不同的图层可以设置不同的颜色，也可以设置相同的颜色，这样方便区分图形中的各部分。

在【层设置】对话框中，单击欲改变图层对应的颜色按钮，弹出图 3-6 所示的【颜色选取】对话框。用户可根据需要从中选择颜色，然后单击【确定】按钮返回【层设置】对话框，此时对应图层的颜色已改为用户选择的颜色，再单击【层设置】对话框中的【确定】按钮，操作完成。

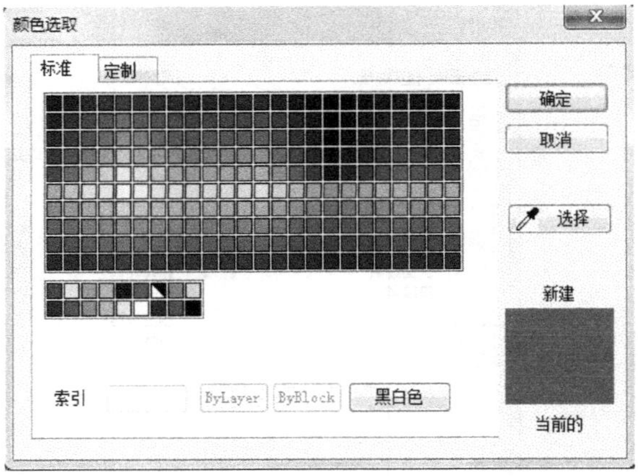

图 3-6 【颜色选取】对话框

注意：改变图层颜色后，该图层中颜色属性为随层的实体全部改为用户刚才选择的颜色。

4. 图层线型的设置

线型是指图形基本元素中线条的组成和显示方式，如点画线、粗实线等。

在【层设置】对话框中，单击欲改变图层对应的线型按钮，弹出【线型】对话框，如图 3-7 所示。用户可根据需要从中选择线型，然后单击【确定】按钮返回【层设置】对话框，此时对应图层的线型已改为用户选择的线型，再单击【层设置】对话框中的【确定】按钮，该图层中线型属性为随层的实体全部改为用户刚才选择的线型。

图 3-7 【线型】对话框

注意：线型改变后，系统原有的状态不发生变化，只将用户选定图层上实体的线型进行转换。

5. 新建图层

在【层设置】对话框中，单击右侧的【新建】按钮，弹出图 3-8 所示对话框，单击

【是】按钮，出现图3-9所示【新建风格】对话框，在该对话框中确定新建图层的名称及基准风格后，单击【下一步】按钮即可完成图层的创建，这时在图层列表的最下面一行出现新建图层。

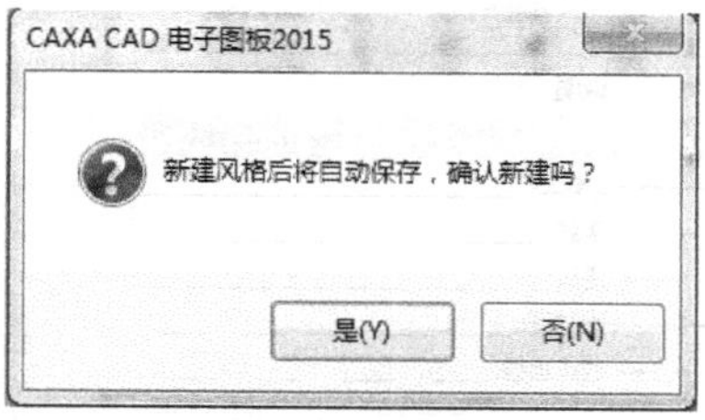

图3-8　单击【新建】按钮后弹出的对话框

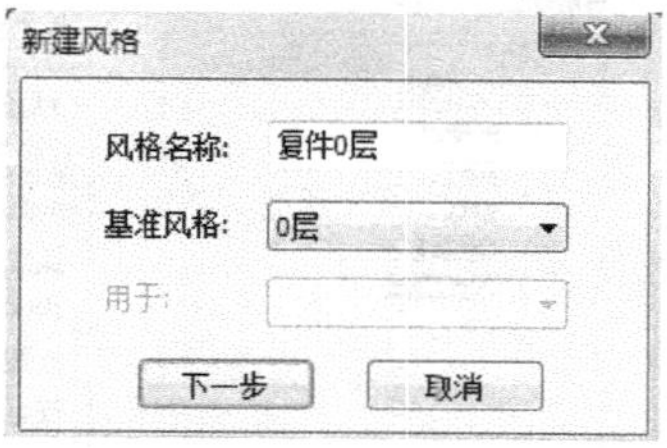

图3-9　【新建风格】对话框

按照前面所介绍的方法可修改新建图层的状态、颜色和线型等属性。单击【确定】按钮，结束新建图层操作。

6. 删除图层

在【层设置】对话框中，在图层列表里选中要删除的图层，单击【删除】按钮，弹出一个提示对话框，如图3-10所示，然后单击【是】按钮，图层被删除，再单击【确定】按钮，结束删除图层操作。

注意：系统定义的7个原始图层不能被删除；图层被设置为当前图层时，不能被删除；图层上有图形被使用时，不能被删除，删除前确认绘制图形中没有任何元素位于此图层上。

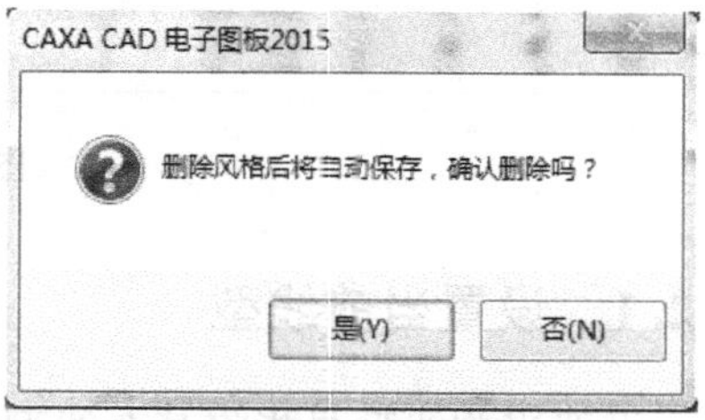

图3-10　单击【删除】按钮后弹出的提示对话框

7. 图层锁定

在绘制图形过程中，一个图层绘制完成后，为了不影响该图层，通常以锁定图层的方式来解决。

在【层设置】对话框中，单击欲改变图层对应的锁定按钮，图层锁定。图层锁定后，此图层上的图素只能增加，可以选中，进行复制、粘贴、阵列、属性查询等操作，但是不能进行删除、平移、拉伸、比例缩放、属性修改、块生成等修改性操作。

注意：标题栏和明细栏以及图框不受图层锁定限制。

3.2　设置线型

CAXA电子图板2015系统中线型的管理和设置主要是通过线型设置命令进行的，其可以进行如下操作：设置当前线型、修改线型、新建、删除等。

线型设置命令的输入方式如下。

1）下拉菜单。选择【格式】/【线型】命令。

2）选项组。单击【属性】选项组按钮。

3）命令行。输入“type”并按<Enter>键。

执行线型设置命令后弹出图3-11所示对话框。

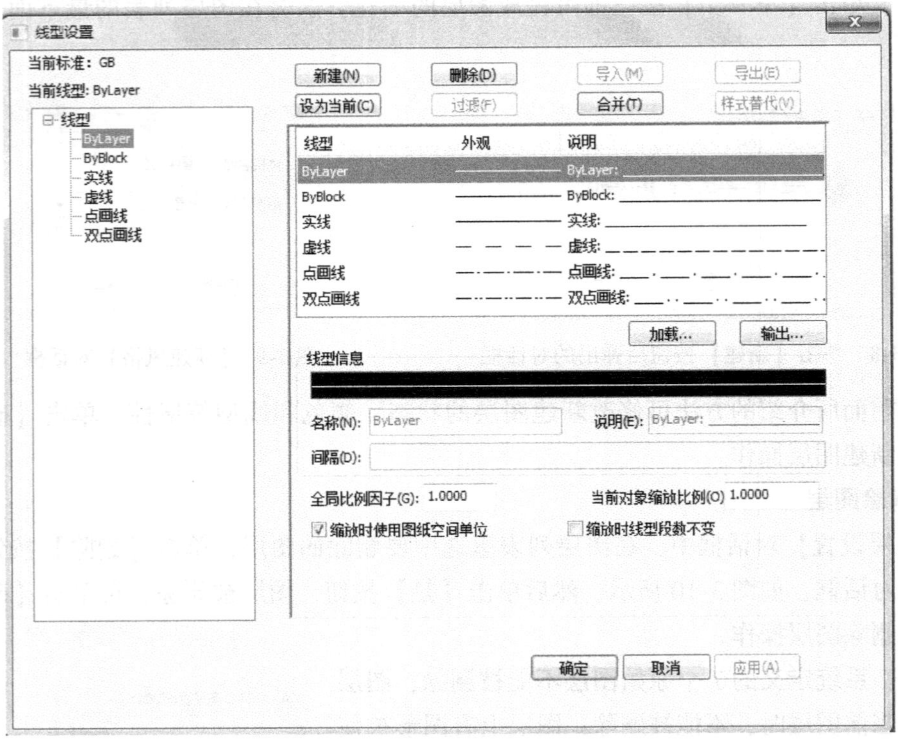

图3-11 【线型设置】对话框

3.2.1 设置当前线型

设置当前线型是指将某个线型设置为当前，随后绘制的图形元素均使用此线型。

设置当前线型的方法如下。

1）在【线型设置】对话框中的左侧线型列表中选择线型，再单击【设为当前】按钮。

2）单击【常用】选项卡中【属性】选项组中的线型下拉列表框，可弹出线型下拉列表，在下拉列表中单击所需的线型即可完成当前线型的设置操作，如图3-12所示。

3）在【线型设置】对话框中用鼠标右键单击左侧线型列表中的线型后，在弹出的菜单中选择【设为当前】命令，如图3-13所示。

3.2.2 修改线型

修改线型是指修改已有线型的参数。线型的参数包括名称、说明、全局比例因子、当前

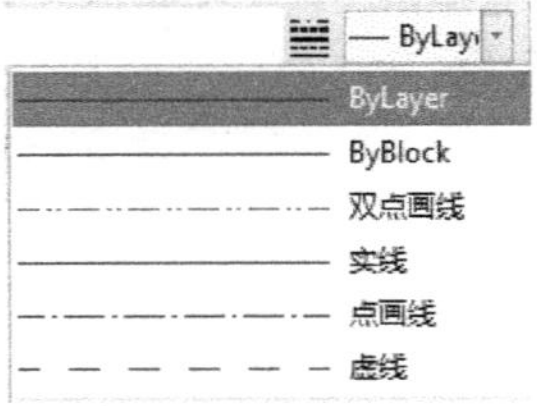

图3-12 设置当前线型1

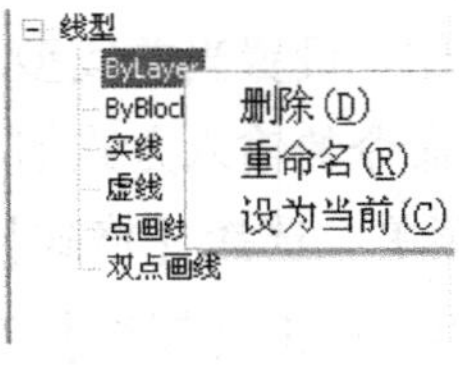

图3-13 设置当前线型2

对象缩放比例、间隔等。【线型设置】对话框中的“bylayer”和“byblock”不能修改。

修改线型的一般步骤如下。

1）执行线型设置命令，打开【线型设置】对话框。

2）在对话框中选择一个线型，可以对【线型信息】下方的各项参数进行编辑修改。

3）修改参数完毕后，单击【确定】按钮即可确认。

线型信息的各项参数含义和修改方法如下。

1）【名称】。设置所选线型的名称，可以直接输入，也可以用鼠标右键单击左侧线型列表中一个线型后，在弹出的菜单中选择【重命名】命令。

2）【说明】。输入所选线型的说明信息，直接输入即可。

3）【全局比例因子】。更改用于图形中所有线型的比例因子。

4）【当前对象缩放比例】。设置所编辑线型的比例因子。绘制对象时所用线型的比例因子是全局比例因子与该对象缩放比例的乘积。

5）【间隔】。输入当前线型的代码。线型代码最多由16个数字组成，每个数字代表笔画或间隔长度的像素值。奇数位的数字代表笔画长度，偶数位数字代表间隔长度，数字“0”代表1个像素，笔画和间隔用逗号分开，线型代码数字个数必须是偶数。例如：点画线的间隔数字为“12，2，2，2”，其线型显示效果如图3-14所示。

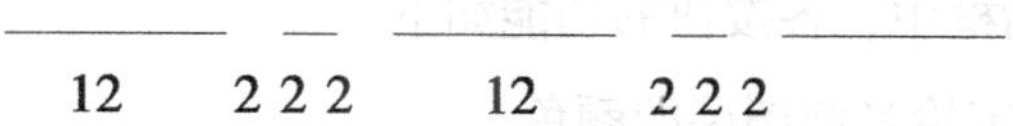

图3-14　线型间隔示例

3.2.3　新建和删除线型

执行线型设置命令，在打开的【线型设置】对话框中单击【新建】按钮，弹出类似于新建图层的对话框，其操作步骤也与之类似，在此不再详述。

删除线型的基本操作与删除图层的基本操作相同。

3.3　设置颜色

CAXA电子图板2015系统中颜色的管理和设置主要是通过颜色设置命令进行的。

颜色设置命令的输入方式如下。

1）下拉菜单。选择【格式】/【颜色】命令。

2）选项组。单击【属性】选项组按钮。

3）命令行。输入“color”并按<Enter>键。

执行颜色设置命令后，弹出【颜色选取】对话框，如图3-15所示。通过该对话框可以进行使用标准颜色和使用定制颜色的操作。

3.3.1　使用标准颜色

使用标准颜色的基本步骤如下。

1）执行颜色设置命令，弹出图 3-15 所示的对话框，默认为使用标准颜色。

2）在对话框内选择一个颜色，对话框提示索引名称，并可在右下方预览选择的颜色和当前的颜色。

3）单击【确定】按钮后，系统当前颜色被设置为选择的颜色。

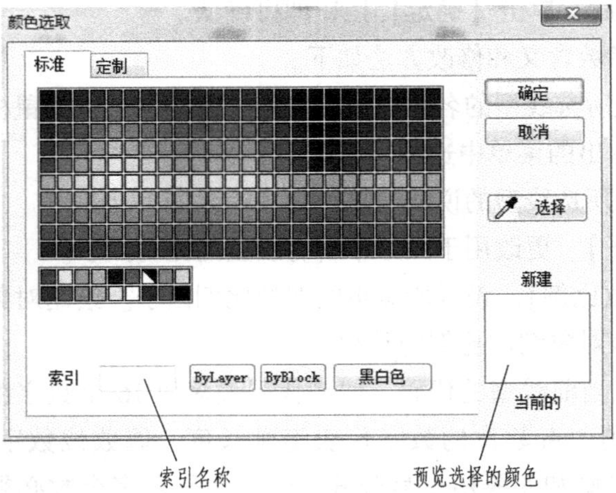

图 3-15 【颜色选取】对话框

在【颜色选取】对话框中，各按钮的功能如下。

1）ByLayer。使用指定给当前图层的颜色。

2）ByBlock。使用“byblock”的颜色，生成对象并建为块时，对象的颜色与块保持一致。

3）黑白色。当系统背景颜色为白色时，绘制对象颜色显示为黑色；反之当系统背景颜色为黑色时，绘制对象颜色显示为白色。

4）选择。单击此按钮，光标变为后单击屏幕上一点拾取一个颜色即可。

3.3.2 使用定制颜色

在【颜色选取】对话框中单击【定制】标签，如图 3-16 所示。

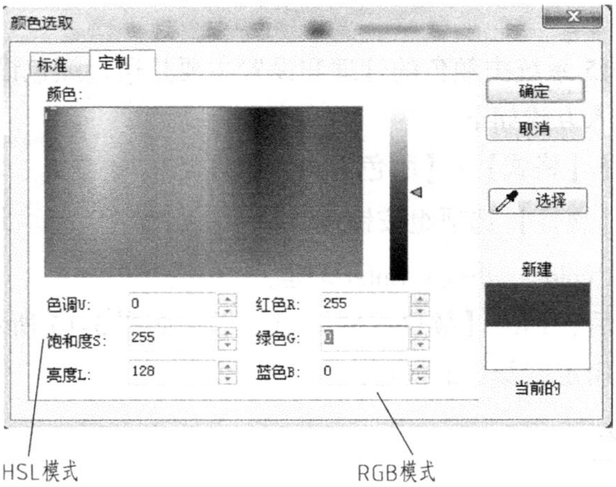

图 3-16 【定制】标签

使用定制颜色的方式如下。

1）使用鼠标直接在【颜色】下方点取。

2）使用 HSL 模式，即在【色调】、【饱和度】、【亮度】选择框中指定数值。

3）使用 RGB 模式，即在【红色】、【绿色】、【蓝色】选择框中指定数值。

4）单击按钮 选择 ，光标变为 后单击屏幕上一点拾取一个颜色即可。

定制颜色时，可以拖动右侧的按钮 配合颜色的定制，其他操作同使用标准颜色，不再详述。

3.4　设置线宽

线宽设置操作包括设置当前线宽和设置线宽显示比例。

3.4.1　设置当前线宽

设置当前线宽是指将某个线宽设置为当前，随后绘制的图形元素均使用此线宽。

设置当前线宽的方法如下。

单击【常用】选项卡中【属性】选项组中的线宽下拉列表框，弹出图 3-17 所示的线宽下拉列表，在下拉列表中单击所需的线宽即可完成当前线宽的设置操作。

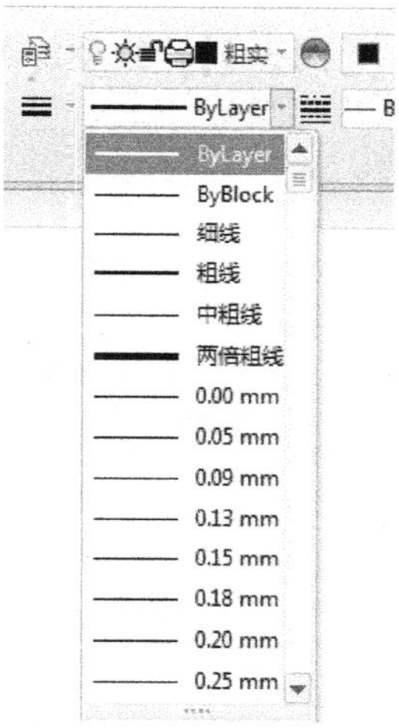

图 3-17　线宽下拉列表

3.4.2　线宽设置操作

CAXA 电子图板 2015 中线宽设置主要是通过线宽设置命令进行的，可以设置线宽的显示比例。设置线宽命令的输入方式如下。

1）下拉菜单。选择【格式】/【线宽】命令。

2）选项组。单击【属性】选项组按钮 ，如图 3-18 所示。

3）用鼠标右键单击状态栏中的【线宽】按钮后选择【设置】命令，如图 3-19 所示。

4）使用“Wide”命令。

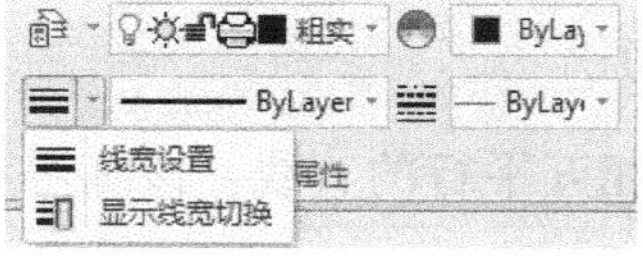

图 3-18　线宽设置操作 1

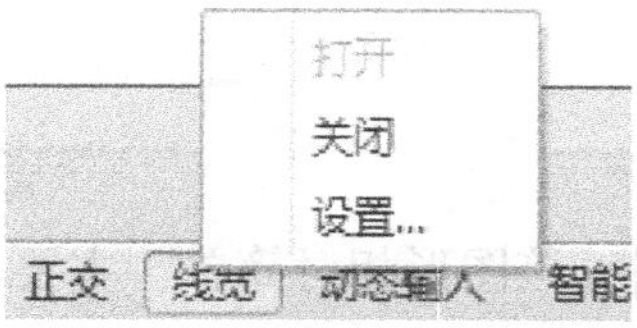

图 3-19　线宽设置操作 2

执行线宽设置命令后，弹出图 3-20 所示的对话框，对话框中各项参数的含义和使用方法如下。

1）选择【细线】或【粗线】后，可以在右侧【实际数值】处为系统的【细线】或

【粗线】指定线宽。

2）拖动【显示比例】处的手柄可以调整系统所有线宽的显示比例，向右拖动手柄提高线宽显示比例，向左拖动手柄降低线宽显示比例。

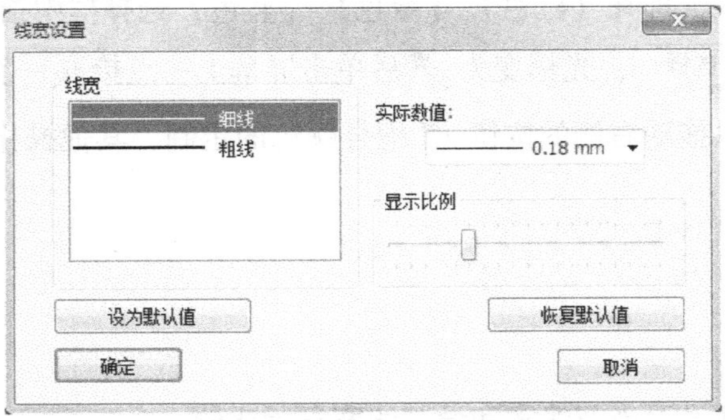

图 3-20 【线宽设置】对话框

【例 3-1】 线型练习，完成图 3-21 所示的图形。

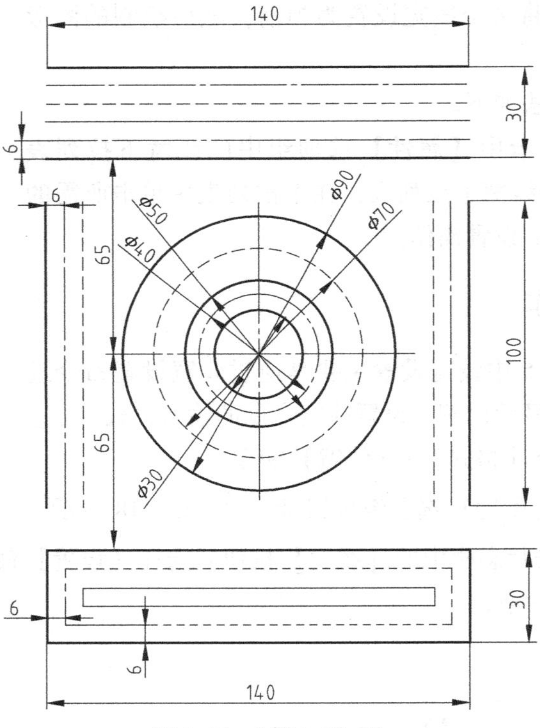

图 3-21 【例 3-1】图

【分析】 该图形相对简单，主要是一些同心圆和相互平行的直线；该练习主要是训练图层、线型的操作技能。

操作步骤

1）“图层”设置。单击【图层特性管理器】按钮，弹出【层设置】对话框，设置图层，如图 3-22 所示。

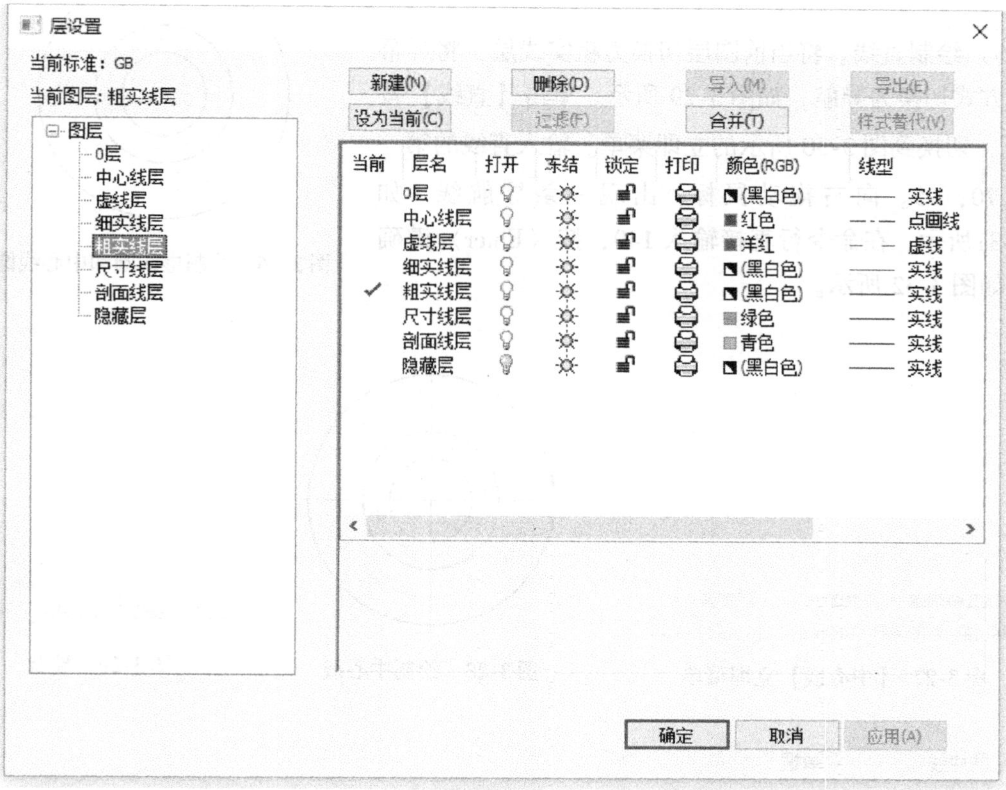

图 3-22　设置图层

2）绘制圆。单击【圆】按钮，切换到图 3-23 所示的立即菜单，以坐标原点（0，0）为圆心，绘制直径为 30mm、50mm、90mm 的圆，如图 3-24 所示。

3）切换图层，绘制圆。单击图层下拉列表框右侧的下拉箭头，弹出下拉列表，如图 3-25所示。将当前图层分别切换为中心线层和虚线层，绘制另外两个圆，如图 3-26 所示。

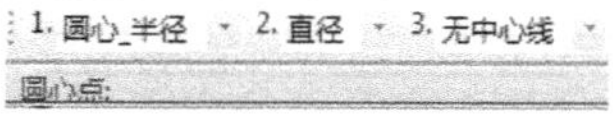

图 3-23　【圆】立即菜单

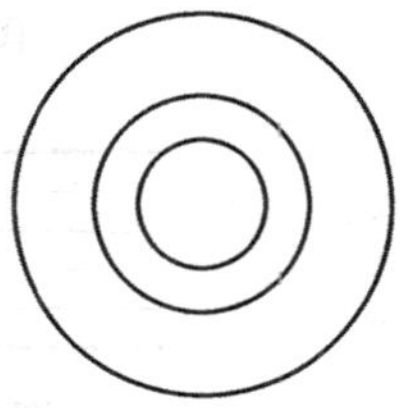

图 3-24　绘制粗实线圆

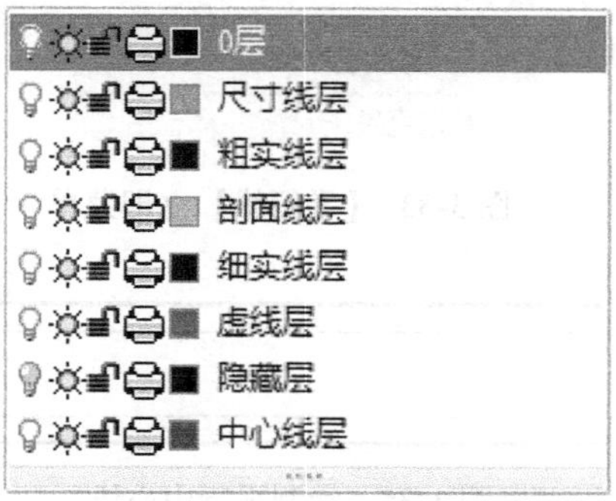

图 3-25　切换图层

4）绘制中心线。单击【中心线】按钮，切换到图 3-27 所示的立即菜单。用鼠标左键选中直径为90mm的圆，绘制中心线，如图3-28所示。

5）绘制直线。将当前图层切换为粗实线层，将屏幕捕捉方式切换为导航，如图3-29所示。单击【直线】按钮，切换到图3-30所示的立即菜单。输入直线的第一点－70，95。向右拖动鼠标，出现一条导航线，如图3-31所示，在命令行直接输入140，按〈Enter〉键确认，如图3-32所示。

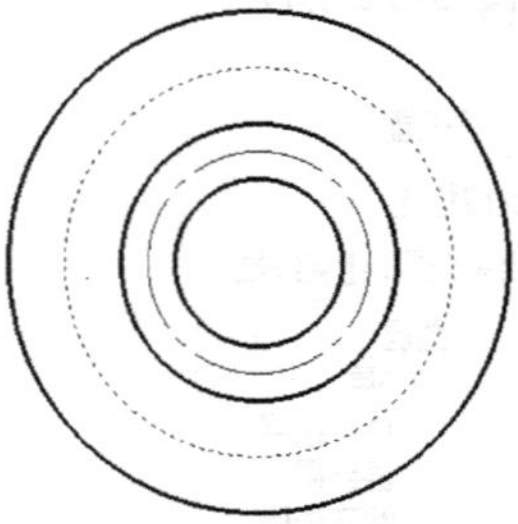

图3-26　绘制虚线圆和中心线圆

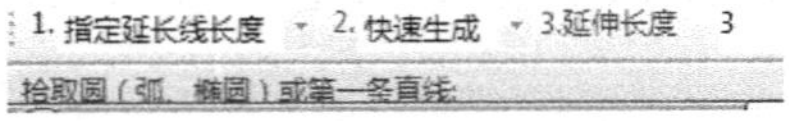

图3-27　【中心线】立即菜单

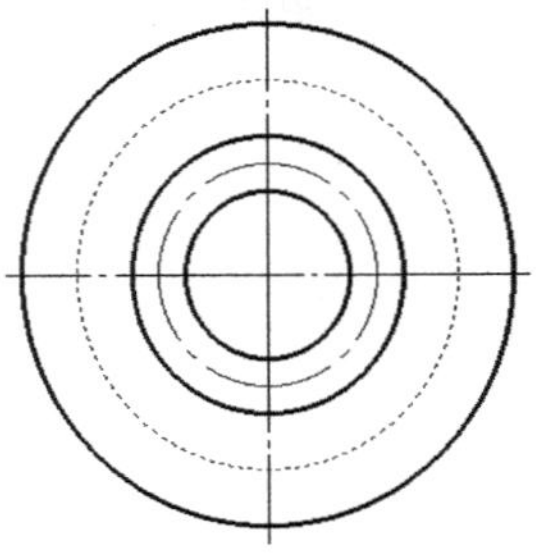

图3-28　绘制中心线

图3-29　导航

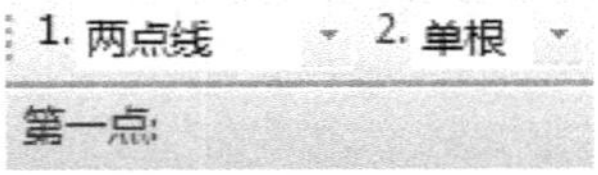

图3-30　【两点线】立即菜单

图3-31　导航线

图3-32　绘制粗实线

6）绘制平行线。单击【平行线】按钮，切换到图3-33所示的立即菜单，拾取直线，输入30，按<Enter>键确认，如图3-34所示。

7）将图层切换为中心线层，分别输入6、24，按〈Enter〉键确认，如图3-35所示。

8）用相同的方法分别将图层切换为虚线层、细实线层，分别输入12、18，按〈Enter〉键确认，如图3-36所示。用鼠标右键单击退出绘制平行线。

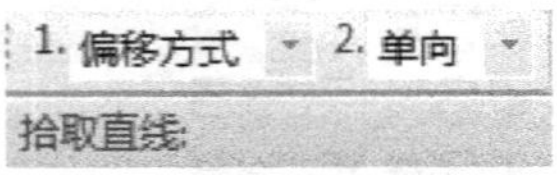

图3-33　【平行线】立即菜单

图3-34　绘制平行粗实线

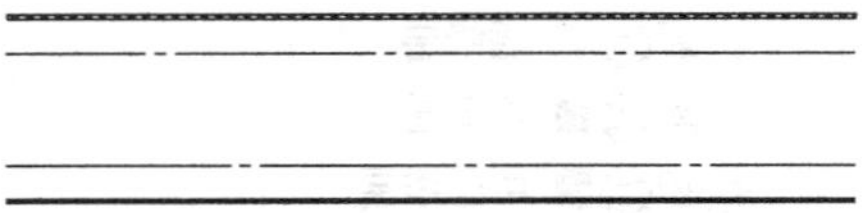

图3-35　绘制平行中心线

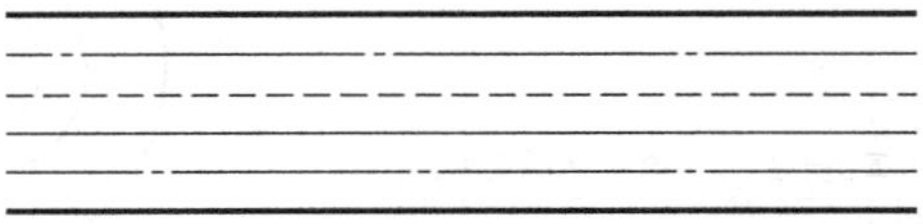

图3-36　绘制平行虚线、细实线

9）用相同的方法画出左侧的垂直线，如图3-37所示。

注意：左端粗实线的上端为第一点，其坐标为（－70，50）。输入偏移距离时，注意鼠标应在要偏移一侧，否则需输入相应的负值。

10）镜像图线。单击【镜像】按钮，切换到图3-38所示的立即菜单。拾取左端所有垂直线，单击鼠标右键确认，按命令行提示，拾取圆的中心线为镜像的轴线，得到右侧的垂直线，如图3-39所示。

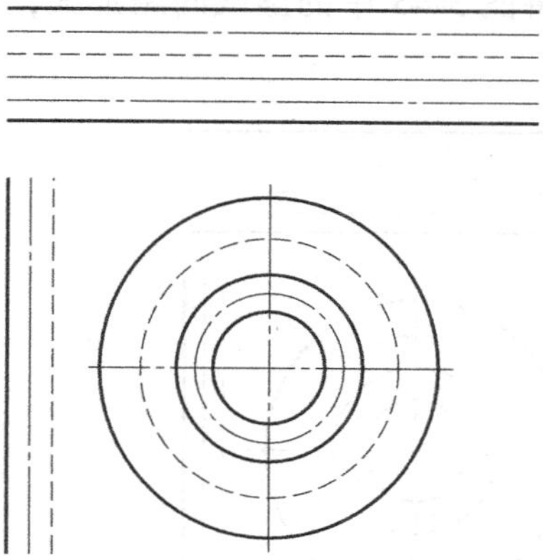

图3-37 绘制垂直线

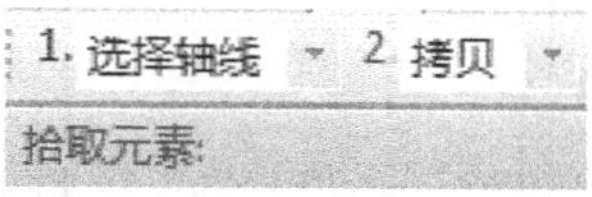

图3-38 【镜像】立即菜单

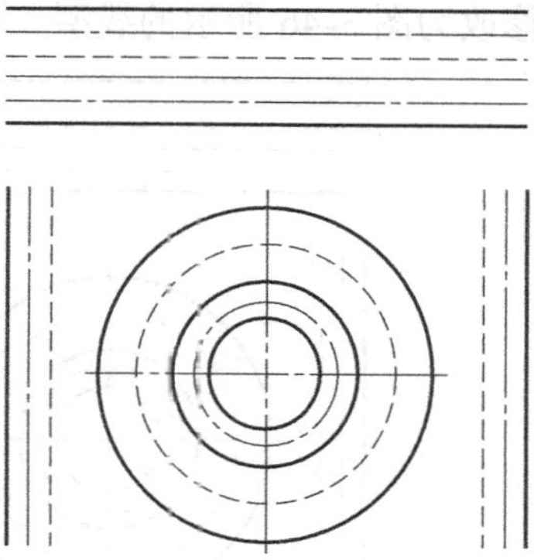

图3-39 镜像垂直线

11）绘制底部矩形。单击【矩形】按钮，切换到图3-40所示的立即菜单。用鼠标输入第一点 –70，–65。按命令行提示输入第二点@140，–30，绘制矩形，如图3-41所示。

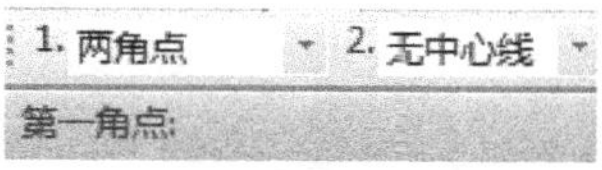

图3-40 【矩形】立即菜单

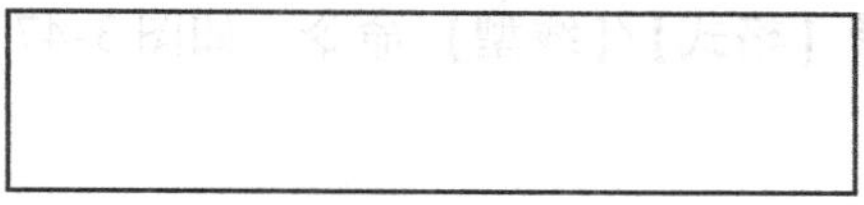

图3-41 绘制矩形

12）绘制虚线矩形。将图层切换至虚线层，单击【等距线】按钮，切换到图3-42所示的立即菜单，按命令行提示拾取矩形，并拾取所需的方向，如图3-43所示，完成等距线的操作，如图3-44所示。

13）绘制细实线矩形。用相同的方法绘制细实线矩形，完成全部操作，如图3-45所示。

图3-42 【等距线】立即菜单

图3-43 拾取方向

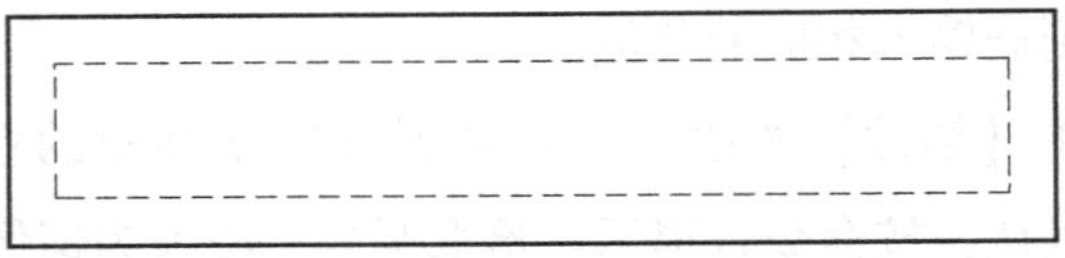

图 3-44 绘制虚线矩形

注意：在【例 3-1】中，各种线型是可以修改的，如想将图 3-45 中的虚线间距加大，修改为图 3-46 所示的线型，可执行下列步骤。

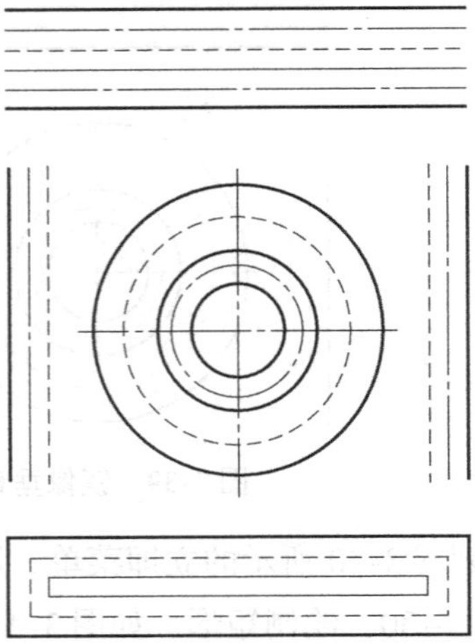

图 3-45 绘制完成图形

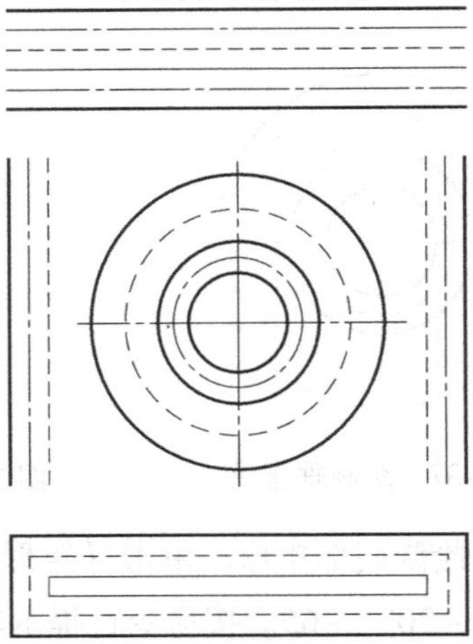

图 3-46 虚线间距加大后的图形

操作步骤

1）单击菜单按钮，选择【格式】/【线型】命令，如图 3-47 所示。

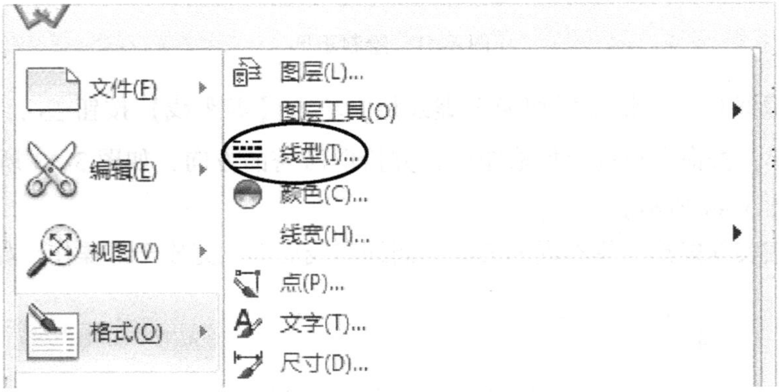

图 3-47 选择【线型】命令

2）在弹出的【线型设置】对话框中选中线型列表中的“虚线”，将【线型信息】下方【间隔】文本框中的数字改为适当的数值，如图 3-48 所示。

3）单击【确定】按钮完成线型修改操作。

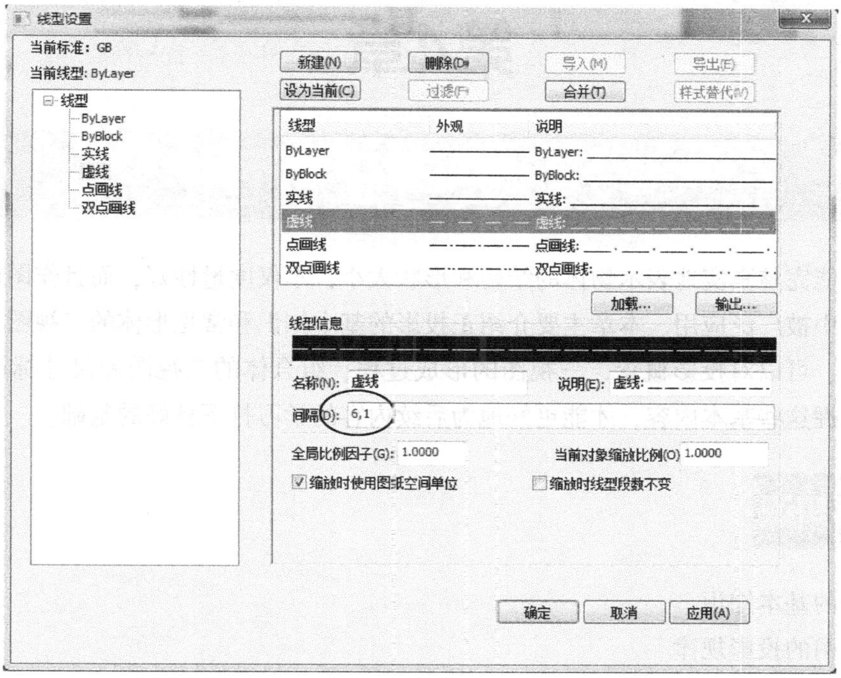

图 3-48　修改【间隔】文本框

3.5　本章小结

本章主要介绍 CAXA 电子图板 2015 系统的配置。在绘图过程中用户可以使用系统已经设置好的绘图界面，还可以根据自己的需要设置绘图环境。通过本章的学习，应该熟练掌握图形线型、颜色、层的控制，可以更好地使用 CAXA 电子图板软件，方便图形的绘制。

3.6　习题

1）CAXA 电子图板 2015 图层的特点是什么？
2）怎样设置需要的图层？
3）怎样修改图层属性？

第4章

投影法与三视图

正投影能完整真实地表示物体的结构和形状大小，不仅度量性好，而且作图简便，在绘制工程图样中被广泛应用。本章主要介绍正投影的基本知识和常见形体的三视图。通过本章内容的学习，可以对投影概念、三视图的形成过程、组合体的三视图和尺寸标注有大概了解。只有掌握这些基本内容，才能更好地为后续内容的学习打下良好的基础。

重点知识

- 投影的基本知识
- 三视图的投影规律
- 常见基本体的三视图
- 组合体的三视图及尺寸标注

练习案例

- 组合体的三视图及尺寸标注

4.1 基本概念

4.1.1 投影的概念

在日常生活中，人们经常看到物体在日光或灯光照射下，在地面或墙上产生影子，这种现象称为投影。

在图4-1中，空间有一平面 P 及不在该平面上的点 S 和 A，将 S、A 连成直线，作 SA 与平面的交点 a，a 称为空间点 A 在平面 P 上的投影。点 S 称为投射中心，平面 P 称为投影面。将发自投射中心且通过物体上各点的直线称为投射线。使投射线通过物体，向选定的平面投射，并在该平面上得到图形的方法称为投影法。投射线的方向称为投射方向，选定的平面称为投影面，投射所得到的图形称为投影。

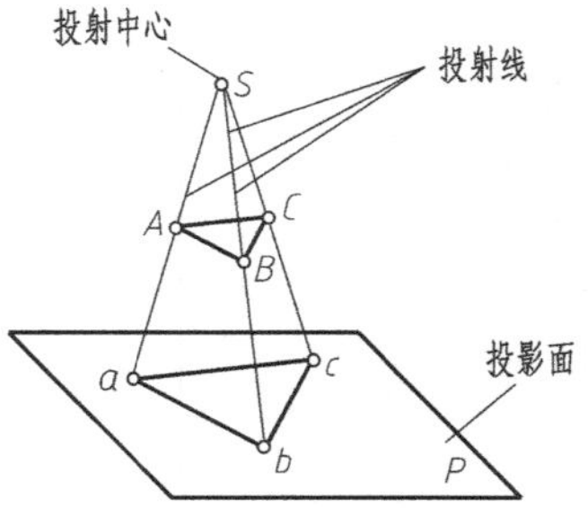

图4-1　中心投影法

投影法分为两类，即中心投影法和平行投影法。

4.1.2 投影法的分类

1. 中心投影法

投射中心位于有限远处，投射线汇交于一点的投影法，称为中心投影法，如图4-1所示。其中投射线的交点S称为投射中心。用中心投影法绘制的图形称为中心投影。

中心投影的度量性较差，一般不反映物体的真实形状，而且投影的大小随投射中心、物体和投影面之间的相对位置的改变而改变，但它的立体感较强，主要用于物体的透视图，特别是建筑物的透视图。

2. 平行投影法

投射中心位于无限远处，投射线相互平行的投影法，称为平行投影法，所得到的投影称为平行投影，如图4-2所示。

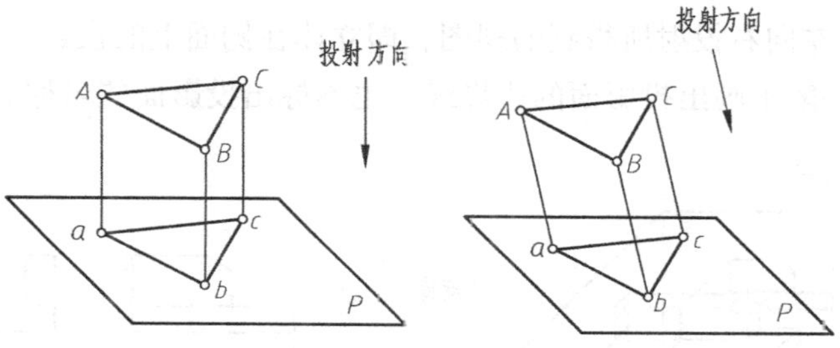

a)　　b)

图4-2　平行投影法

a）正投影法　b）斜投影法

平行投影法又分为斜投影法和正投影法两类。

（1）斜投影法　投射方向倾斜于投影面的平行投影法称为斜投影法，所得到的投影称为斜投影（或斜投影图），如图4-2b所示。

斜投影法主要用于绘制物体的轴测图。轴测图的直观性较好，并具有一定的立体感。

（2）正投影法　投射方向垂直于投影面的平行投影法称为正投影法，所得到的投影称为正投影（或正投影图），如图4-2a所示。

正投影具有良好的度量性，当空间物体上某个面平行于投影面时，正投影能反映该面的真实形状和大小。

用正投影法得到的投影能够准确、完整地表达机件的结构形状，而且作图方便、度量性好，所以它是工程图样中最主要的表达方法。

注意：国家标准中规定，机件的图样采用正投影法绘制。本书今后将“正投影”简称为“投影”。

4.2 三视图

4.2.1 三投影面体系和三视图的形成

以三个互相垂直的平面作为投影面构成的投影面体系称为三投影面体系，如图4-3所示。正面投影面简称为正面或 *V* 面；水平投影面简称为水平面或 *H* 面；侧面投影面简称为侧面或 *W* 面。

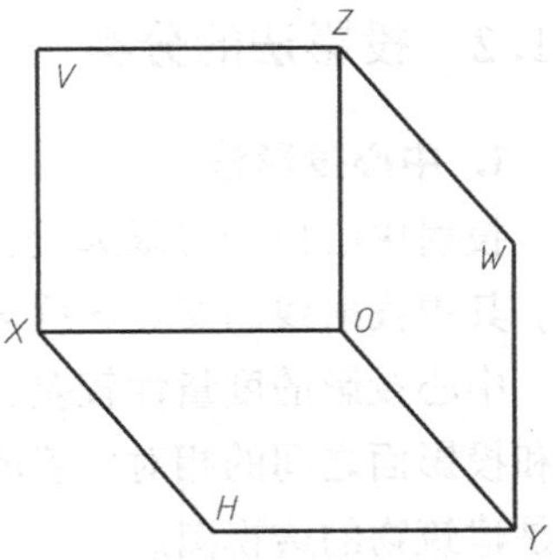

图 4-3　三投影面体系

如图 4-4a 所示，将立体置于三投影面体系中，用正投影法分别将立体向三个投影面投射所得到的图形，称为三视图。

展开三视图的方法是保持 *V* 面不动，将 *H* 面绕 *OX* 轴向下旋转 90°，展开后与 *V* 面在同一平面上，将 *W* 面绕 *OZ* 轴向右旋转 90°，使 *H*、*V*、*W* 三个投影面共面，如图 4-4b 所示。

1）主视图。由前向后投射所得到的视图，即立体在正面上的投影。

2）俯视图。由上向下投射所得到的视图，即立体在水平面上的投影。

3）左视图。由左向右投射所得到的视图，即立体在侧面上的投影。

注意：画图时一般不画出投影面的边界线，也不标出投影面的名称。

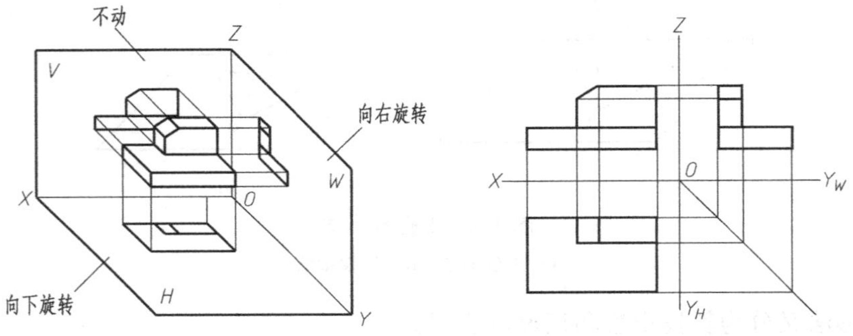

图 4-4　三视图的形成

a）形成过程　b）三视图

4.2.2　三视图的投影特性

从三视图的形成过程可以看出，主视图反映立体的长度和高度，俯视图反映立体的长度和宽度，左视图反映立体的宽度和高度。换而言之，立体的长度由主视图和俯视图同时反映；立体的高度由主视图和左视图同时反映；立体的宽度由俯视图和左视图同时反映。由此可得出三视图之间的投影规律，即主、俯视图长对正，主、左视图高平齐，俯、左视图宽相等。

这种视图间的内在联系称为三视图的投影特性，简称为“三等关系”，进一步归纳为：长对正，高平齐，宽相等，如图 4-5 所示。这种“三等关系”对整个立体以及立体上任何一个几何元素都是适用的。这个规律是看图、绘图和检查图样的依据。

4.2.3　三视图的方位关系

立体有前、后、左、右、上、下六个方位，主视图可反映出立体的左右、上下方位，俯视图可反映出立体的左右、前后方位，左视图可反映立体的上下、前后方位，如图 4-6 所示。

需要注意的是，立体上各部分之间上下、左右的方位关系从主视图上可进行直观判断，而前后方位关系却只能从俯视图和左视图上进行直观判断。对于俯视图和左视图来说，凡靠近主视图一边（里面）是立体的后面，凡远离主视图一边（外面）是立体的前面。

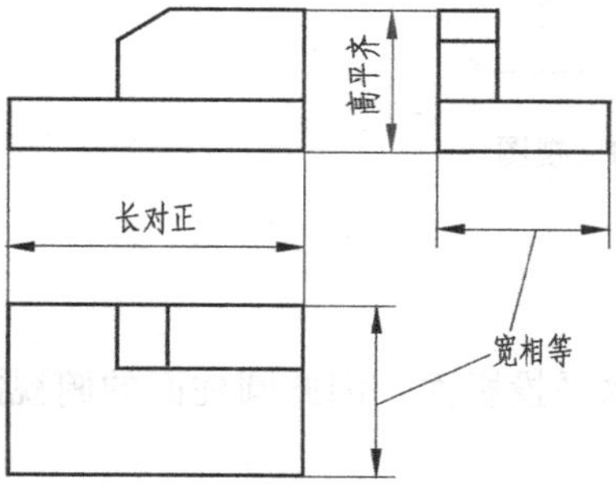

图 4-5 三视图的投影特性

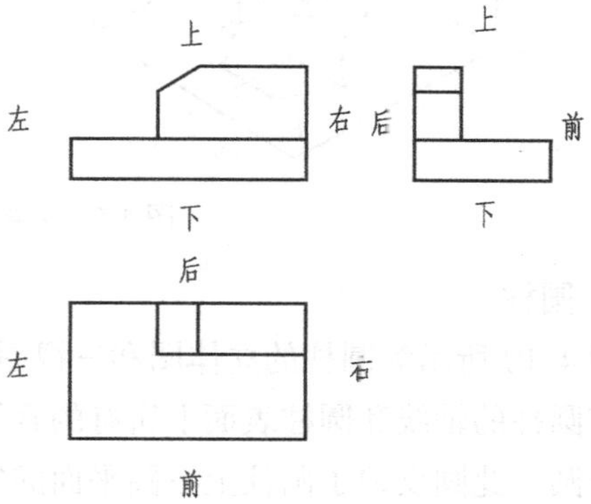

图 4-6 三视图的方位关系

4.3 常见形体

4.3.1 基本体

基本体可分为平面立体和曲面立体。表面均为平面所围成的立体，称为平面立体，如图 4-7 所示。表面为曲面或曲面与平面所围成的立体，称为曲面立体（又称为回转体），如图 4-8 所示。

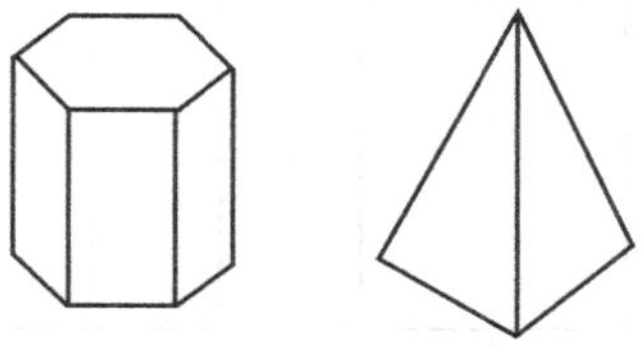
图 4-7 平面立体

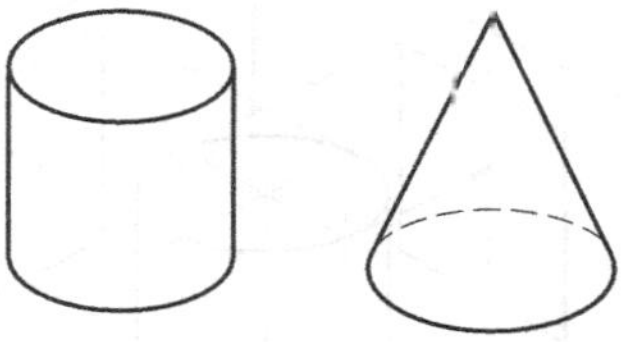
图 4-8 曲面立体

1. 棱柱

棱柱由两个底面和几个侧棱面组成，侧棱面间的交线称为侧棱线，侧棱线相互平行。

图 4-9 所示为六棱柱的立体图和三视图。在图示位置时，六棱柱的两底面为水平面，在俯视图中反映实形。前后两侧棱面是正平面，其余四个侧棱面是铅垂面，它们在俯视图中都积聚成直线，与六边形的边重合。主视图上下横线是上下底面积聚投影，四条竖线是各个侧棱线的投影。左视图上下横线是上下底面积聚投影，前后两条竖线是前后面积聚投影，中间竖线是侧棱线的投影。

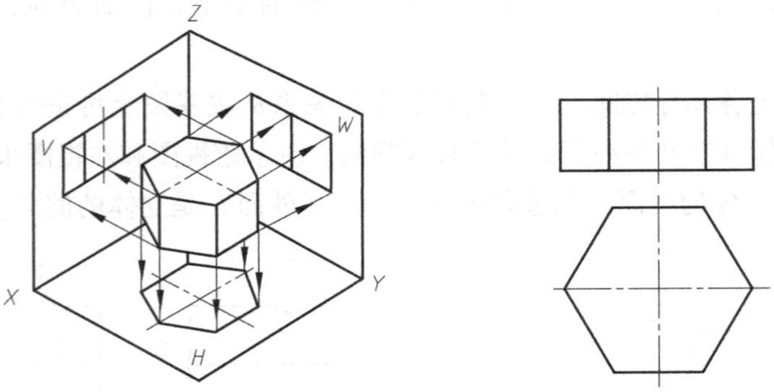

图 4-9　六棱柱的立体图和三视图

2. 圆柱

图 4-10 所示为圆柱的立体图和三视图。

该圆柱的轴线和圆柱表面上所有的素线都垂直于水平投影面，因此圆柱面的俯视图积聚成一个圆，此圆反映了圆柱上下圆平面的实形。

主视图为一矩形线框，上下两边的线段为圆柱顶面和底面的投影，左右两边的线段为圆柱面的正面转向线（即圆柱面上最左端和最右端素线）的投影，其把圆柱面分为前、后两半。前半圆柱面在主视图中是可见的，后半圆柱面在主视图中是不可见的。正面转向线的水平投影积聚在圆周的最左、最右点上，其侧面投影和圆柱的轴线重合。

左视图也为一矩形线框，上下线段仍为圆柱顶面和底面的投影，前后两边的线段是圆柱面的侧面转向线（即圆柱面上最前端和最后端素线）的投影，其将圆柱面分为左右两半，左半圆柱面在左视图中是可见的，右半圆柱面在左视图中是不可见的。侧面转向线的水平投影积聚在圆周的最前、最后点上，其正面投影与圆柱的轴线重合。

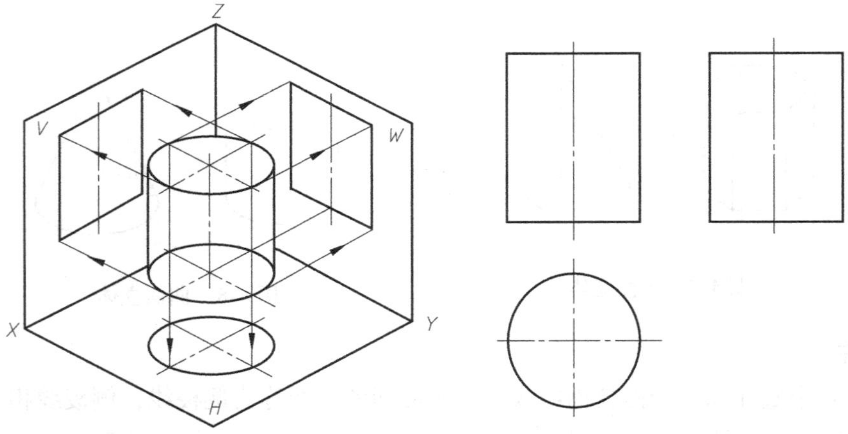

图 4-10　圆柱的立体图和三视图

4.3.2　组合体

组合体一般都可以假想是由基本体经过叠加、切割等方式形成的复杂立体。

1. 组合体的组合形式

为了便于分析，组合体按其组合形式，通常分为叠加型、切割型和综合型，如图 4-11 所示。

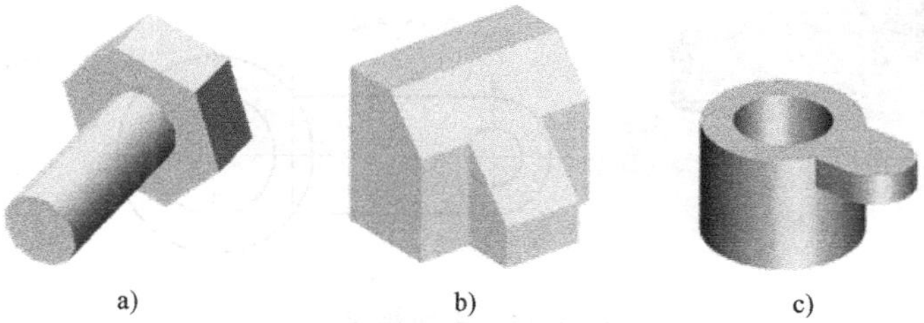

图 4-11 组合体的组合形式

a）叠加型 b）切割型 c）综合型

2. 组合体上相邻表面间的连接关系

无论哪种形式构成的组合体，在组合体中互相叠加的两个基本体表面之间的连接关系都有平齐与不平齐、相交、相切三种。

（1）表面平齐与不平齐　当相邻两表面平齐时，两者共面，平齐处无线，如图 4-12 所示。

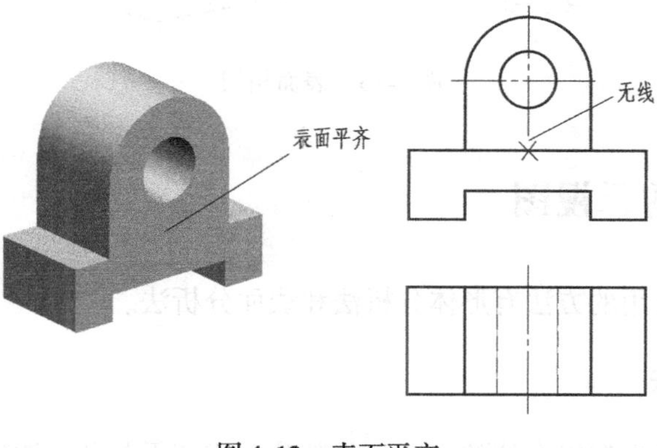

图 4-12 表面平齐

当相邻两表面不平齐时，不平齐处有线，如图 4-13 所示。

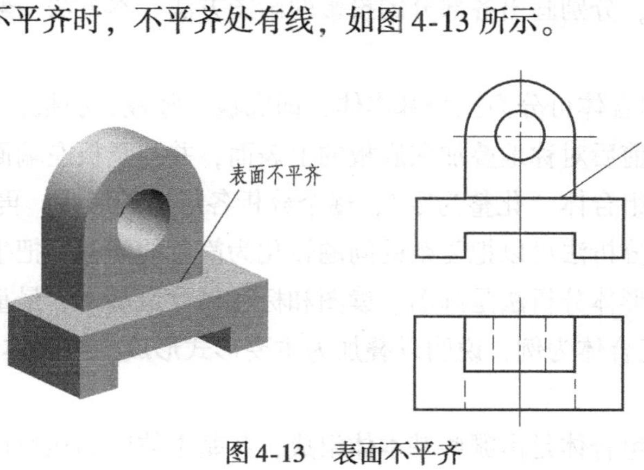

图 4-13 表面不平齐

（2）表面相交　当相邻两表面相交时，相交处有线，如图 4-14 所示。

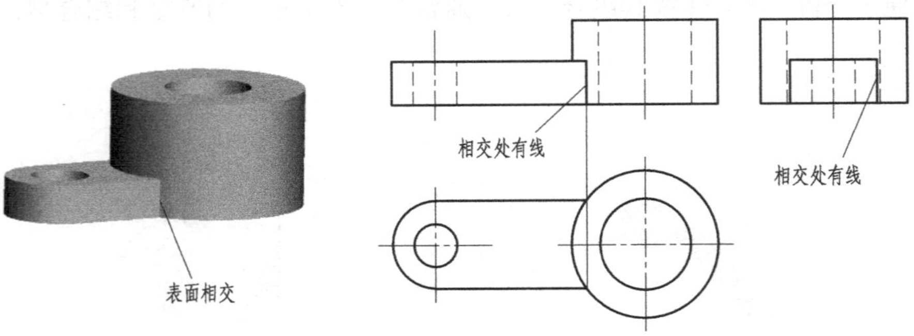

图 4-14　表面相交

（3）表面相切　当相邻两表面相切时，相切处无线，如图 4-15 所示。

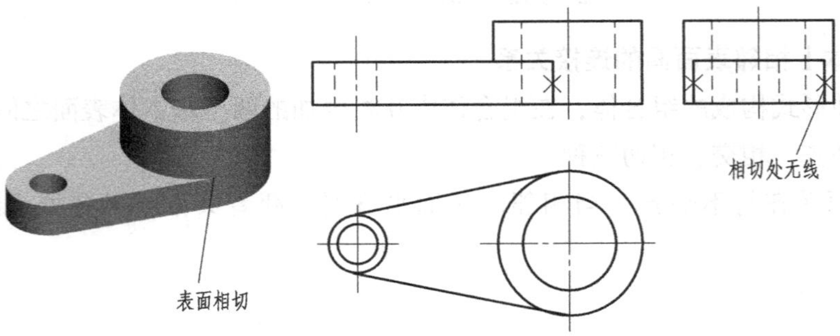

图 4-15　表面相切

4.4　画组合体的三视图

画组合体三视图常用的方法有形体分析法和线面分析法。

4.4.1　形体分析法

所谓形体分析法是根据组合体的形状，将其分解成若干部分，明确各部分的形状和它们的相对位置及组合形式，分别画出各部分的投影的画图方法。本方法一般适用于叠加而成的组合体。

如图 4-16 所示，组合体可分为三个基本体，即底板、竖板、肋板，底板与竖板前、后、右端面平齐叠加，肋板前后对称地叠加在底板的上表面，并与竖板左端面相交。

形体分析法是先将组合体“化整为零”，逐个分析各形体的形状，再“由零获整”得到整个组合体。使用形体分析法可以把复杂的问题转化为简单的问题，把生疏的组合体转化为熟悉的基本体。因此，形体分析法是画图、读图和标注尺寸最基本、最重要的方法。

以图 4-16 所示的组合体为例，说明以叠加为主要形式形成的组合体的三视图的画法。

1. 形体分析

形体分析主要分析组合体是由哪些基本体组成，各基本体间的相对位置关系如何。如图

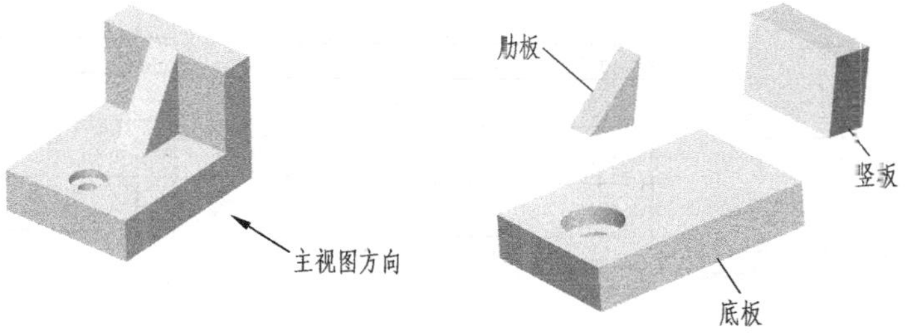

图4-16 组合体的形体分析

4-16所示，组合体由底板、竖板、肋板三部分组合而成，底板和竖板右、前、后面平齐叠加，肋板与底板和竖板对称叠加。

2. 主视图的选择

在三视图中，主视图是最主要的视图，应最能反映组合体的形体特征，并兼顾其他视图，尽量使俯、左视图中的虚线最少。

在确定主视图时，除了首先要考虑组合体的形体特征外，还要考虑组合体的安放位置，一般选择自然位置，并考虑使组合体的主要表面平行于投影面，主要轴线垂直于投影面。如图4-16所示，组合体的主视图方向最能反映各基本体的形体及它们间的位置关系，因而最能反映该组合体的形体特征。

3. 选取比例、确定图幅

根据所画组合体的实际尺寸，选取适当的比例，大概算出三个视图所占图面的大小。各视图间应留出适当距离，并留出标注尺寸的位置，然后确定图幅大小。

4. 画底稿

1）画作图基线，以确定组合体三视图的位置。一般把组合体的主要端面、对称面或中心线、主要轴线等的投影位置作为作图基线，如图4-17a所示。

2）按形体分析法的分析，逐步画出组合体各部分形体的视图，如图4-17b～d所示。画图时，应先画主要形体，再画次要形体；先画主要轮廓，再画细节；先画其特征视图，再按三视图投影规律画其他视图；先画实线，后画虚线。

5. 检查、清理和加深图线

底稿画完后，需查看各视图是否符合投影规律，表面相交、相切关系是否表达正确，清理图面，擦去不需要的作图线，然后按国家规定的线型加深图线，如图4-17e所示。加深步骤为：先曲后直、先上后下、先左后右，最后加深斜线，同类线型应一起加深。

画图过程中应注意以下问题。

1）三视图之间应距离恰当，留有足够的标注尺寸的空间。整张图面力求匀称、协调。

2）根据形体分析，先画主要形体（大形体），后画次要形体（小形体）。

3）各形体均应先画其基本轮廓，再完成局部细节。

4）每一形体应三个视图一起画，均先画反映其形体特征的视图，再完成其他两视图。

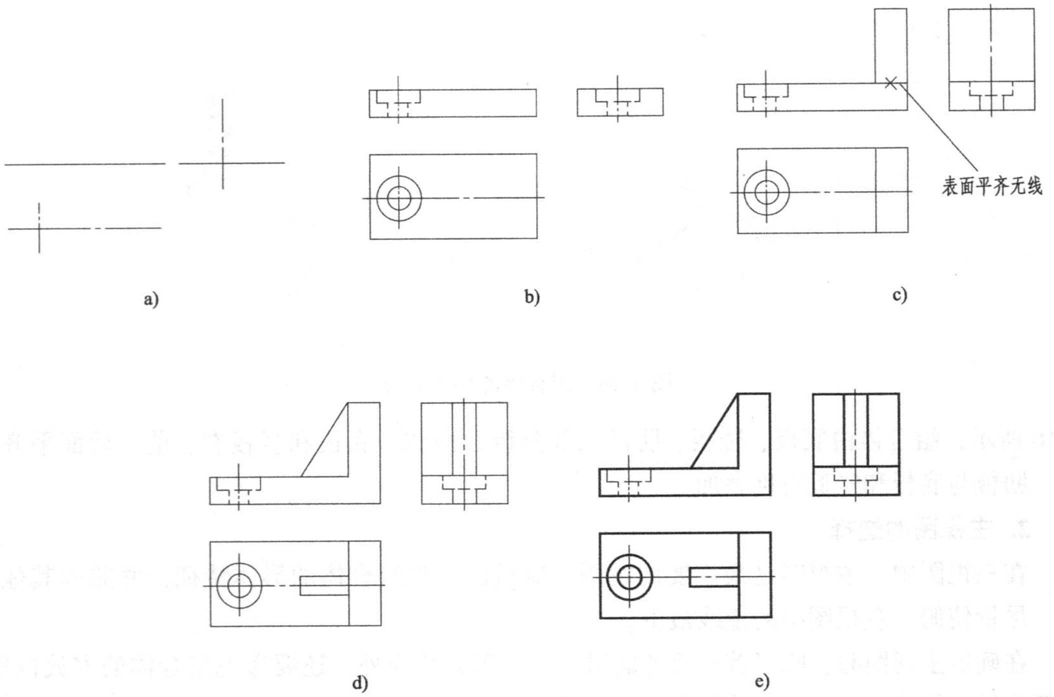

图4-17 形体分析法画组合体的三视图

a）画作图基线 b）画底板三视图 c）画竖板三视图

d）画肋板三视图 e）检查、加深

4.4.2 线面分析法

根据面、线的空间性质和投影规律，分析形体的表面或表面间的交线与视图中的线框或图线的对应关系，进行画图、看图的方法称为线面分析法。线面分析法一般适用于切割形成的组合体。

如图4-18所示，该组合体可看成是由四棱柱基本体经过一侧垂面斜切后，又被两个正平面和侧平面截切形成的。

以图4-18所示组合体为例，说明切割型组合体三视图的画法。

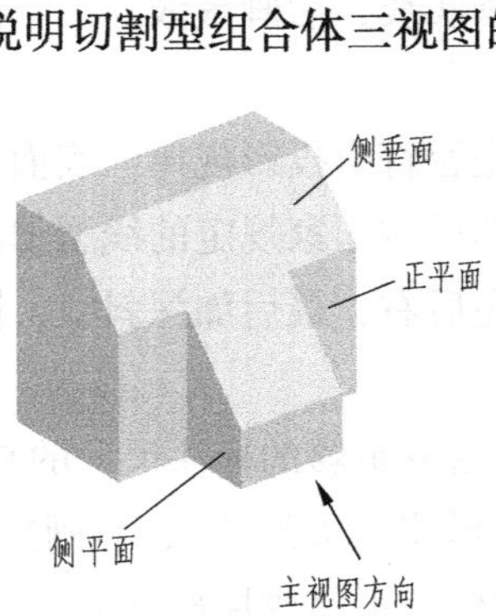

图4-18 切割型组合体

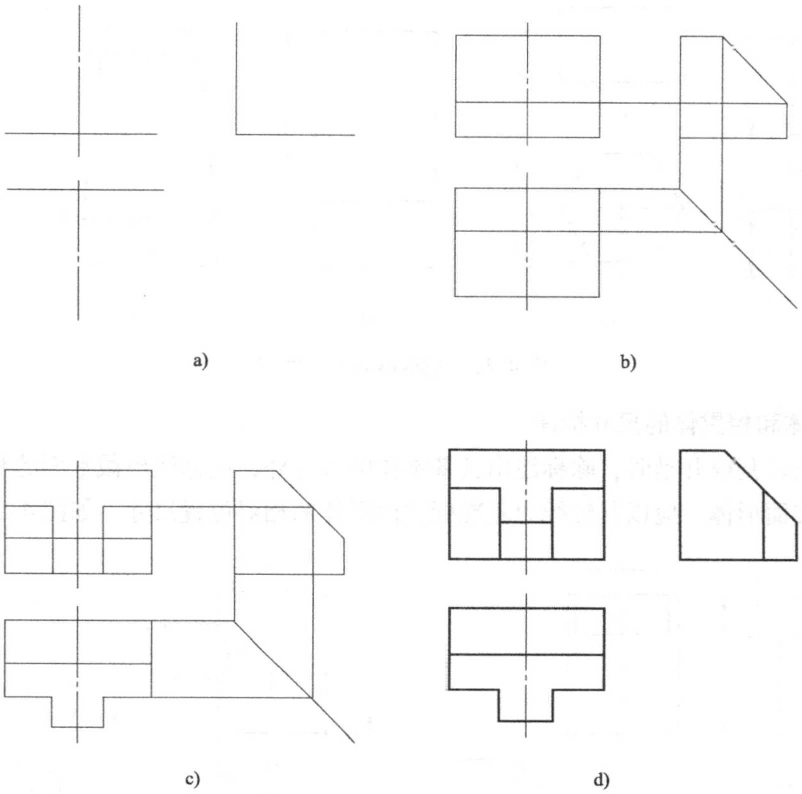

图 4-19　画切割型组合体的三视图

a）画基线　b）画基本体并截取侧垂面　c）截取侧平面和正平面　d）检查，加深

根据主视图应尽量反映组合体的形体特征的要求，将组合体按自然位置安放，确定主视图方向，如图 4-18 所示，具体的画图步骤如图 4-19 所示。

4.5　组合体的尺寸标注

视图只能表示组合体的形状，而其真实大小以及各基本体间的相对位置，则要靠标注尺寸来确定。在第 2 章中已介绍了国家标准有关尺寸注法的规定，本节主要讨论如何完整、清晰地标注尺寸。有关标注尺寸的合理性，将在第 11 章中再介绍。

4.5.1　简单形体的尺寸标注

1. 基本体的尺寸标注

对于基本体，一般都应注出它的长、宽、高三个方向的尺寸，如图 4-20a 所示四棱柱。但是并不是每一个立体都需要在形式上注全这三个方向的尺寸，如图 4-20b 所示正六棱柱，只需注对边（或对角）距离和柱高尺寸，正六棱柱的大小就完全可以确定。圆柱和圆锥台在注出直径尺寸“ϕ”后，不仅可减少一个方向的尺寸，而且还可以省略一个视图，如图 4-20c、d 所示。球体则仅需要标注直径尺寸即可，如图 4-20e 所示。

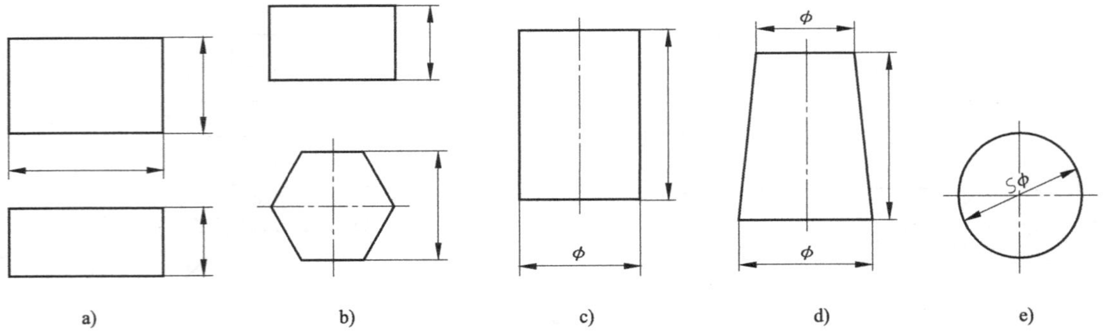

图 4-20　基本体的尺寸标注

2. 切割体和相贯体的尺寸标注

基本体被切割或开槽时，除标注出其基本体的尺寸外，应标注出截平面的相关尺寸；对相贯的两回转面形体，应以其轴线为基准标注两形体的相对位置尺寸，如图 4-21 所示。

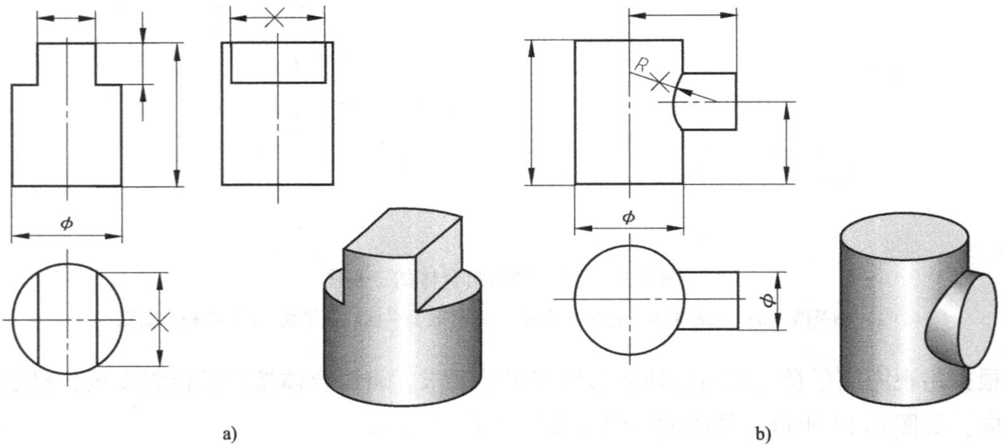

图 4-21　切割体和相贯体的尺寸标注

注意：截交线和相贯线上不标注尺寸。

4.5.2　尺寸标注的基本要求

1. 尺寸标注要正确

所注尺寸应符合《机械制图》国家标准中有关尺寸注法的规定，这部分内容已在第 2 章中说明。

2. 尺寸标注要完整

所注尺寸必须能完全确定组成组合件各组成部分的大小及相对位置，既不遗漏也不重复。每个尺寸在图样中只标注一次。

图样上一般要标注三类尺寸，即定形尺寸、定位尺寸、总体尺寸。

(1) 定形尺寸　确定组合体各组成部分大小的尺寸。

(2) 定位尺寸　确定组合体各组成部分之间相对位置的尺寸。

（3）总体尺寸　组合体的总长、总宽、总高尺寸。

在标注总体尺寸时，如果组合体的定形尺寸和定位尺寸已经标注完整，若再加注总体尺寸，就会出现多余尺寸或重复尺寸，这时就要对已标注的定形尺寸和定位尺寸进行适当调整。

在标注尺寸时，需要尺寸基准。所谓尺寸基准就是标注尺寸的起点。组合体的长、宽、高三个方向的尺寸基准通常采用组合体的底面、端面，对称面以及主要回转体的轴线等。

图 4-22a 所示组合体由拱形的竖板和底板组成。标注该组合体尺寸时的尺寸基准如图 4-22b所示。*R*11、7 为竖板的定形尺寸；42、23 为底板的定形尺寸；*R*7 为底板圆弧的定形尺寸；2 × ϕ7 为底板圆孔的定形尺寸；5 为竖板距底板后面的定位尺寸，17 为竖板圆孔的定位尺寸；28、16 为底板上两圆孔的定位尺寸。该组合体的总长为 42、总宽为 23，与底板的定形尺寸相同，故不再重复标注。为了清晰表达半圆柱头和圆孔的尺寸，应保留定位尺寸 17 和竖板半圆头的定形尺寸 *R*11，省略总体高度尺寸 28，如图 4-22b 所示。

a)

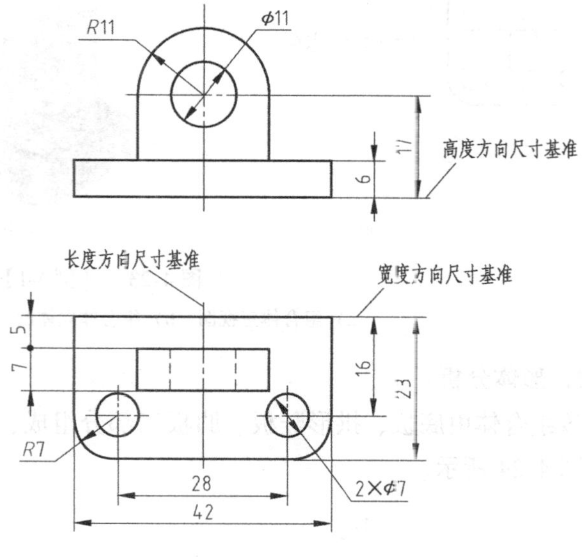

b)

图 4-22　组合体的尺寸标注

a）组合体　b）尺寸标注

3. 尺寸标注要清晰

标注尺寸时，除了要求正确、完整外，为了便于看图，还要求标注得清晰，通常可以考虑以下几个方面。

1）尺寸应尽量标注在表示形体特征最明显的视图上。

2）同一形体的尺寸应尽量集中标注。

3）直径尺寸尽量标注在非圆视图上，半径尺寸一定标注在投影为圆弧的视图上。

4）将小尺寸标注在里面，大尺寸标注在外面。

5）同轴回转体的若干直径尺寸不宜标注在投影为圆的视图上。

6）同一方向上连续标注的几个尺寸尽量放在一条线上。

4.5.3 尺寸标注的方法与步骤

下面以图 4-23 所示的组合体为例，说明标注组合体尺寸的方法与步骤。

【例 4-1】 标注图 4-23a 所示组合体的尺寸。

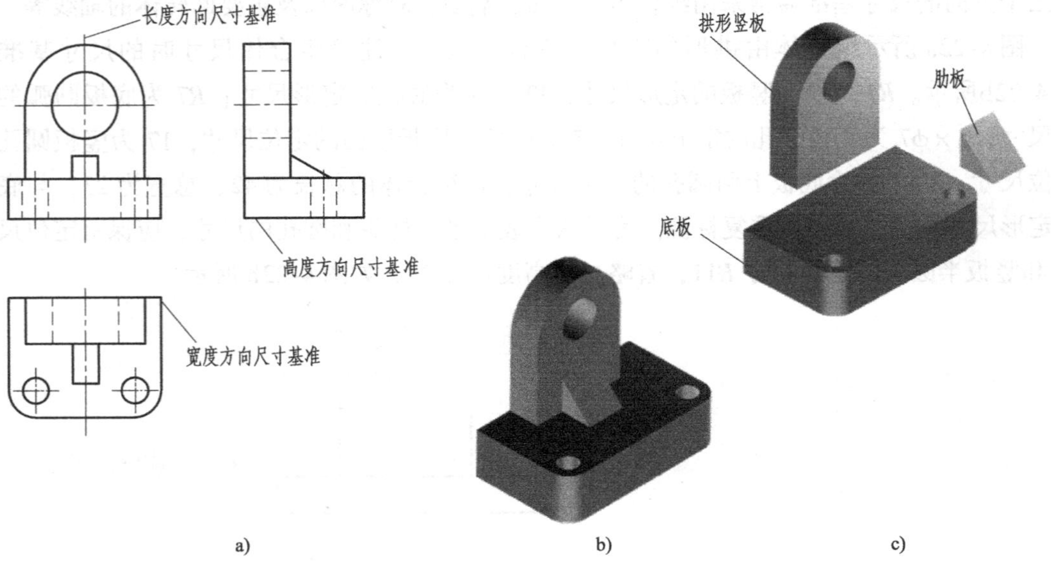

图 4-23 【例 4-1】图

a）组合体三视图 b）组合体立体图 c）组合体形体分析

1. 形体分析

该组合体由底板、拱形竖板、肋板三部分组成，如图 4-23b、c 所示。组合体各部分尺寸如图 4-24 所示。

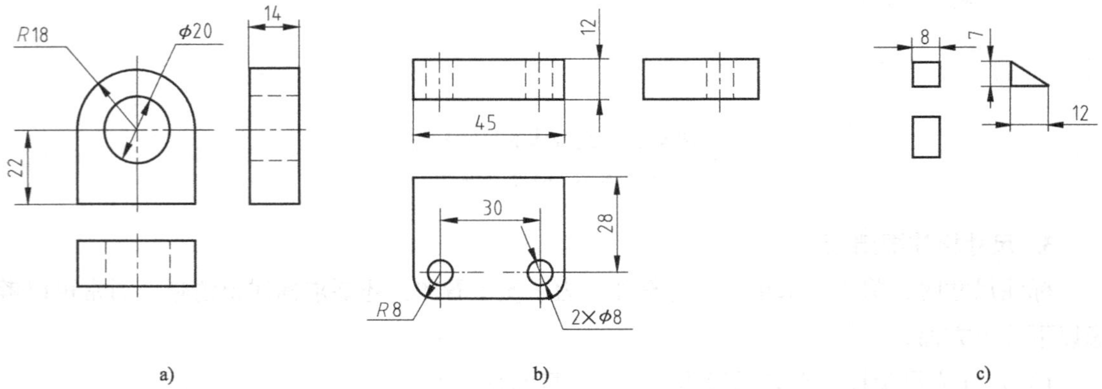

图 4-24 组合体各部分尺寸

a）拱形竖板尺寸 b）底板尺寸 c）肋板尺寸

2. 选定三个方向的尺寸基准

由于左右对称，故可将左右对称面定为长度方向尺寸基准；拱形竖板和底板两部分靠齐的后端面为较大的平面，定为宽度方向尺寸基准；底平面为高度方向尺寸基准，如图 4-23a 所示。

3. 逐个标注出各形体的定形尺寸和定位尺寸。

具体标注步骤如图 4-25 ~ 图 4-27 所示。

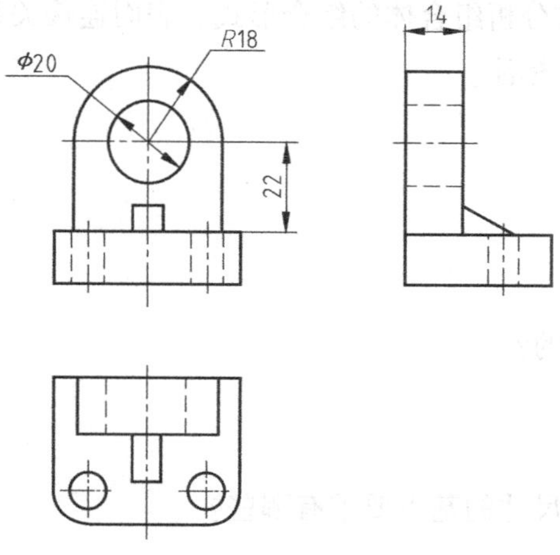

图 4-25　标注拱形竖板尺寸

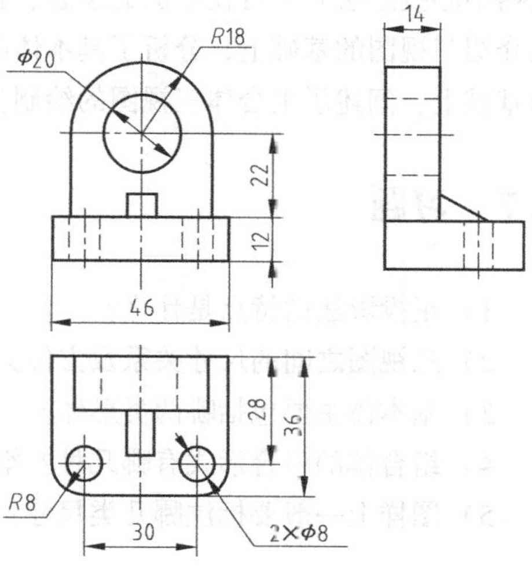

图 4-26　标注底板尺寸

4. 调整、标注总体尺寸

由于已经完整地标注出组合体各基本体的定形尺寸和定位尺寸，为避免出现多余尺寸（防止形成封闭的尺寸链），应对尺寸进行适当调整。因此，在标注总体高度 34 时，应减去上面拱形竖板高度方向的尺寸 22，标注结果如图 4-28 所示。

5. 检查

检查的重点是：尺寸是否完整、清晰，有无遗漏或重复；在校查的基础上进行适当调整。

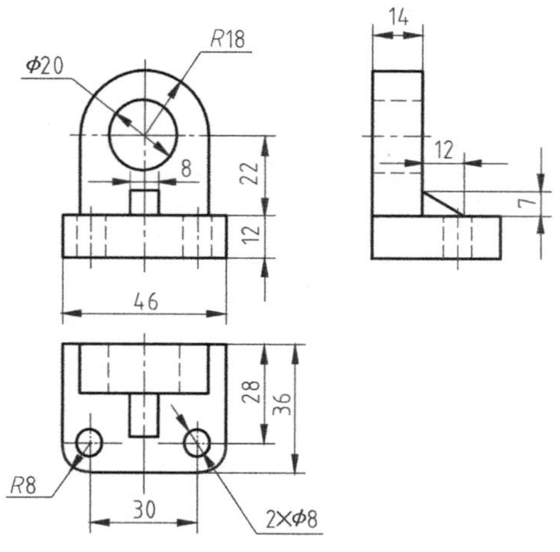

图 4-27　标注肋板尺寸

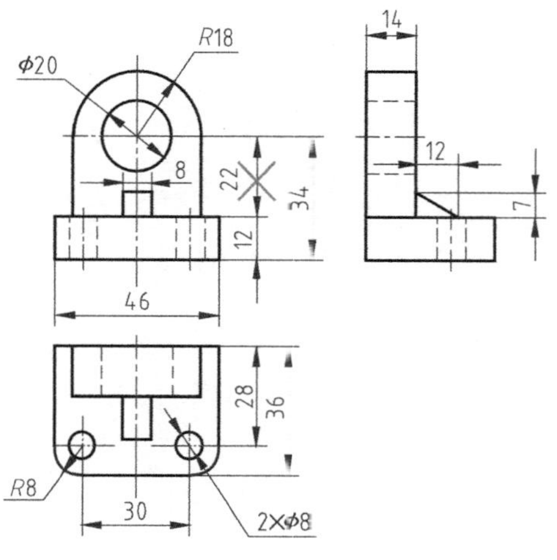

图 4-28　调整总体尺寸

4.6 本章小结

投影法与三视图是机械图样的基础知识。本章主要介绍了投影法和三视图的基本知识，包括中心投影法和平行投影法的概念、斜投影法和正投影法的概念、三视图的投影特性等。在介绍三视图的基础上，分析了基本体的三视图。在分析组合体的组合形式、表面连接关系的基础上，阐述了组合体三视图的绘制步骤及其尺寸标注。

4.7 习题

1）正投影法的特点是什么？

2）三视图之间的尺寸关系及方位关系是怎么样的？

3）基本体主要包括哪两类形体？

4）组合体的组合形式有哪几种？举例说明。

5）图样上一般要标注哪几类尺寸？标注组合体尺寸的基本要求有哪些？

第5章

基本绘图命令

图形绘制是计算机绘图中非常重要的一部分，CAXA 电子图板 2015 以先进的计算机技术和简捷的操作方式来代替传统的手工绘图方法，极大地提高了图形绘制的效率。

CAXA 电子图板 2015 为用户提供了功能齐全的作图方式。图形绘制主要包括基本绘图、高级绘图、块、图片等几个部分。本章将系统介绍基本绘图功能。通过本章内容的学习，可以绘制各种简单的工程图样。

图 5-1　命令行

基本绘图命令包括直线、平行线、圆、圆弧、中心线、矩形、等距线、剖面线和填充等。

绘制基本图线的命令都可以通过以下方式来执行。

1）在命令行输入命令或按快捷键，如图 5-1 所示。

2）选择【绘图】菜单下的命令，如图 5-2 所示。

3）单击【基本绘图】选项组中对应的按钮，如图 5-3 所示。

图 5-2　【绘图】菜单下的命令

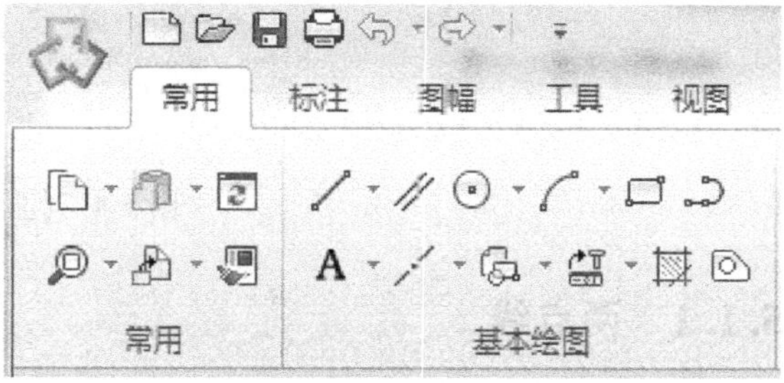

图 5-3　【基本绘图】选项组

重点知识

- 绘制直线、平行线、圆、矩形、圆弧
- 绘制中心线、剖面线

练习案例

- 绘制直线、圆
- 绘制圆弧、矩形

综合练习

- 绘制平面图形

5.1 直线

直线是构成图形实体的基本元素。CAXA 电子图板 2015 提供了 5 种直线绘制方式，即两点线、角度线、角等分线、切线/法线和等分线。

直线命令的输入方式如下。

1）下拉菜单。选择【绘图】/【直线】命令。

2）选项组。单击【常用】选项卡中【基本绘图】选项组中的按钮。

3）命令行。输入“line”或“l”并按〈Enter〉键。

执行任意一种直线命令的输入方式，在屏幕左下角即出现立即菜单，如图 5-4 所示。单击，可进行选项之间的切换。

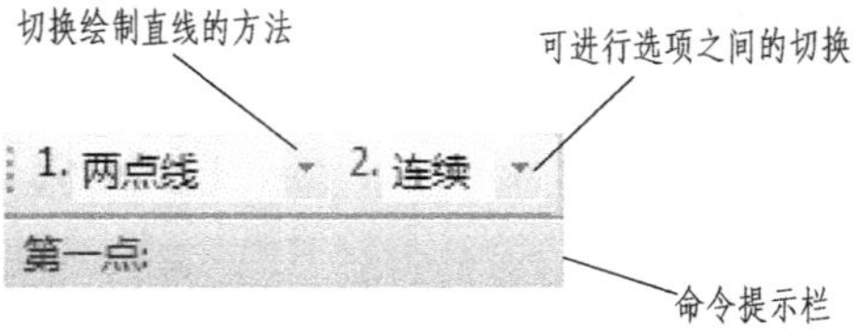

图 5-4 【直线】立即菜单

5.1.1 两点线

通过确定直线的起点和终点坐标来绘制直线。选择【直线】立即菜单中的 1. 两点线，如图 5-4 所示，立即菜单说明如下。

在菜单【2.】中，“单根”是指每次绘制的直线是相互独立的；“连续”是指直线相互连接，前一直线的终点作为下一直线的起点。

5.1.2 角度线

选择【直线】立即菜单中的 1. 角度线，如图5-5所示，立即菜单说明如下。

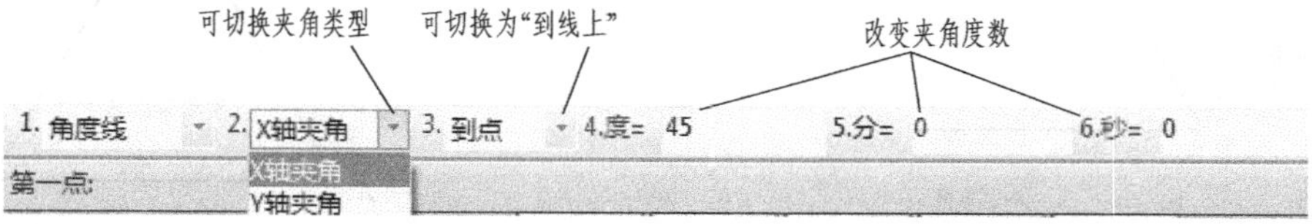

图5-5 【角度线】立即菜单

1）在菜单【2.】中，分别表示所画角度线与 X 轴、Y 轴或某一直线的夹角。

2）在菜单【3.】中，“到线上”即指定终点位置是在选定直线上，此时系统不提示输入第二点，而是提示选定所到的直线。

在系统提示下输入第一点，然后拖动生成的角度线到合适的长度，单击即可。

注意：角度数以逆时针方向为正。

【例5-1】 利用直线命令绘制图5-6所示的正三角形（边长为30mm）。

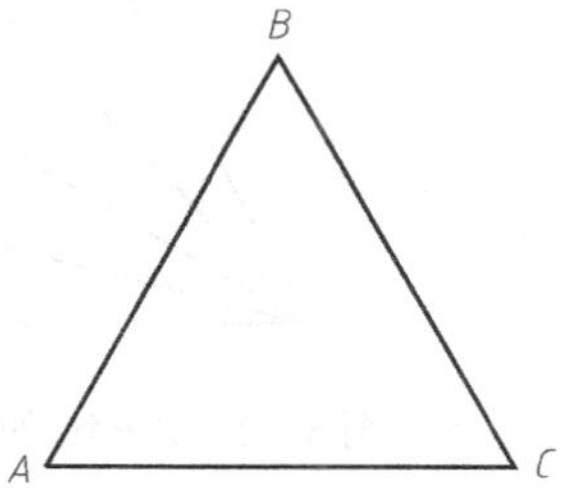

图5-6 【例5-1】图

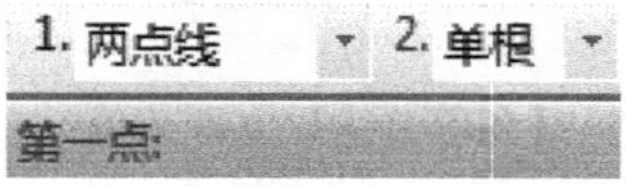

图5-7 【两点线】立即菜单

操作步骤

1）单击【直线】按钮

2）出现图5-7所示的立即菜单，输入第一点0，0，按系统提示再输入第二点@30，0绘制直线 AC。

3）绘制直线 AB，切换立即菜单如图5-8所示。

4）按系统提示拾取直线 AC，拾取第一点 A，然后输入30，如图5-9所示。

5）绘制直线 BC，切换立即菜单如图5-7所示，按系统提示拾取第一点 B 和第二点 C，单击鼠标右键确认，如图5-10所示。

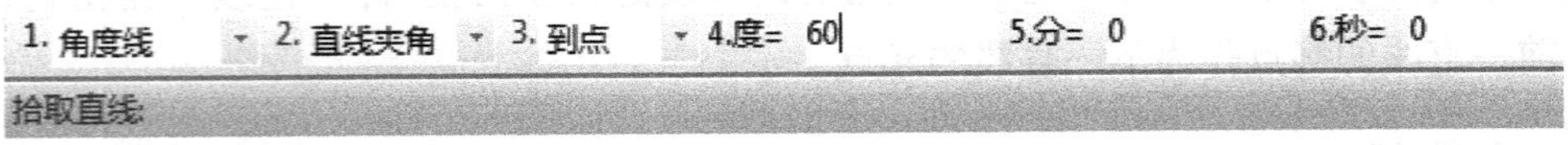

图 5-8　切换立即菜单

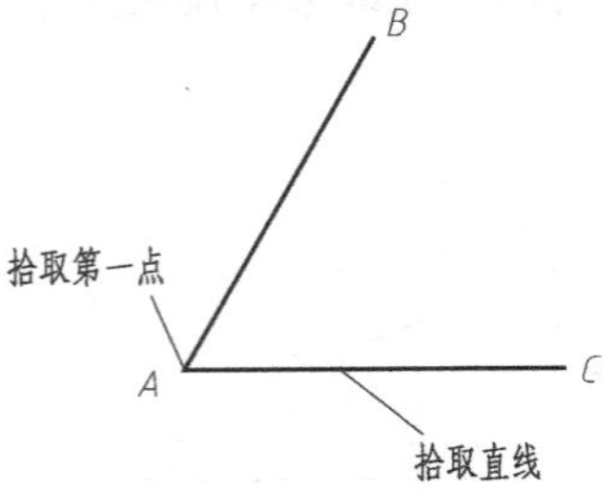

图 5-9　绘制直线 *AB*

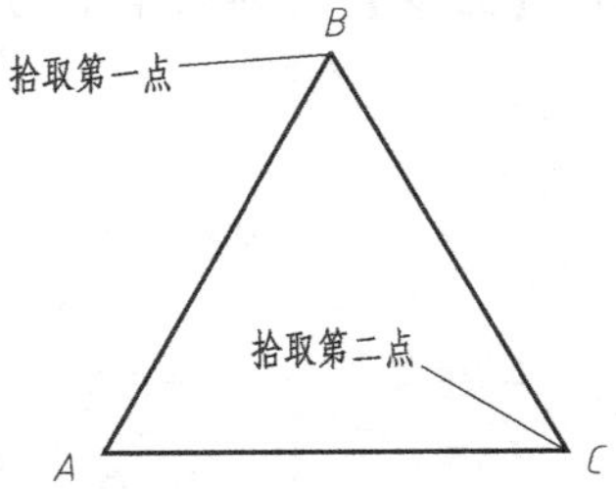

图 5-10　绘制直线 *BC*

5.1.3　角等分线

按给定等分份数和给定长度绘制一个角的等分线。选择【直线】立即菜单中的 1. 角等分线，如图 5-11 所示。输入所需份数和等分线的长度，分别拾取所要等分角的两边，单击鼠标右键确认。图 5-12 所示为∠*BAC* 的四等分线。

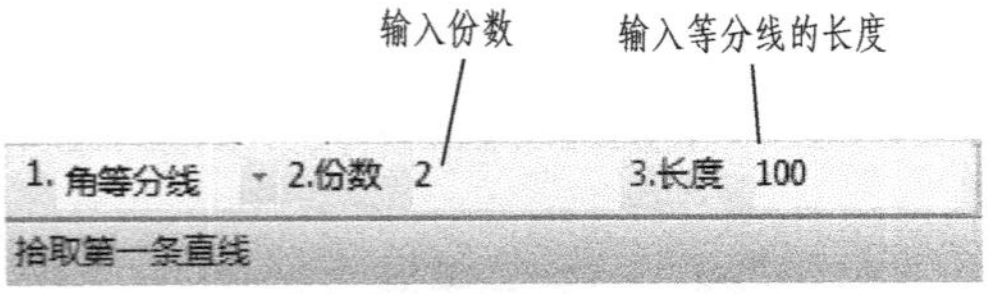

图 5-11　【角等分线】立即菜单

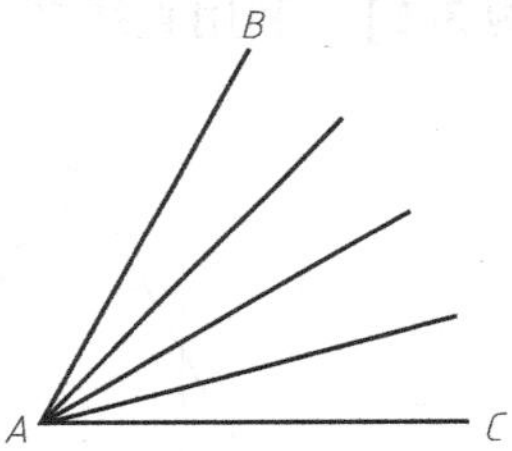

图 5-12　∠*BAC* 的四等分线

5.1.4　切线/法线

过给定点绘制曲线的切线或法线。选择【直线】立即菜单中的 1. 切线/法线，如图 5-13 所示。

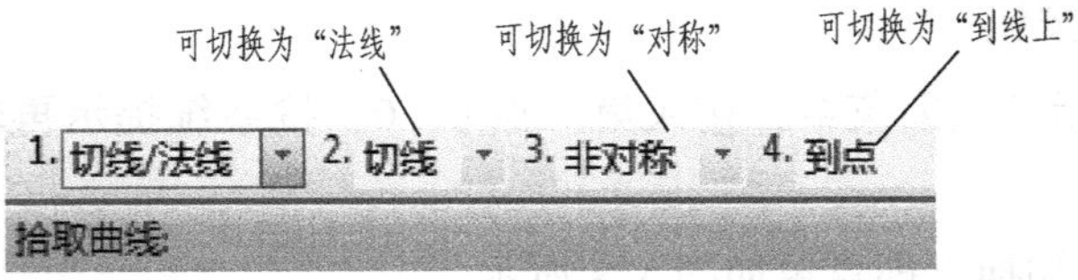

图 5-13　【切线/法线】立即菜单

注意：“对称”表示以第一点为中心，同时向两侧画线；“非对称”则只向某一侧画线。

5.1.5 等分线

按给定份数绘制两直线间的等分线，此功能可以大大提高制表速度。选择【直线】立即菜单中的 1. 等分线 ，如图5-14所示。按系统提示输入等分量，依次拾取符合条件的两直线即可完成操作。图5-15所示为三等分线示例。

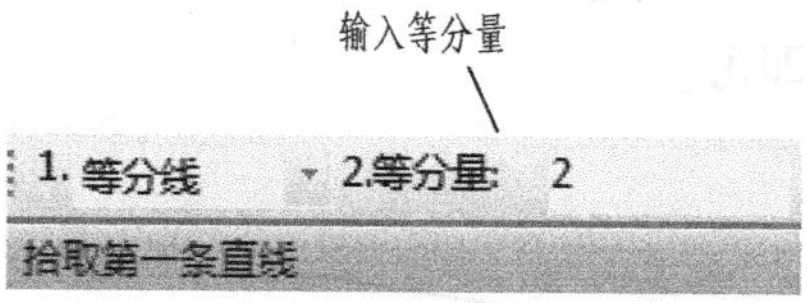

图5-14 【等分线】立即菜单

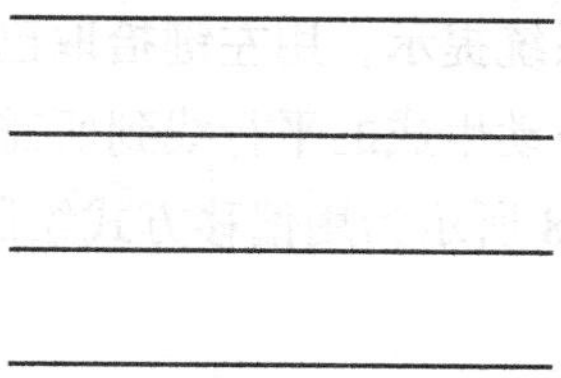

图5-15 三等分线示例

单击【基本绘图】选项组中【直线】按钮后的，可出现各种直线命令，如图5-16所示，选择命令也可绘制各种类型的直线。但要注意的是，此时出现的立即菜单与前面介绍的各类直线的立即菜单略有不同。

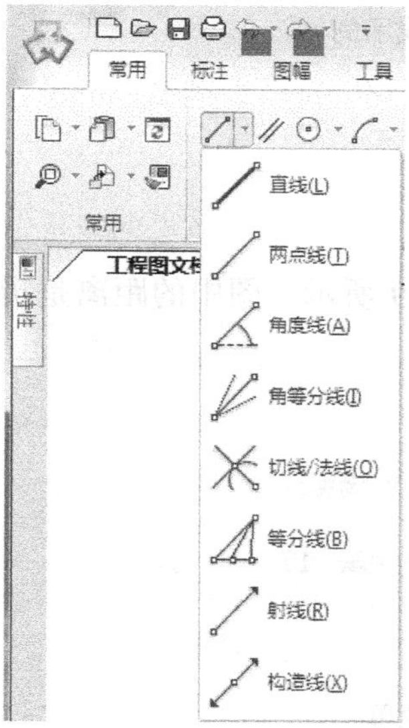

图5-16 直线的下拉菜单

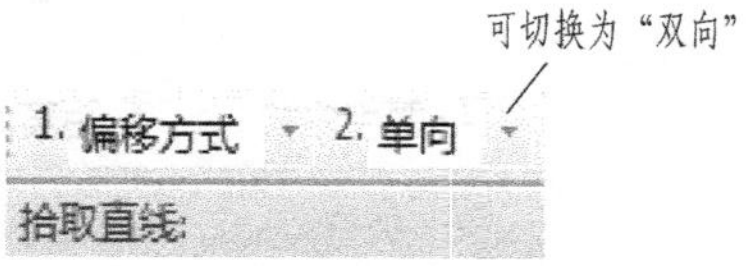

图5-17 【平行线】立即菜单

5.2 平行线

平行线命令用于绘制与已知直线平行的直线。

平行线命令的输入方式如下。

1）下拉菜单。选择【绘图】/【平行线】命令。

2）选项组。单击【常用】选项卡中【基本绘图】选项组中的按钮。

3）命令行。输入“ll”并按〈Enter〉键。

执行任一种平行线命令的输入方式，在屏幕左下角即出现立即菜单，如图5-17所示。

绘制已知直线的平行线有偏移方式和两点方式两种。

5.2.1 偏移方式

选择【平行线】立即菜单中的 1. 偏移方式 ，出现图5-17所示的立即菜单。“单向”表示只在已知直线的一侧画平行线；“双向”表示在已知直线的两侧都画平行线。

按照系统提示，用左键拾取已知直线，然后在提示区内输入偏移距离，按〈Enter〉键或用鼠标拖动生成的平行线到所需位置时，单击确定即可。

图5-18所示为用偏移方式绘制平行线示例。

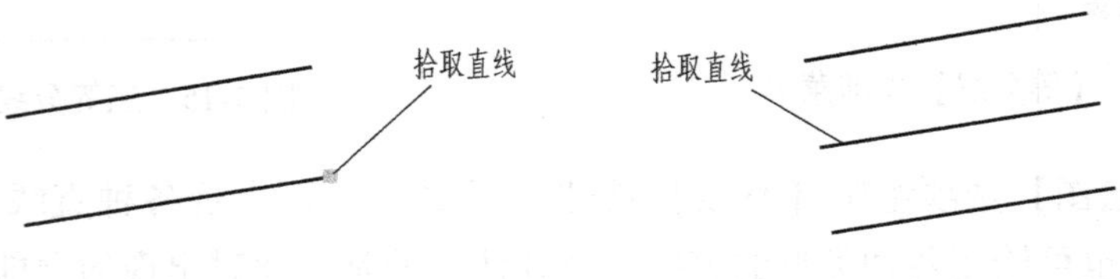

a)　　b)

图5-18　用偏移方式绘制平行线示例
a)单向偏移　b）双向偏移

5.2.2 两点方式

选择【平行线】立即菜单中的 1. 两点方式 ，如图5-19所示，图中的距离是指平行线与所绘直线的距离。

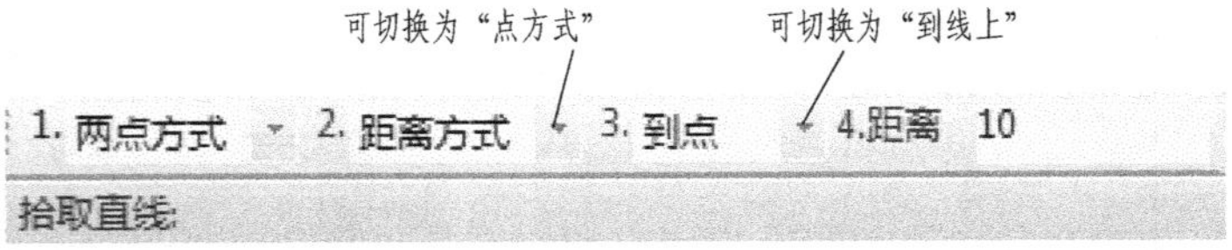

图5-19　【两点方式】立即菜单

按照系统提示，拾取直线，然后输入平行线起点，用鼠标拖动平行线到需要位置，单击确认，或输入平行线长度，单击鼠标右键确认即可。图5-20所示为两点方式绘制平行线示例。

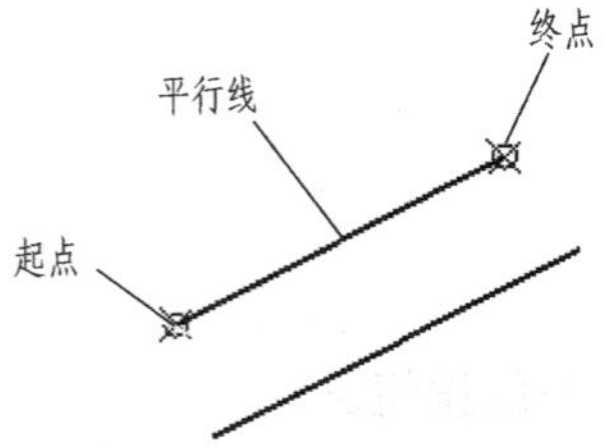

图5-20　两点方式绘制平行线示例

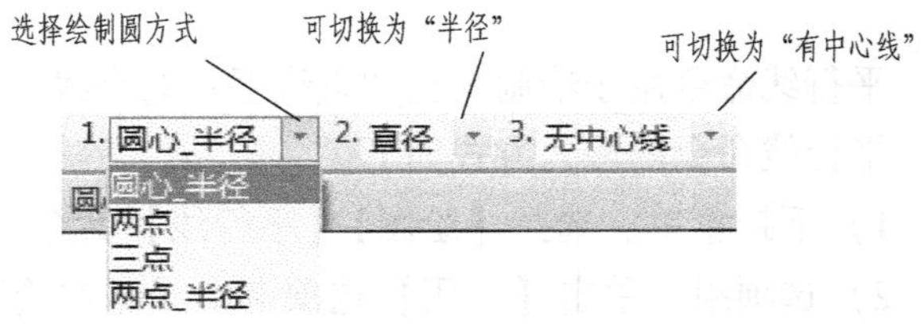

图5-21　【圆】立即菜单

5.3　圆

CAXA 电子图板 2015 提供了 4 种绘制圆的方式，即圆心_半径、两点、三点、两点_半径。

圆命令的输入方式如下。

1）下拉菜单。选择【绘图】/【圆】命令。

2）选项组。单击【常用】选项卡中【基本绘图】选项组中的按钮。

3）命令行。输入“circle”、“cir”或“c”并按〈Enter〉键。

5.3.1　圆心_半径

执行任一种圆命令的输入方式，在屏幕左下角即出现立即菜单，如图 5-21 所示。选择【圆】立即菜单中的 1. 圆心_半径，输入圆心后，用户可连续输入半径或圆上点，单击鼠标右键即可结束输入。

【例 5-2】　绘制图 5-22 所示的圆，已知圆心在原点上，半径为 20mm，要求有中心线，且中心线延长长度为 8mm。

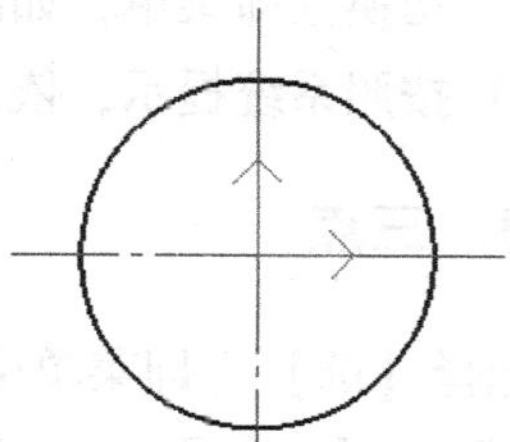

图 5-22　圆心_半径方式绘制圆

操作步骤

1）单击【圆】按钮。

2）切换立即菜单，如图 5-23 所示。

3）系统提示“圆心点：”，输入坐标 0，0 并单击鼠标右键确认。

4）系统提示“输入半径或圆上一点：”输入 20，单击鼠标右键确认。

图 5-23　【圆心_半径】立即菜单

5.3.2　两点

选择【圆】立即菜单中的 1. 两点，如图 5-24 所示。

【例 5-3】　绘制图 5-25 所示经过两点的一个圆。

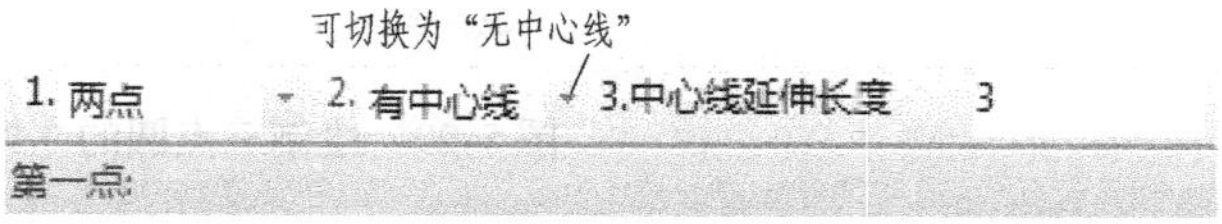

图 5-24　【两点】立即菜单

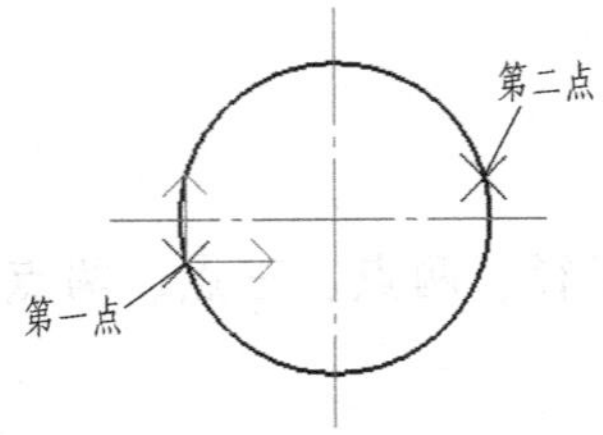

图 5-25　两点方式绘制圆

图 5-26　绘制两点圆立即菜单

操作步骤

1）单击【圆】按钮。
2）切换立即菜单，如图 5-26 所示。
3）按照系统提示，依次拾取第一、二点，即可绘制出以这两点距离为直径的圆。

5.3.3　三点

选择【圆】立即菜单中的 1. 三点 ，如图 5-27 所示。

【例 5-4】 如图 5-28 所示，在已知三角形 *ABC* 的基础上，利用三点方式，绘制其内切圆。

图 5-27　【三点】立即菜单

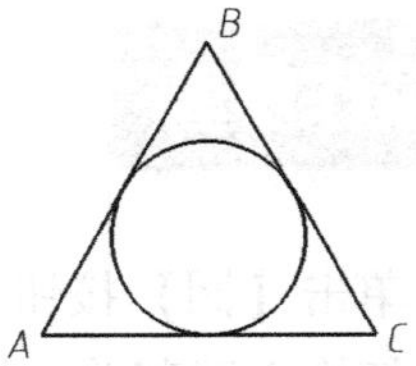

图 5-28　绘制内切圆

操作步骤

1）单击【圆】按钮
2）切换立即菜单，如图 5-29 所示。

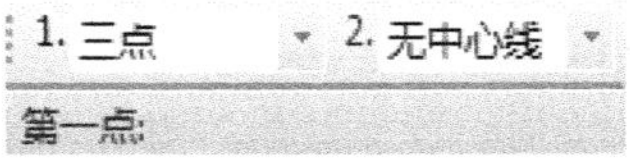

图 5-29　绘制三点圆的立即菜单

3）系统提示“第一点”，按下〈Space〉键，弹出工具点菜单，如图 5-30 所示，选择【切点】命令，拾取直线 *AB*。

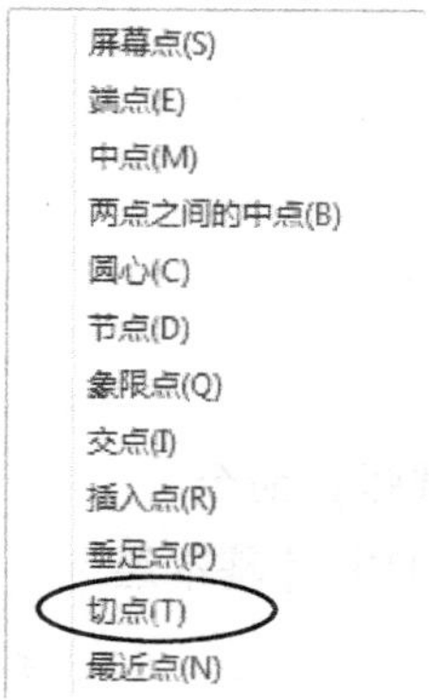

图 5-30　工具点菜单

4）重复步骤 3)，依次拾取三角形的另外两边，即可绘出内切圆。

5.3.4　两点_半径

选择【圆】立即菜单中的 1. 两点_半径 ，如图 5-31 所示。按照系统提示，依次拾取两个点，然后输入圆半径，即可绘制过上述两点的圆。

图 5-32 所示为两点_半径方式绘制圆示例。

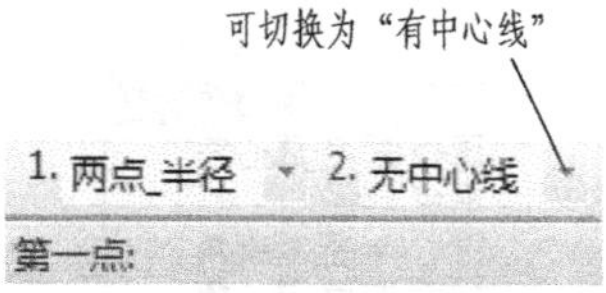

图 5-31　【两点_ 半径】立即菜单

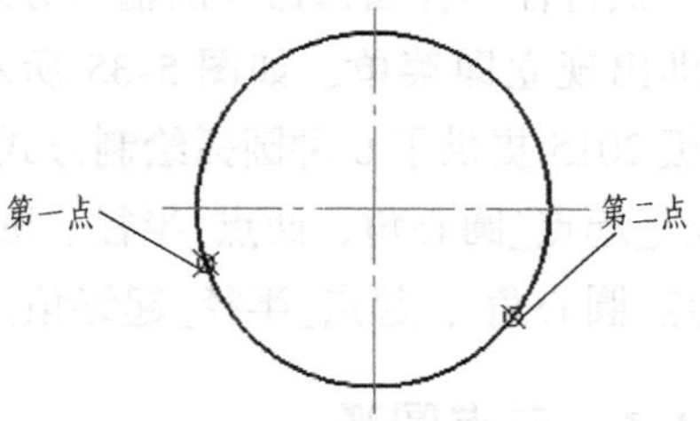

图 5-32　两点_ 半径方式绘制图示例

单击【基本绘图】选项组中【圆】按钮后的，可出现绘制各种圆命令，如图 5-33

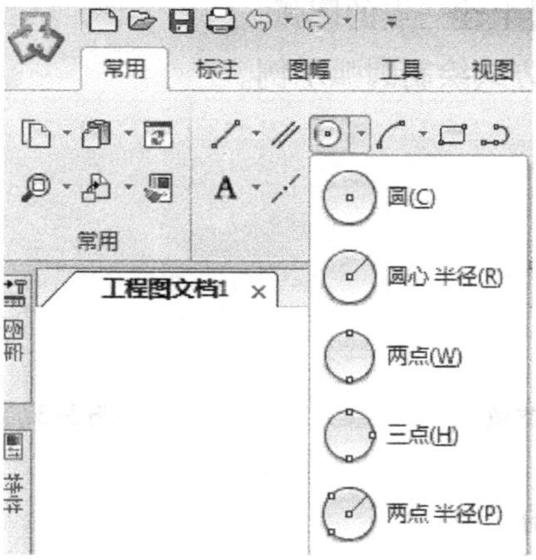

图 5-33　圆的下拉菜单

所示，选择命令也可采用各种方法绘制圆。但要注意的是，此时出现的立即菜单与前面介绍的圆的立即菜单略有不同。

5.4 圆弧

圆弧命令的输入方式如下。

1）下拉菜单。选择【绘图】/【圆弧】命令。

2）选项组。单击【常用】选项卡中【基本绘图】选项组中的按钮。

3）命令行。输入“arc”或“a”并按〈Enter〉键。

单击【基本绘图】选项组中【圆弧】按钮后的，可出现绘制各种圆弧命令，如图5-34所示，选择命令也可采用各种方法绘制圆弧。但要注意的是，此时出现的立即菜单与后面介绍的圆弧的立即菜单略有不同。

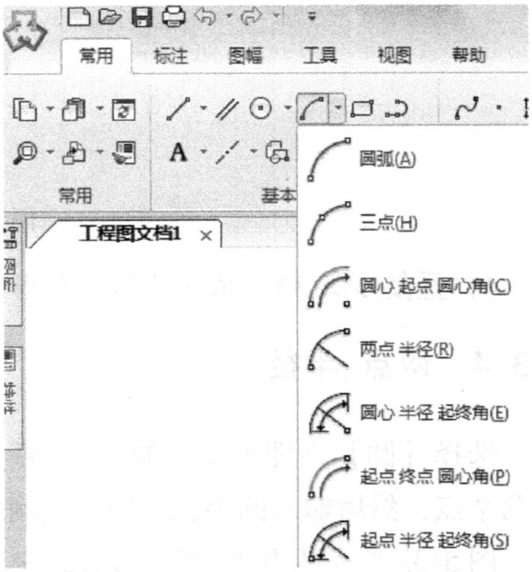

图 5-34 圆弧的下拉菜单

执行任一种圆弧命令的输入方式，在屏幕左下角即出现立即菜单，如图 5-35 所示。CAXA 电子图板 2015 提供了 6 种圆弧绘制方式，即三点圆弧、圆心_起点_圆心角、两点_半径、圆心_半径_起终角、起点_终点_圆心角 、起点_半径_起终角。

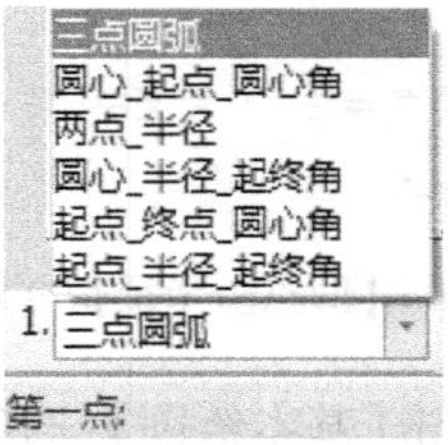

图 5-35 【圆弧】立即菜单

5.4.1 三点圆弧

选择【圆弧】立即菜单中的 1. 三点圆弧，如图 5-36 所示。按照系统提示，依次拾取三个点，单击鼠标右键确认，可绘制一条经过上述三点的圆弧。

图 5-37 所示为三点圆弧方式绘制圆弧示例。

图 5-36 【三点圆弧】立即菜单

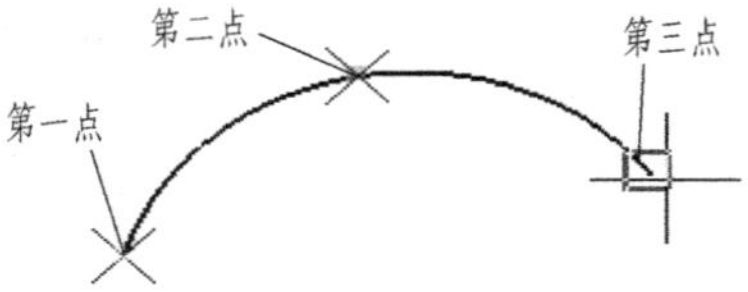

图 5-37 三点圆弧方式绘制圆弧示例

5.4.2 圆心_起点_圆心角

选择【圆弧】立即菜单中的 1. 圆心_起点_圆心角，如图 5-38 所示。用此方式绘制圆弧的操作见下例。

【例 5-5】 绘制图 5-39 所示的圆弧，该圆弧以原点为圆心，点（20，0）为起点，圆心角为 90°。

图 5-38 【圆心_ 起点_ 圆心角】立即菜单

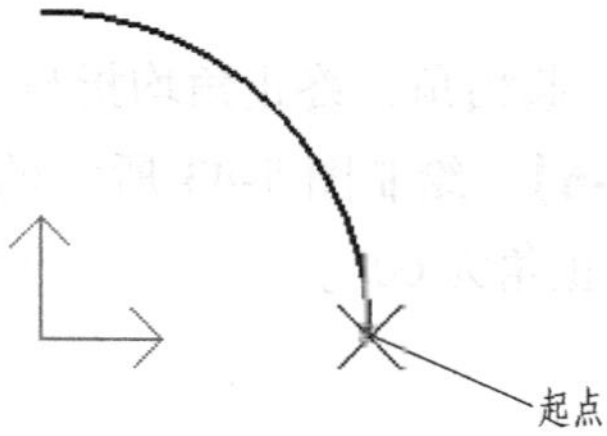

图 5-39 圆心_ 起点_ 圆心角方式绘制圆弧

操作步骤

1）单击【圆弧】按钮，切换立即菜单如图 5-40a 所示，输入 0，0。

2）系统提示“起点:”，输入 20，0 单击鼠标右键确认，如图 5-40b 所示。

3）系统提示“圆心角或终点:”，输入 90 单击鼠标右键确认，如图 5-40c 所示。

a) b) c)

图 5-40 圆心_ 起点_ 圆心角方式绘制圆弧的立即菜单

注意:在 CAXA 电子图板 2015 中，圆弧以逆时针方向为正。

5.4.3 两点_半径

选择【圆弧】立即菜单中的 1. 两点_半径，如图 5-41 所示。按照系统提示，依次拾取两点，即可生成一段起点、终点固定，半径由鼠标拖动改变的动态圆弧。

图 5-41 【两点_半径】立即菜单

注意：圆弧的弯曲方向由光标所在位置决定，光标位置不同，圆弧弯曲方向不同，选择一个方向，单击确认。

5.4.4 圆心_半径_起终角

选择【圆弧】立即菜单中的 1. 圆心_半径_起终角，如图 5-42 所示。在立即菜单中可以更改半径、起始角、终止角的数值。

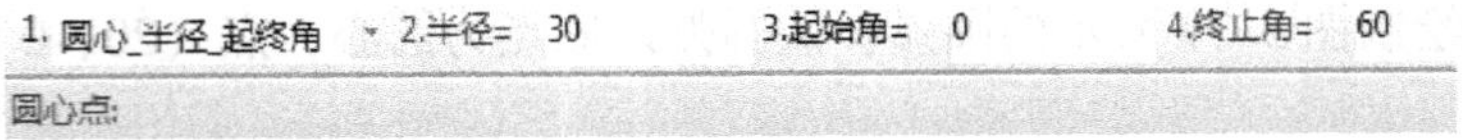

图 5-42 【圆心_半径_起终角】立即菜单

注意：起始角、终止角均指与 *X* 轴正向夹角，逆时针方向为正。

【例 5-6】 绘制图 5-43 所示的圆弧，该圆弧以原点为圆心，半径为 30mm，起始角为 －30°，终止角为 60°。

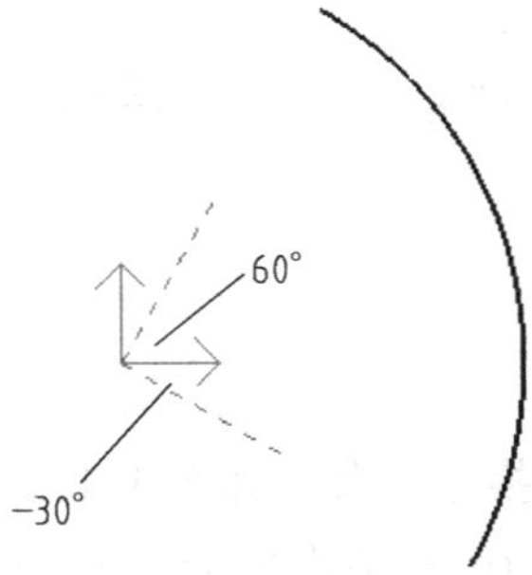

图 5-43 圆心_半径_起终角方式绘制圆弧

操作步骤

1）单击【圆弧】按钮，切换立即菜单，如图 5-44 所示。

2）输入 0，0 单击确认即可。

图 5-44 绘制圆弧的立即菜单

5.4.5 起点_终点_圆心角

选择【圆弧】立即菜单中的 1. 起点_终点_圆心角，如图 5-45 所示。输入圆心角的数值，按提示输入起点、终点，即可绘制圆心角固定的圆弧。

图 5-45 【起点_终点_圆心角】立即菜单

5.4.6 起点_半径_起终角

选择【圆弧】立即菜单中的 1. 起点_半径_起终角 ，如图 5-46 所示。在立即菜单中输入半径数值、起始角和终止角的大小，用鼠标或键盘确定圆弧的起点、即可绘制一条起点、半径、起始角、终止角均为用户设定值的圆弧。

图 5-46 【起点_半径_起终角】立即菜单

5.5 矩形

矩形命令的输入方式如下。

1）下拉菜单。选择【绘图】/【矩形】命令。

2）选项组。单击【常用】选项卡中【基本绘图】选项组中的按钮 □。

3）命令行。输入“rect”并按〈Enter〉键。

执行任一种矩形命令的输入方式，在屏幕左下角即出现立即菜单，如图 5-47 所示。CAXA 电子图板 2015 提供两种矩形绘制方式，分别是“两角点”方式和“长度和宽度”方式。

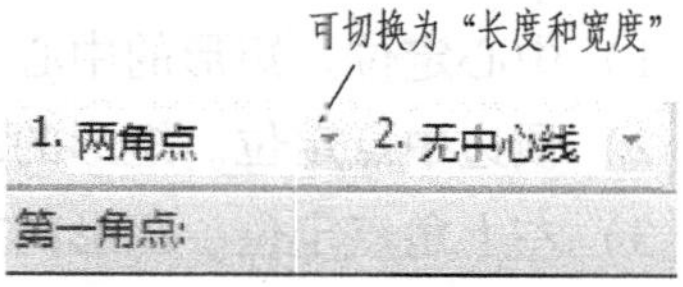

图 5-47 【矩形】立即菜单

5.5.1 两角点方式

选择【矩形】立即菜单中的 1. 两角点 ，并选择有“中心线”方式，如图 5-48 所示。按提示依次输入第一角点和第二角点，单击确认即可。

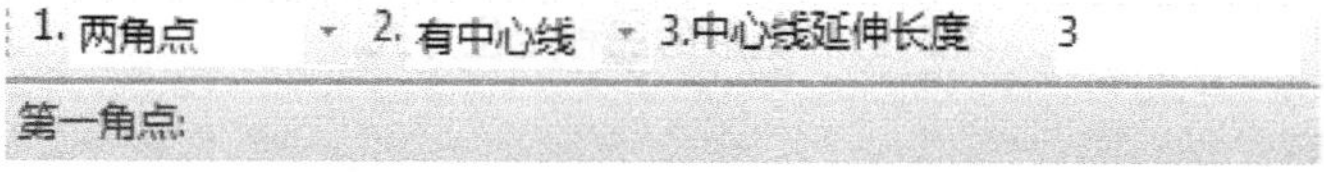

图 5-48 【两角点】立即菜单

图 5-49 所示为两角点方式绘制矩形示例。

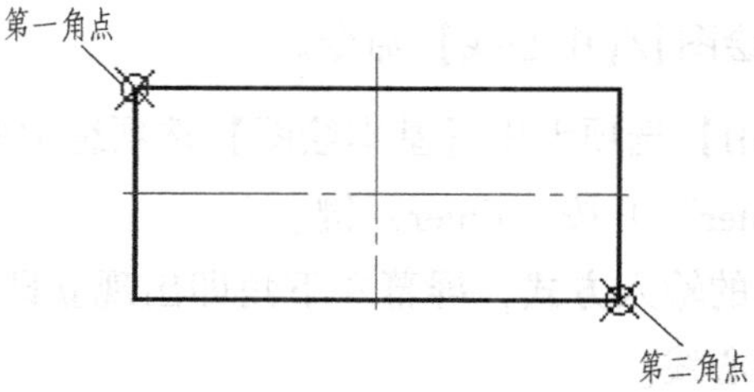

图 5-49 两角点方式绘制矩形示例

注意：在已知矩形的长和宽，且使用“两角点”方式时，用相对坐标要更简单，如第一角点的坐标为（20，15），矩形的长、宽分别为 36mm、18mm，则第二角点的绝对坐标为（56，33），相对坐标为（@36，18）。

5.5.2 长度和宽度方式

选择【矩形】立即菜单中的 1.长度和宽度，如图 5-50 所示。

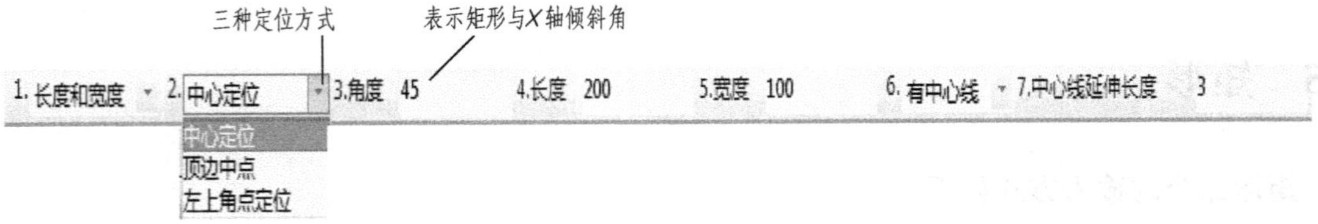

图 5-50 【长度和宽度】立即菜单

输入或单击一点即可绘制矩形。矩形的三种定位方式如图 5-51 所示。

1）中心定位。矩形的中心“挂”在十字光标上。

2）顶边中点定位。矩形的顶边中点“挂”在十字光标上。

3）左上角点定位。矩形的左上角点“挂”在十字光标上。

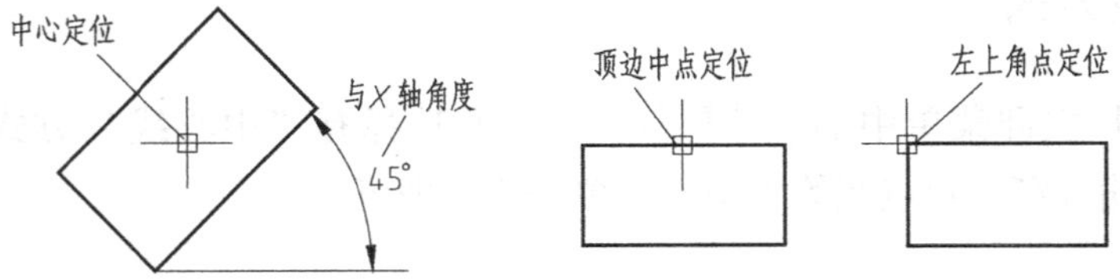

图 5-51 矩形的三种定位方式

5.6 中心线

中心线命令的输入方式如下。

1）下拉菜单。选择【绘图】/【中心线】命令。

2）选项组。单击【常用】选项卡中【基本绘图】选项组中的按钮。

3）命令行。输入“center”并按〈Enter〉键。

执行任一种中心线命令的输入方式，屏幕左下角即出现立即菜单，如图 5-52 所示。按照系统提示操作即可绘制中心线。

图 5-53 所示为绘制中心线的示例。

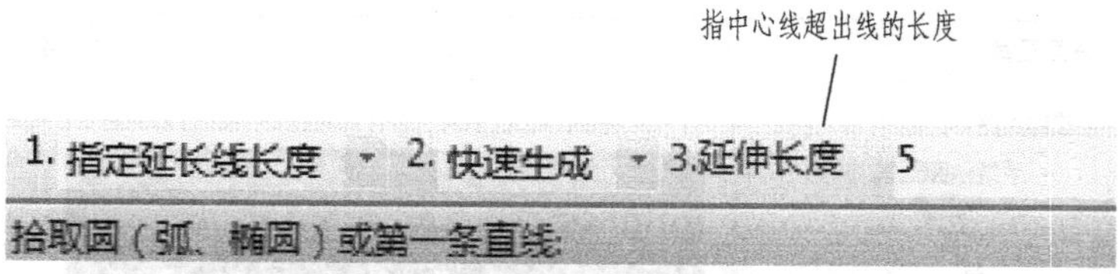

图 5-52　【中心线】立即菜单

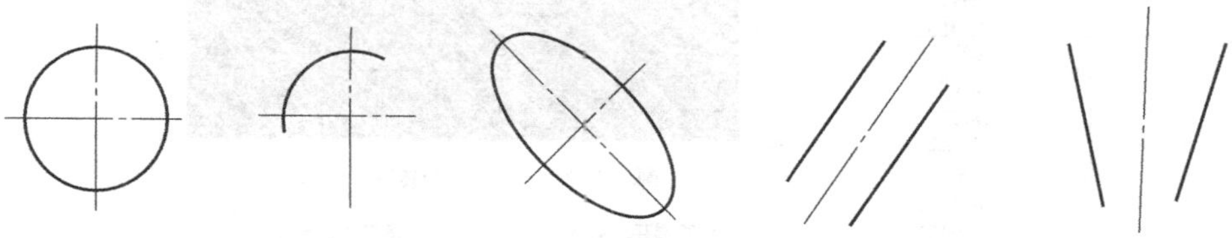

图 5-53　绘制中心线的示例

注意：当拾取的两条线是平行线时，拾取完第二条直线后，此时操作提示“左键切换，右键确认：”，单击左键切换中心线方向，再单击右键则画出中心线。

5.7　剖面线

在绘制零件图时，常采用剖视的表达方法，CAXA 电子图板 2015 中可实现剖面线的绘制。

剖面线命令的输入方式如下。

1）下拉菜单。选择【绘图】/【剖面线】命令。

2）选项组。单击【常用】选项卡中【基本绘图】选项组中的按钮。

3）命令行。输入“hatch”并按〈Enter〉键。

执行任一种剖面线命令的输入方式，屏幕左下角即出现立即菜单，如图 5-54 所示。确定绘制区域有两种方式，即“拾取点”和“拾取边界”方式，可在立即菜单中进行选择。在立即菜单中可改变剖面线的比例、间距错开和角度。

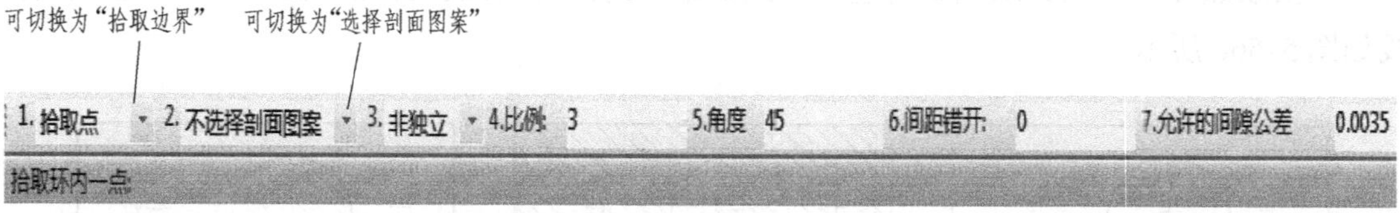

图 5-54　【剖面线】立即菜单

注意：指定的区域必须是封闭的，否则操作无效。

选择“不选择剖面图案”将按默认图案生成。选择“选择剖面图案”，在确认剖面区域后，将弹出图 5-55 所示的对话框。在此对话框中可以选择剖面图案及其比例、旋转角、间距错开等参数。

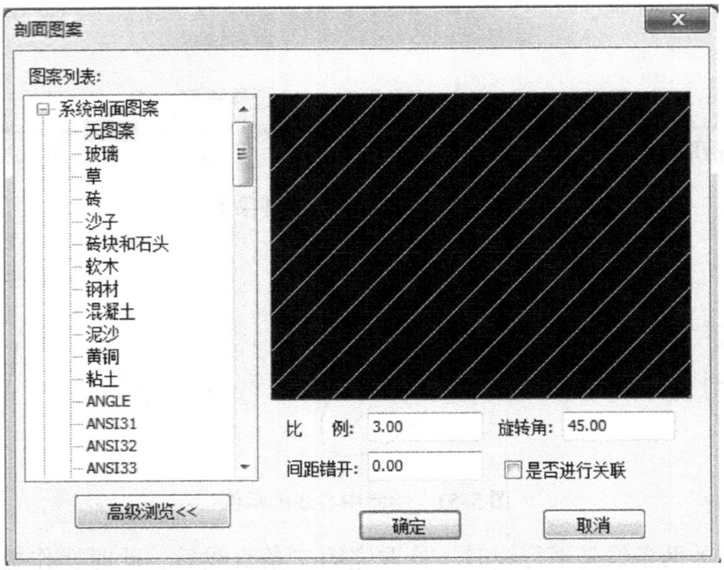

图 5-55 【剖面图案】对话框

5.7.1 拾取点

在待画剖面线的封闭环内拾取一点，系统根据拾取点的位置，从右向左搜索最小封闭环，根据环生成剖面线。如果拾取点在环外，则操作无效。

用鼠标左键拾取封闭环内的一点，系统搜索到的封闭环上的各条曲线变为红色，单击鼠标右键确认后，即可画出剖面线。

注意：系统总是在用户拾取点亮的所有线条（也就是边界）内部绘制剖面线，所以在拾取环内点或拾取边界后，一定要仔细观察哪些线条被点亮了；通过调整被点亮的边界线，就可以调整剖面线的形成区域。

如图 5-56a 所示，矩形和圆均为封闭环。

若拾取点在点 1 处，从点 1 向左搜索到的最小封闭环为矩形，且点 1 在环内，则生成剖面线如图 5-56b 所示。

若拾取点在点 2 处，从点 2 向左搜索到的最小封闭环为圆，且点 2 在环内，则生成剖面线如图 5-56c 所示。

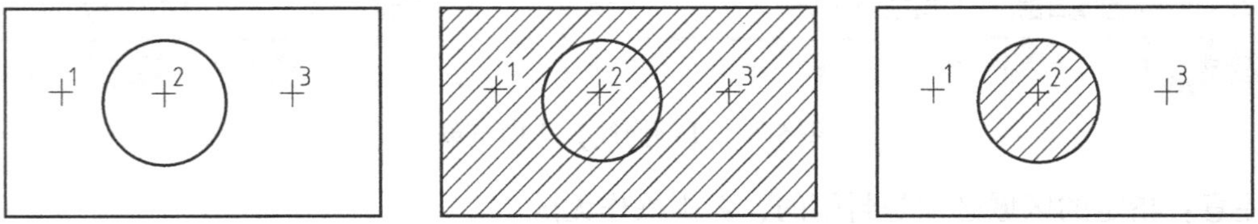

a) b) c)

图 5-56 拾取点的位置

若拾取点在点3处，从点3向左搜索到的最小封闭环为圆，但点3在圆外，则操作无效。

图5-57所示为拾取点画剖面线示例。

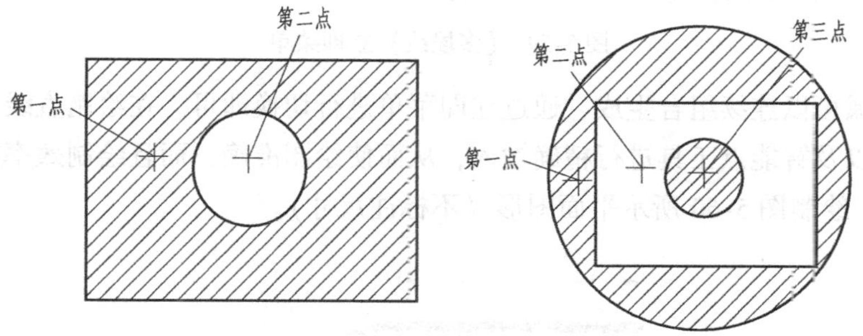

图5-57　拾取点画剖面线示例

5.7.2　拾取边界

根据拾取到的曲线搜索环生成剖面线。如果拾取到的曲线不能生成互不相交的封闭环，则操作无效，被拾取的边界变为红色。拾取结束，单击鼠标右键确认。如果边界正常，则画出剖面线。

注意：拾取边界时，可用鼠标单个拾取，也可用窗口拾取。

图5-58所示为拾取边界画剖面线示例。在图5-58a中，用窗口拾取圆和四边形，单击鼠标右键确认，即在圆和四边形之间生成剖面线；在图5-58b中，圆与四边形重叠的区域不能构成互不相交的封闭环，用拾取边界方式不能画出剖面线。

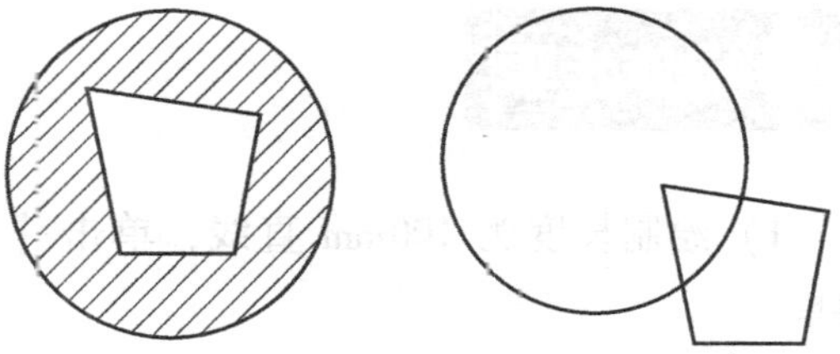

a)　b)

图5-58　拾取边界画剖面线示例

注意：在拾取边界曲线不能生成互不相交的封闭环的情况下，应改用拾取点的方式。

5.8　多段线

多段线是由直线或圆弧构成的首尾相接的或不相接的图线。

多段线命令的输入方式如下。

1）下拉菜单。选择【绘图】/【多段线】命令。

2）选项组。单击【常用】选项卡中【基本绘图】选项组中的按钮 。

3）命令行。输入“contour”并按〈Enter〉键。

执行任一种多段线命令的输入方式，屏幕左下角即出现立即菜单，如图5-59所示。可以在“直线”和“圆弧”之间相互切换，生成由直线和圆弧构成的多段线，如图5-60所示。

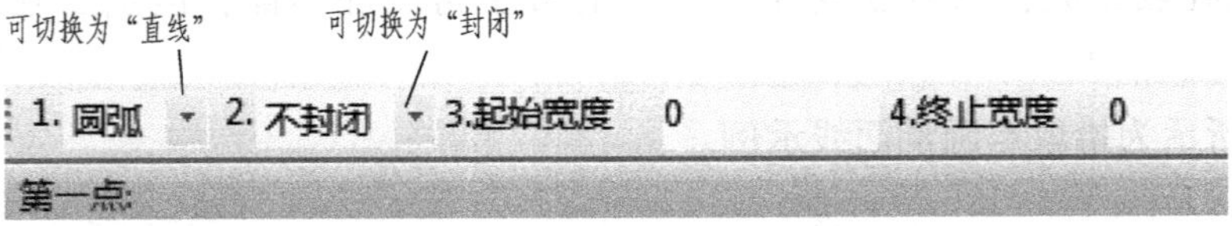

图 5-59 【多段线】立即菜单

直线和圆弧可以连续组合生成，通过立即菜单进行切换即可。在绘制直线和圆弧时可以使用动态输入以及智能点工具进行精确输入，从而使绘图准确，而且绘制效率提高。

【例 5-7】 绘制图 5-60 所示平面图形（不标注尺寸）。

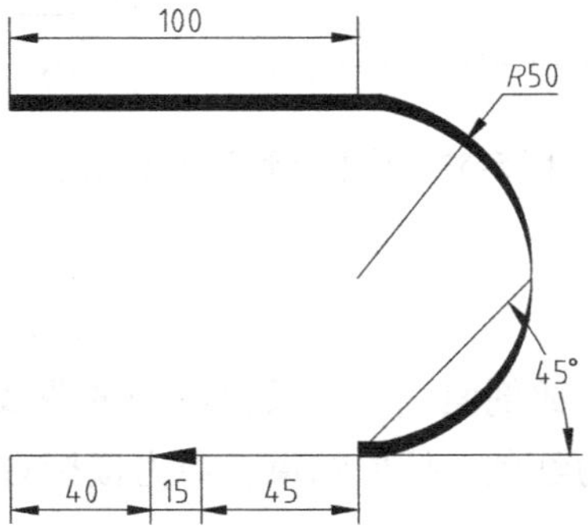

图 5-60 多段线示例

操作步骤

1）绘制长度为 100mm 直线，单击【多段线】按钮，设置图 5-61 所示的立即菜单。

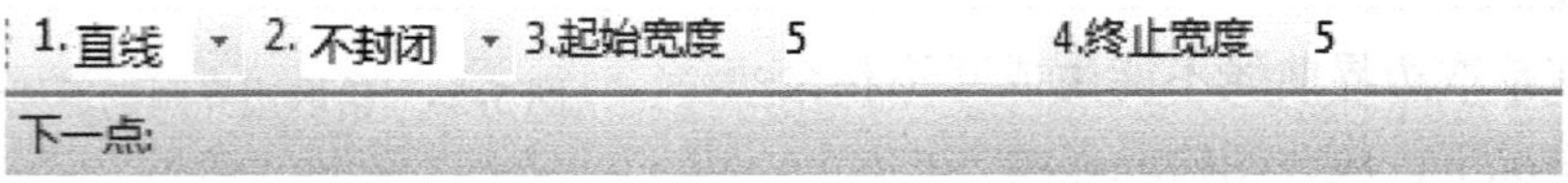

图 5-61 绘制长度为 100mm 直线的立即菜单

2）在屏幕中任意指定一点作为直线的第一点。

3）命令行提示“下一点”：输入直线下一点的相对坐标@100，0。

4）绘制上半圆弧。切换图 5-62 所示的立即菜单，输入圆弧下一点的相对坐标@50，-50。

图 5-62 绘制上半圆弧的立即菜单

5）绘制下半圆弧。切换图 5-63 所示的立即菜单，输入圆弧下一点的相对坐标@ -50，-50。

图5-63 绘制下半圆弧的立即菜单

6）绘制长度为45mm直线。切换图5-64所示的立即菜单，输入直线下一点的相对坐标@ -45，0。

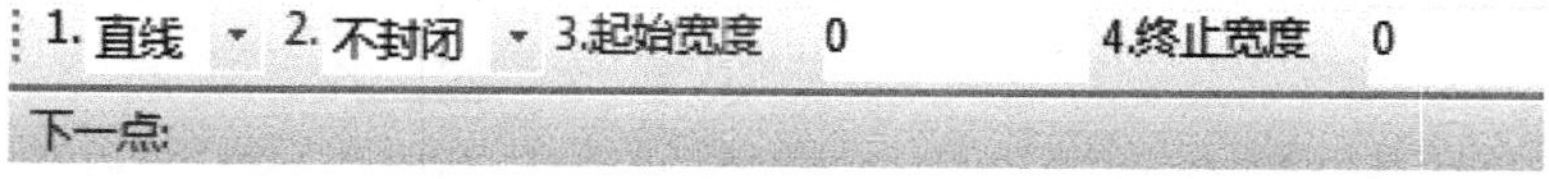

图5-64 绘制长度为45mm和40mm直线的立即菜单

7）绘制箭头线。切换图5-65所示的立即菜单，输入直线下一点的相对坐标@ -15，0。

图5-65 绘制箭头线的立即菜单

8）绘制长度为40mm直线。切换回图5-64所示的立即菜单，输入相对坐标@ -40，0完成作图。

5.9 绘图举例

【例5-8】 绘制图5-66所示平面图形*ABCDEF*（不标注尺寸）。

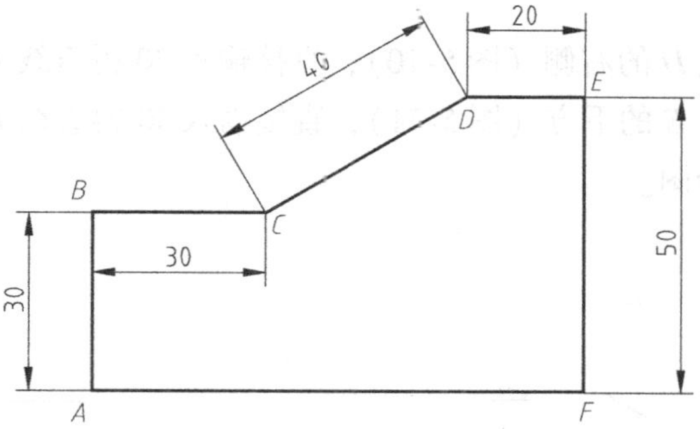

图5-66 平面图形*ABCDEF*

操作步骤

1）单击【直线】按钮，设置立即菜单如图5-67所示，在适当位置用鼠标确定点*A*。

2）命令行提示“第二点”，输入点 *B* 的相对坐标@0，30。

注意：步骤 2）也可打开正交模式，将光标放置在点 *A* 的上方，出现一条正交跟踪线，如图 5-68 所示，然后直接输入 30。

3）命令行提示“第二点”，输入点 *C* 的相对坐标@30，0。

4）切换立即菜单，如图 5-69 所示。

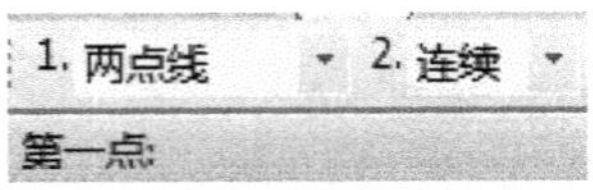

图 5-67　设置【两点线】立即菜单

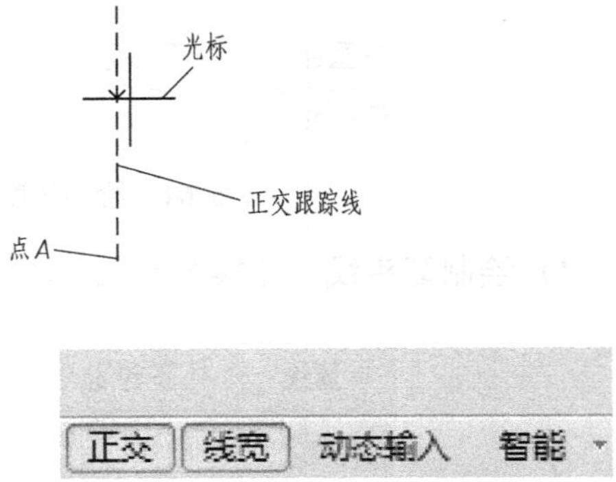

图 5-68　正交跟踪线

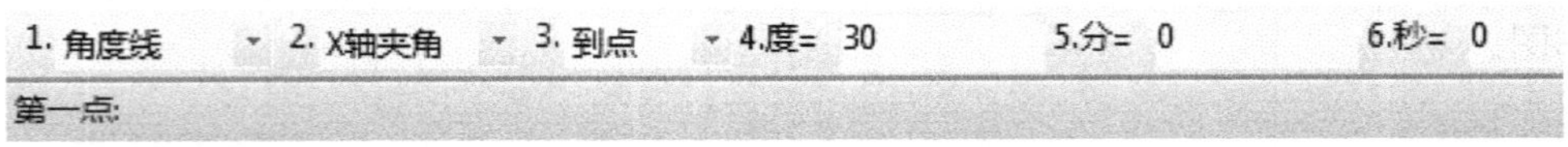

图 5-69　设备【角度线】立即菜单

5）拾取点 *C*，输入 40，绘制角度线 *CD*。

6）单击【直线】按钮 ，设置立即菜单如图 5-67 所示，打开正交模式，拾取点 *D* 为第一点。

7）将光标放置在点 *D* 的右侧（图 5-70），直接输入 20 得直线 *DE*。

8）将光标放置在点 *E* 的下方（图 5-71），直接输入 50 得直线 *EF*。

9）拾取点 *A* 完成绘图。

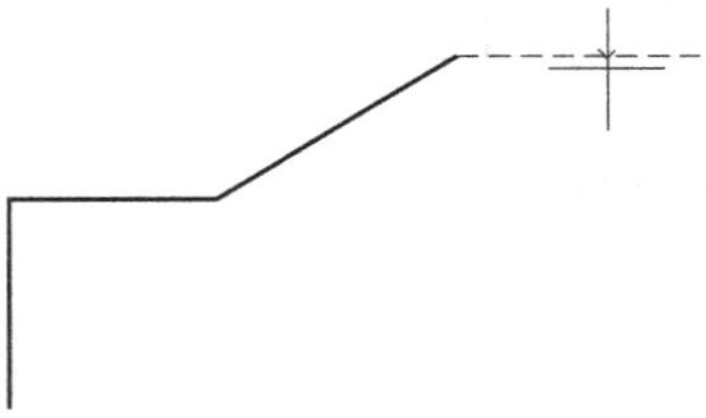

图 5-70　绘制直线 *DE*

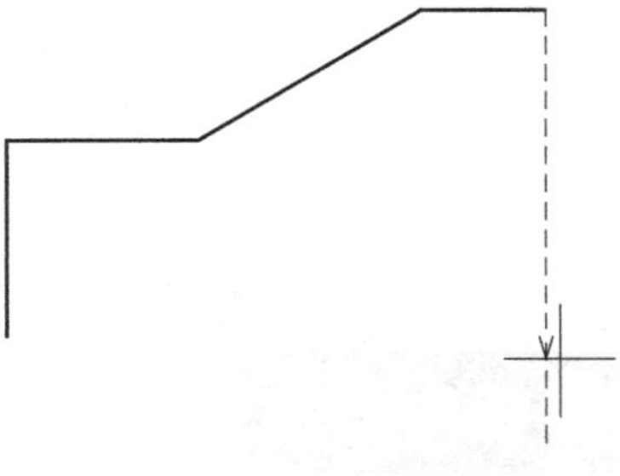

图 5-71　绘制直线 *EF*

【例 5-9】 绘制图 5-72 所示图形（不标注尺寸）。

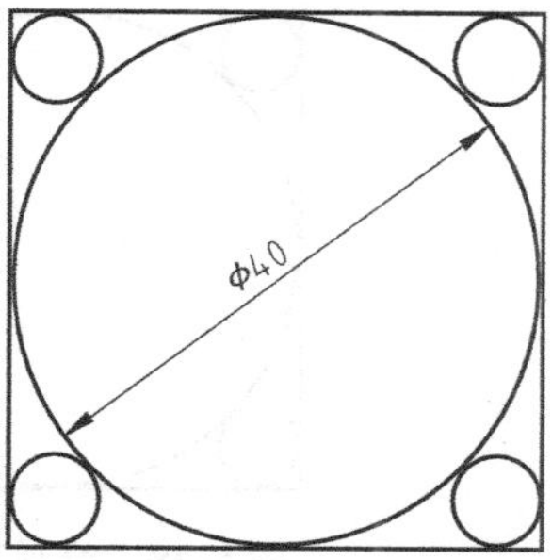

图5-72　【例5-9】图

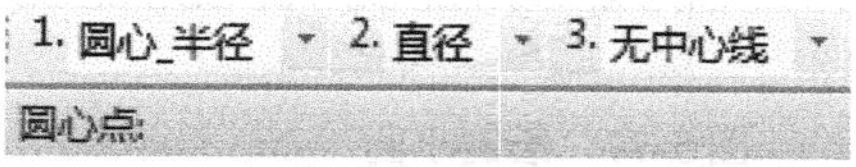

图5-73　设置【圆】立即菜单

操作步骤

1）绘制大圆。单击【圆】按钮 ⊙，设置图5-73所示立即菜单，在适当位置指定圆心，输入40。

2）绘制正方形。选择【正多边形】命令，设置立即菜单如图5-74所示，拾取圆心为中心点，指定圆上点，绘制外切的正四边形，如图5-75所示。

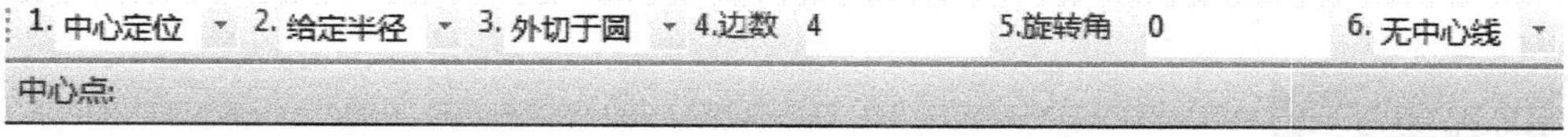

图5-74　设置【正多边形】立即菜单

3）选择【圆】/【三点】命令，按〈Space〉键，在图5-76所示的工具点菜单中选择【切点】命令，拾取大圆上的点。然后依次拾取小圆与正四边形的另外两个切点，如图5-77所示。

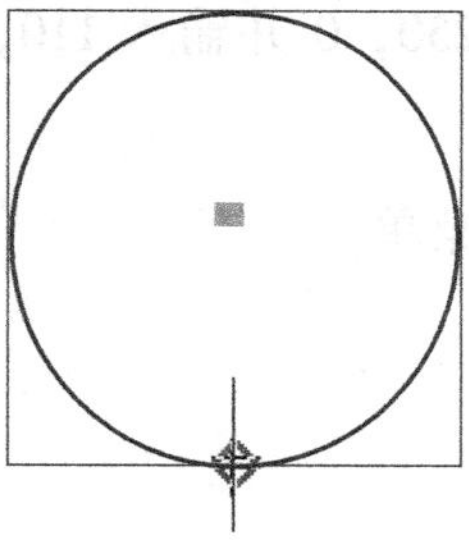

图5-75　绘制正多边形

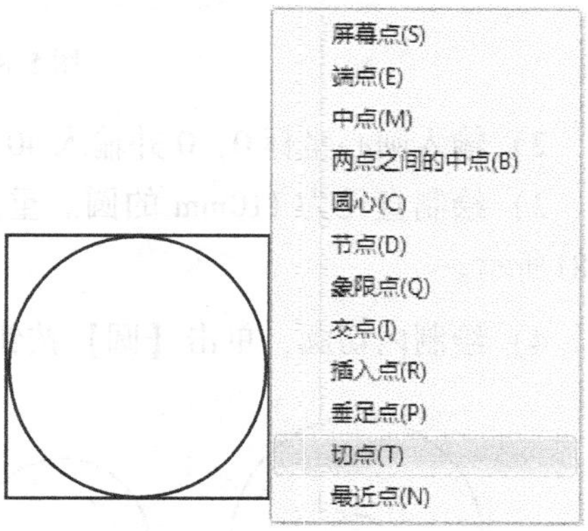

图5-76　工具点菜单

4）重复步骤3)，绘制另外三个小圆，如图5-78所示。

注意：步骤4）中，绘制另外三个小圆时，用【阵列】命令比较快速。

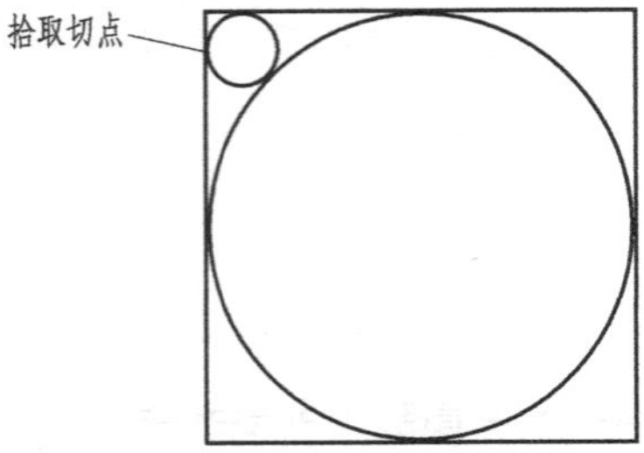

图 5-77 绘制小圆

图 5-78 绘制其他小圆

【例 5-10】 绘制图 5-79 所示图形（不标注尺寸）。

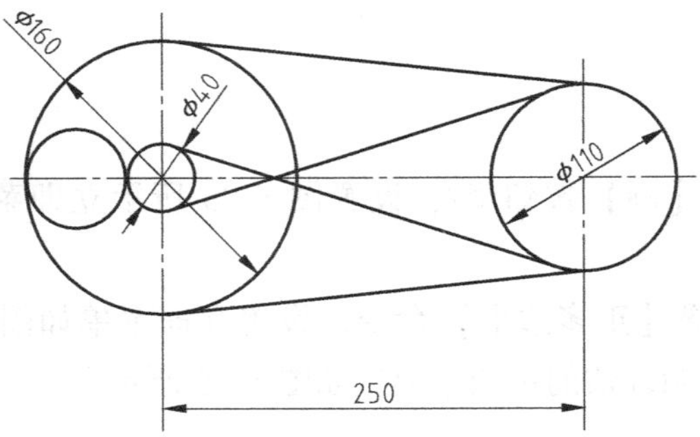

图 5-79 【例 5-10】图

操作步骤

1）绘制直径为 40mm、160mm 的圆，单击【圆】按钮，设置图 5-80 所示立即菜单。

图 5-80 设置【圆】立即菜单

2）输入圆心坐标 0，0 并输入 40、160。

3）绘制直径为 110mm 的圆。重复步骤 1)，输入圆心坐标 250，0 并输入 110，如图 5-81所示。

4）绘制内切圆，单击【圆】按钮，设置图 5-82 所示立即菜单。

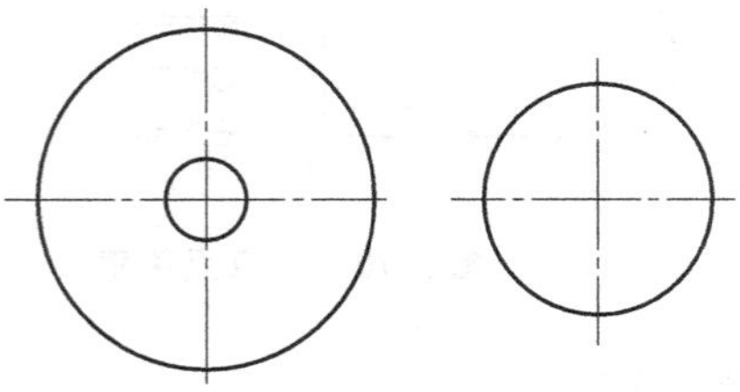

图 5-81 绘制圆

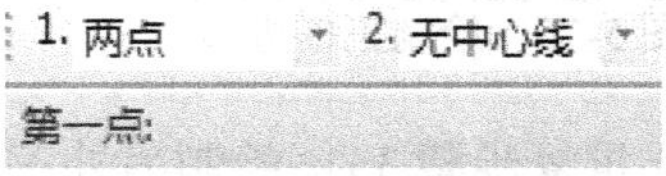

图 5-82 设置【两点】立即菜单

5）按〈Space〉键弹出图5-83所示点菜单，选择【切点】命令，并拾取两个切点，如图5-84所示。

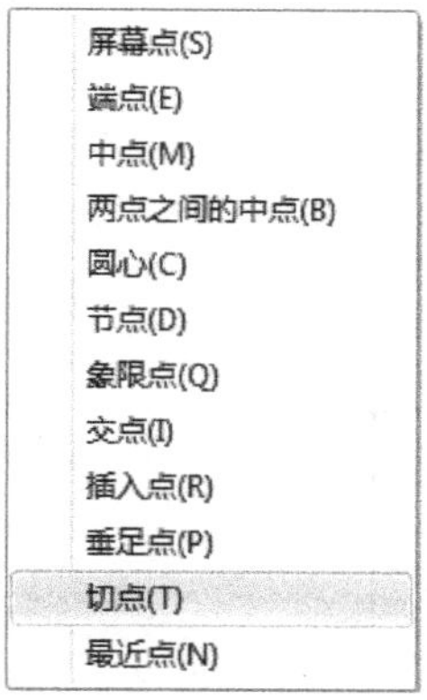

图5-83　工具点菜单

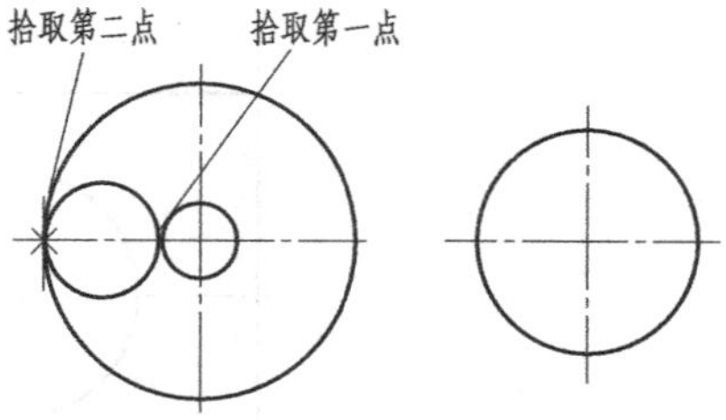

图5-84　绘制内切圆

6）绘制外切线，单击【直线】按钮，设置图5-85所示的立即菜单，重复步骤5)，拾取大圆上的切点，引出一条切线，如图5-86所示。

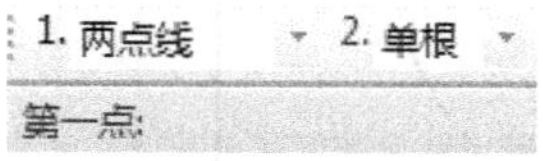

图5-85　设置【两点线】立即菜单

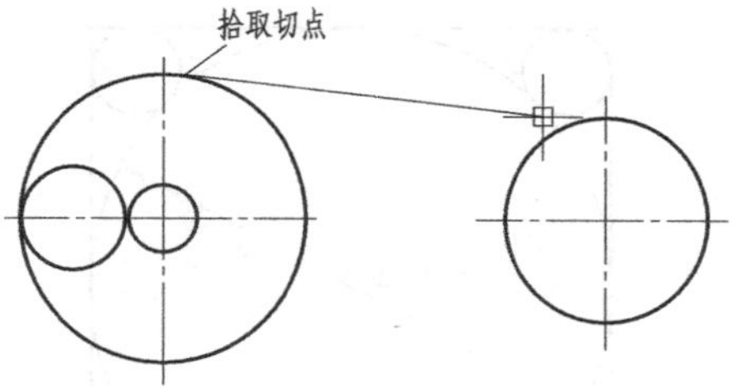

图5-86　拾取切点

7）重复步骤5)，拾取直径为110mm的圆，确定两圆的外公切线，如图5-87所示。

8）重复步骤6)、7)，拾取不同位置的切点，绘制其余三条公切线，如图5-88所示。

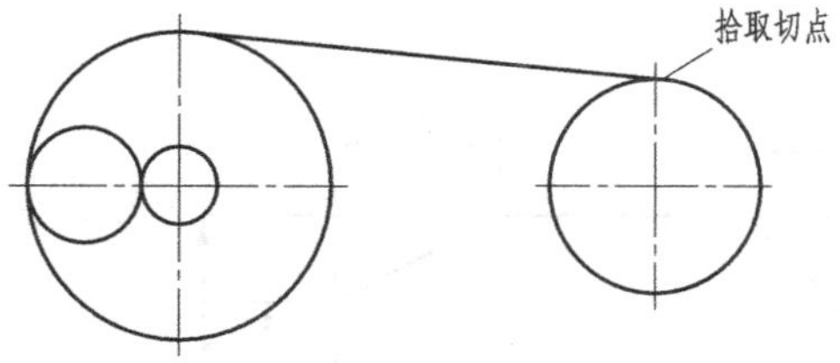

图5-87　绘制切线

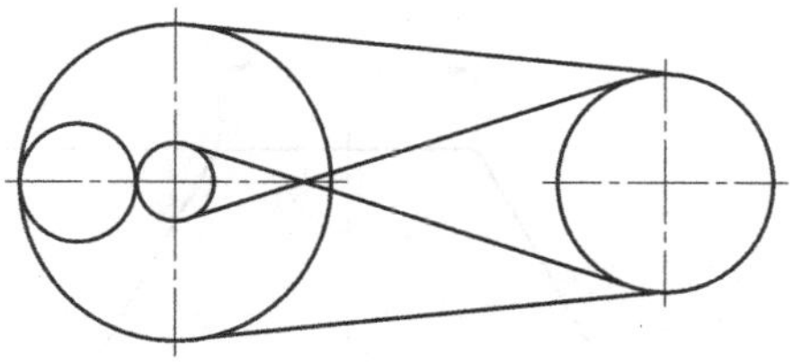

图5-88　完成作图

注意：在绘制相切曲线时，如系统提示“第一点(切点):”等类似的点拾取提示，可方便捕捉切点等。

5.10　本章小结

本章主要介绍了CAXA电子图板2015中基本绘图命令。在绘图过程中经常会用到直线、圆、矩形、中心线、剖面线、多段线的绘制。

5.11 习题

绘制图 5-89 所示各图形，不需标注尺寸。

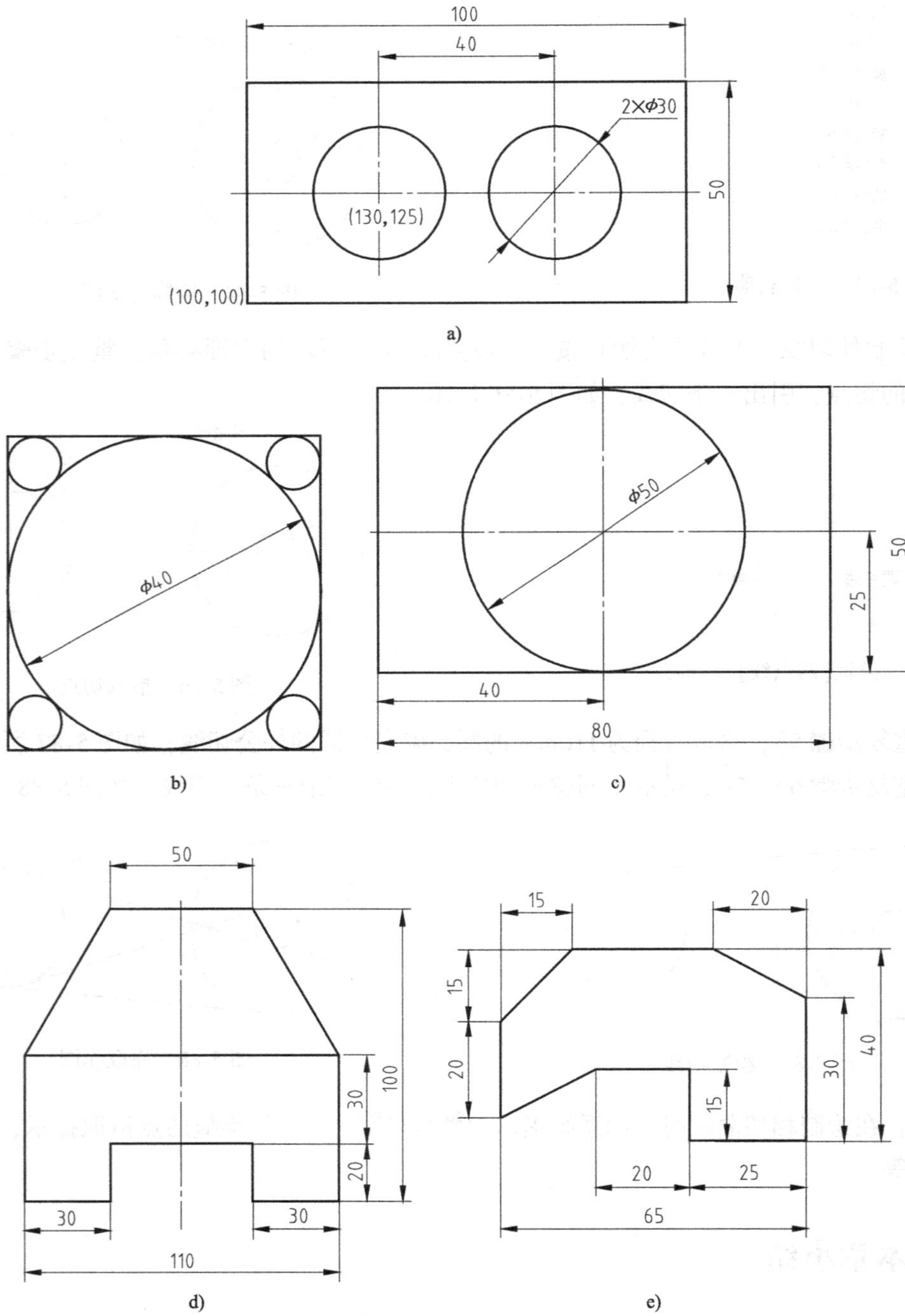

图 5-89 第 5 章习题图

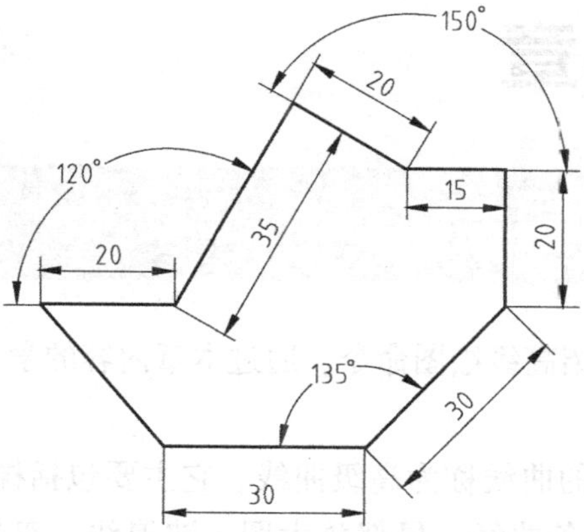

f)

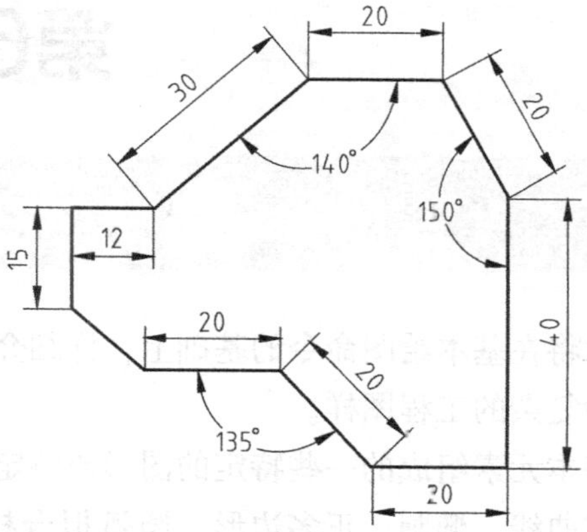

g)

图 5-89　第 5 章习题图（续）

第6章

高级绘图命令

本章将在基本绘图命令的基础上，详细介绍高级绘图命令。通过本章内容的学习，可以绘制各种复杂的工程图样。

由基本元素组成的一些特定的图形或特定的曲线称为高级曲线。它主要包括样条曲线、点、公式曲线、椭圆、正多边形、圆弧拟合样条曲线、局部放大图、波浪线、双折线、箭头、齿轮和轴/孔等类型。高级曲线的命令可从菜单输入，如图 6-1 所示，也可单击功能区【常用】选项卡中【高级绘图】选项组中相应的按钮，如图 6-2 所示；也可以用键盘输入命令。

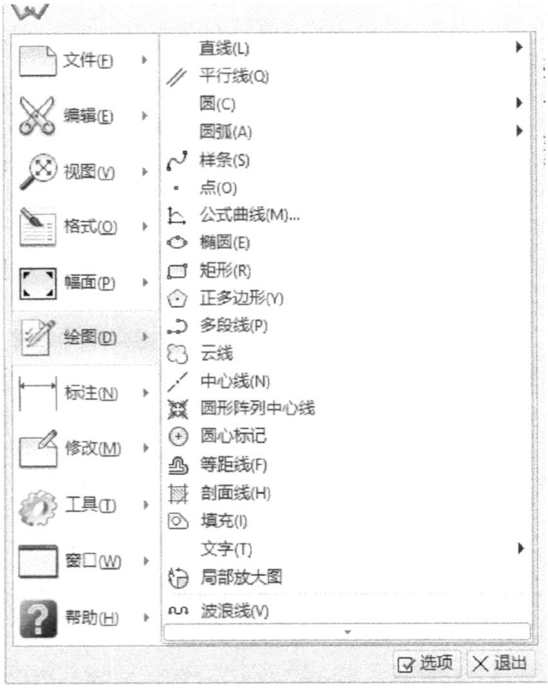

图 6-1　高级绘图命令的下拉菜单

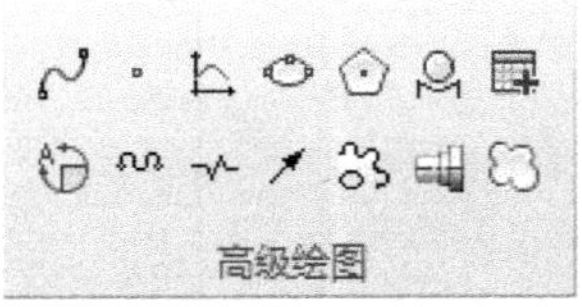

图 6-2　【高级绘图】选项组

重点知识

- ➢ 绘制椭圆、箭头、波浪线
- ➢ 绘制轴和孔

练习案例

- 绘制阶梯轴
- 绘制正多边形、波浪线、箭头、轴

6.1 独立点

点的作用主要是表示节点或者参考点。用户无论怎样进行绘图操作都离不开输入点。绘图过程中，有时要把一条直线或圆弧分成几等份，并且需要保留这些等分点。CAXA 电子图板 2015 为此提供了方便、快速的点绘制功能。

6.1.1 点的设置

在下拉菜单中选择【格式】/【点】命令，如图 6-3 所示；或单击功能区【工具】选项卡中【选项】选项组中的按钮，如图 6-4 所示，弹出【点样式】对话框，可以对点的大小、样式进行设置，如图 6-5 所示。点样式有两种显示方式：一种是“像素大小”，即点的大小随屏幕窗口的变化而变化；一种是“绝对大小”，即点的大小一旦确定，保持不变。

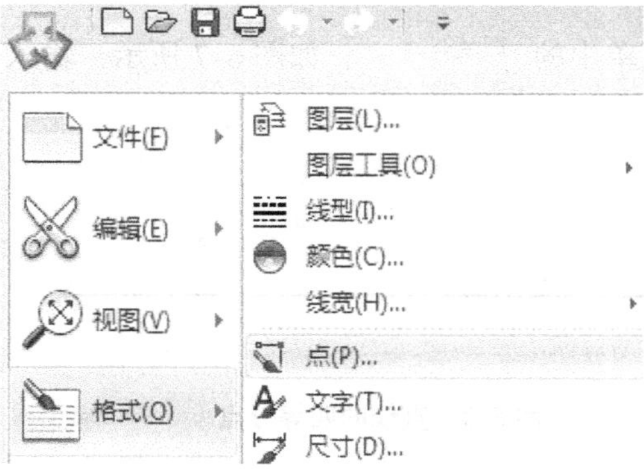

图 6-3 【点】命令

图 6-4 【点样式】按钮

6.1.2 绘制点

点命令的输入方式如下。

1）下拉菜单。选择【绘图】/【点】命令。

2）选项组。单击【常用】选项卡中【高级绘图】选项组中的按钮。

3）命令行。输入“point”并按〈Enter〉键。

执行任一种点命令的输入方式，在屏幕左下角即出现立即菜单，如图 6-6 所示。此命令可绘制孤立点、等分点和等距点。

图 6-5 【点样式】对话框

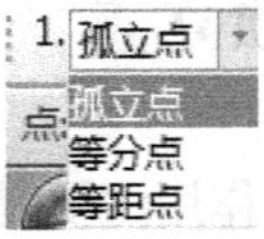

图 6-6 【点】立即菜单

1. 孤立点

选择【点】立即菜单中的 1. 孤立点，确认点位置的方式有以下 3 种。

1）在绘图窗口中单击确定。

2）在命令栏中输入点的坐标。

3）使用对象捕捉功能，捕捉图上的特殊点，如交点、切点等。

2. 等分点

绘制直线或圆弧的等分点。选择【点】立即菜单中的 1. 等分点，如图 6-7 所示，输入等分数，拾取要等分的曲线，即可绘制其等分点。

图 6-8 所示为直线的四等分点。

图 6-7 【等分点】立即菜单

图 6-8 直线的四等分点

3. 等距点

选择【点】立即菜单中的 1. 等距点，如图 6-9 所示 。

【例 6-1】 绘制图 6-10 所示圆弧 *AB* 上弧长为 20mm、以点 *A* 为起点的四等分点。

图 6-9 【等距点】立即菜单

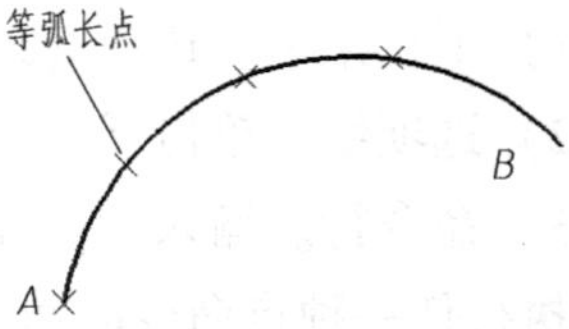

图 6-10 圆弧的等弧长点

操作步骤

1）单击【点】按钮·，设置立即菜单如图6-11所示。

2）拾取圆弧*AB*，选择起点*A*，选择方向，如图6-12所示。

3）完成作图。

图6-11 指定弧长的立即菜单

图6-12 绘制等弧长点

6.2 椭圆

椭圆命令的输入方式如下。

1）下拉菜单。选择【绘图】/【椭圆】命令。

2）选项组。单击【常用】选项卡中【高级绘图】选项组中的按钮。

3）命令行。输入“ellipse”并按〈Enter〉键。

执行任一种椭圆命令的输入方式，在屏幕左下角即出现立即菜单，如图6-13所示。CAXA电子图板2015提供了三种椭圆绘制方式。

图6-13 【椭圆】立即菜单

6.2.1 给定长短轴

选择【椭圆】立即菜单中的 1. 给定长短轴 ，如图6-14所示。

图6-15所示为长半轴为50mm，短半轴为30mm，长轴与*X*轴交角为45°的椭圆。

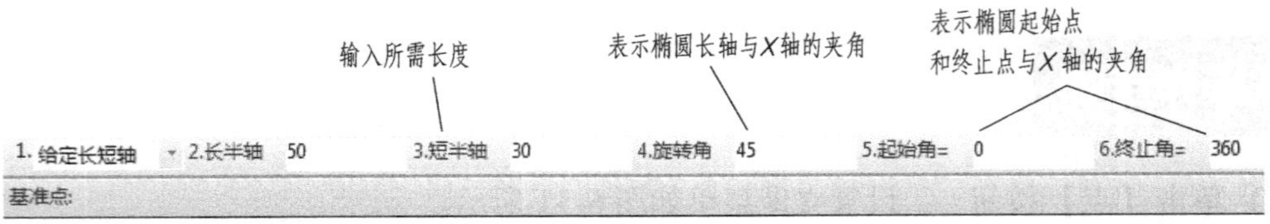

图 6-14 【给定长短轴】立即菜单

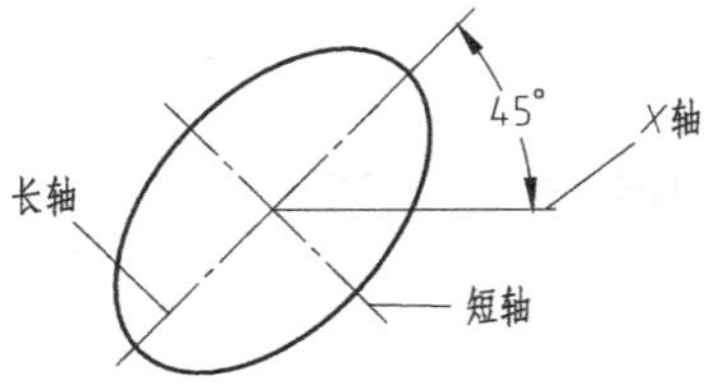

图 6-15 给定长短轴方式绘制椭圆

6.2.2 轴上两点

选择【椭圆】立即菜单中的 1. 轴上两点 ，如图 6-16 所示。按系统提示依次拾取第一、二点，然后输入另一半轴长度，确认即可绘制椭圆。

图 6-17 所示为轴上两点方式绘制椭圆。

图 6-16 【轴上两点】立即菜单

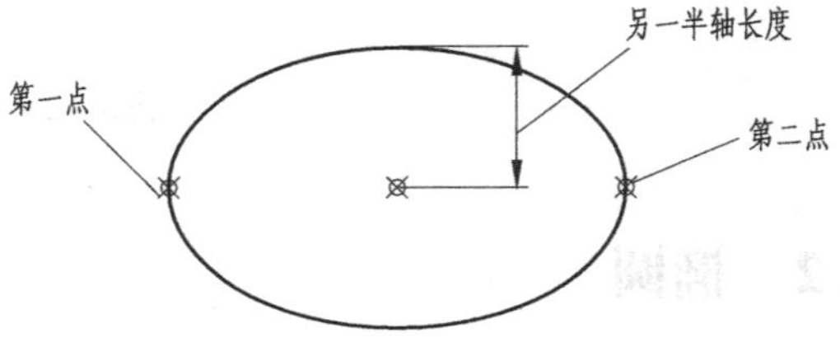

图 6-17 轴上两点方式绘制椭圆

6.2.3 中心点_起点

选择【椭圆】立即菜单中的 1. 中心点_起点 ，按照系统提示输入中心点和起点，然后输入另一半轴长度，确认即可绘制椭圆。

图 6-18 所示为中心点_起点方式绘制椭圆。

6.3 样条曲线

样条曲线是指通过或接近一系列给定点的平滑曲线。图 6-19 所示为过给定顶点（样条

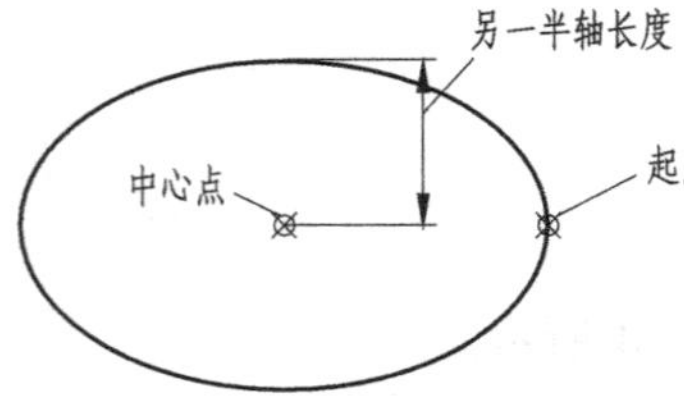

图 6-18 中心点_起点方式绘制椭圆

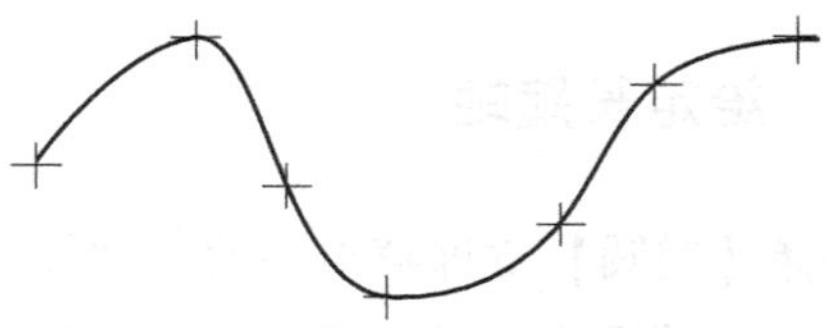

图 6-19 过给定顶点（样条插值点）的样条曲线

插值点）的样条曲线。点可由鼠标输入或由键盘输入。可以从外部样条数据文件中直接读取样条。它主要用于波浪线、相贯线、截交线的绘制，也可用于过给定点绘制曲线。

样条曲线命令的输入方式如下。

1）下拉菜单。选择【绘图】/【样条曲线】命令。

2）选项组。单击【常用】选项卡中【高级绘图】选项组中的按钮。

3）命令行。输入“spline”并按〈Enter〉键。

执行任一种样条曲线命令的输入方式，在屏幕左下角即出现立即菜单，如图6-20所示。

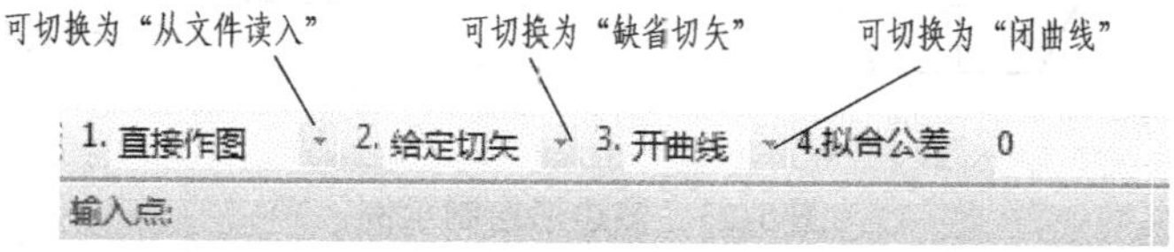

图6-20 【样条曲线】立即菜单

注意：“闭曲线”表示首尾相接的样条曲线。

6.4 正多边形

正多边形是各边相等且相邻边夹角也相等的多边形。

正多边形命令的输入方式如下。

1）下拉菜单。选择【绘图】/【正多边形】命令。

2）选项组。单击【常用】选项卡中【高级绘图】选项组中的按钮。

3）命令行。输入“polygon”并按〈Enter〉键。

CAXA电子图板2015提供两种绘制正多边形的方式，即“中心定位”和“底边定位”。

6.4.1 中心定位

选择【正多边形】立即菜单中的 1. 中心定位，如图6-21所示。单击各选项进行切换，按命令提示即可绘制多边形。

图6-21 【中心定位】立即菜单

6.4.2 底边定位

选择【正多边形】立即菜单中的 1. 底边定位，如图6-22所示。按提示输入第一点，然后输入边长或用鼠标捕捉底边另外一点，确认即可。

图6-23所示为多边形绘制示例。

图 6-22 【底边定位】立即菜单

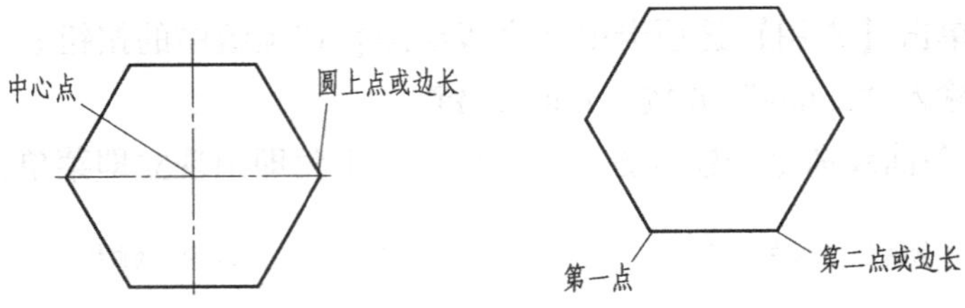

a) b)

图 6-23 多边形绘制示例

6.5 波浪线

按给定方式绘制波浪线。此命令常用于绘制剖面线的边界线，波浪线一般用细实线。

波浪线命令的输入方式如下。

1）下拉菜单。选择【绘图】/【波浪线】命令。

2）选项组。单击【常用】选项卡中【高级绘图】选项组中的按钮。

3）命令行。输入“wavel”并按〈Enter〉键。

执行任一种波浪线命令的输入方式，屏幕左下角即出现立即菜单。如图 6-24 所示，输入波峰数值，按操作提示输入几个点，一条光滑的波浪线就绘制出来了，如图 6-25 所示，其中波浪线段数为每两点之间波峰和波谷的个数。

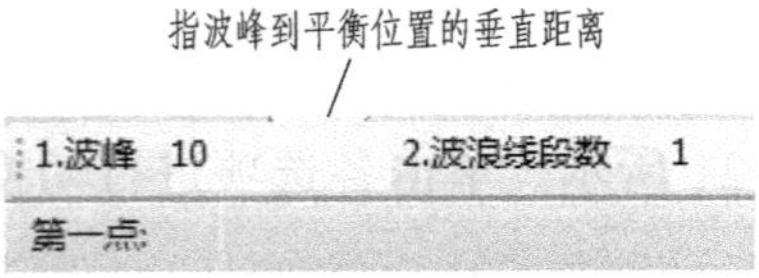

图 6-24 【波浪线】立即菜单

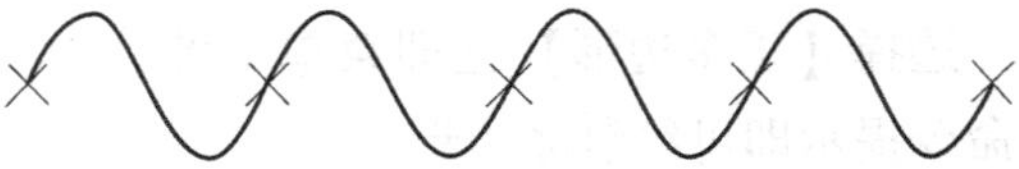

图 6-25 绘制波浪线示例

6.6 双折线

基于图幅的限制，有些图形元素无法全部画出，因而可以用双折线表示。

双折线命令的输入方式如下。

1）下拉菜单。选择【绘图】/【双折线】命令。

2）选项组。单击【常用】选项卡中【高级绘图】选项组中的按钮。

3）命令行。输入“condup”并按〈Enter〉键。

执行任一种双折线命令的输入方式，屏幕左下角即出现立即菜单，如图 6-26 所示。

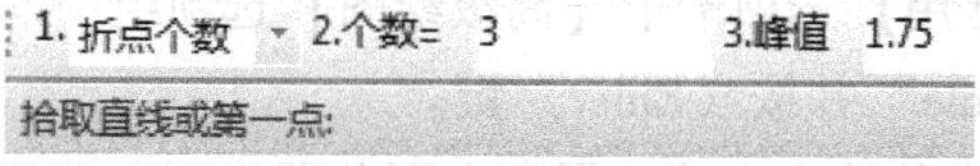

图 6-26 【双折线】立即菜单

按操作提示，用户可以通过两点画双折线，也可以直接拾取一条现有直线将其改为双折线。图 6-27 所示为绘制双折线示例。

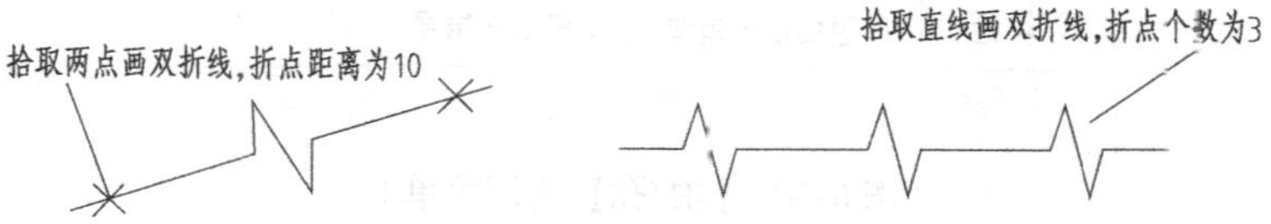

图 6-27 绘制双折线示例

6.7 箭头

在直线、圆弧或某一点处按指定的正向或反向绘制一个实心箭头。

箭头命令的输入方式如下。

1）下拉菜单。选择【绘图】/【箭头】命令。

2）选项组。单击【常用】选项卡中【高级绘图】选项组中的按钮↗。

3）命令行。输入“arrow”并按〈Enter〉键。

执行任一种箭头命令的输入方式，屏幕左下角即出现立即菜单，如图 6-28 所示。

注意：对于直线，以坐标系的 *X* 和 *Y* 方向的王向为箭头的正向。对于圆弧，以逆时针方向为箭头的正向。

选择箭头命令，按提示拾取已知直线或圆弧，系统提示“箭头位置”，则在屏幕上会看到一个红色的箭头随着十字光标的移动而在直线或圆弧上滑动，如图 6-29 所示，选定箭头的位置，单击即可。

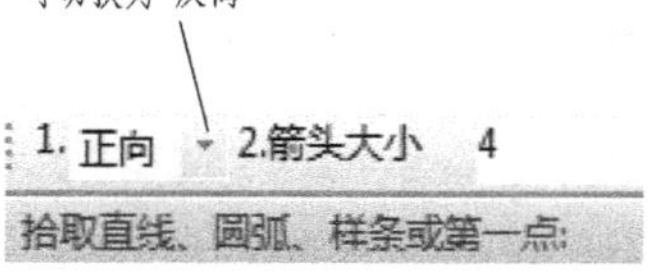

图 6-28 【箭头】立即菜单

图 6-29 绘制直线或圆弧的箭头

6.8 轴和孔

在给定位置绘制带有中心线的轴和孔或者绘制带有中心线的圆锥轴和圆锥孔。

轴/孔命令的输入方式如下。

1）下拉菜单。选择。【绘图】/【轴/孔】命令。

2）选项组。单击【常用】选项卡中【高级绘图】选项组中的按钮。

3）命令行。输入“hole”并按〈Enter〉键。

执行任一种轴和孔命令的输入方式，屏幕左下角即出现立即菜单，如图 6-30 所示。

图 6-30 【轴/孔】立即菜单 1

按照系统提示给定插入点后，出现新的立即菜单，如图 6-31 所示。若起始直径和终止直径不相同，则画出的是圆锥轴或圆锥孔。

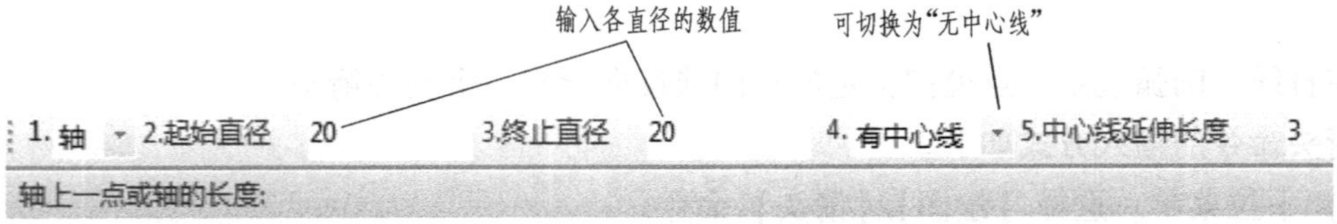

图 6-31 【轴/孔】立即菜单 2

注意：轴与孔的绘制方法相同，区别只是在于画孔时省略两端的端面线。

【例 6-2】 绘制图 6-32 所示阶梯轴。

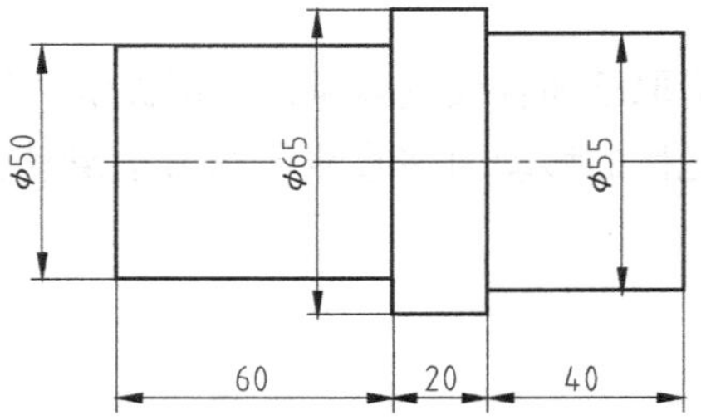

图 6-32 阶梯轴

操作步骤

1）单击【轴/孔】按钮，设置立即菜单如图 6-33 所示，在适当位置指定插入点，输入 60。

2）重复以上步骤，改变直径和轴的长度，向右拖动鼠标，绘制第二、三段轴。

注意：在绘制过程中，输入起始直径的值，终止直径也随之改变，与起始直径保持一致。在画圆锥形的轴和孔时，直径要分别输入。

图 6-33 轴的立即菜单

6.9 局部放大

局部放大就是用一个圆形窗口或矩形窗口将图形的任意一个局部图形进行放大，在机械图样中会经常使用这一功能。

局部放大命令的输入方式如下。

1）下拉菜单。选择【绘图】/【局部放大图】命令。

2）选项组。单击【常用】选项卡中【高级绘图】选项组中的按钮。

3）命令行。输入“enlarge”并按〈Enter〉键。

执行任一种局部放大命令的输入方式，屏幕左下角即出现立即菜单，如图 6-34 所示。

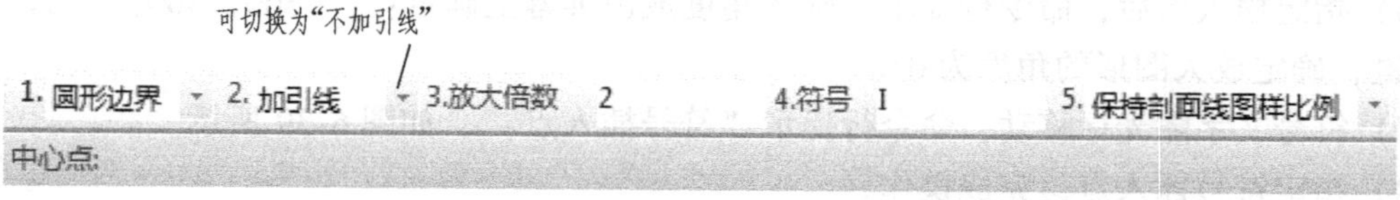

图 6-34 【局部放大】立即菜单

局部放大有“圆形边界”和“矩形边界”两种形式。

6.9.1 圆形边界

选择【局部放大】立即菜单中的 1. 圆形边界，如图 6-34 所示。

【例 6-3】 使用圆形边界方式绘制局部放大图形，如图 6-35 所示。

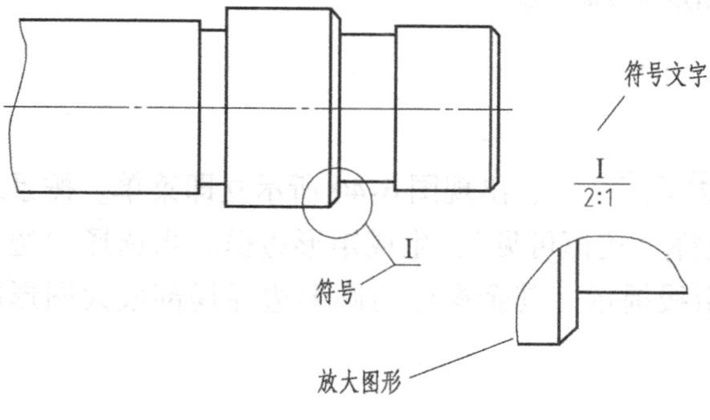

图 6-35 局部放大图形

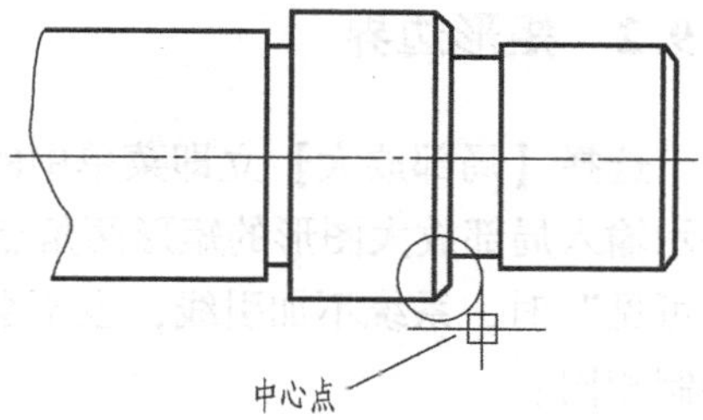

图 6-36 操作步骤 3）图

操作步骤

1）单击【局部放大】按钮，切换立即菜单如图 6-34 所示。

2）命令行提示“中心点:”，在要放大图形的部位拾取一点为中心点。

3）命令行提示“输入半径或圆上一点:”，出现一动态圆，输入半径或指定圆上一点，确定该圆，如图 6-36 所示。

4）确定完圆形边界后，命令行提示“符号插入点:”。拖动引线，指定符号插入点，如图 6-37 所示。

5）放大的局部图形随光标移动，如图 6-38 所示，命令行提示“实体插入点:”。

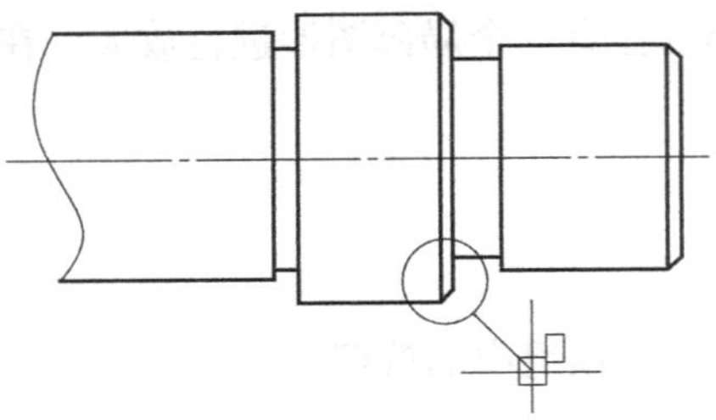

图 6-37　指定符号插入点 1

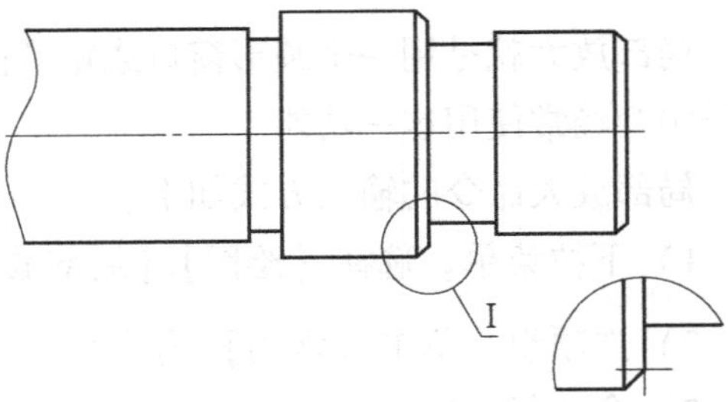

图 6-38　操作步骤 5）图

6）指定插入点后，命令行提示“输入角度或由屏幕上确定:〈-360，360〉”。按〈Enter〉键，确定放大图形的角度为 0°。

7）符号文字随光标移动，命令行提示“符号插入点:”，如图 6-39 所示。

8）指定符号插入点，完成操作。

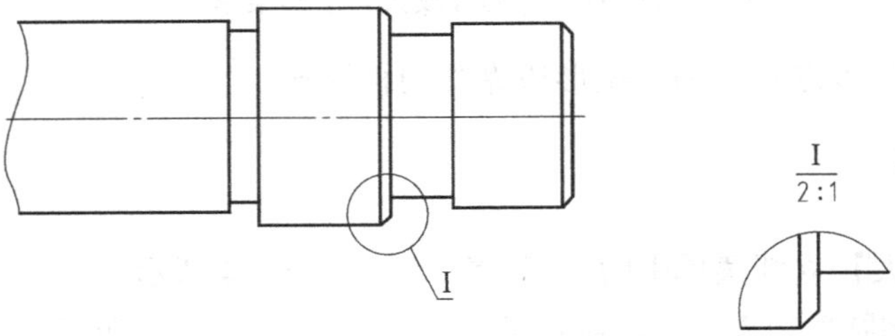

图 6-39　指定符号插入点 2

6.9.2　矩形边界

选择【局部放大】立即菜单中的 1. 矩形边界 ，出现图 6-40 所示立即菜单。按系统提示输入局部放大图形的矩形两角点。若选择“边框可见”，生成矩形边框。当选择“边框不可见”时，系统不加引线，也不会出现引线提示。其余操作与圆形边界局部放大图形的绘制相同。

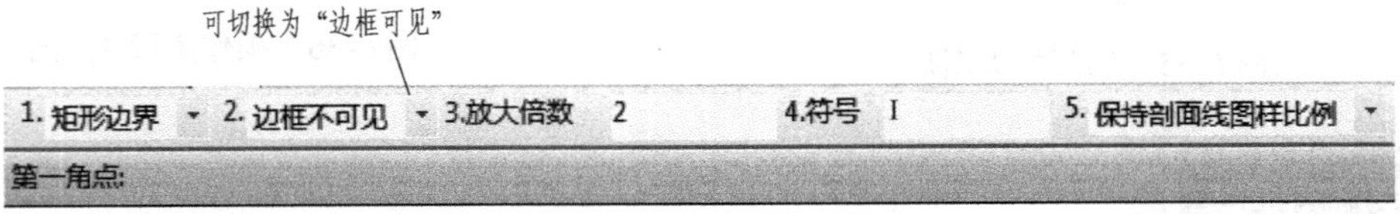

图 6-40　【矩形边界】立即菜单

图 6-41 所示为矩形边界的局部放大图形示例。

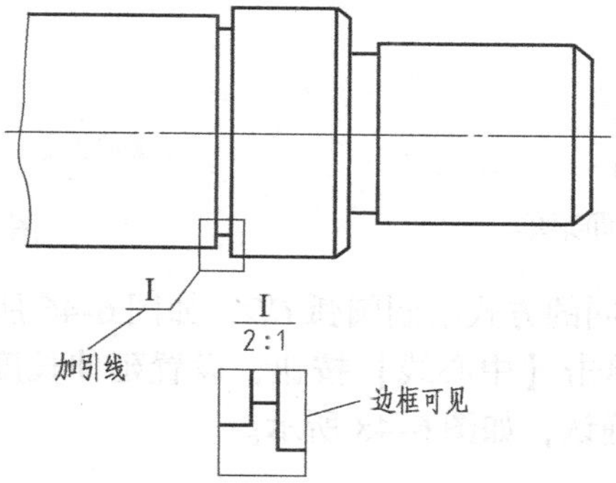

图 6-41　矩形边界的局部放大图形示例

6.10　绘图实例

【例 6-4】 绘制图 6-42 所示图形（不标注尺寸）。

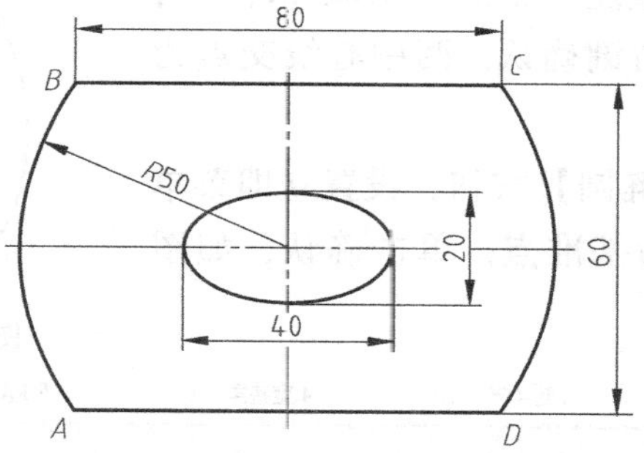

图 6-42　【例 6-4】图

操作步骤

1）绘制直线 *AD*。单击【直线】按钮，设置立即菜单如图 6-43 所示，在适当位置单击确定点 *A*，输入点 *D* 的相对坐标@80，0。

2）绘制直线 *BC*。单击【平行线】按钮，设置立即菜单如图 6-44 所示，拾取直线 *AD*，输入 60，绘制直线 *BC*。

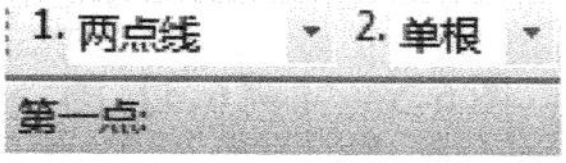

图 6-43　【两点线】立即菜单

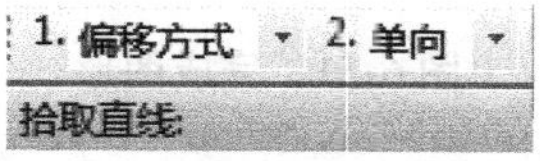

图 6-44　【平行线】立即菜单

3）绘制圆弧 *AB*。单击【圆弧】按钮，设置立即菜单如图 6-45 所示。拾取点 *A* 为圆弧的起点，点 *B* 为圆弧的第二点，输入 50，绘制圆弧 *AB*。

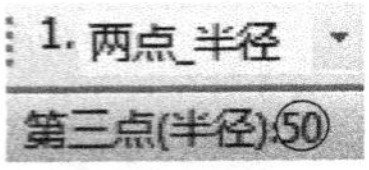

图 6-45 【圆弧】立即菜单

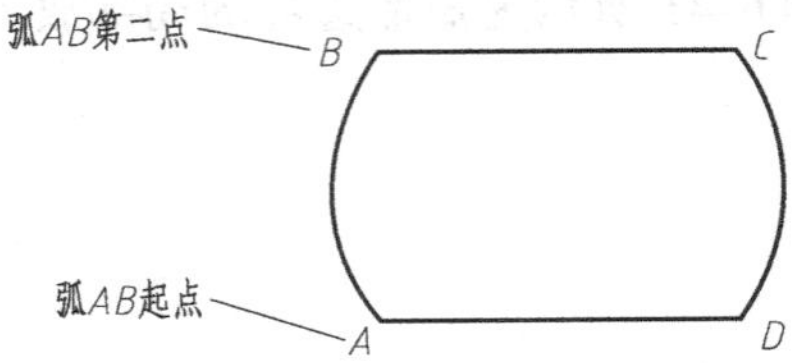

图 6-46 绘制圆弧

4）绘制圆弧 *CD*。用相同的方式绘制圆弧 *CD*，如图 6-46 所示。

5）绘制水平中心线。单击【中心线】按钮，设置延伸长度为 15，如图 6-47 所示。拾取 *AB*、*CD*，单击鼠标右键确认，如图 6-48 所示。

图 6-47 【中心线】立即菜单

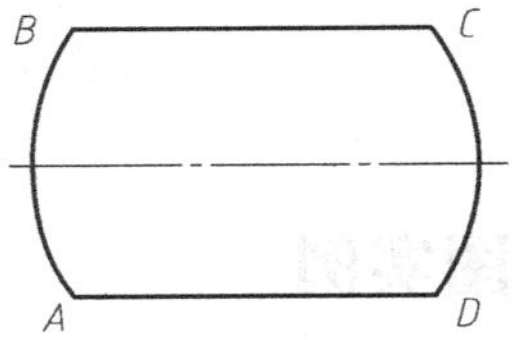

图 6-48 绘制水平中心线

6）绘制垂直中心线。重复步骤 5），拾取 *AB*、*CD*，单击切换后，再单击鼠标右键确认，两中心线交点为 *O*，如图 6-49 所示。

7）绘制椭圆。单击【椭圆】按钮，设置立即菜单如图 6-50 所示，拾取 *O* 为基准点，单击确认，如图 6-51所示。

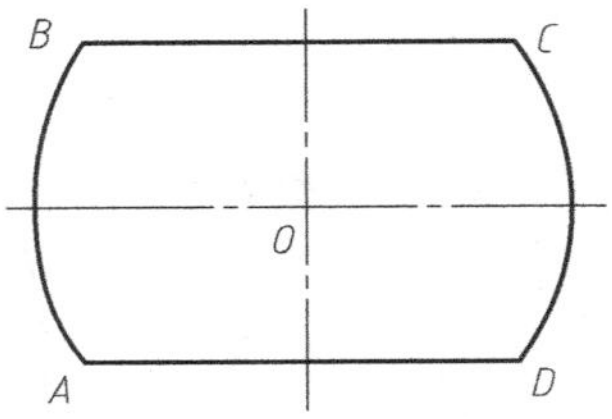

图 6-49 绘制垂直中心线

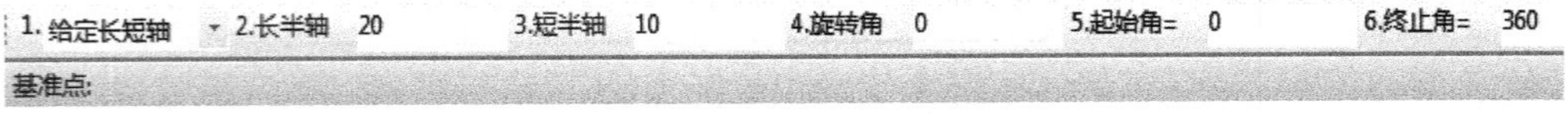

图 6-50 【椭圆】立即菜单

【例 6-5】 绘制图 6-52 所示图形（不标注尺寸）。

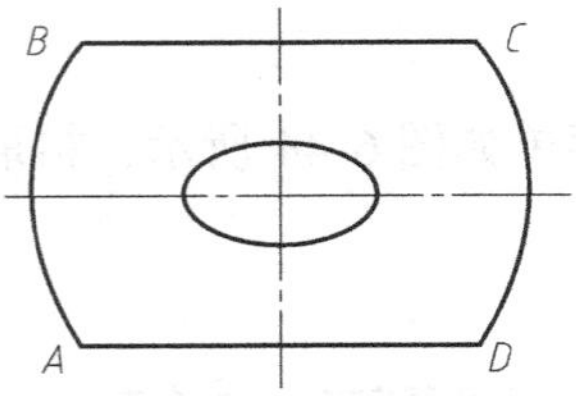

图 6-51 完成图形

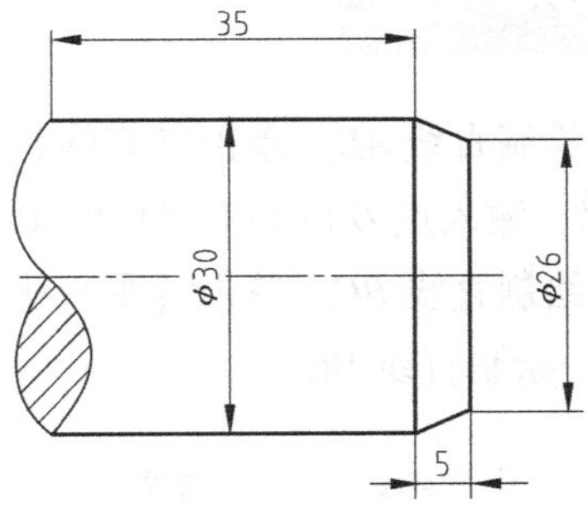

图 6-52 【例 6-5】图

操作步骤

1）单击【轴/孔】按钮，设置立即菜单，如图 6-53 所示。

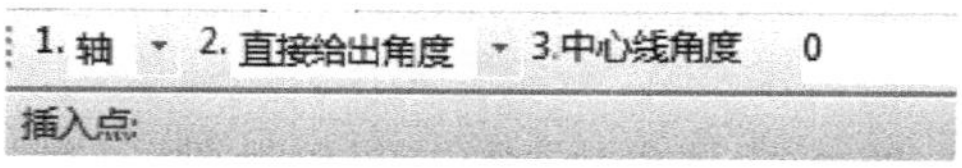

图 6-53　【轴】立即菜单

2）在适当位置单击指定插入点，设置立即菜单如图 6-54 所示。

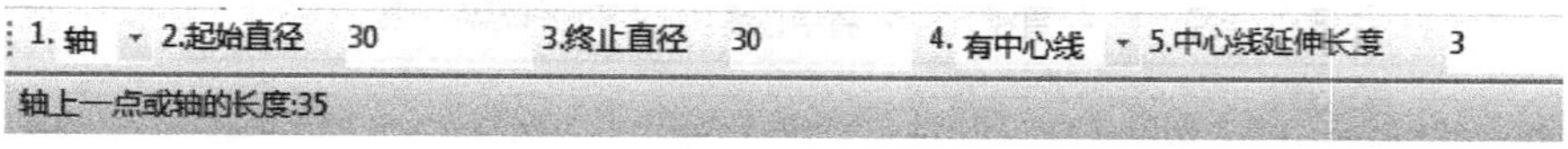

图 6-54　绘制轴的立即菜单

3）重复以上步骤，设置立即菜单如图 6-55 所示，绘制图形如图 6-56 所示。

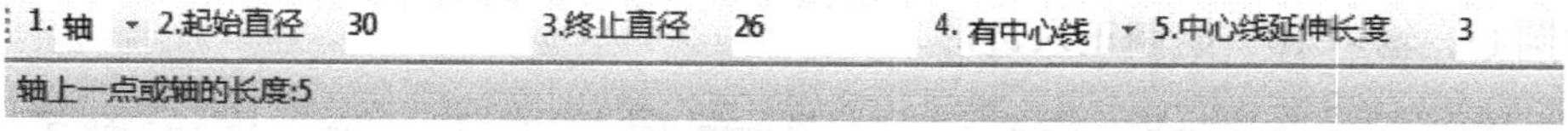

图 6-55　绘制圆锥轴的立即菜单

4）单击【波浪线】按钮，设置合适波峰（约为直径的 1/10），如图 6-57 所示，绘制波浪线。

5）将波峰改为其相反数，再绘制另一条波浪线，如图 6-58 所示。

6）将多余线段剪掉（裁剪操作见第 7 章），并添加剖面线，完成作图，如图 6-59 所示。

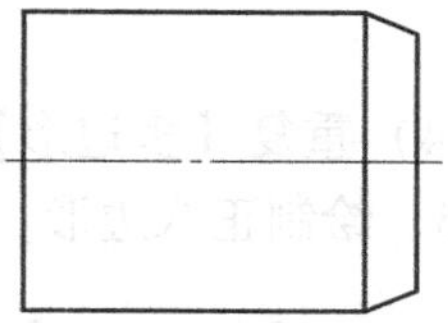

图 6-56　绘制轴

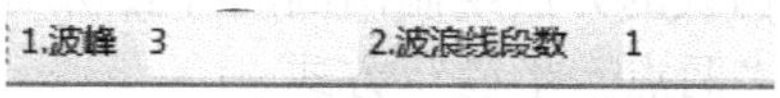

图 6-57　【波浪线】立即菜单

注意：绘制波浪线前需将图层切换到细实线层。

【例 6-6】　绘制图 6-60 所示图形（不标注尺寸）。

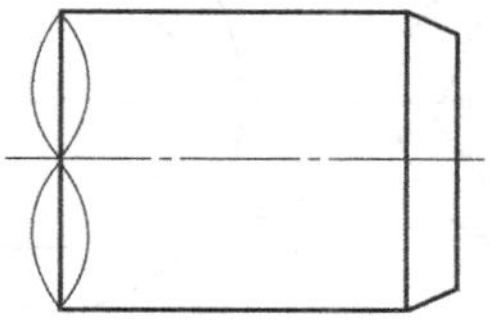

图 6-58　绘制波浪线

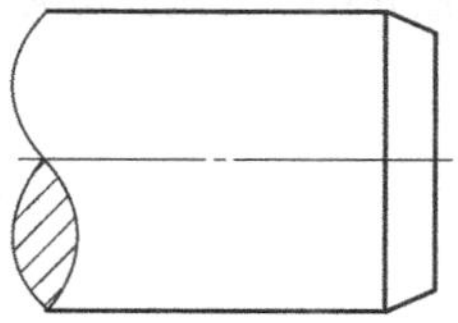

图 6-59　完成作图

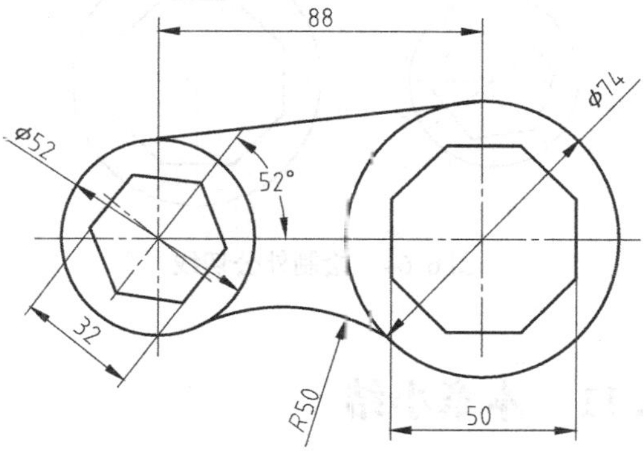

图 6-60　【例 6-6】图

操作步骤

1）选择【圆】命令，设置图 6-61 所示立即菜单，输入圆心点坐标 0，0，绘制直径为 52mm 的圆。

图 6-61 【圆】立即菜单

2）重复步骤 1)，输入圆心点坐标 88，0，绘制直径为 74mm 的圆。

3）选择【多边形】命令，设置图 6-62 所示立即菜单，拾取直径为 52mm 圆的圆心为正六边形的圆心，输入 16，绘制正六边形。

图 6-62 绘制六边形的立即菜单

4）重复【多边形】命令，设置如图 6-63 所示立即菜单，捕捉大圆圆心为中心点，输入 25，绘制正八边形。

图 6-63 绘制八边形的立即菜单

5）按【例 5-10】中绘制切线的方法绘制两圆的外公切线，如图 6-64 所示。

6）选择【圆弧】命令中“两点_ 半径”方式。

7）按 <Space> 键，弹出点工具菜单，选择切点，拾取大圆和小圆，然后输入 50，绘制相切圆弧，如图 6-65 所示。

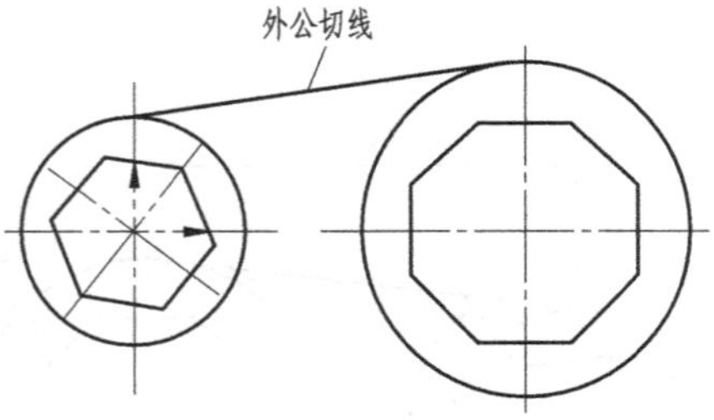

图 6-64 绘制外公切线

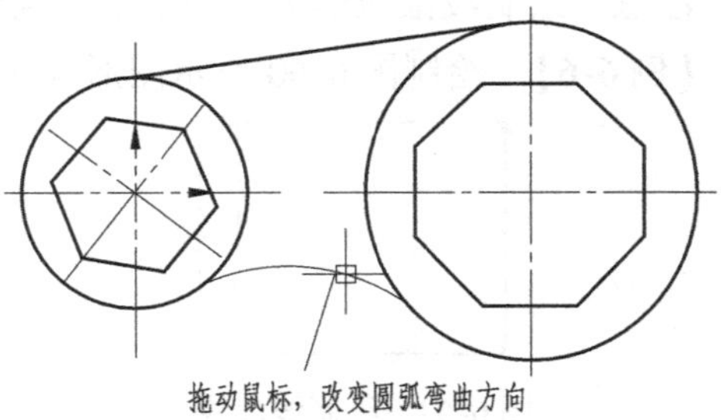

图 6-65 绘制公切圆

6.11 本章小结

本章主要介绍了 CAXA 电子图板 2015 中高级绘图命令的使用方法。读者应好好练习，方能熟练使用。

6.12　习题

绘制图 6-66 所示图形，不标注尺寸。

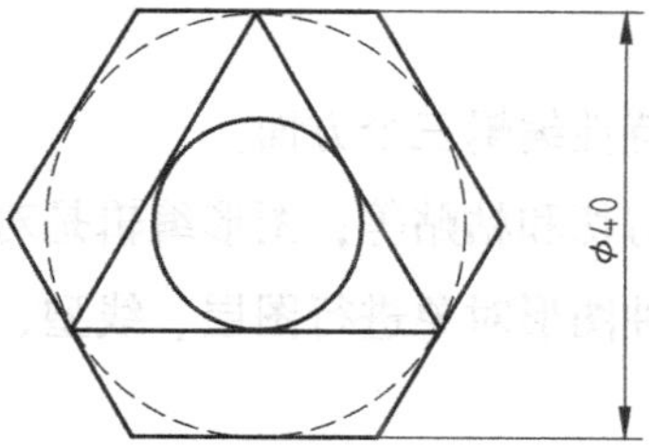

a)

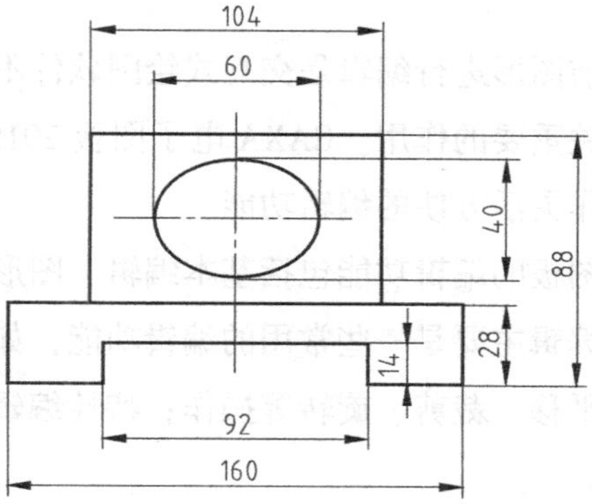

b)

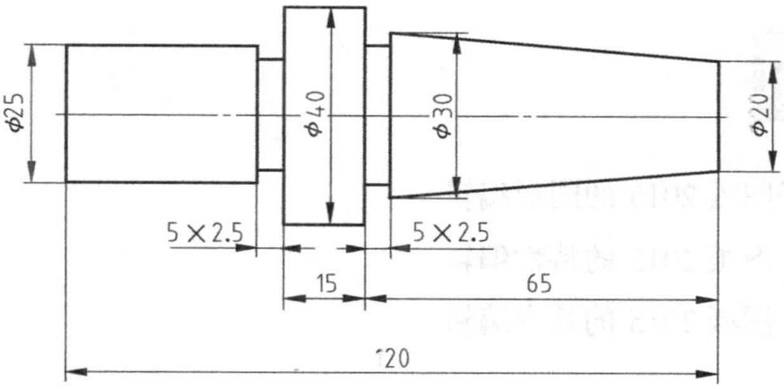

c)

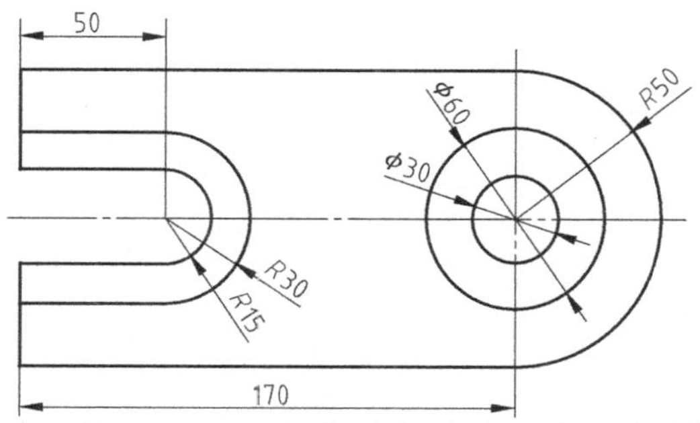

d)

图 6-66　第 6 章习题图

第7章

编辑命令

对当前图形进行编辑是交互式绘图软件不可缺少的基本功能。它对提高绘图速度及质量都具有至关重要的作用。CAXA 电子图板 2015 充分考虑了用户的需求，为用户提供了功能齐全、操作灵活方便的编辑功能。

电子图板的编辑功能包括基本编辑、图形编辑和特性编辑三个方面。

基本编辑主要是一些常用的编辑功能，如复制、剪切和粘贴等；图形编辑是对各种图形对象进行平移、裁剪、旋转等操作；特性编辑是对各种图形对象进行图层、线型、颜色等特性的修改。

熟练、灵活地利用编辑功能，对提高作图效率以及作图质量有显著的作用。

重点知识

➢CAXA 电子图板 2015 的图形编辑
➢CAXA 电子图板 2015 的特性编辑
➢CAXA 电子图板 2015 的基本编辑

练习案例

➢各种对象编辑
➢图形编辑

7.1 图形编辑

图形编辑是指对图形中的单个实体如曲线、文字、尺寸标注、块等进行编辑，主要包括删除、裁剪、过渡、齐边、拉伸、打断、夹点编辑、平移、镜像、旋转、阵列、缩放。

图形编辑命令主要集中在【修改】菜单中，如图 7-1 所示，从中选择所需命令，即可进行操作；也可单击【常用】选项卡中【修改】选项组中的按钮，如图 7-2 所示；或者通过键盘输入命令来进行所需操作。

7.1.1　删除

删除命令用来清除图形中不需要的实体。

删除命令的输入方式如下。

1）下拉菜单。选择【修改】/【删除】命令或选择【编辑】/【删除】命令。

2）选项组。单击【常用】选项卡中【修改】选项组中的按钮。

3）命令行。输入“delete”或“del”或“e”并按〈Enter〉键。

另外，在命令行提示“命令”时，还可通过以下两种方法进行删除。在此状态下，拾取一个或一组元素，这些元素变为红色虚线，这时称为预选状态。

1）按<Delete>键，删除所选元素。

2）单击鼠标右键，弹出右键菜单，如图7-3所示，从中选择【删除】命令，所选元素即被删除。

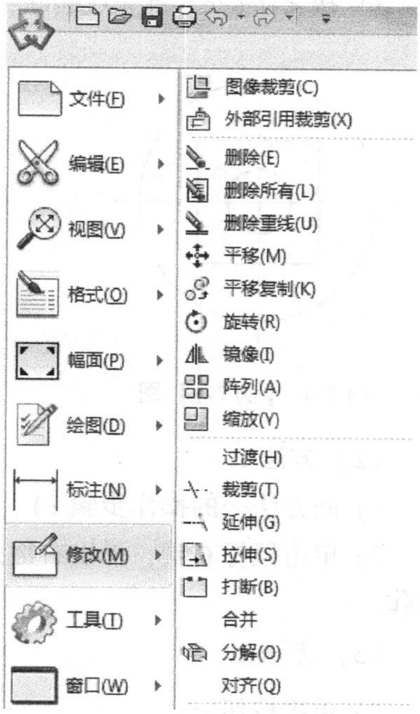

图7-1　【修改】菜单

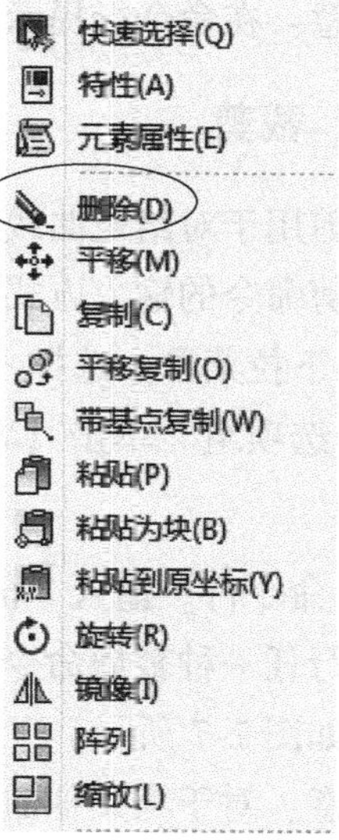

图7-3　右键菜单

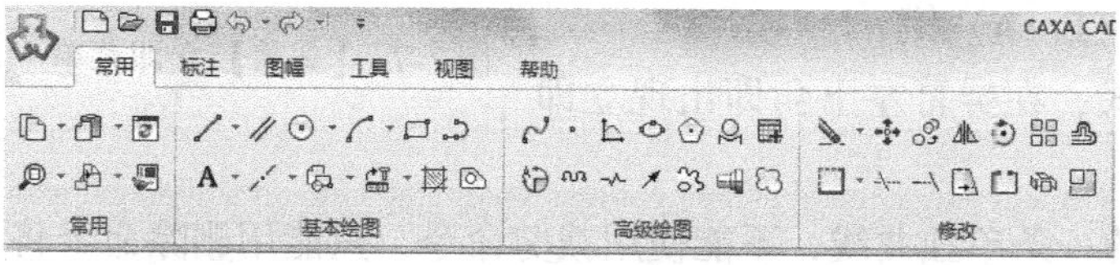

图7-2　【修改】选项组

【例7-1】　删除图7-4中的两个圆。

操作步骤

（1）方法一

1）单击大圆、小圆。

2）大圆、小圆变为红色虚线，进入预选状态，如图7-5所示。

3）按 <Delete> 键完成删除，如图 7-6 所示。

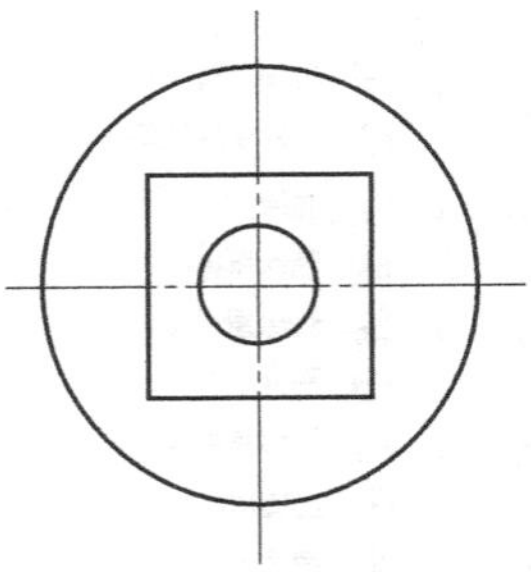

图 7-4 【例 7-1】图

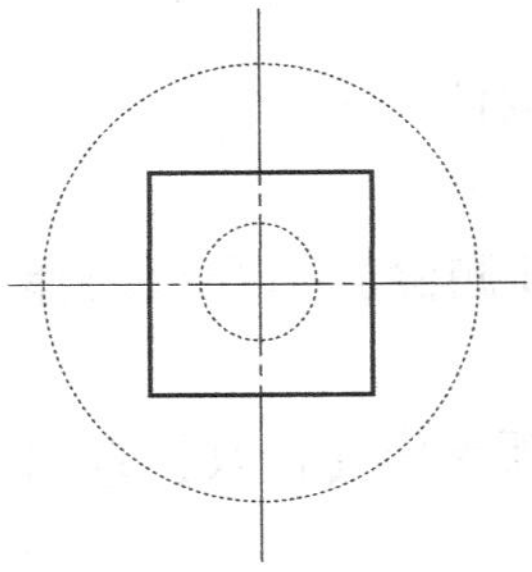

图 7-5 预选状态

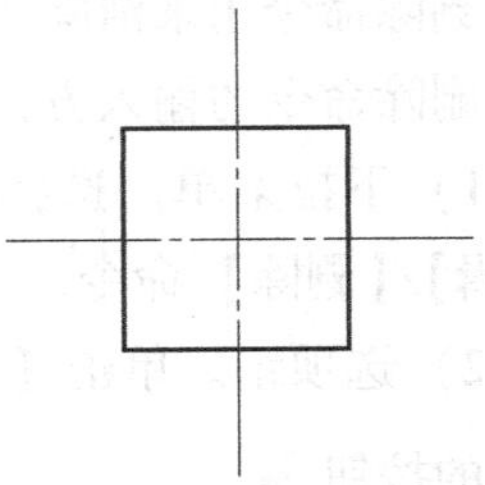

图 7-6 删除后的图形

（2）方法二

1）同方法一的操作步骤 1）。

2）单击鼠标右键，弹出右键菜单，如图 7-3 所示，从中选择【删除】命令，即可完成操作。

（3）方法三

1）单击按钮。

2）命令行提示“拾取添加”时，单击两圆，按〈Enter〉键确认。

注意：在命令行提示“拾取添加”时，鼠标的指针为小方框。

7.1.2 裁剪

裁剪用于对给定曲线进行修整，删除不需要的部分。

裁剪命令的输入方式如下。

1）下拉菜单。选择【修改】/【裁剪】命令。

2）选项组。单击【常用】选项卡中【修改】选项组中的按钮。

3）命令行。输入“trim”并按〈Enter〉键。

执行任一种裁剪命令的输入方式，在屏幕左下角即出现立即菜单，如图 7-7 所示。

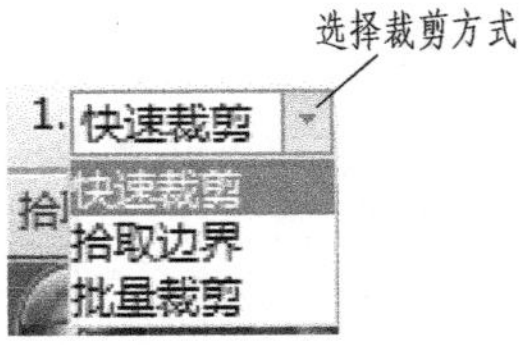

图 7-7 【裁剪】立即菜单

注意：对于与其他曲线不相交的一条单独曲线，不能使用裁剪命令，只能用删除命令将其删除。

1. 快速裁剪

在立即菜单中选择 1. 快速裁剪，命令行提示“拾取要裁剪的曲线:”，用鼠标直接拾取要被裁剪的曲线，系统根据与该曲线相交的曲线自动确定裁剪边界，单击鼠标右键即完成裁剪命令。

快速裁剪在相交较简单的边界情况下可发挥巨大的优势。它具有很强的灵活性，在实践过程中熟练掌握将大大提高工作效率。

【例 7-2】 将图 7-8 所示图形编辑成图 7-9 所示图形。

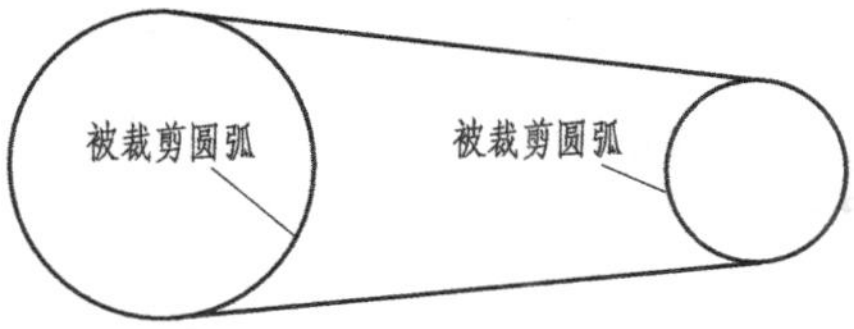

图 7-8 裁剪前的图形

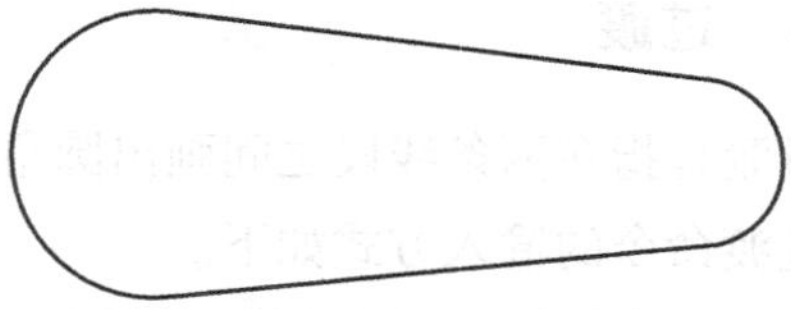

图 7-9 裁剪后的图形

操作步骤

1）单击【裁剪】按钮。

2）在立即菜单中选择 1. 快速裁剪。

3）用鼠标依次拾取要被裁剪的圆弧。

4）单击鼠标右键确认。

2. 拾取边界

拾取边界的裁剪方法是拾取一条或多条曲线作为剪刀线，构成裁剪边界，对一系列被裁剪的曲线进行裁剪。系统将裁剪掉所拾取到的曲线段，保留在剪刀线另一侧的曲线段，如图 7-10 所示。

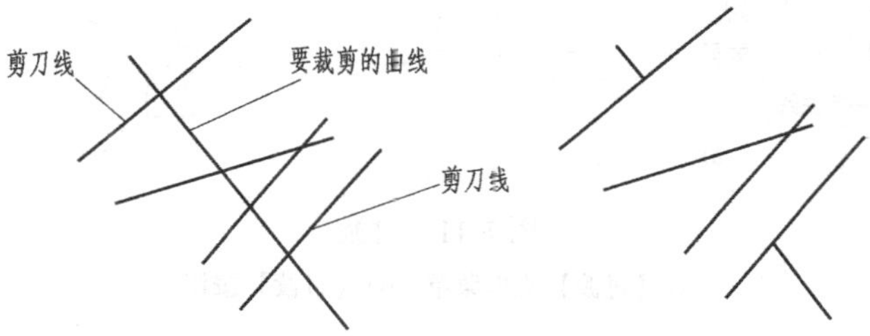

a)　　b)

图 7-10 拾取边界的绘图示例

a）裁剪前的图形 b）裁剪后的图形

具体的操作步骤如下。

1）单击【裁剪】按钮。

2）在立即菜单中选择 1. 拾取边界，按照命令行提示拾取剪刀线，单击鼠标右键确认。

3）按命令行提示拾取要裁剪的曲线，则拾取的曲线与边界之间的部分被裁剪。

3. 批量裁剪

当曲线较多时，可以对曲线进行批量裁剪。在立即菜单中选择 1. 批量裁剪，根据命令行提示拾取剪刀链；然后拾取要裁剪的曲线，单击依次拾取或用窗口拾取，单击鼠标右键确认；选择要裁剪的方向，裁剪完成。

注意：剪刀链可以是一条曲线，也可以是首尾相接的多条曲线。

7.1.3 过渡

过渡是指在两条线段之间画出圆角、倒角或尖角。

过渡命令的输入方式如下。

1）下拉菜单。选择【修改】/【过渡】命令。

2）选项组。单击【常用】选项卡中【修改】选项组中的按钮。

3）命令行。输入“corner”并按〈Enter〉键。

执行任一种过渡命令的输入方式，在屏幕左下角即出现立即菜单，如图 7-11a 所示。

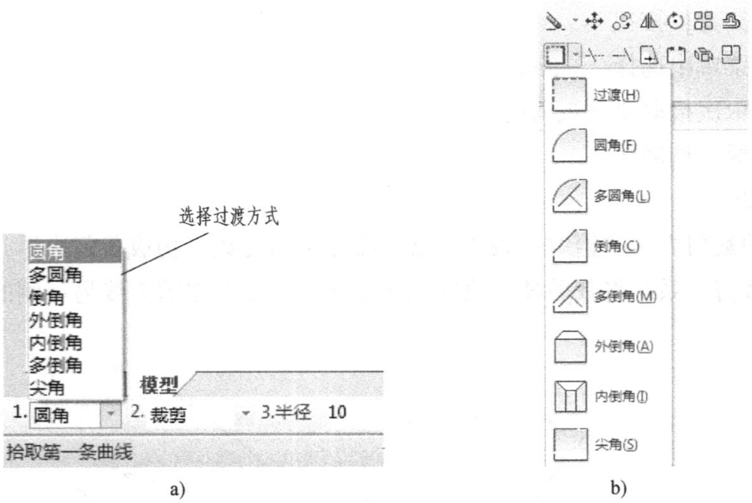

图 7-11 过渡

a)【过渡】立即菜单 b)【过渡】按钮

注意：过渡方式也可单击【过渡】按钮后的确定，如图 7-11b 所示；两种命令输入方式的立即菜单是不同的。

1. 圆角

圆角过渡即在各线段之间进行圆弧连接。

选择【过渡】立即菜单中的 1. 圆角，如图 7-12 所示。

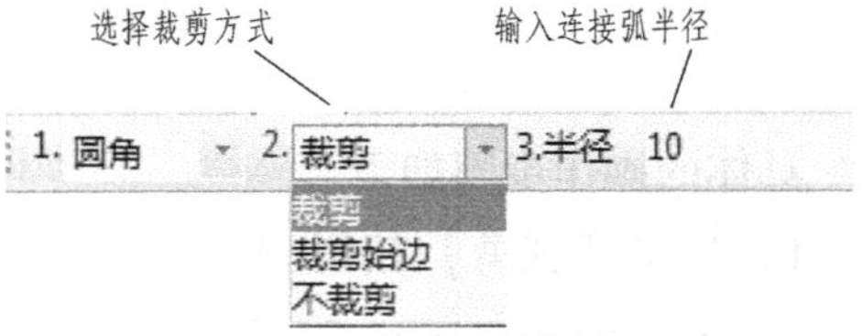

图 7-12 【圆角】立即菜单

圆角过渡中有三种裁剪方式可供选择。

1）裁剪。表示对被连接线段多余的部分同时进行裁剪。

2）裁剪始边。表示只裁剪所拾取的第一条线段（即始边）。

3）不裁剪。保留原来的线段。

按照命令行提示依次拾取要过渡的两条线段即可完成圆角过渡。图 7-13 所示为圆角过渡示例。

注意：无交点线段也可进行圆角过渡，如图 7-14 所示。

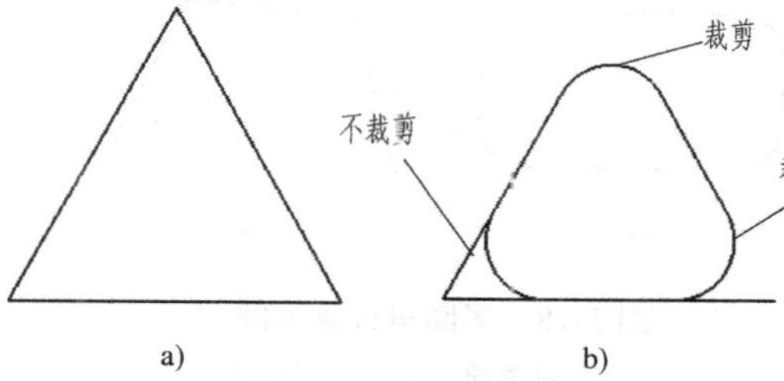

图 7-13　圆角过渡示例

a）过渡前的图形　b）过渡后的图形

2. 倒角

倒角命令用于在两直线之间进行倒角过渡。

选择【过渡】立即菜单中的 1. 倒角 ，如图 7-15 所示。按照命令行提示依次拾取两条直线，既可绘制出倒角。

对于非 45°倒角，倒角与拾取直线的顺序有关，倒角长度和角度是相对于首先拾取的第一条直线而言的，如图 7-16 所示。

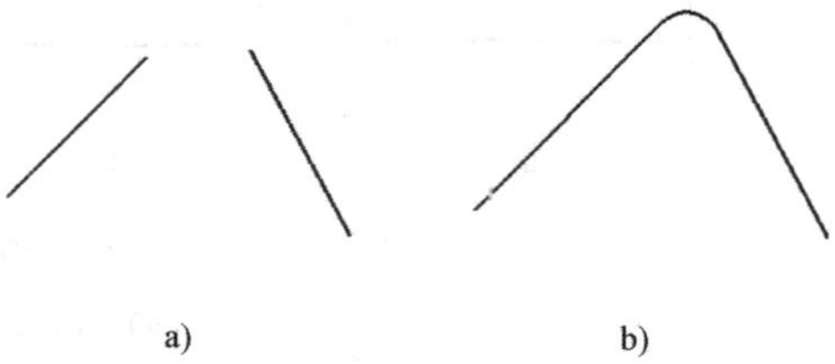

图 7-14　无交点线段圆角过渡

a）过渡前的图形　b）过渡后的图形

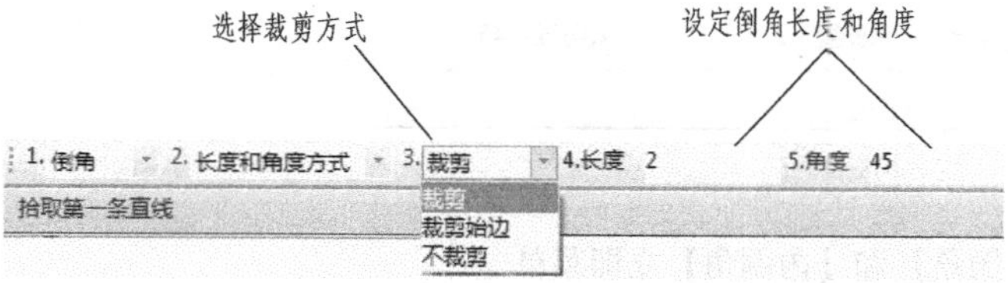

图 7-15　【倒角】立即菜单

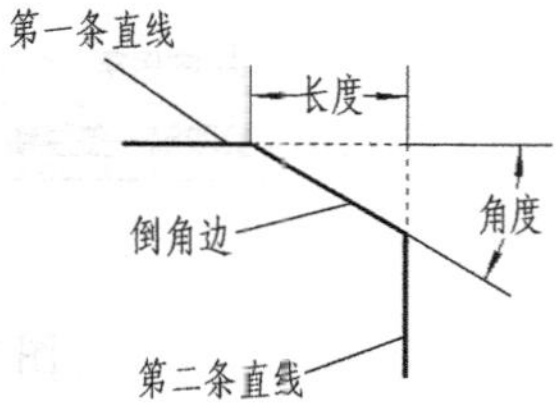

图 7-16　倒角的长度和角度

3. 多圆角和多倒角

用给定半径过渡一系列首尾相连的直线的操作称为多圆角过渡。选择【过渡】立即菜单中的 1. 圆角 ，如图 7-17 所示。按命令行提示拾取首尾相连的直线（封闭或不封闭）即可。

多倒角与多圆角操作类似。图 7-18 和图 7-19 所示为多圆角和多倒角过渡示例。

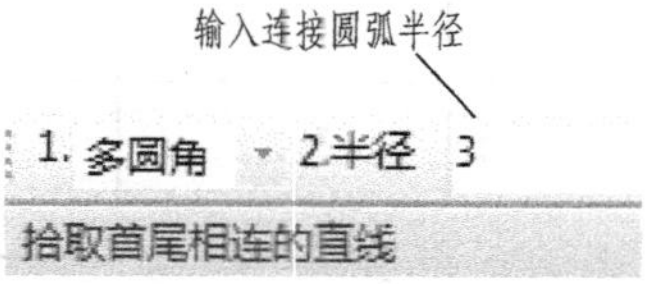

图 7-17　【多圆角】立即菜单

4. 外倒角和内倒角

选择【过渡】立即菜单中的 1. 外倒角 或 1. 内倒角 ，如图 7-20 所示。

【例 7-3】　将图 7-21a 所示的阶梯轴倒角为图 7-21b 所示的阶梯轴。

【分析】

本例操作既有外倒角也有内倒角。首先选择“外倒角”方式，设置轴向长度为 2mm，

a) b) c) d)

图 7-18 多圆角过渡示例

a)、c) 过渡前 b)、d) 过渡后

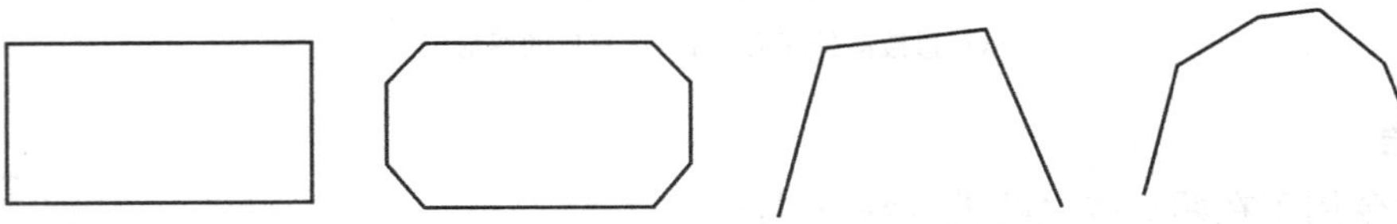

a) b) c) d)

图 7-19 多倒角过渡示例

a)、c) 过渡前 b)、d) 过渡后

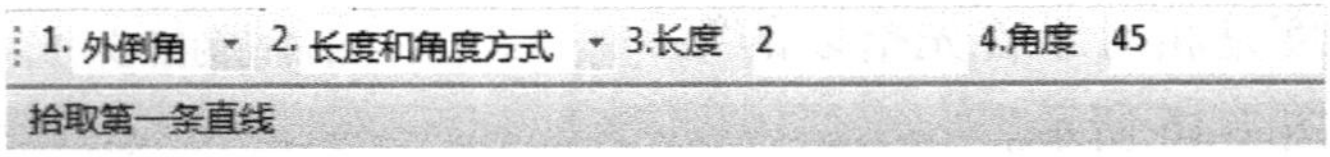

a)

b)

图 7-20 【外倒角】和【内倒角】立即菜单

a)【外倒角】立即菜单 b)【内倒角】立即菜单

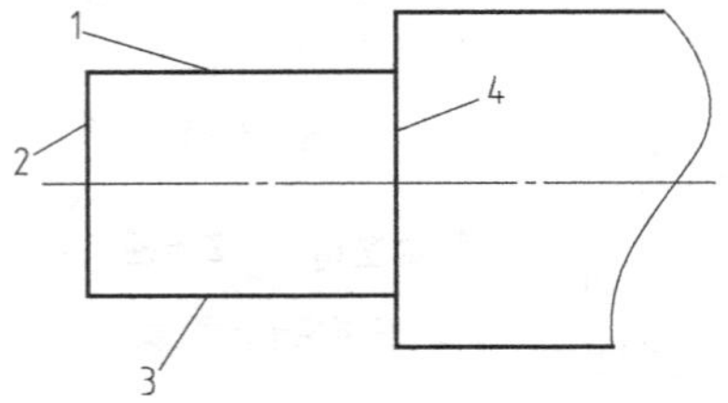

a)

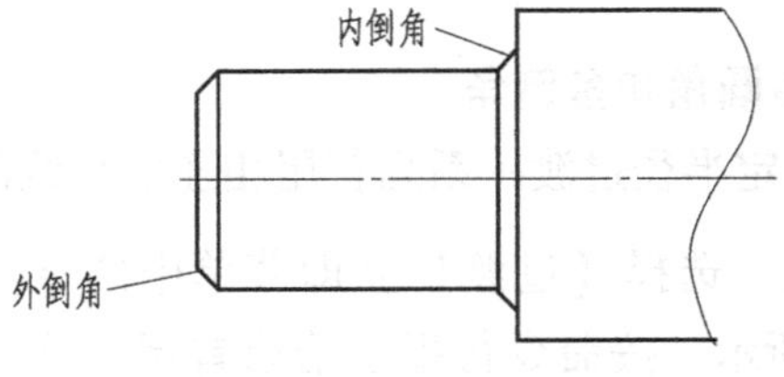

b)

图 7-21 外倒角和内倒角示例

a) 操作前 b) 操作后

倒角为 45°，然后选择线段 1、2、3，可绘制出外倒角。再选择“内倒角”方式，同样设置轴向长度为 2mm，倒角为 45°，然后选择线段 1、3、4，即可绘制出内倒角。

本例的操作步骤相对简单，读者可自行练习。

注意 1：内、外倒角主要用于在轴、孔上绘制倒角，而倒角多用于平面图形中两直线间的倒角过渡。

注意2：绘制外倒角或内倒角时，拾取的三条直线无顺序要求，但位置必须类似于图7-22所示，即直线1、3同垂直于2，并且在2的同侧。

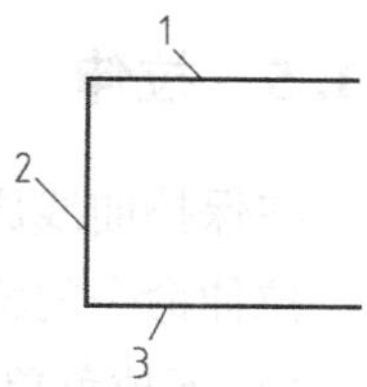

图7-22 三条直线的位置

7.1.4 齐边

齐边是以一条曲线为边界对一系列曲线进行裁剪或延伸。

齐边命令的输入方式如下。

1）下拉菜单。选择【修改】/【延伸】命令。

2）选项组。单击【常用】选项卡中【修改】选项组中的按钮图标。

3）命令行。输入“edge”并按〈Enter〉键。

操作步骤如下。

1）选择延伸命令，命令行提示“拾取剪刀线”（剪刀线即为边界）。

2）拾取剪刀线后，命令行提示“拾取要编辑的曲线”，根据作图需要拾取一系列曲线进行编辑修改。

3）单击鼠标右键结束操作。

若拾取的曲线与边界无交点，则系统将曲线按其本身的趋势（如直线的方向、圆弧的圆心和半径均不发生改变）延伸至边界，如图7-23所示。

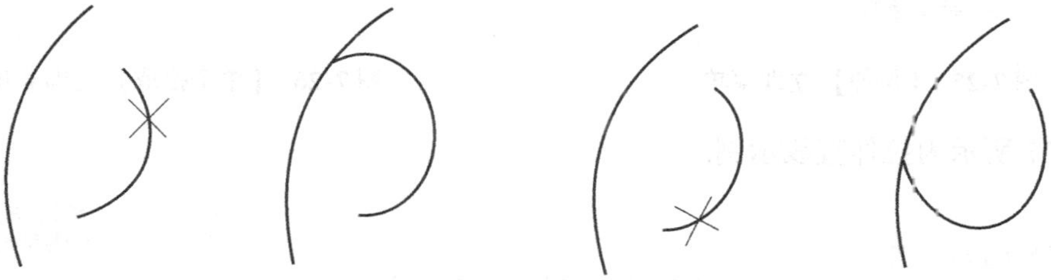
图7-23 齐边操作

注意：如果所拾取的曲线与边界相交，则按裁剪命令进行操作。

圆弧延伸时，其延伸范围是以半径为限的，无法向无穷远处延伸，而且圆弧只能以拾取的一端开始延伸，不能两端同时延伸，如图7-23所示（“×”表示拾取的位置）。

图7-24所示为齐边操作示例。

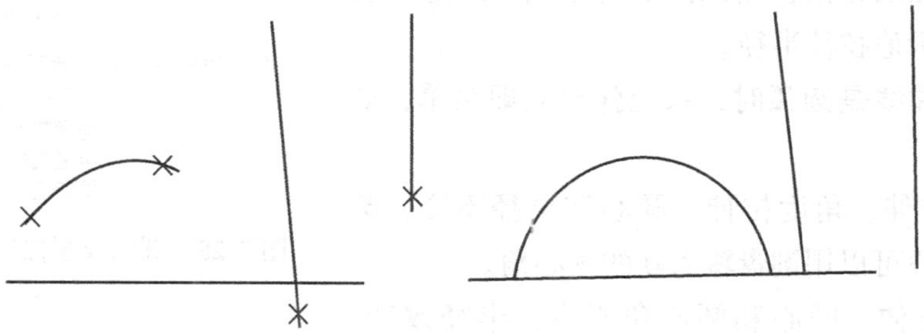
a) b)

图7-24 齐边操作示例

a）拾取操作 b）操作结果

7.1.5 拉伸

在保持曲线原有趋势不变的前提下，对曲线或曲线组进行拉伸或缩短处理。

拉伸命令的输入方式如下。

1）下拉菜单。选择【修改】/【拉伸】命令。

2）选项组。单击【常用】选项卡中【修改】选项组中的按钮。

3）命令行。输入“stretch”并按〈Enter〉键。

1. 单条曲线拉伸

选择拉伸命令，在立即菜单中选择“1. 单个拾取”，如图 7-25 所示。可在保持曲线原有趋势不变的前提下，对曲线进行拉伸或缩短处理。按提示要求用鼠标拾取所要拉伸的直线或圆弧的一端，按下左键后，切换立即菜单如图 7-26 所示。当再次移动鼠标时，一条被拉伸的线段由光标拖动着。当拖动至指定位置，按下鼠标左键后，一条被拉伸长了的线段显示出来。当然也可以将线段缩短，其操作与拉伸完全相同。

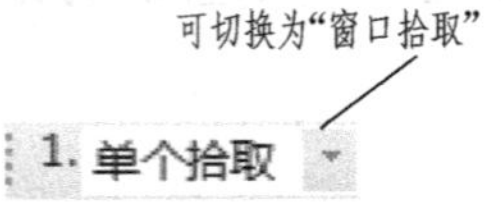

图 7-25 【拉伸】立即菜单

图 7-26 【单个拾取】立即菜单

图 7-27 所示为拉伸直线示例。

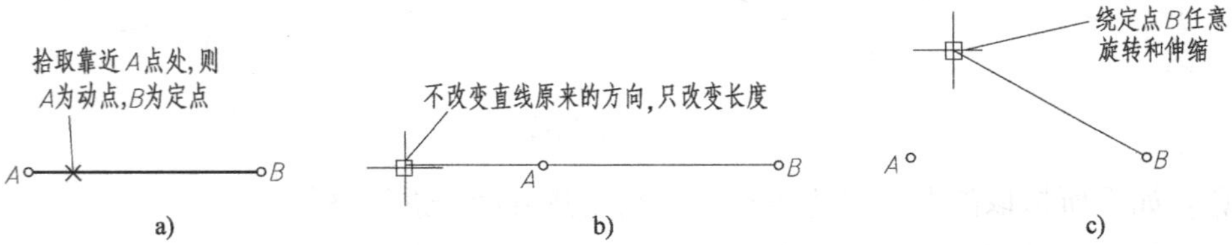

图 7-27 拉伸直线示例

a）拾取点位置 b）轴向拉伸 c）任意拉伸

若拾取的曲线是圆，则以圆心为定点，通过拖动鼠标或输入坐标值拉伸半径。

当拾取的曲线是圆弧时，系统弹出立即菜单，如图 7-28 所示。

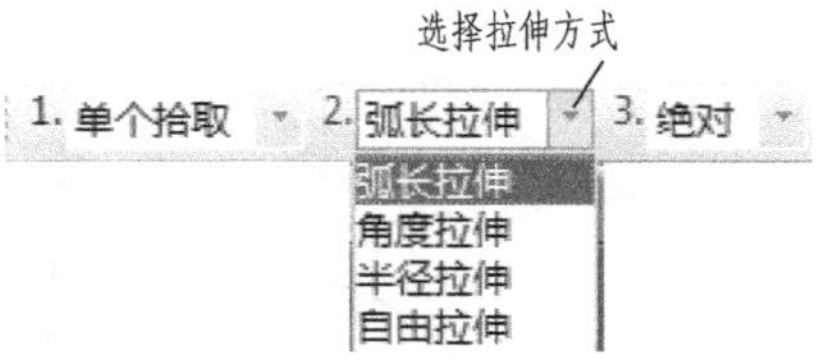

图 7-28 圆弧或圆拉伸的立即菜单

1）弧长拉伸、角度拉伸。圆心和半径不变，圆心角改变，用户可以用键盘输入新的圆心角。

2）半径拉伸。圆心和圆心角不变，半径改变，用户可以输入新的半径值。

3）自由拉伸。圆心、半径和圆心角都可以改变。

注意：拾取圆弧时，除自由拉伸外，其余拉伸方式均可从立即菜单【3.】中选择“绝对值“或“增量值”。

拾取样条曲线后，命令行提示“拾取插值点”，用鼠标拾取某一插值点后，命令行提示变为“拉伸到”，输入一点，或将拾取的插值点拉伸到新的位置，操作完成，如图7-29所示。

2. 曲线组拉伸

用移动窗口拾取图形的指定部分，将窗口内的图形一起拉伸。选择【拉伸】立即菜单中的 1. 窗口拾取 ，如图7-30所示。

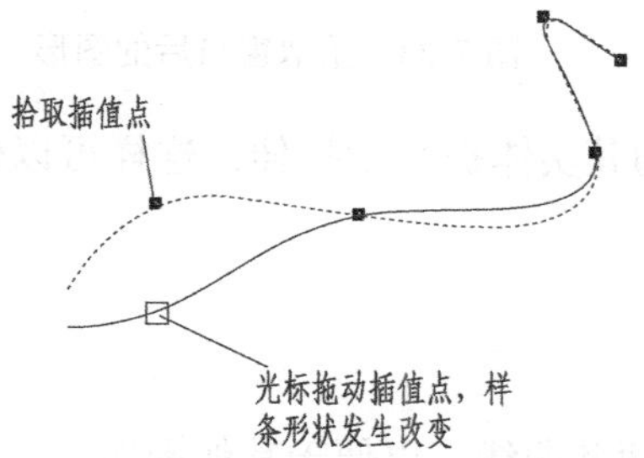

图7-29 拉伸样条曲线

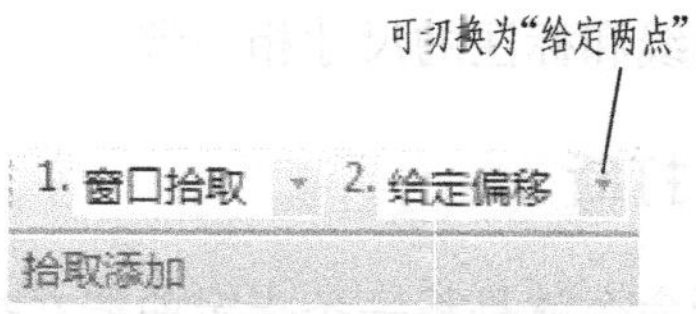

图7-30 【窗口拾取】立即菜单

用鼠标指定窗口中的第一角点，再拖动鼠标选择另一角点，则一个窗口形成。

拾取完成后，如在立即菜单【2:】中选择“给定偏移”，则命令行提示“*X*、*Y* 方向偏移量或位置点”。此时，再移动鼠标或从键盘输入一个位置点，窗口内的曲线组被拉伸。

注意1：这里窗口的拾取必须从右向左拾取，即第二角点的位置必须位于第一角点的左侧，这一点至关重要，如果窗口不是从右向左选取，则不能实现曲线组的全部拾取。

注意2：*X*、*Y* 方向偏移量是指相对基准点的偏移量，这个基准点是由系统自动给定的，一般说来，直线的基准点在中点处，圆、圆弧、矩形的基准点在中心，而组合实体、样条曲线的基准点在该实体包容矩形的中心处。

【例7-4】 用给定偏移方式拉伸图7-31a所示图形成为图7-31b所示图形，拉伸部分相对于其基准点在 *X* 和 *Y* 轴上均偏移20mm。

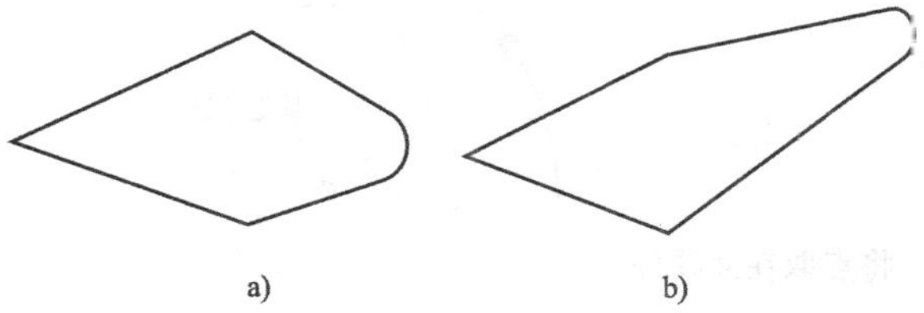

图7-31 【例7-4】图

a）拉伸前 b）拉伸后

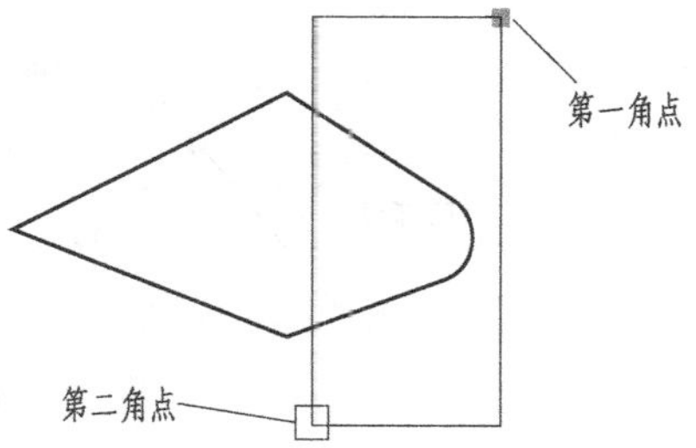

图7-32 拾取角点

操作步骤

1）单击【拉伸】按钮 ，设置立即菜单如图7-30所示。

2）按提示拾取第一角点和第二角点，如图7-32所示。

3）单击鼠标右键确定拾取窗口，命令行提示“*X* 和 *Y* 方向偏移量或位置点”，拾取窗口后的图形如图 7-33 所示。

4）用键盘输入 20，20 表示图形在 *X* 轴和 *Y* 轴方向相对于基准点的偏移量，单击鼠标右键确认。

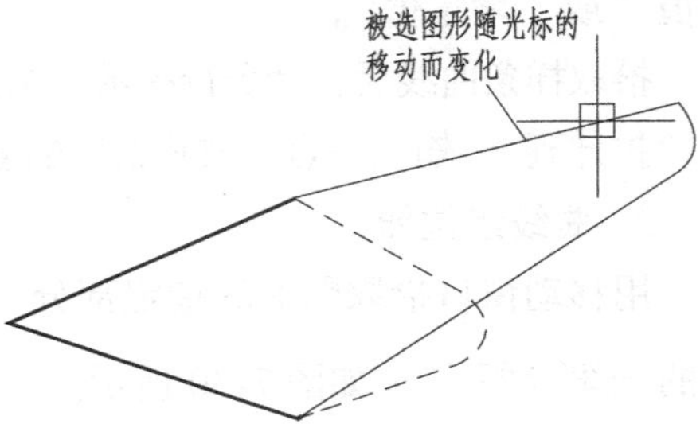

图 7-33　拾取窗口后的图形

对实体进行窗口拉伸时，如果选中的实体中有尺寸标注（线性尺寸、角度尺寸等），则尺寸将同时随其实体被联动拉伸，这样可以保证被拉伸的曲线和标注的尺寸相一致。

7.1.6　打断

打断命令就是将一条指定曲线在指定点处打断成两条曲线，以便于其他操作。

打断命令的输入方式如下。

1）下拉菜单。选择【修改】/【打断】命令。

2）选项组。单击【常用】选项卡中【修改】选项组中的按钮。

3）命令行。输入“break”并按〈Enter〉键。

选择打断命令，命令行提示“拾取曲线”，选择一条曲线后，命令行提示变为“拾取打断点”，确定一点，该曲线即被打断。

注意 1：打断点最好选在需打断的曲线上，为作图准确，可充分利用工具点菜单。

注意 2：若用户将点取在曲线外，如图 7-34 所示，打断直线时，从设定点向打断直线作垂线，垂足为打断点；打断圆弧或圆时，圆心与设定点的连线与圆弧或圆的交点为打断点。

注意 3：曲线打断后，屏幕显示与打断前并无区别，但实际上已发生变化。

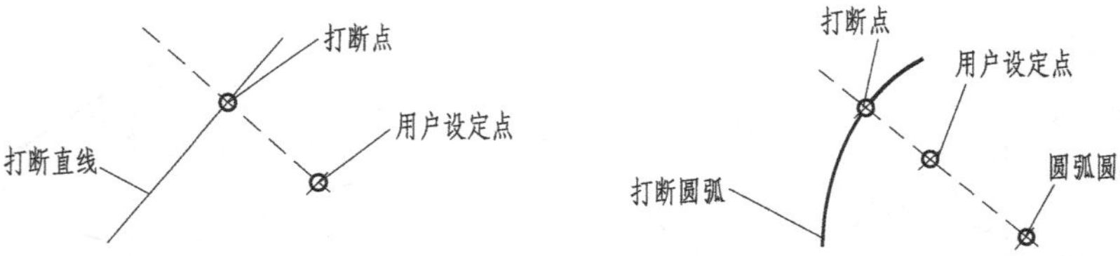

图 7-34　将点取在曲线外

7.1.7　平移

平移是指使拾取到的实体进行移动。

平移命令的输入方式如下。

1）下拉菜单。选择【修改】/【平移】命令。

2）选项组。单击【常用】选项卡中【修改】选项组中的按钮。

3）命令行。输入“move”并按〈Enter〉键。

执行任一种平移命令的输入方式，在屏幕左下角即出现立即菜单，如图7-35所示。平移的方式有“给定两点”和“给定偏移”两种方式。

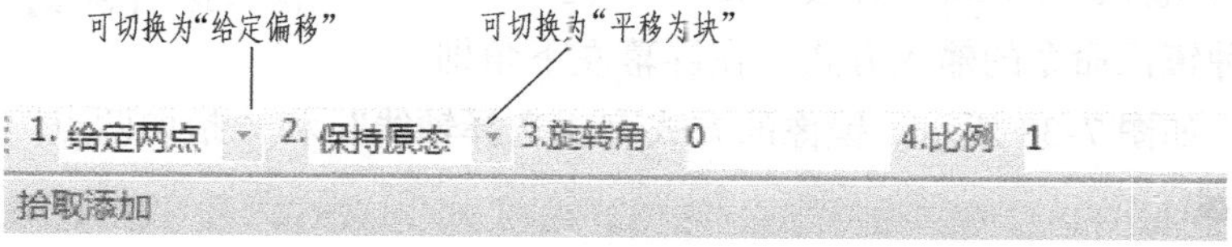

图7-35 【平移】立即菜单

1）“给定两点”表示通过两点的定位方式完成图形元素的移动。

2）“给定偏移”表示将实体移动到一个指定位置上。选择给定偏移方式，确定拾取添加后，命令行提示的“*X*或*Y*方向偏移量”是指图形相对于基准点的距离。

【例7-5】 将图7-36a中的正方形移出成为7-36b所示图形（圆的半径为50mm，正方形为原来的两倍）。

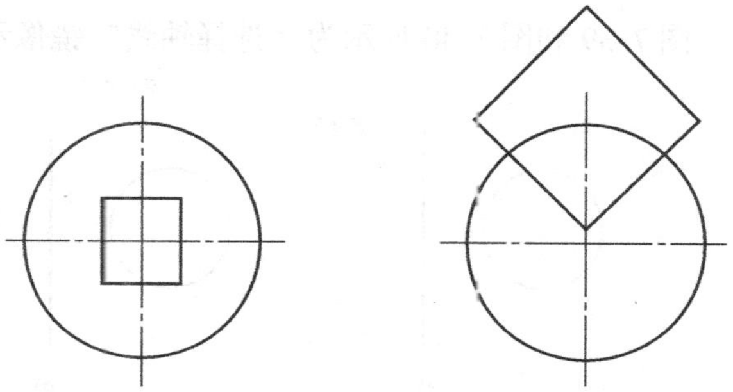

a) b)

图7-36 【例7-5】图

a）编辑前的图形 b）编辑后的图形

【分析】 原图形为圆中心有一正方形，编辑后正方形被放大为原来的2倍，翻转45°，且正方形的中心也发生改变，编辑后的正方形中心相对编辑前的正方形中心的相对坐标为@0，50。

操作步骤

1）单击【平移】按钮。

2）按图7-37所示设置立即菜单。

图7-37 设置平移立即菜单

3）按命令行提示拾取正方形，单击鼠标右键确认。

4）命令行提示“*X*或*Y*方向偏移量”，输入偏移量0，50确认。

7.1.8 镜像

镜像就是对拾取到的实体以某一条直线为对称轴，进行对称镜像或对称复制。

镜像命令的输入方式如下。

1）下拉菜单。选择【修改】/【镜像】命令。

2）选项组。单击【常用】选项卡中【修改】选项组中的按钮。

3）命令行。输入“mirror”并按〈Enter〉键。

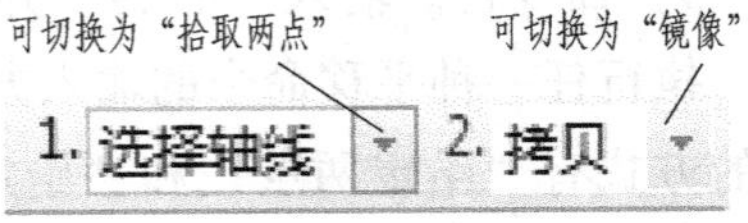

图 7-38 【镜像】立即菜单

执行任一种镜像命令的输入方式，在屏幕左下角即出现立即菜单，如图 7-38 所示。镜像的方式有“选择轴线”和“拾取两点”两种。

1. 选择轴线

1. 选择轴线 表示以直线作为对称轴。菜单【2.】中，“拷贝㊀”表示镜像后保留原图，“镜像”表示操作完成后原图消失。

图 7-39 和图 7-40 所示为“选择轴线”镜像示例。

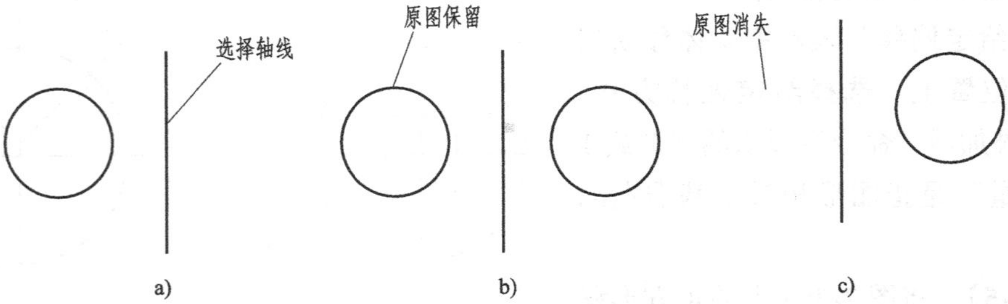

图 7-39 “选择轴线”镜像示例 1

a）原图 b）“拷贝”后的图形 c）“镜像”后的图形

2. 拾取两点

1. 拾取两点 表示以两点的连线作为对称轴。

图 7-41 所示为“拾取两点”镜像示例。

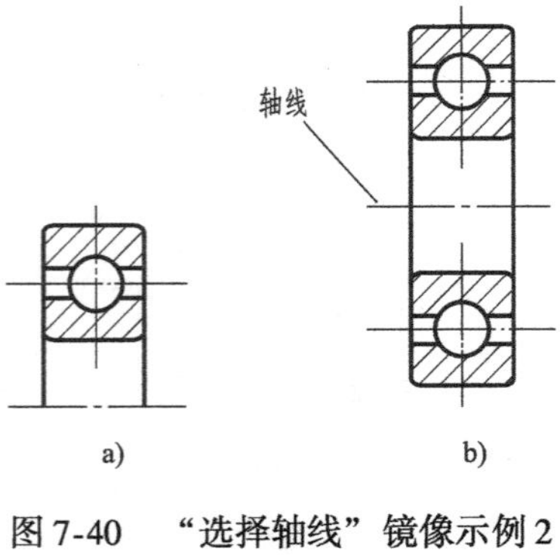

图 7-40 “选择轴线”镜像示例 2

a）镜像前的图形 b）镜像后的图形

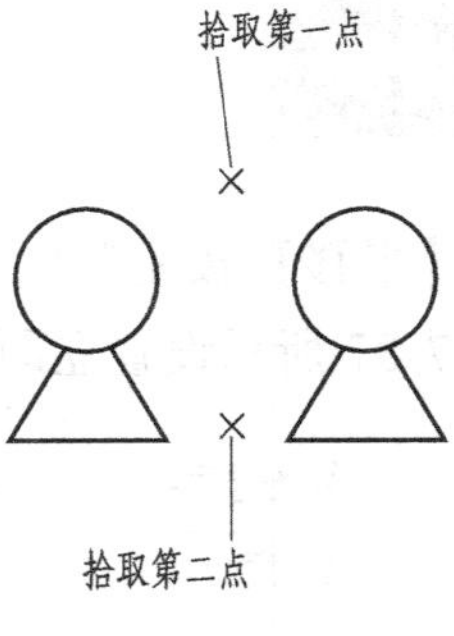

图 7-41 “拾取两点”镜像示例

7.1.9 旋转

旋转命令可用于对拾取到的实体进行旋转和复制。

㊀ 为了与软件保持一致，书中与软件对应处用“拷贝”而不用“复制”一词。

旋转命令的输入方式如下。

1）下拉菜单。选择【修改】/【旋转】命令。

2）选项组。单击【常用】选项卡中【修改】选项组中的按钮。

3）命令行。输入“rotate”并按〈Enter〉键。

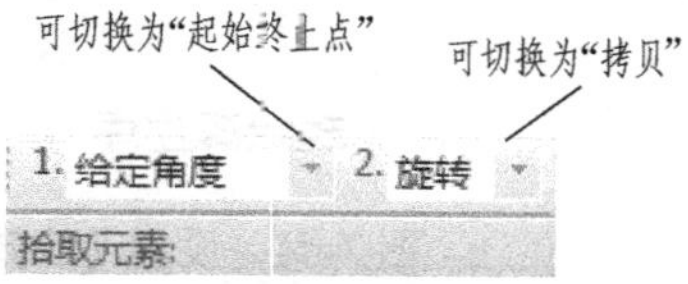

图 7-42 【旋转】立即菜单

执行任一种旋转命令的输入方式，在屏幕左下角即出现立即菜单，如图 7-42 所示。

菜单【1.】有两种选项。

1）“给定角度”是指给定旋转角进行旋转，拾取元素并确认后，按提示分别输入旋转基准点和旋转角后完成旋转。

2）“起始终止点”是指给定起始点、终止点进行旋转。

菜单【2.】中有两个选项。

1）“拷贝”是指保留原图。

2）“旋转”是指原图消失。

【例 7-6】 利用旋转命令，把图 7-43a 所示图形修改为图 7-43b 所示图形。

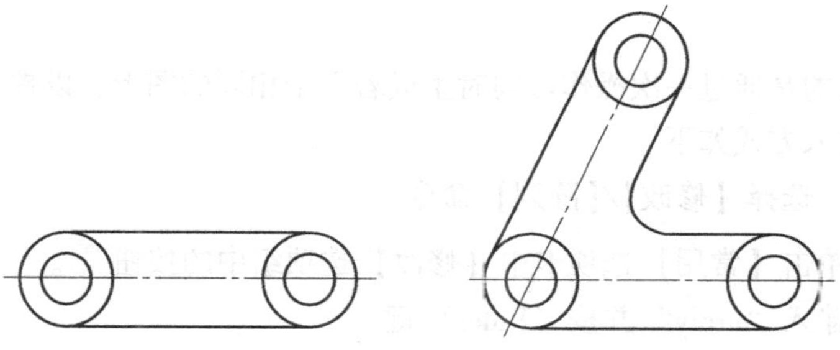

a) b)

图 7-43 【例 7-6】图

a）编辑前 b）编辑后

【分析】 比较图 7-43a、b 可看到，图 7-43a 经过旋转后再进行裁剪、圆角等编辑操作后得到图 7-43b。

操作步骤

1）单击【旋转】按钮。

2）设置图 7-44 所示的立即菜单。

3）命令行提示“拾取元素”，拾取图 7-43a 所示图形，单击鼠标右键确认，命令行提示“基点”，拾取左边圆圆心，如图 7-45 所示。

4）命令行提示“起始点”，再次拾取左边圆圆心，命令行提示“终止点”，用鼠标拾取一点为终止点，如图 7-46 所示。

图 7-44　设置【旋转】立即菜单

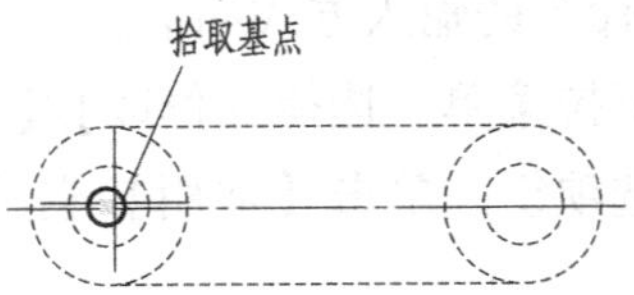

图 7-45　操作步骤 3）图

5）选择裁剪命令，用快速裁剪，修剪多余线条，如图 7-47 所示。

6）选择过渡命令进行圆角过渡，完成图形编辑。

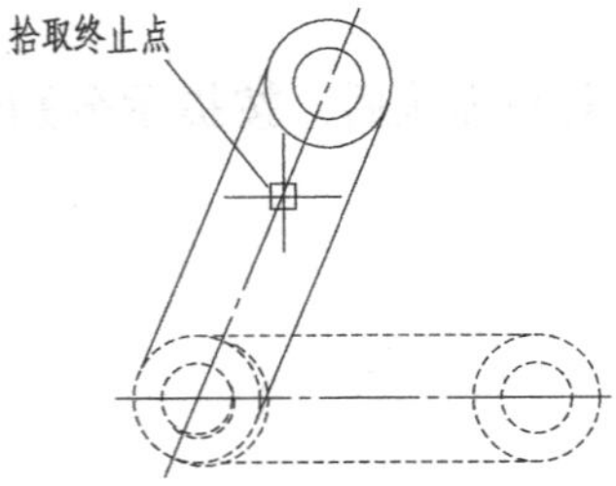

图 7-46　操作步骤 4）图

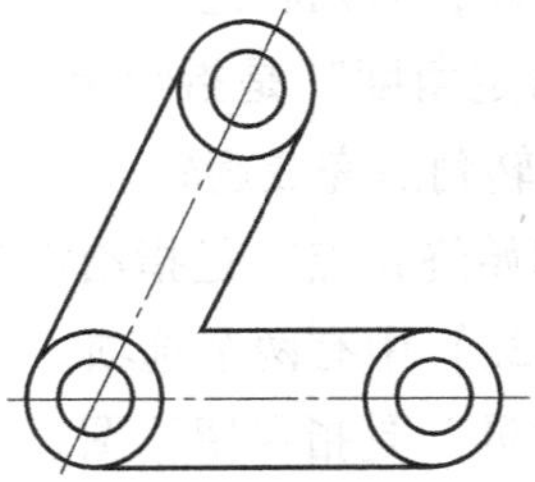

图 7-47　操作步骤 5）图

7.1.10　阵列

阵列操作的目的是通过一次操作可同时生成若干个相同的图形，以提高作图速度。

阵列命令的输入方式如下。

1）下拉菜单。选择【修改】/【阵列】命令。

2）选项组。单击【常用】选项卡中【修改】选项组中的按钮。

3）命令行。输入“array”并按〈Enter〉键。

执行任一种阵列命令的输入方式，在屏幕左下角即出现立即菜单，如图 7-48 所示。

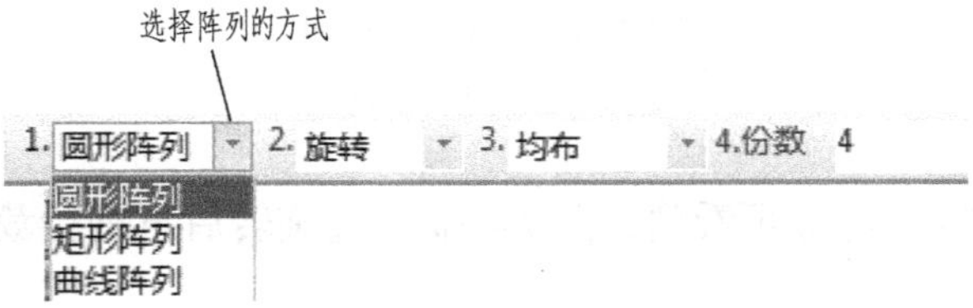

图 7-48　【阵列】立即菜单

阵列的方式有圆形阵列、矩形阵列和曲线阵列三种。

1. 圆形阵列

对拾取到的实体，以某基点为圆心进行阵列复制。选择【阵列】立即菜单中的 1. 圆形阵列，如图 7-48 所示。

菜单【2.】中有两个选项。

1）“旋转”表示所复制的实体都以旋转中心为基点自动旋转。

2）“不旋转”表示阵列后，所复制的实体方位不发生变化。

菜单【3.】有两个选项。

1）“均布”表示所阵列的实体均匀地分布排列在同一个圆周上。

2）“给定夹角”表示所阵列的实体按给定角度分布。

【例 7-7】 使用圆形阵列，在图 7-49a 的基础上绘制图 7-49b 所示图形。

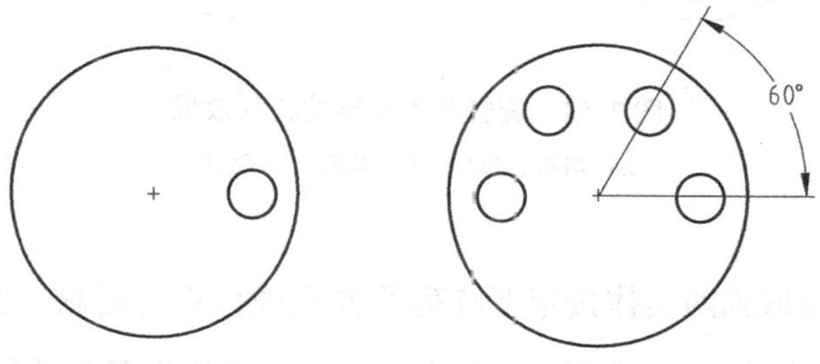

a) b)

图 7-49 【例 7-7】图

a）阵列前 b）阵列后

操作步骤

1）单击【阵列】按钮。

2）设置图 7-50 所示的立即菜单。

图 7-50 设置【阵列】立即菜单

3）命令行提示“拾取元素”，拾取小圆，单击鼠标右键确认，命令行提示“中心点”，拾取大圆圆心，如图 7-51 所示。

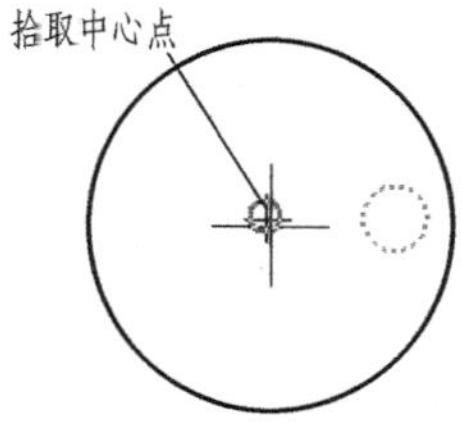

图 7-51 操作步骤 3）图

4）命令行提示“基点”，单击小圆的中心点，确认即可。

若阵列时不旋转对象，拾取完中心点后，系统提示“基点”。基点是指所选实体阵列时相对中心点的参考点。基点的选取对阵列效果影响很大。

图 7-52 所示为基点设在不同点时的阵列效果。

图 7-53 所示为均布情况下，旋转与不旋转的阵列效果。

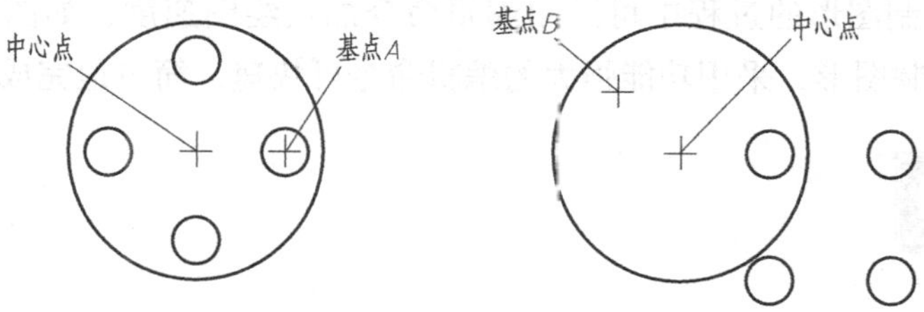

图 7-52 基点的选取

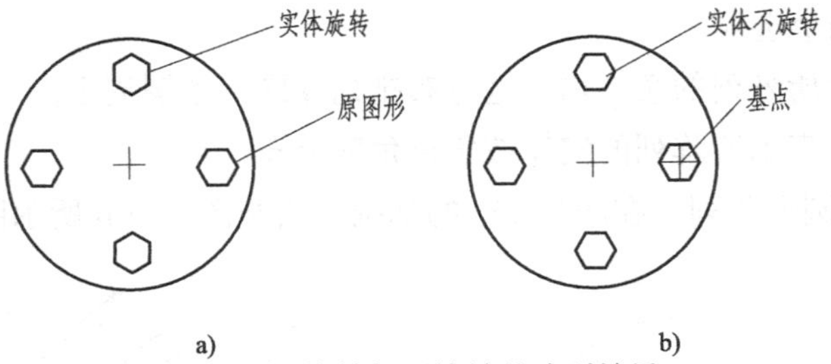

图 7-53 旋转与不旋转的阵列效果

a）均布、旋转 b）均布、不旋转

2. 矩形阵列

矩形阵列是指对拾取到的实体按矩形阵列的方式进行阵列复制。选择【阵列】立即菜单中的 1. 矩形阵列 ，如图 7-54 所示。立即菜单中规定了矩形阵列的行数、行间距、列数、列间距以及旋转角的默认值，这些数值均可通过键盘输入进行修改。

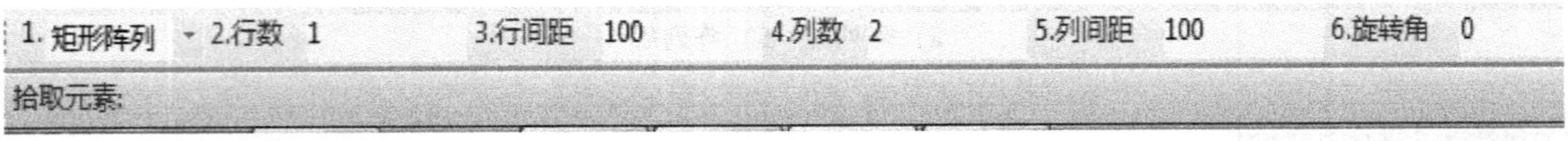

图 7-54 【矩形阵列】立即菜单

注意：矩形阵列中，“行间距”和“列间距”允许输入负值，负的行间距表示从拾取元素向下、负的列间距表示从基点向左阵列实体。

【例 7-8】 使用矩形阵列，在图 7-55a 的基础上绘制图 7-55b 所示图形。

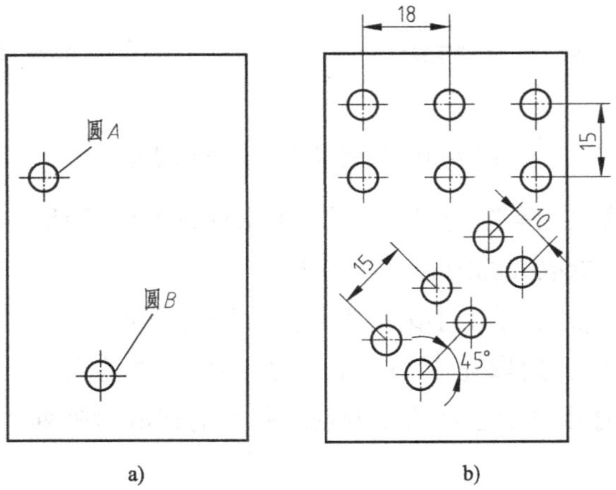

图 7-55 【例 7-8】图

a）阵列前 b）阵前后

【分析】 在绘制图形的过程中可采用编辑命令加快绘图速度，如图 7-55b 所示，无须再使用绘图命令绘制图形，采用功能强大的编辑命令可快速、简单地完成图形的绘制。

操作步骤

1）阵列圆 A，单击【阵列】按钮。

2）设置图 7-56 所示的立即菜单。

图 7-56　设置【矩形阵列】立即菜单 1

3）系统提示“拾取元素”，拾取圆 A，单击鼠标右键确认。

4）将图 7-56 所示的立即菜单按图 7-57 所示进行切换。

图 7-57　设置【矩形阵列】立即菜单 2

5）拾取圆 B，单击鼠标右键确认。

7.1.11　缩放

缩放是指对拾取到的实体进行按比例放大和缩小。

缩放命令的输入方式如下。

1）下拉菜单。选择【修改】/【缩放】命令。

2）选项组。单击【常用】选项卡中【修改】选项组中的按钮。

3）命令行。输入“scale”并按〈Enter〉键。

执行任一种缩放命令的输入方式，拾取要缩放的实体后，单击鼠标右键确认，在屏幕左下角即出现立即菜单，如图 7-58 所示。

图 7-58　【缩放】立即菜单

菜单【1.】中有两个选项。

1）“平移”是指缩放后删除原形。

2）“拷贝”是指缩放后保留原形。

菜单【3.】中，若拾取的元素中包含尺寸元素，该项可以控制尺寸变化。

1）“尺寸值不变”是指所选择尺寸元素数值不会随着比例变化而变化。

2）“尺寸值变化”是指尺寸元素数值会根据相应的缩放进行放大或缩小，如图 7-59 所示。

菜单【4.】控制标注的尺寸比例是否随图形变化。

1）“比例变化”是指标注的尺寸会根据图形按比例系数发生变化。

2）“比例不变”是指标注的尺寸不会发生变化。

注意：操作过程中，命令行提示的“基准点”在缩放的过程中位置是不变的。因此，选择不同的基准点，缩放后图形的位置不同，如图 7-60 所示。

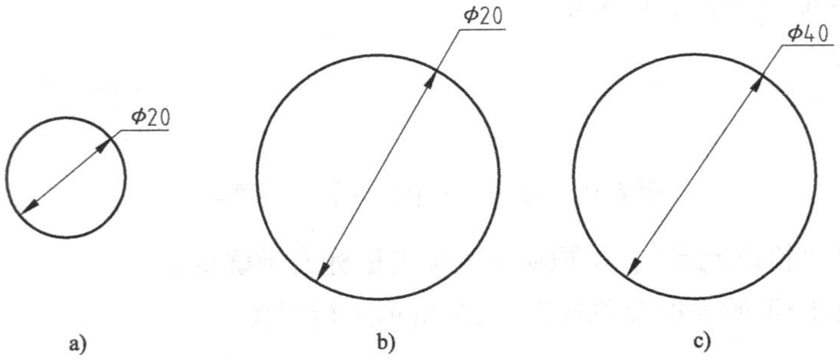

图 7-59 缩放示例

a）原图 b）比例变化，尺寸值不变 c）比例变化，尺寸值变化

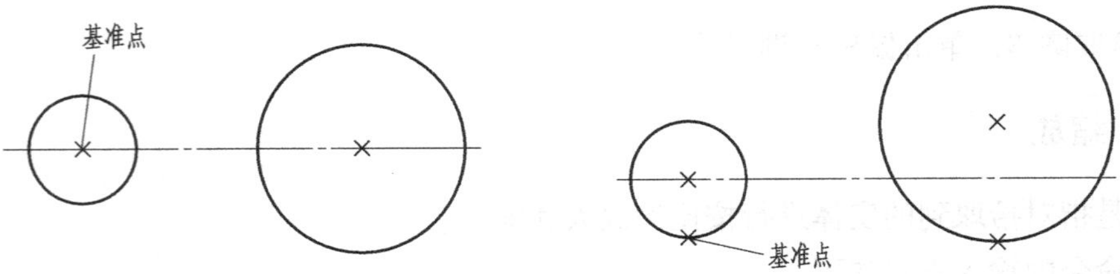

图 7-60 “基准点”不同时缩放图形的位置

7.2 基本编辑

上一节向读者介绍了图形编辑中的命令，为精确、快速地绘制图形创造了条件。本节介绍的内容是编辑命令的继续，但在应用范围上比前者更加广泛。

基本编辑功能包括恢复操作、撤销操作、选择所有、剪切、复制、粘贴、删除、删除所有、选择性粘贴、插入对象等内容。它们都在主菜单的编辑子菜单中。选择主菜单中的【编辑】命令，可弹出子菜单，如图 7-61 所示。

图 7-61 【编辑】子菜单

图 7-62 编辑按钮

其中有些命令也被放置在功能区【常用】选项组中，并以按钮的形式出现，如剪切、复制、粘贴等，有些放在快速启动工具栏中，如撤销操作、恢复操作等，如图7-62所示。这样双重安排的目的就是为了便于操作，提高绘图效率。

7.2.1 撤销操作与恢复操作

撤销操作与恢复操作是相互关联的一对命令。撤销操作用于撤销最近一次发生的编辑动作。恢复操作是撤销操作的逆过程，用来撤销最近一次的撤销操作。恢复操作只有与撤销操作相配合使用才有效。

1. 撤销操作

撤销命令的输入方式如下。

1）下拉菜单。选择【编辑】/【撤销】命令。

2）工具栏。单击快速启动工具栏中的按钮。

3）命令行。输入“undo”或“u”并按〈Enter〉键。

2. 恢复操作

恢复命令的输入方式如下。

1）下拉菜单。选择【编辑】/【恢复】命令。

2）工具栏。单击快速启动工具栏中的按钮。

3）命令行。输入“redo”并按〈Enter〉键。

注意：这里撤销操作和恢复操作只对电子图板绘制的图形对象有效，而不能对OLE对象的修改进行撤销和恢复操作。

7.2.2 图形的剪切、复制与粘贴

图形剪切、复制都是将选中的图形或OLE对象送入剪贴板中，以供图形粘贴时使用。不同的是，图形复制不删除用户拾取的图形，而图形剪切是在图形复制的基础上删除用户拾取的图形。

注意：图形复制不同于前述图形编辑中的拷贝，其与图形粘贴配合使用，除了可以在不同的电子图板文件中进行复制粘贴外，还可以将所选的图形或OLE对象送入Windows剪贴板，粘贴到其他支持OLE的软件（如Word）中。前述拷贝只能在同一电子图板中进行复制粘贴。

图形粘贴是将剪贴板中存储的图形或OLE对象粘贴到文档中。

1. 图形剪切

图形剪切命令的输入方式如下。

1）下拉菜单。选择【编辑】/【剪切】命令。

2）选项组。单击【常用】选项卡中【常用】选项组中的按钮的下拉箭头，然后单击按钮。

3）命令行。输入“cut”并按〈Enter〉键。

4）组合键。同时按〈shift + delete〉键。

2. 图形复制

图形复制命令的输入方式如下。

1）下拉菜单。选择【编辑】/【复制】命令。

2）选项组。单击【常用】选项卡中【常用】选项组中的按钮。

3）命令行。输入“copy”按〈Enter〉键。

4）组合键。同时按〈ctrl + c〉键。

3. 图形粘贴

图形粘贴命令的输入方式如下。

1）下拉菜单。选择【编辑】/【粘贴】命令。

2）选项组。单击【常用】选项卡中【常用】选项组中的按钮。

3）命令行。输入“paste”并按〈Enter〉键。

4）组合键。同时按〈ctrl + v〉键。

7.3 特性编辑

CAXA 电子图板 2015 生成的图形对象都具有各种特性。大多数对象都具有基本特性，如图层、颜色、线型、线宽等。这些特性都可以通过“图层”赋予对象，也可以直接单独指定给对象。

拾取图形元素，单击鼠标右键，在光标处弹出右键菜单，如图 7-63 所示。选择相应命令对已拾取的图形元素进行编辑操作。在工具中单击特性修改按钮，弹出【特性查询】对话框，如图 7-64 所示。在此对话框中可进行相关选项的修改。

图 7-63 右键菜单

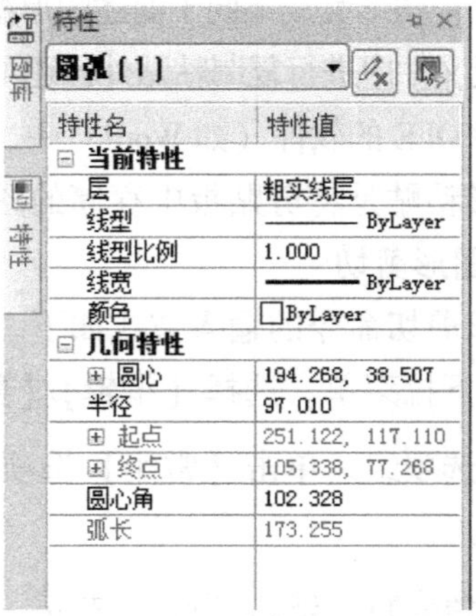

图 7-64 【特性查询】对话框

7.4 控制点编辑

当系统处于无命令状态时，用鼠标左键或窗口拾取某图形对象，则被选中的图形对象就会以虚线形式显示。在这种预选状态下，将光标移至被选中图形上，则被选中图形的特征点（如端点、圆心、象限点等）将显示为蓝色点亮的小方框点，如图7-65所示。用鼠标点取某一特征点，该点即成为“控制点”。移动光标可使该点移位，从而进入编辑状态。这是一种更为快捷的编辑方法，称为控制点编辑。

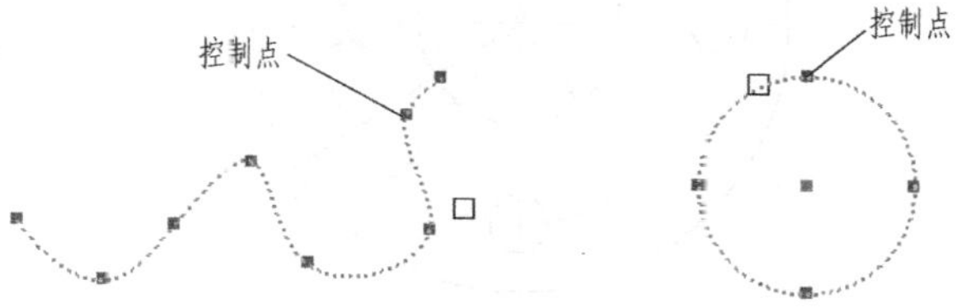

图7-65 控制点显示状态

控制点编辑主要可以实现对所选图形的拉伸和平移。

1）拾取直线的中点、圆的非象限点、圆弧或样条曲线上的非加亮点，或者拾取块的插入点，可以实现所选图形的平移，如图7-66所示。

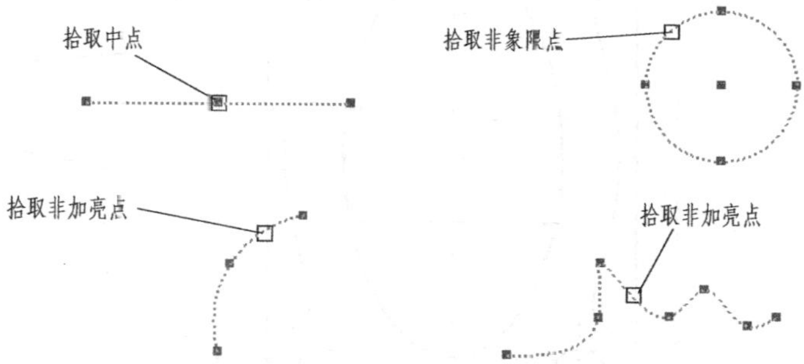

图7-66 平移

2）拾取直线端点、圆的象限点、样条曲线的插值点可对图形进行拉伸，操作方法与拉伸命令类似。

3）拾取圆弧的端点，半径和圆心不变，拉伸弧长；拾取圆弧的中点，圆心不变，拉伸半径。

7.5 本章小结

本章通过大量的例子详细地介绍了删除、裁剪、过渡、齐边、阵列、移动、旋转、缩放、拉伸、打断等编辑命令。这些编辑命令可以极大地简化绘图过程。

绘图和编辑是CAXA电子图板2015中两个重要的内容，只有灵活掌握绘图和编辑命令才能在绘图过程中得心应手。

7.6 习题

完成图7-67所示图形的绘制，不需标注尺寸。

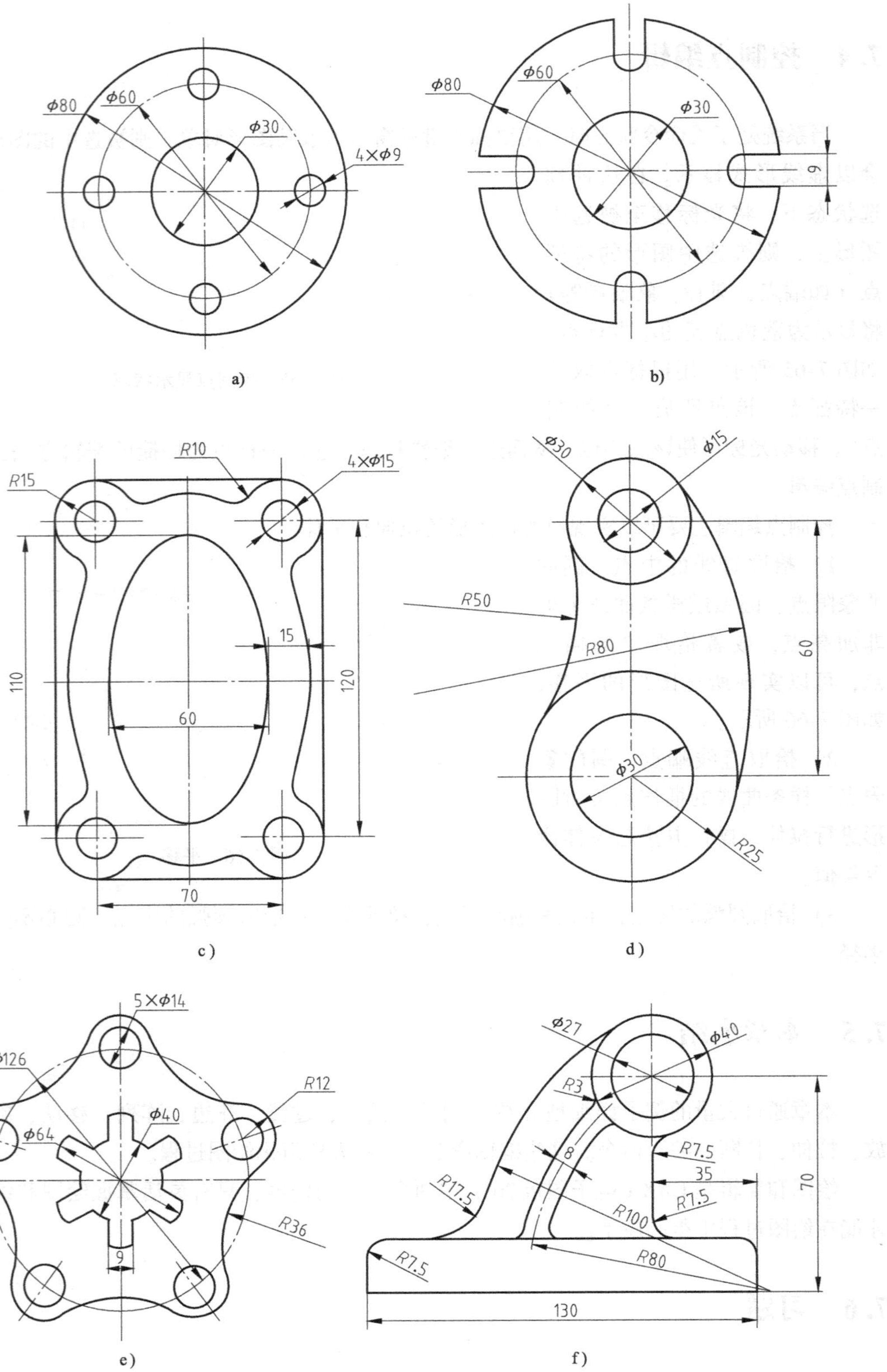

φ80
φ60
φ30
4×φ9
a)
φ80
φ60
φ30
9
b)
R10
R15
4×φ15
15
110
120
60
70
c)
φ30
φ15
R50
R80
60
φ30
R25
d)
5×φ14
φ126
R12
φ40
φ64
R36
9
e)
φ27
φ40
R3
R7.5
35
8
70
R17.5
R7.5
R100
R80
R7.5
130
f)

图 7-67

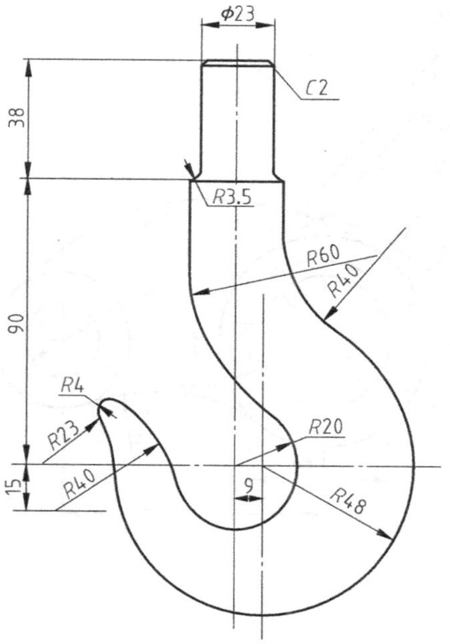
Φ23
C2
38
R3.5
90
R60
R40
R4
R23
R20
15
R40
9
R48

g)

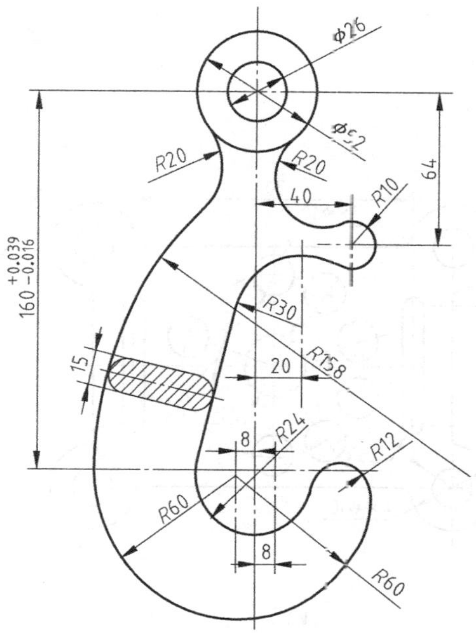
Φ26
Φ52
R20
R20
64
40
R10
160 +0.039 −0.016
R30
15
20
R158
8
R24
R12
R60
8
R60

h)

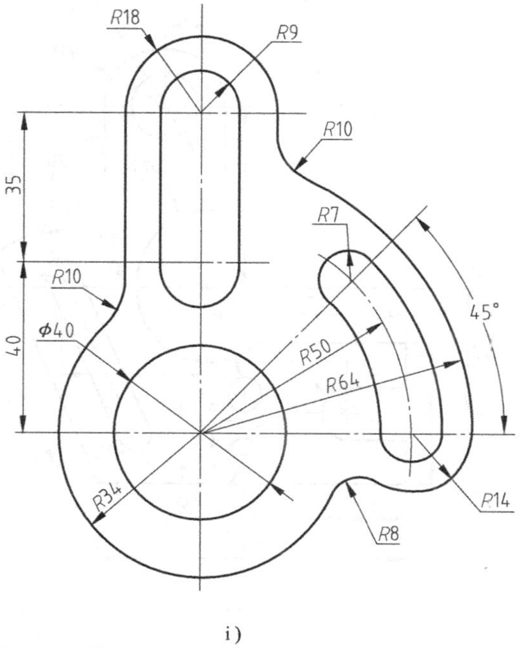
R18
R9
R10
35
R7
R10
45°
40
Φ40
R50
R64
R34
R14
R8

i)

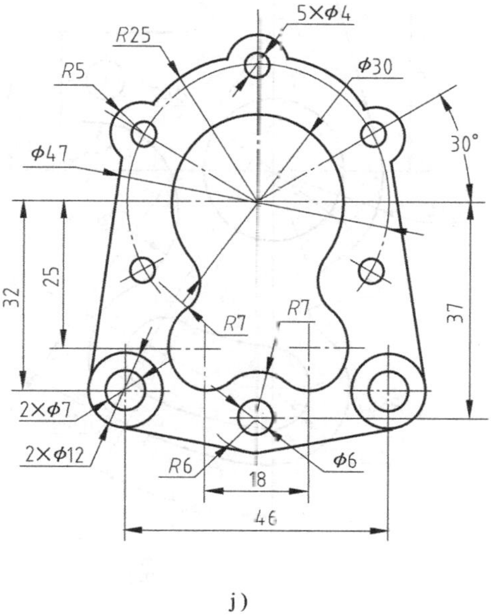
5×Φ4
R25
R5
Φ30
30°
Φ47
32
25
37
R7
R7
2×Φ7
2×Φ12
R6
18
Φ6
46

j)

第 7 章习题图

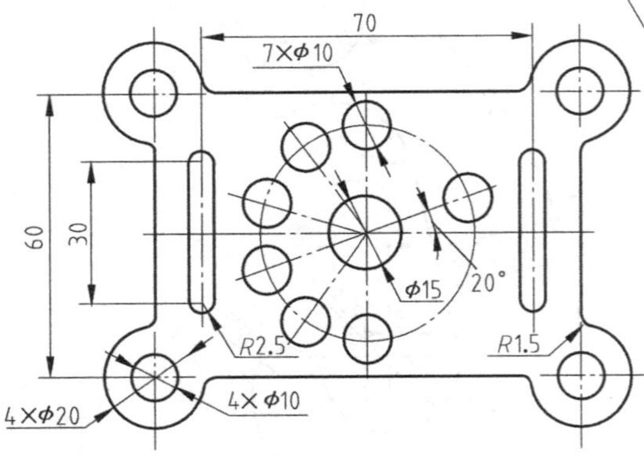
70
7×Φ10
60
30
Φ15
20°
R2.5
R1.5
4×Φ20
4×Φ10

k）

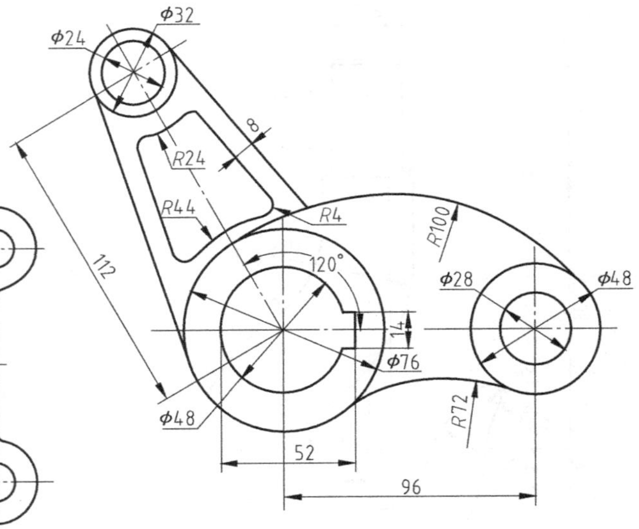
Φ32
Φ24
8
R24
R44
R4
R100
112
120°
Φ28
Φ48
14
Φ76
R72
Φ48
52
96

l）

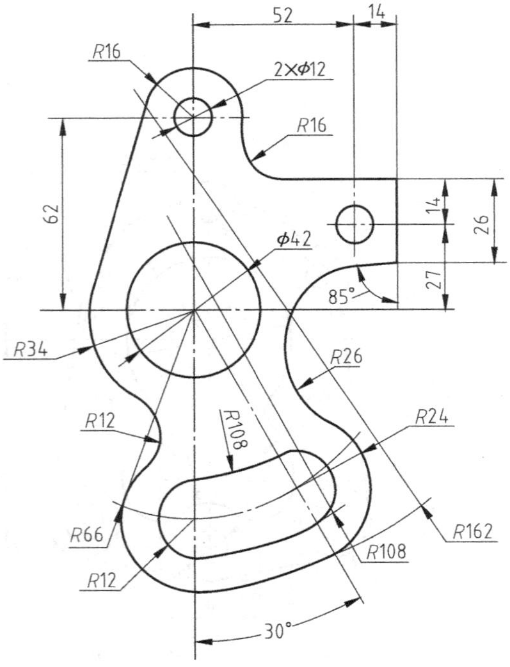
52
14
R16
2×Φ12
R16
62
14
26
Φ42
27
85°
R34
R26
R12
R108
R24
R66
R162
R108
R12
30°

m）

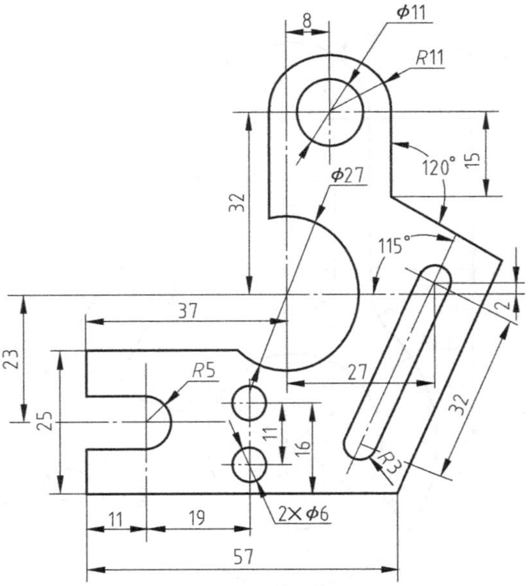
8
Φ11
R11
15
120°
32
Φ27
115°
2
37
23
27
R5
25
11
16
32
R3
11
19
2×Φ6
57

n）

图 7-67　第 7

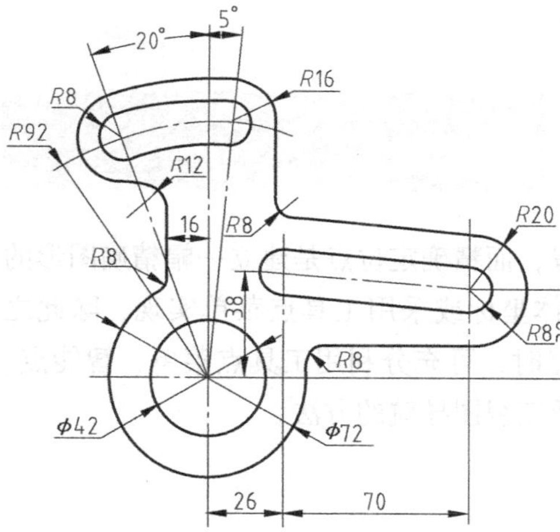

o)

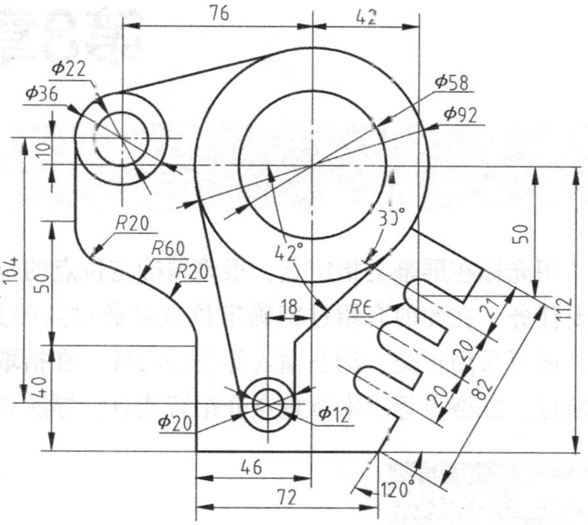

p)

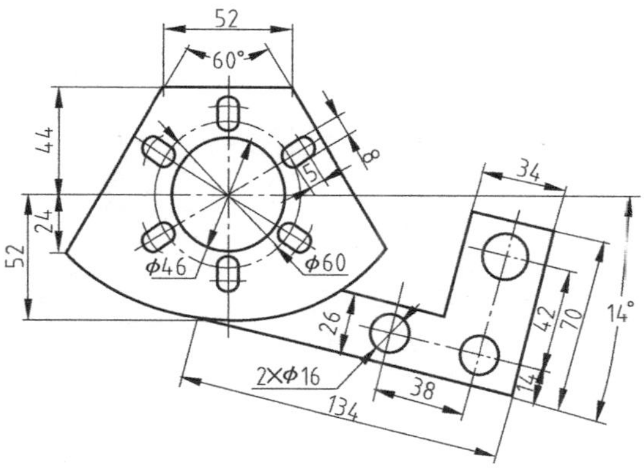

q)

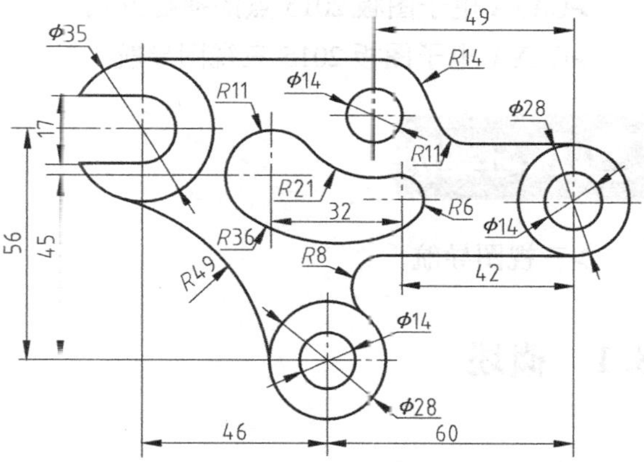

r)

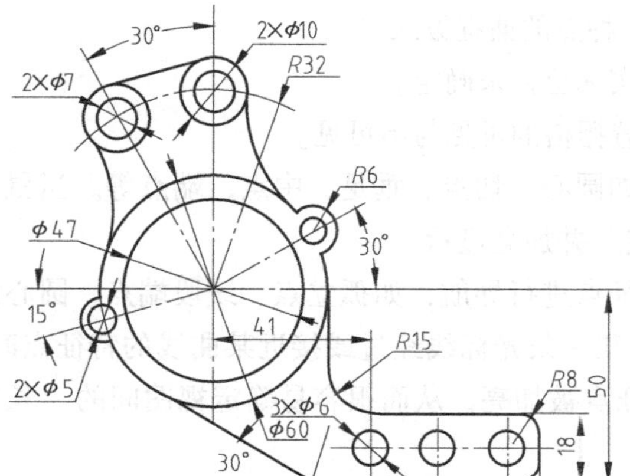

s)

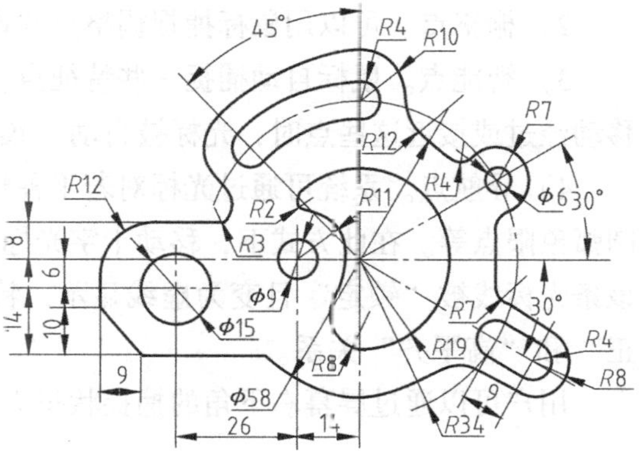

t)

章习题图（续）

第8章

精确绘图

用光标在屏幕上指定点，很难精确定位点的位置，而精确定位点是建立一幅精确图形的首要任务。在此前介绍过精确定位点可通过点的具体坐标或采用工具点菜单实现，除此之外，还可采用正交、动态输入等方法实现。在拾取点时，可充分利用工具点菜单、智能点、导航点、栅格点等。本章重点介绍智能点、导航点及三视图导航的方法。

重点知识

➢CAXA 电子图板 2015 点的捕捉方式

➢CAXA 电子图板 2015 三视图导航

练习案例

➢三视图导航

8.1 概述

8.1.1 点的捕捉方式

CAXA 电子图板 2015 为用户提供了以下 4 种点的捕捉方式。

1）自由点。点的输入完全由鼠标当前的实际位置来确定。

2）栅格点。可以用鼠标捕捉栅格点并设置栅格的可见与不可见。

3）智能点。鼠标自动捕捉一些特征点，如圆心、切点、垂足、中点、端点等。当鼠标移动经过或接近这些点时，光标被自动“锁定”并加亮显示。

4）导航点。系统可通过光标对若干种特征点进行导航，如孤立点、线段端点、圆心或圆弧象限点等。在此方式下，移动十字光标，某一条光标线经过或接近某曲线的特征点时，该条光标线被“锁定”且变为虚线显示，特征点被加亮，从而很容易确定视图间的“长对正”和“高平齐”关系。

用户可以通过屏幕右下角的捕捉状态立即菜单来切换捕捉方式，如图 8-1 所示。

8.1.2 导航点捕捉与智能点捕捉的区别

1）相似之处是捕捉的特征点相似，包括孤立点、中点、圆心点、象限点等。当选择导航点捕捉时，这些特征点统称为导航点。

2）不同之处是进行智能点捕捉时，十字光标线的 X 坐标线和 Y 坐标线都必须距离智能点最近时才能吸附上，而进行导航点捕捉时，十字光标线的 X 坐标线或 Y 坐标线距离导航点最近就可以吸附上。

注意：使用快捷键〈F6〉也可以实现各捕捉方式之间的切换。

【例 8-1】 利用导航点捕捉绘制图 8-2 所示定距环的左视图。

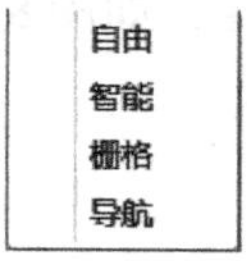

图 8-1　捕捉状态立即菜单

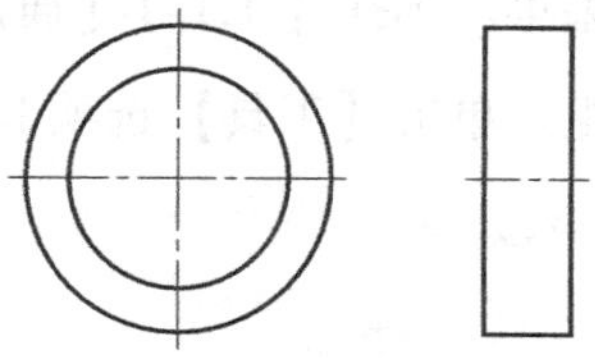

图 8-2　【例 8-1】图

操作步骤

1）切换点的捕捉方式为“导航”。单击【直线】按钮，设置图 8-3 所示的立即菜单。

2）用光标捕捉大圆与垂直中心线的交点，光标线锁定后，移动光标到合适位置，确定直线上第一点的位置，如图 8-4 所示。

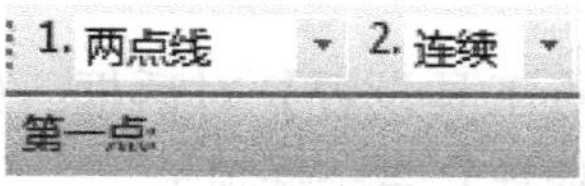

图 8-3　设置立即菜单

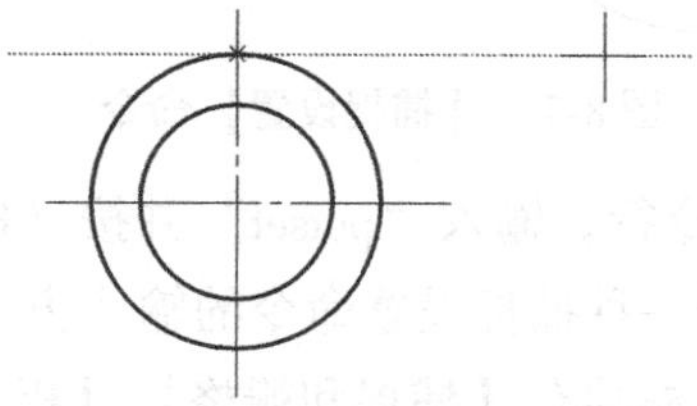

图 8-4　捕捉导航点

3）确定直线上的下一点位置后，鼠标向下移动，同时捕捉大圆与垂直中心线下面的交点，绘制垂直线，如图 8-5 所示。

4）鼠标向左移动，捕捉点 A，绘制底边，如图 8-6 所示。

5）最后绘制左面的边，操作完成，如图 8-2 所示。

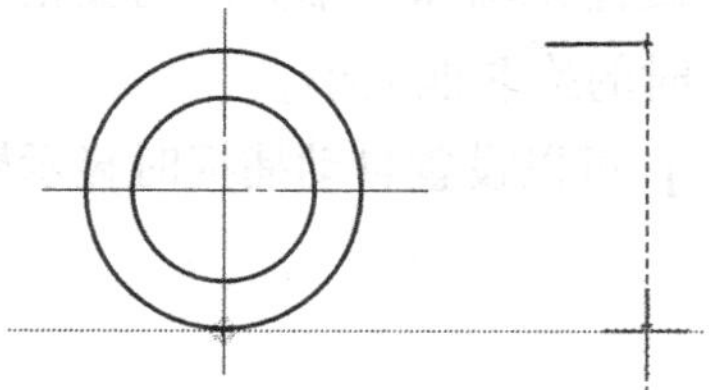

图 8-5　绘制垂直线

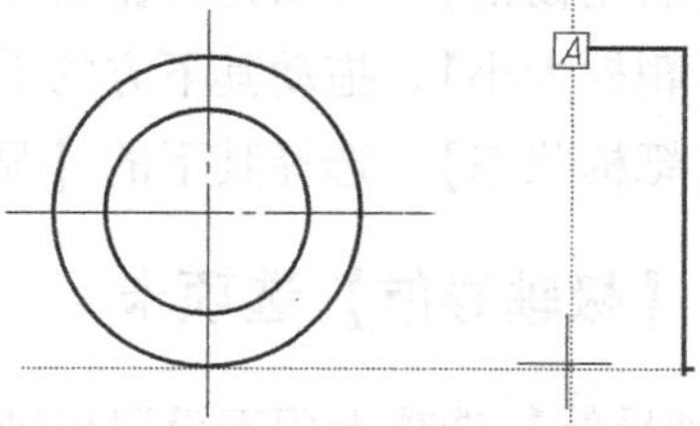

图 8-6　绘制底边

8.2 捕捉设置

捕捉设置用于设置鼠标在屏幕上的捕捉方式。捕捉方式包括捕捉和栅格、极轴导航和对象捕捉。这 3 种方式可以灵活设置并组合为多种捕捉模式，如自由、智能、栅格和导航。

捕捉设置命令的输入方式如下。

1）下拉菜单。选择【工具】/【捕捉设置】命令，如图 8-7 所示。

2）选项组。单击【工具】选项卡中【选项】选项组中的按钮，如图 8-8 所示。

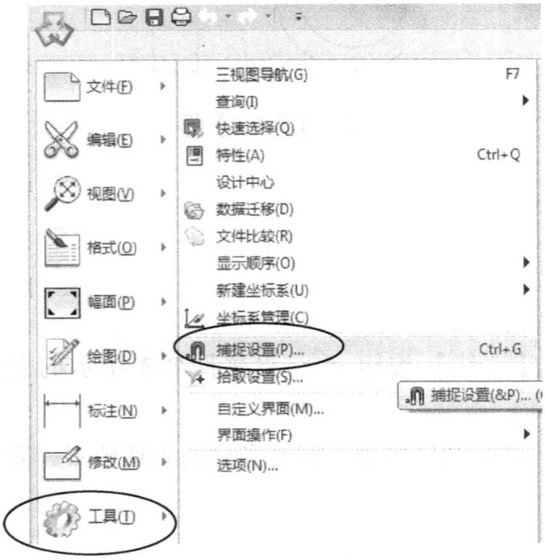

图 8-7 【捕捉设置】命令

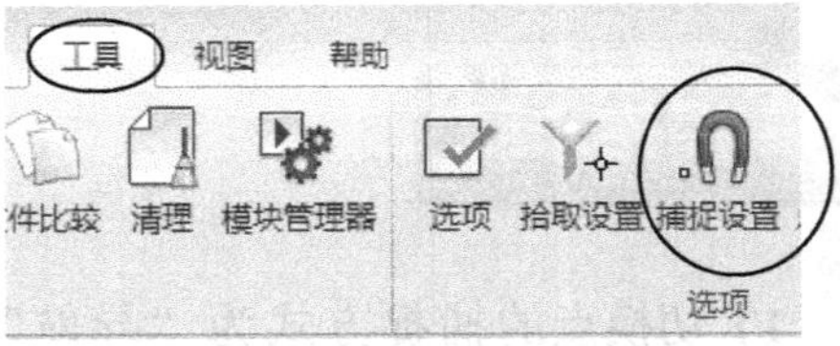

图 8-8 【捕捉设置】按钮

3）命令行。输入“potset”并按〈Enter〉键。

执行任一种捕捉设置命令的输入方式，弹出【智能点工具设置】对话框，如图 8-9 所示。该对话框共有【捕捉和栅格】、【极轴导航】、【对象捕捉】三个选项卡。

8.2.1 【捕捉和栅格】选项卡

【捕捉和栅格】选项卡可以设置间距捕捉和栅格显示，如图 8-9 所示。

1）【启用捕捉】。可以打开间距捕捉模式，在下方可以设置 X 轴和 Y 轴方向的捕捉间距。

2）【启用栅格】。可以打开栅格显示，在下方可以设置 X 轴和 Y 轴方向的栅格间距。

3）【靶框大小】。拖动其下方的手柄可以设置捕捉时的拾取框大小。

4）【靶框状态】。选择其下的【显示自动捕捉靶框】可以设置自动捕捉时显示靶框。

8.2.2 【极轴导航】选项卡

【极轴导航】选项卡用于设置极轴导航参数，如图 8-10 所示。

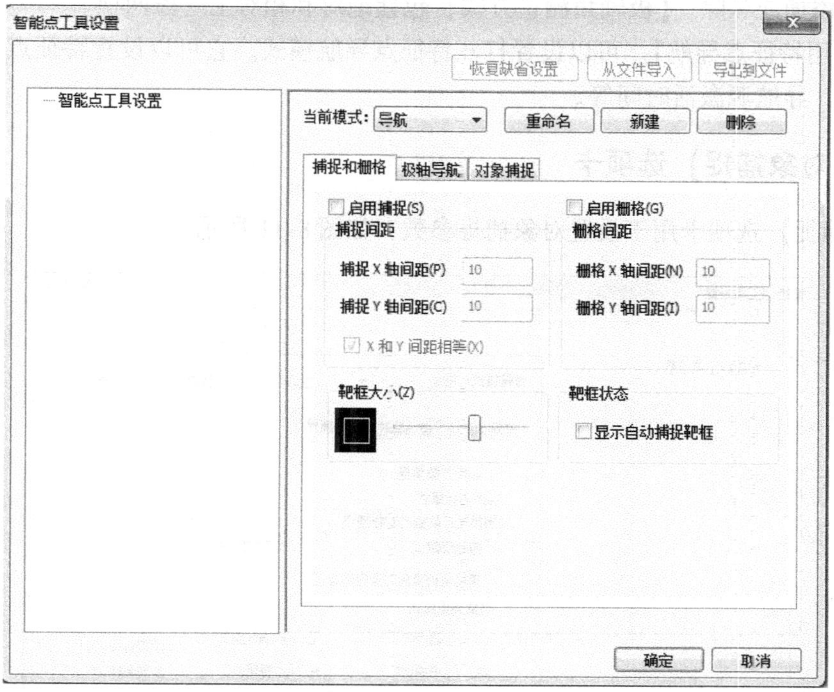

图 8-9　【智能点工具设置】对话框

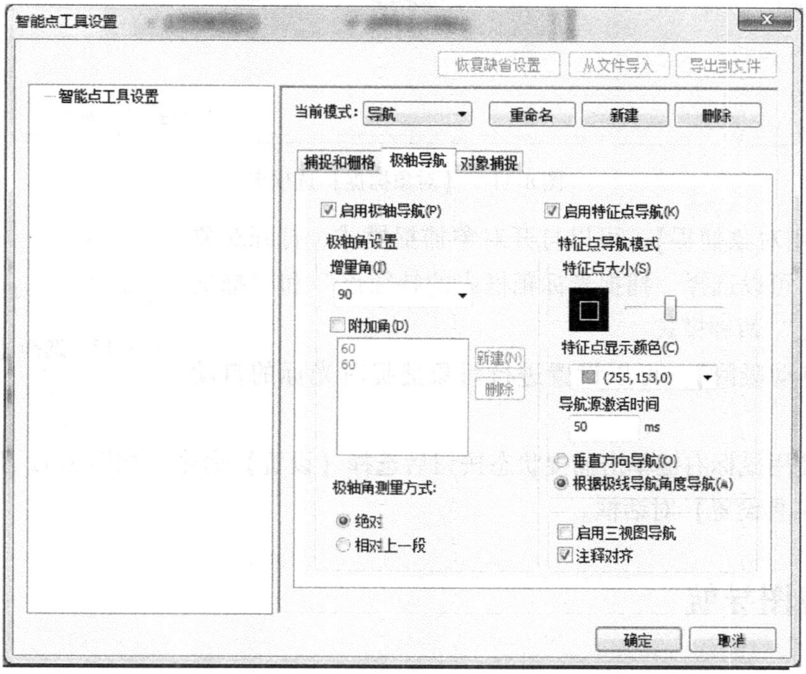

图 8-10　【极轴导航】选项卡

1）【启用极轴导航】。可以打开极轴导航。打开极轴导航后，可以通过设置极轴角的参数指定极轴导航的对齐角度。【增量角】设置用来显示极轴导航对齐路径的极轴角增量，可以输入任何角度也可以选择常用角度。【附加角】是对极轴导航使用列表中的任何一种附加角度，可以添加或删除。【极轴角测量方式】包括绝对和相对上一段两项。

2）【启用特征点导航】。可以设置打开特征点导航模式。它可以设置特征点大小、特征点显示颜色、导航源激活时间等。

8.2.3 【对象捕捉】选项卡

【对象捕捉】选项卡用于设置对象捕捉参数，如图 8-11 所示。

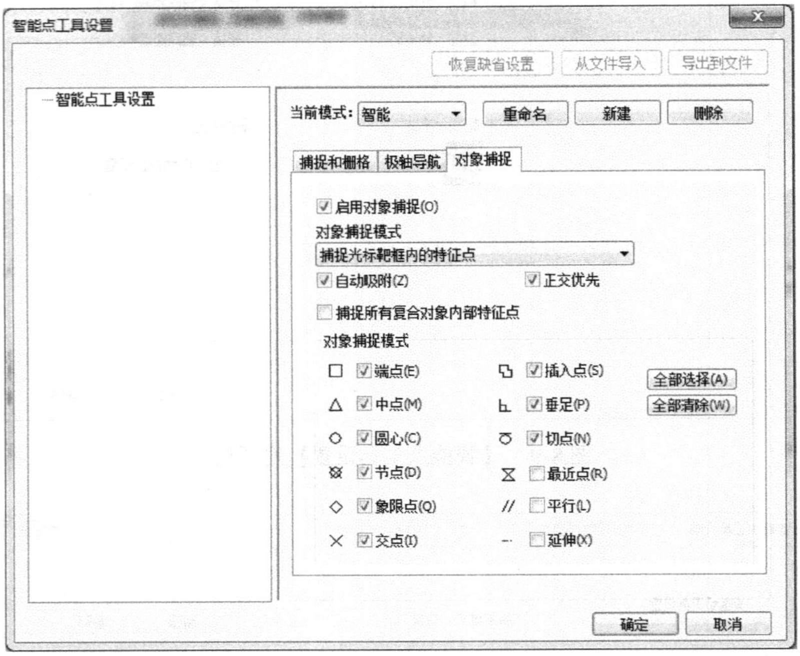

图 8-11 【对象捕捉】选项卡

1）【启用对象捕捉】。可以打开对象捕捉模式。打开对象捕捉模式后，可以选择“捕捉光标靶框内的特征点”和“捕捉最近的特征点”两种模式。

图 8-12 选择【设置】命令

2）【自动吸附】。可以设置进行对象捕捉时光标的自动吸附。

注意：使用鼠标右键单击捕捉状态按钮后选择【设置】命令，如图 8-12 所示，也可弹出【智能点工具设置】对话框。

8.3 三视图导航

三视图导航是导航捕捉的扩充，其目的在于方便用户确定投影关系，为绘制三视图或多面视图提供一种更方便的导航方式。

三视图导航命令的输入方式如下。

1）下拉菜单。选择【工具】/【三视图导航】命令。

2）选项卡。单击【工具】选项卡中【选项】选项组中的按钮，在【极轴导航】选项卡中启用三视图导航，如图 8-13 所示。

3）快捷键。按〈F7〉键。

4）命令行。输入“guide”并按〈Enter〉键。

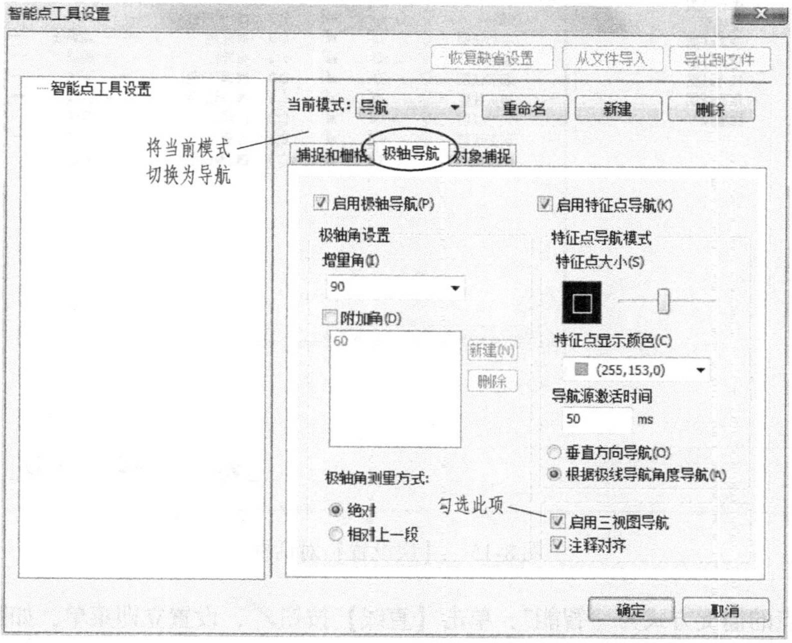

图 8-13　启用三视图导航

选择“三视图导航”命令后，分别指定导航线的第一点和第二点，屏幕上画出一条 45°或 135°的黄色导航线。如果此时系统为导航状态，则系统将以此导航线为视图转换线进行三视图导航。

如果系统当前已有导航线，选择三视图导航命令，将删除原导航线，然后提示再次指定新的导航线，也可以单击鼠标右键恢复上一次导航线。

【例 8-2】　利用三视图导航绘制图 8-14 所示的三视图。

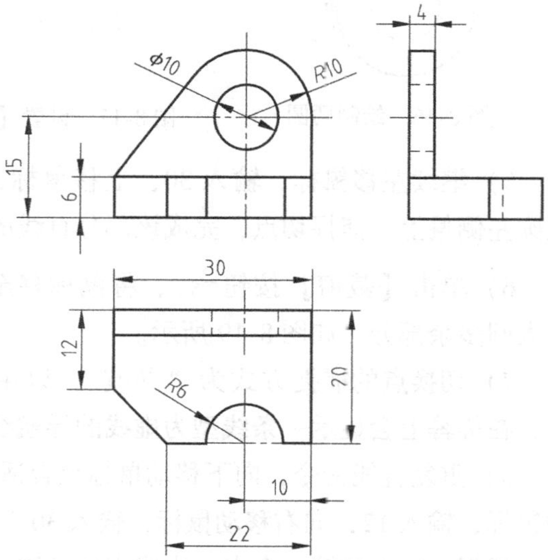

图 8-14　【例 8-2】图

操作步骤

1）图层设置。单击按钮设置图层，如图 8-15 所示。

2）设粗实线层为当前层，在适当位置绘制直径为 10mm 的圆和半径为 10mm 的圆，如图 8-16 所示。

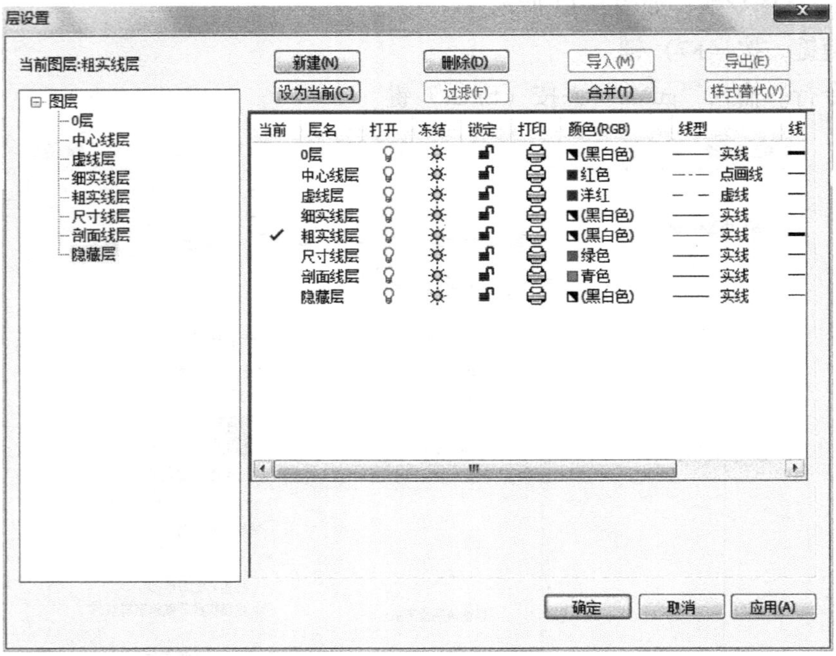

图 8-15　【层设置】对话框

3）切换点的捕捉方式为“智能”，单击【直线】按钮，设置立即菜单，如图 8-17 所示。

4）将光标移动到大圆右切点处，在其右切点处可显示切点，如图 8-16 所示。捕捉并单击该点，以其为直线的第一点。将鼠标下移，输入 15，如图 8-18 所示。

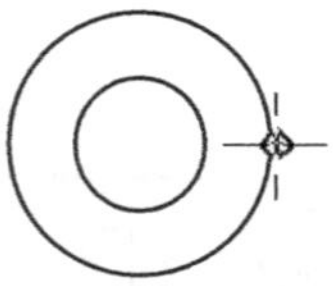

图 8-16　绘制两圆

图 8-17　设置【直线】立即菜单 1

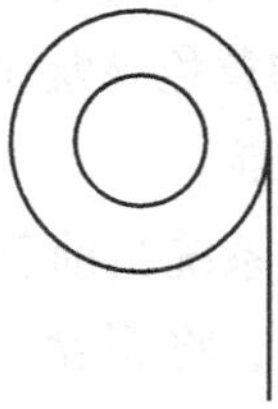

图 8-18　绘制直线

5）继续左移鼠标，输入 30，上移鼠标，输入 6。将鼠标移到大圆左侧偏上，捕捉切点，完成该部分直线的绘制。

6）单击【裁剪】按钮，将鼠标移至大圆下部并单击，裁剪大圆多余部分，如图 8-19 所示。

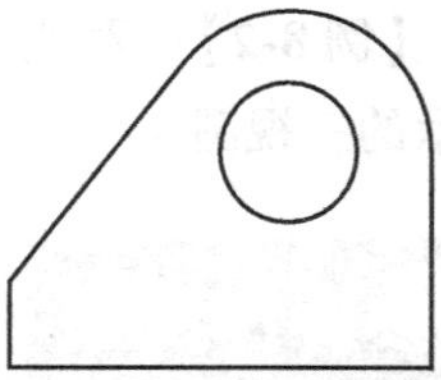

图 8-19　绘制直线并裁剪

7）切换点的捕捉方式为“导航”，以主视图左下角点为导航点，在屏幕上会显示一条线型为虚线的导航线，如图 8-20 所示。

8）重复直线命令，向下移动鼠标至合适位置单击，得到直线上的第一个点；再向上移动鼠标，输入 12，向右移动鼠标，输入 30，向下移动鼠标，输入 20，向左移动鼠标，输入 22，捕捉直线上的第一个点，完成直线绘制，如图 8-21 所示。

9）单击【圆】按钮，设置立即菜单，如图 8-22 所示。

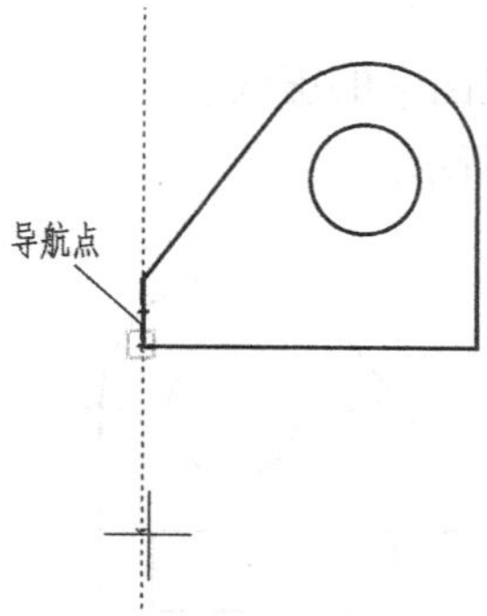

图 8-20　设置导航线

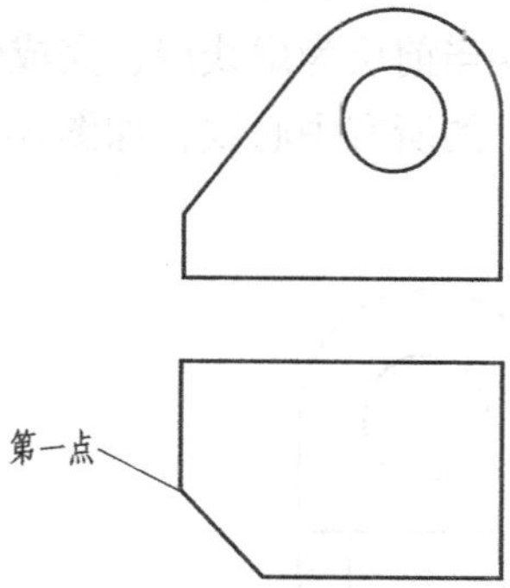

图 8-21　绘制直线

图 8-22　设置【圆】立即菜单

10）以主视图中圆的圆心为导航点，在俯视图的最下面那条直线上得到圆心，如图8-23 所示。画直径为 12mm 的圆，如图 8-24 所示。

11）单击【裁剪】按钮，裁剪多余部分，如图 8-25 所示。

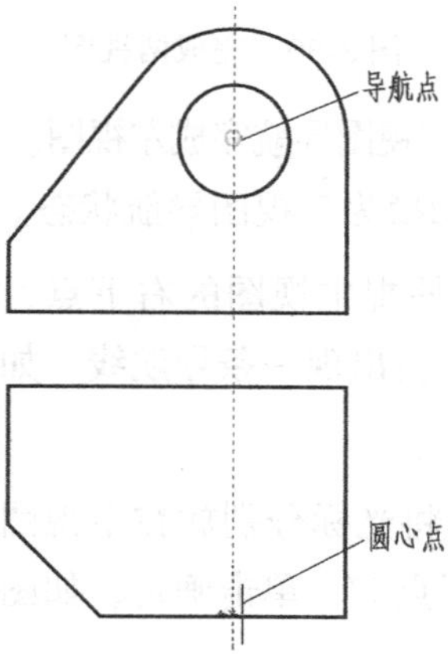

图 8-23　导航圆心

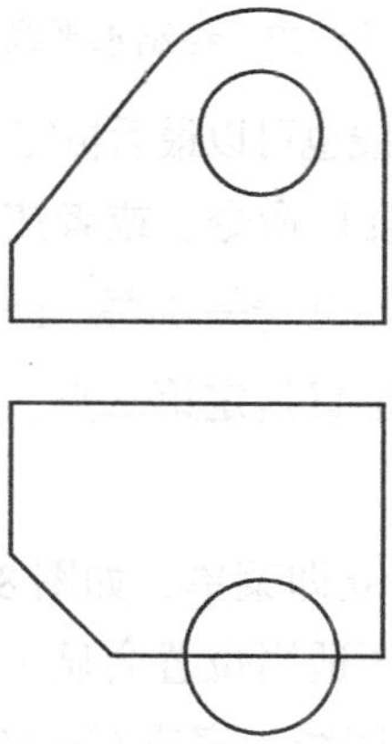

图 8-24　绘制圆

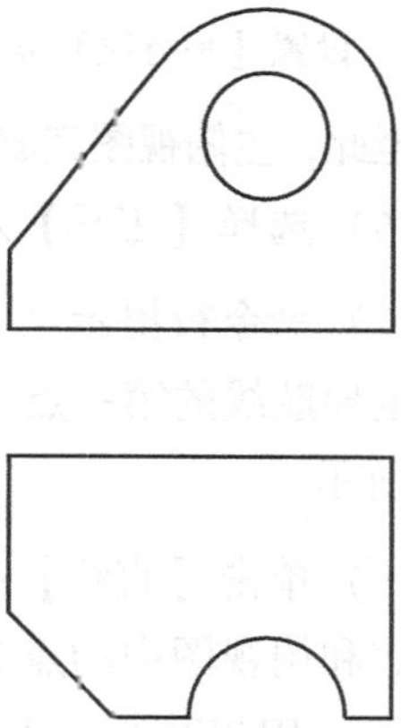

图 8-25　裁剪图形

12）单击【直线】按钮，设置立即菜单，如图 8-26 所示。用相同的导航方法绘制主视图上的垂直线，并绘制水平线，如图 8-27 所示。

图 8-26　设置【直线】立即菜单 2

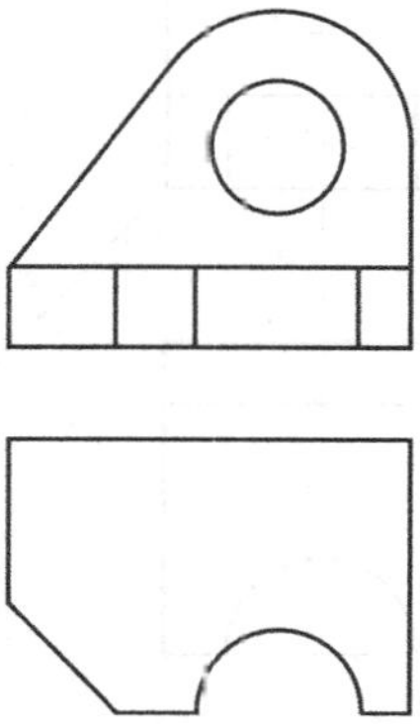

图 8-27　绘制单个直线

13）单击【平行线】按钮，设置立即菜单，如图 8-28 所示。按命令行提示，拾取直线，输入 4，绘制俯视图的水平线，如图 8-29 所示。

14）完成两视图中的粗实线后，切换当前层为虚线层，完成俯视图中的虚线。

15）选择中心线命令，完成两视图中的所有中心线，如图 8-30 所示。

图 8-28 设置【平行线】立即菜单

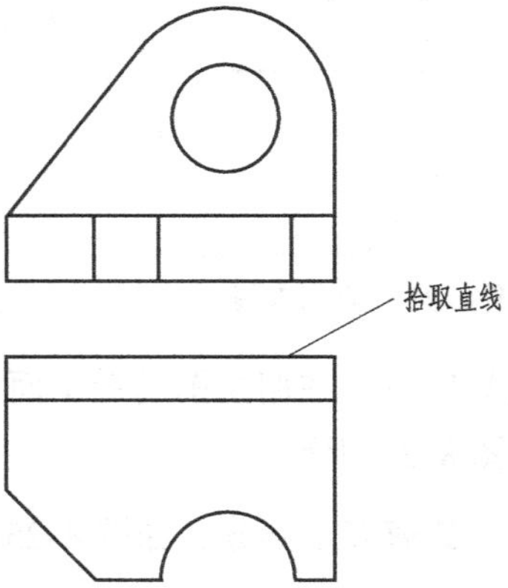

图 8-29 绘制水平线

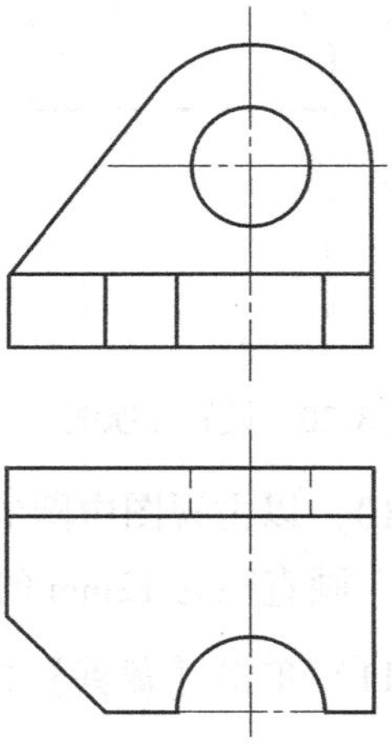

图 8-30 完成两视图

至此，主俯视图完成。中心线和虚线也可以最后再完成。下面用三视图导航完成左视图。

16）选择【工具】/【三视图导航】命令，或者按〈F7〉键切换为三视图导航状态。

17）命令行提示“第一点<右键恢复上一次导航线>:”。光标捕捉主视图的右下点，单击指定导航线的第一点，再在合适的位置指定第二点，此时屏幕上会出现一条导航线，如图 8-31 所示。

18）单击【直线】按钮，设置立即菜单，如图 8-17 所示。将光标分别放在主视图中的点 1′和俯视图中的点 1 处，在左视图适当位置会显示左视图位置点 1″，单击确定，如图 8-32 所示。用相同的方法确定点并绘制图线，完成左视图。

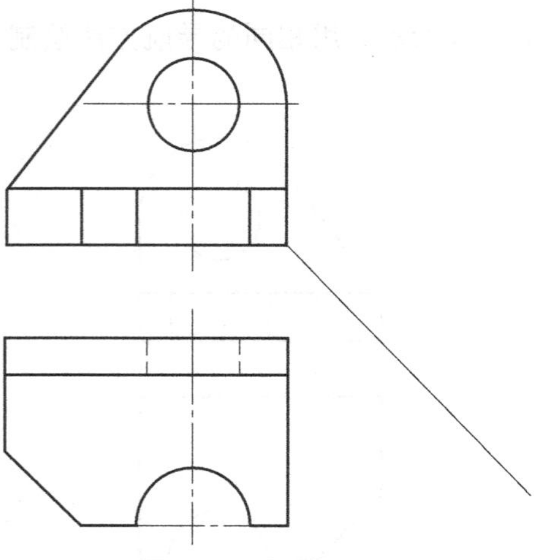

图 8-31 设置导航线

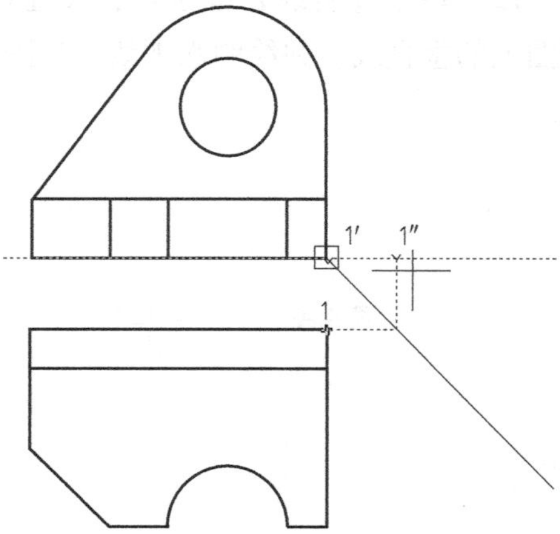

图 8-32 利用三视图导航绘图

8.4　本章小结

本章主要介绍了点的捕捉方式，重点介绍导航点及三视图导航的应用，利用三视图导航可以快速准确绘制三视图。

8.5　习题

精确绘制图 8-33 所示的图形，不需标注尺寸。

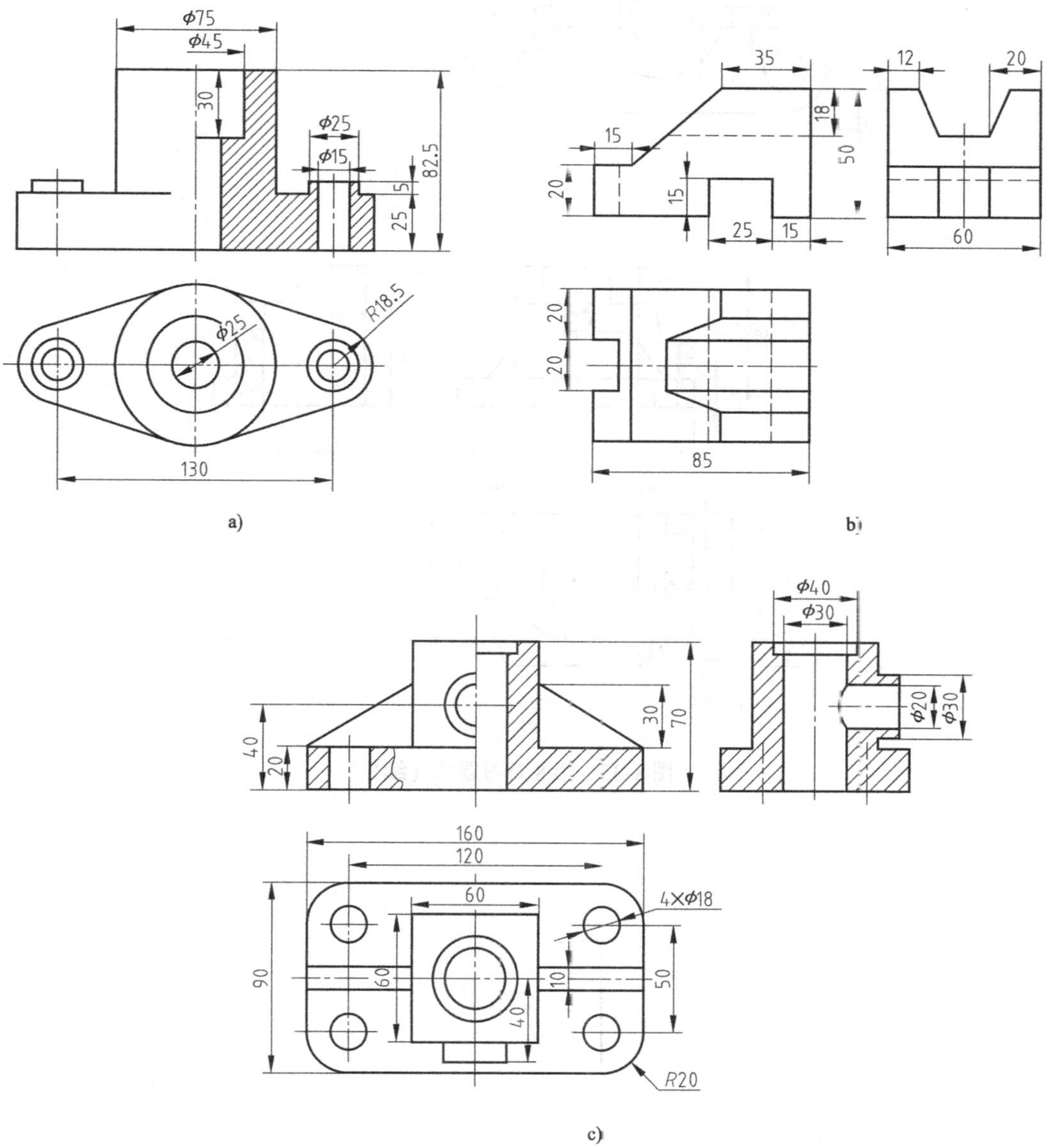

图 8-33　第 8 章习题图

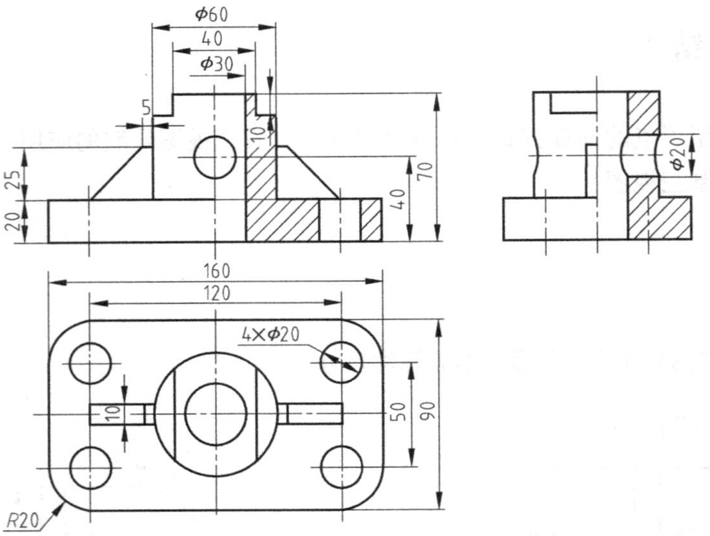

d)

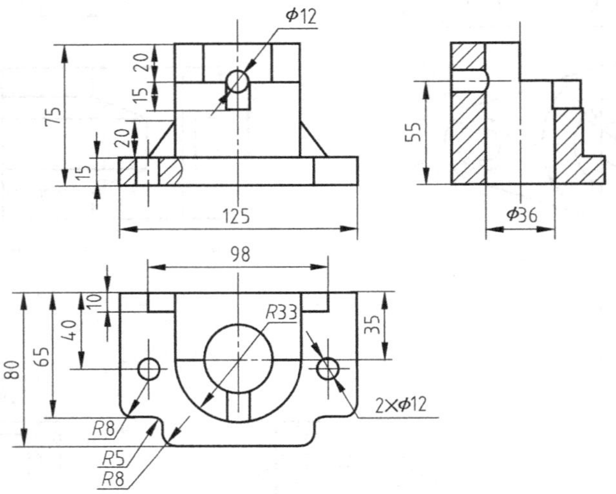

e)

图 8-33　第 8 章习题图（续）

第9章

工程标注

在工程制图过程中，不仅要绘制图样，还必须对工程图进行尺寸、文字和工程符号标注。CAXA 电子图板 2015 绘图系统，依据机械制图国家标准提供了对工程图进行尺寸、文字和工程符号标注的一整套方法。它是绘制工程图十分重要的手段和组成部分。

工程标注主要包括以下几个方面。

1）尺寸标注。

2）文字标注。

3）工程符号标注。

工程标注的相关操作都可通过【标注】选项卡中的相关选项组进行操作，如图 9-1 所示。

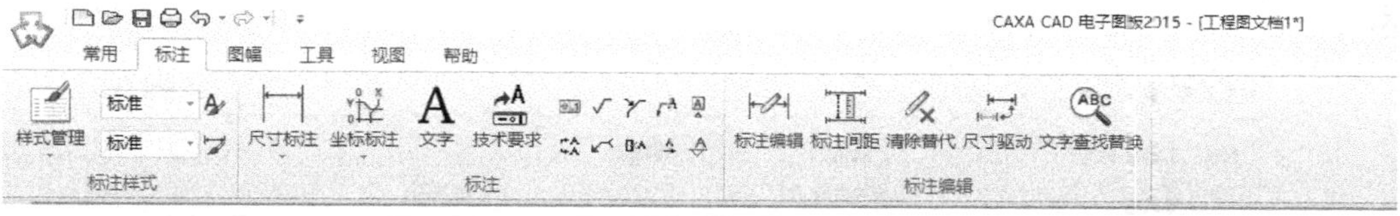

图 9-1 【标注】选项卡

重点知识

➢各种具体尺寸的标注方法

➢尺寸标注的编辑修改

➢文字的输入及编辑

练习案例

➢文字的输入

➢基本尺寸[1]的标注

➢形位公差[2]的标注

➢表面粗糙度的标注

---

[1] 按照国家标准，应用公称尺寸，但为与软件保持一致，本章仍用基本尺寸。

[2] 按照国家标准，应用几何公差，但为与软件保持一致，本章仍用形位公差。

9.1 文字标注

图样中通常需要添加文字注释表达各种信息，如说明信息、技术要求等。

9.1.1 国家标准对文字的有关规定

国家标准对文字的有关规定详见第 2 章。

9.1.2 设置文字样式

文字样式通常可以控制文字的字体、字高、方向、角度等参数。

文字样式命令的输入方式如下。

1）下拉菜单。选择【格式】/【文字样式】命令。

2）选项组。单击【标注】选项卡中【标注样式】选项组中的按钮。

3）命令行。输入“textpara”并按〈Enter〉键。

执行任一种文字样式命令的输入方式，系统即弹出【文本风格设置】对话框，如图 9-2 所示。

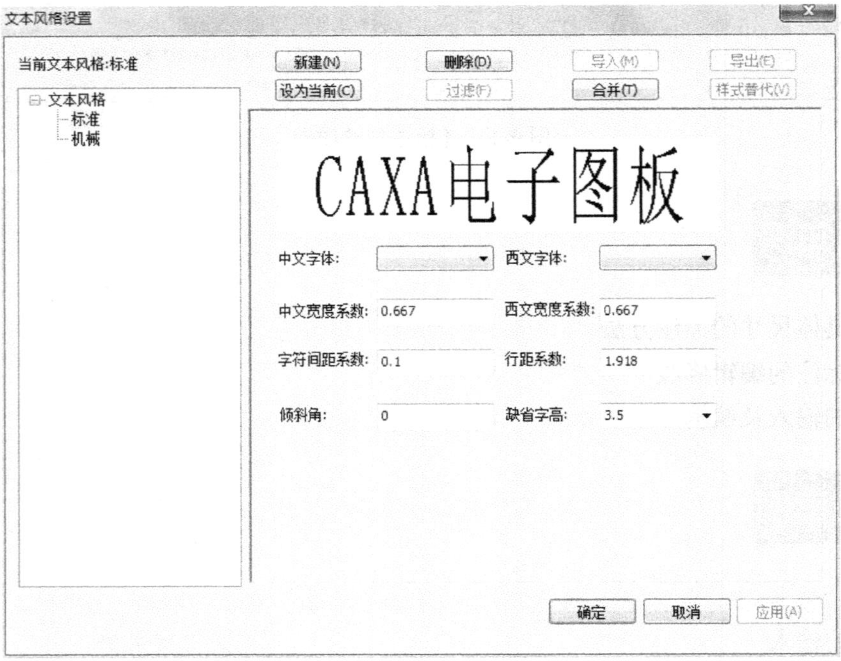

图 9-2 【文本风格设置】对话框

在此对话框中列出了当前文件中所使用的文字样式。系统预定义了一个“标准”的默认样式，该样式不可删除但可以编辑。

单击此对话框中的【新建】、【删除】、【设为当前】按钮可以进行新建、删除、设为当前操作。

选中一种文字样式后，在对话框中可以设置字体、宽度系数、字符间距系数、倾斜角、字高等参数，并可以在对话框中预览。

修改文字样式中的参数后，可以单击对话框中的【确定】或【应用】按钮，确定使用修改的设置。

文字样式中的各种参数含义和使用方法如下。

1）【中文字体】。可选择中文文字所使用的字体。除了支持 Windows 的 TrueType 字体外，电子图板还支持使用单线体（形文件）。

2）【西文字体】。选择方式与中文相同，只是限定的是文字中的西文，同样可以选择单线体（形文件）。

3）【中文宽度系数】、【西文宽度系数】。当宽度系数为 1 时，文字的长宽比例与 TrueType 字体文件中描述的字形保持一致；当宽度系数为其他值时，文字宽度在此基础上缩小或放大相应的倍数。

4）【字符间距系数】。同一行（列）中两个相邻字符的间距与设定字高的比值。

5）【行距系数】。横写时两个相邻行的间距与设定字高的比值。

6）【旋转角】。横写时为一行文字的延伸方向与坐标系的 X 轴正方向按逆时针方向测量的夹角；竖写时为一列文字的延伸方向与坐标系的 Y 轴负方向按逆时针方向测量的夹角。旋转角的单位为度（°）。

7）【缺省字高】。设置生成文字时默认的字高。在生成文字时也可以临时修改字高。

9.1.3 插入文字

文字标注命令的输入方式如下。

1）下拉菜单。选择【绘图】/【文字】命令。

2）选项组。单击【标注】选项卡中【标注】选项组中的按钮A。

3）命令行。输入“text”并按〈Enter〉键。

执行任一种文字标注命令的输入方式，屏幕左下角即出现立即菜单，如图 9-3 所示。

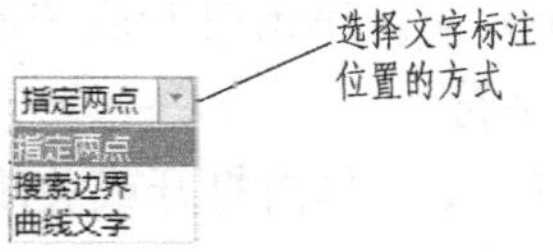

图 9-3 【文字标注】立即菜单

根据提示用鼠标指定要标注文字矩形区域的第一角点和第二角点或者指定边界内一点和边界间距系数，系统将根据指定的区域结合对齐方式决定文字的位置。如果选择曲线文字，则会提示拾取文字标注的方向。

图 9-4 所示为三种指定位置的方法。

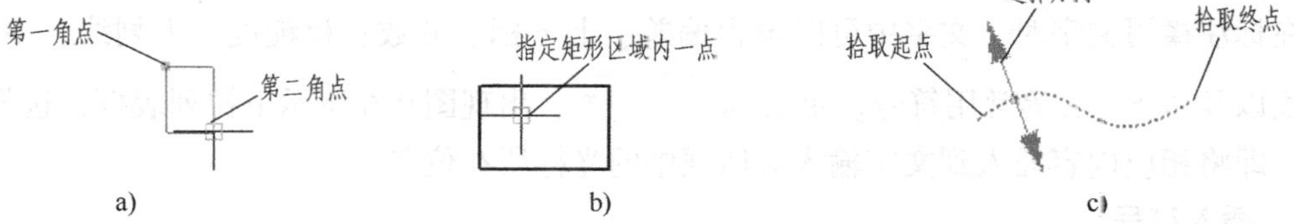

图 9-4 三种指定位置的方法

a）指定两点 b）搜索边界 c）曲线文字

确定文字位置后，系统弹出【文本编辑】对话框，如图 9-5 所示。

对话框中各项参数的含义和用法如下。

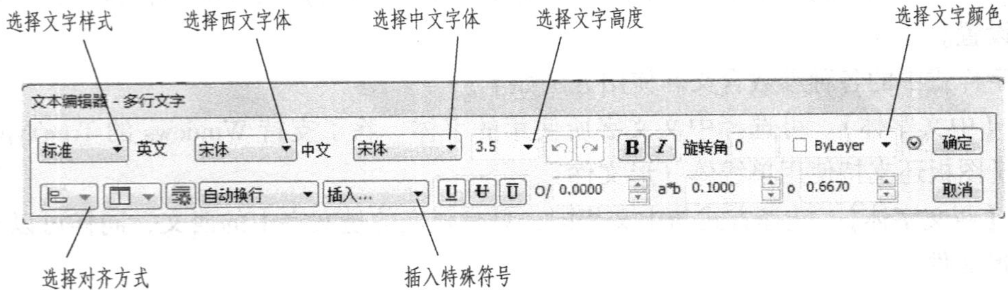

图 9-5 【文本编辑器】对话框

1）标准 。单击 可以选择要生成文字的文字样式。文字样式的切换对整段文字有效。如果将新样式应用到当前编辑的文字对象中，用于字体、高度和粗体或斜体属性的字符格式将被替代。下划线和颜色属性将保留在应用了新样式的字符中。

2）英文 宋体 中文 宋体 。单击英文和中文右边的 可以为新输入的文字指定字体或改变选定文字的字体。

3）旋转角 0 。在旋转角文本框中可以为新输入的文字设置旋转角度或改变已选定文字的旋转角度。旋转角的单位为度（°）。

4）ByLayer。可以指定新文字的颜色或更改选定文字的颜色；可以为文字指定与被打开的图层相关联的颜色（Bylayer）或所在块的颜色（Byblock）；也可以从颜色列表中选择一种颜色。

5）3.5 。设置新文字的高度或修改选定文字的高度。

6）B。单击打开或关闭新文字或选定文字的粗体格式。此项仅适用于使用 TrueType 字体的字符。

7）I。单击打开或关闭新文字或选定文字的斜体格式。此项仅适用于使用 TrueType 字体的字符。

8）U。单击为新文字或选定文字打开或关闭下划线、中划线、上划线。

9）插入... 。单击 可以插入各种特殊符号，包括直径符号、角度符号、正负号、偏差、上下标、分数、粗糙度、尺寸特殊符号等。

10） 。单击可以设置文字的垂直对齐方式和水平对齐方式。

设置文字参数后，在文字输入对话框中输入文字，然后单击【确定】按钮即可。

在标注横写文字时，文字中可以包含偏差、上下标、分数、粗糙度、上划线、中划线、下划线以及 ϕ、°、± 等常用符号。单击 插入... ，出现图 9-6 所示下拉列表框，选择其中某项，即将相应内容插入到文字输入对话框中的光标所在位置。

1. 插入符号

为方便常用符号和特殊格式的输入，电子图板规定了一些表示方法，这些方法均以% 作为开始标志。

1）选择下拉列表框中的“ϕ”等价于在文字输入对话框中输入“%c”，用于输出“ϕ”。

2）选择下拉列表框中的“°”等价于在文字输入对话框中输入“%d”，用于输出“°”。

3）选择下拉列表框中的“±”等价于在文字输入对话框中输入“%p”，用于输出“±”。

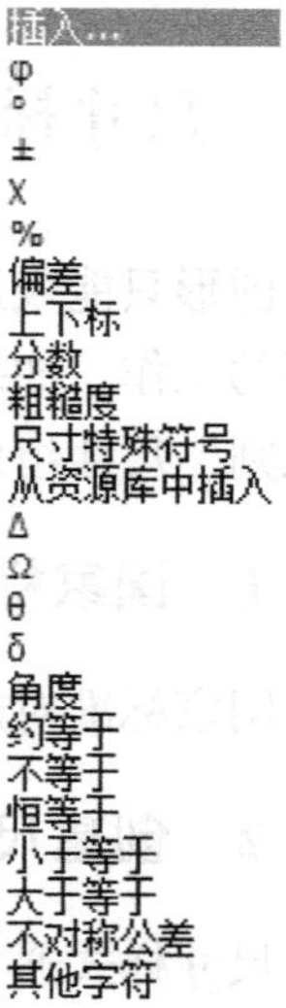

图9-6 下拉列表框

2. 插入偏差、分数、下划线

在下拉列表框中选择“偏差”，系统弹出相应对话框，输入数值后按〈Enter〉键或单击【确定】按钮结束输入。

【例9-1】 在图样上输入下列文字。

CAXA 电子图板2015

45°倒角

8×ϕ6

G$\frac{1}{4}$<u>是管螺纹</u>的尺寸代号

操作步骤

1）单击【标注】选项组中的按钮A，出现立即菜单1: 指定两点。

2）在绘图区适当位置指定两点。

3）弹出对话框，如图9-5所示。

4）在文字输入对话框中依次输入：“CAXA 电子图板2015”；“45%d”倒角；“8×%c6”；“G$\frac{1}{4}$<u>是管螺纹</u>的尺寸代号”。

5）单击【确定】按钮，完成操作。

在操作过程中需注意以下问题。

1）45°的操作可以输入45后，单击插入...，在弹出的图9-6所示的下拉列表框中选择“°”。

2）8×ϕ6的“×”和“ϕ”也可从图9-6所示的下拉列表框中插入。

3）$\frac{1}{4}$的输入需先从图9-6所示的下拉列表框中选择“分数”，在弹出的【分数】对话框中填入相应的数值，如图9-7所示，单击【确定】按钮后完成输入。

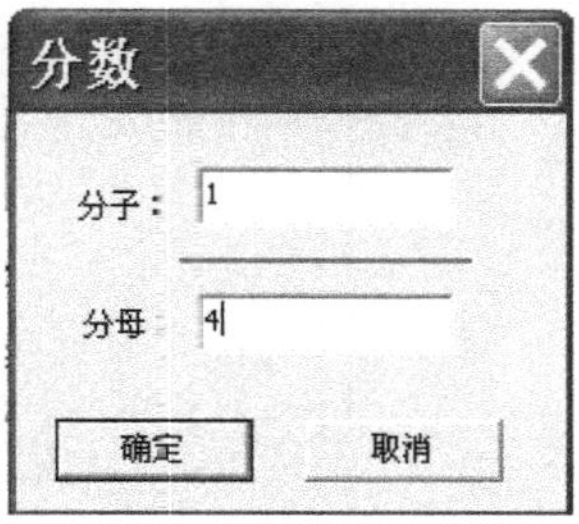

图9-7 【分数】对话框

4）管螺纹的下划线，需在输入前单击按钮U，输入“管螺纹”文字后，再单击按钮U，也可输入完所有文字后选中“管螺纹”，再单击按钮U。

9.2 尺寸标注

图形只能表达机件的形状，而机件的大小是由标注的尺寸确定的。尺寸标注是一项极为重要的工作，如果尺寸有遗漏或错误，会给生产带来困难和损失。国家标准对尺寸标注的基本原则、尺寸组成、尺寸注法做了明确规定。

9.2.1 国家标准对尺寸的有关规定

国家标准对尺寸的有关规定详见第2章。

9.2.2 创建尺寸标注的样式

尺寸样式通常可以控制尺寸标注的箭头样式、文本位置、尺寸公差、对齐方式等。

尺寸样式命令的输入方式如下。

1）下拉菜单。选择【格式】/【尺寸样式】命令。

2）选项组。单击【标注】选项卡中【标注样式】选项组中的按钮。

3）命令行。输入“dimpara”并按〈Enter〉键。

执行任一种尺寸样式命令的输入方式，系统即弹出【标注风格设置】对话框。该对话框中共有7个选项卡，可完成尺寸标注中各基本元素的设置。图9-8所示为该对话框中的【直线和箭头】选项卡。

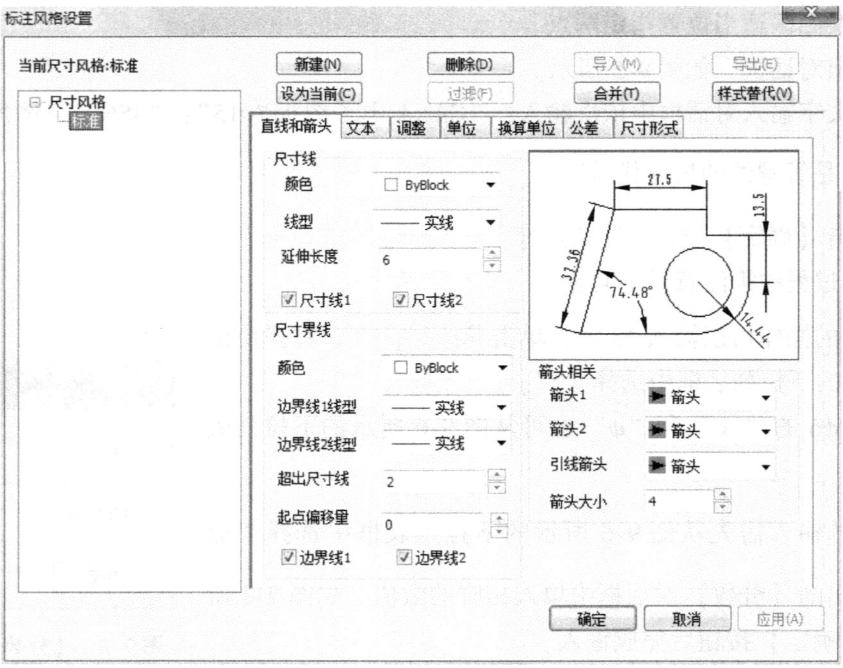

图9-8 【直线和箭头】选项卡

1.【直线和箭头】选项卡

【直线和箭头】选项卡可以对尺寸线、尺寸界线及箭头进行颜色和风格的设置。该选项卡有【尺寸线】、【尺寸界线】、【箭头相关】3 个选项组。

图 9-9 所示为尺寸线的示例。

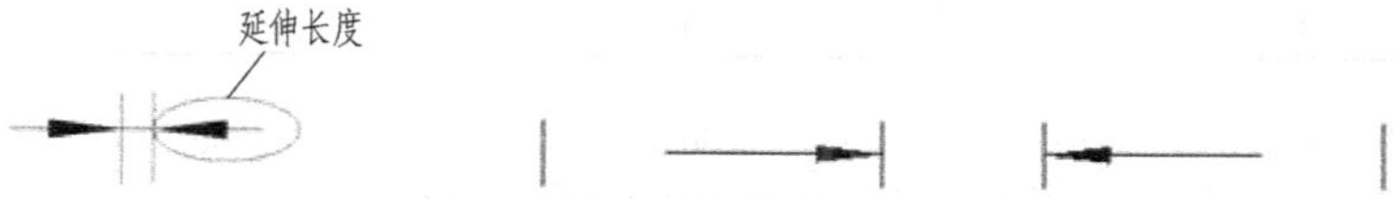

a)　　b)　　c)

图 9-9　尺寸线的示例

a）延伸长度　b）左尺寸线关　c）右尺寸线关

2.【文本】选项卡

【文本】选项卡用于设置尺寸标注中的文本外观、文本位置、文本对齐方式。【文本】选项卡如图 9-10 所示。该选项卡有【文本外观】、【文本位置】、【文本对齐方式】3 个选项组，可以设置文本风格及与尺寸线的参数关系。

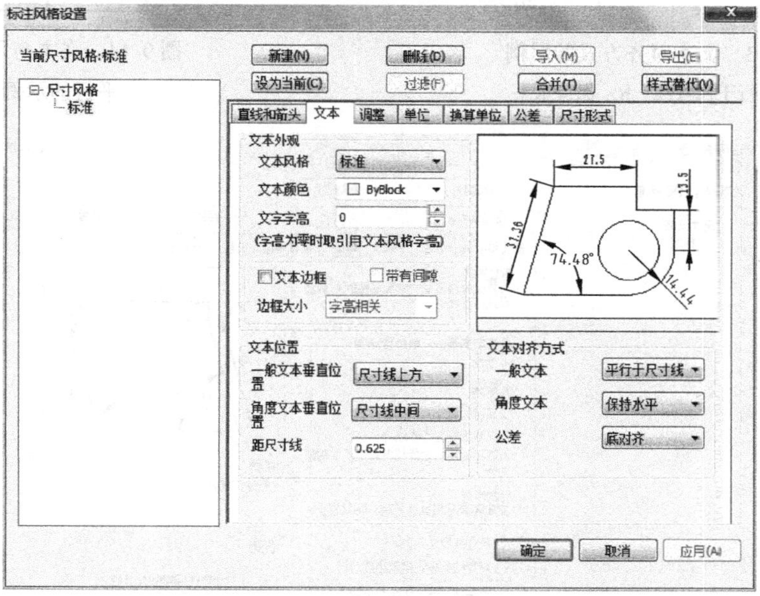

图 9-10　【文本】选项卡

图 9-11 ~ 图 9-14 所示为文本的示例。

3.【调整】选项卡

【调整】选项卡用于设置文字与箭头的关系，使尺寸线的效果最佳。【调整】选项卡如图 9-15 所示。在该选项卡中可以设置文字和箭头的位置、设置文本与尺寸线的关系以及标注总比例等。

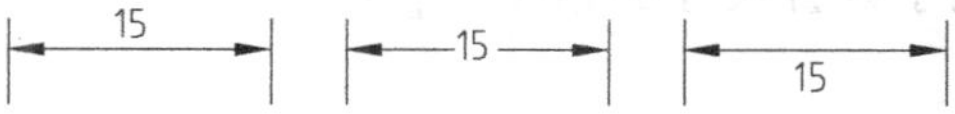

a)　　b)　　c)

图 9-11　一般文本位置的示例

a）在尺寸线上方　b）在尺寸线中间　c）在尺寸线下方

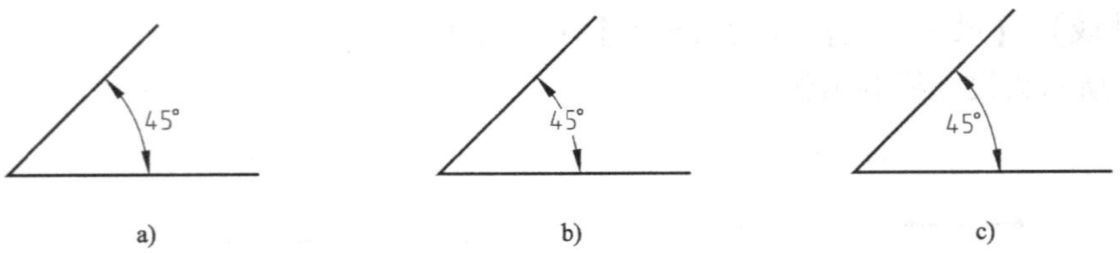

图 9-12　角度文本位置的示例

a）在尺寸线上方　b）在尺寸线中间　c）在尺寸线下方

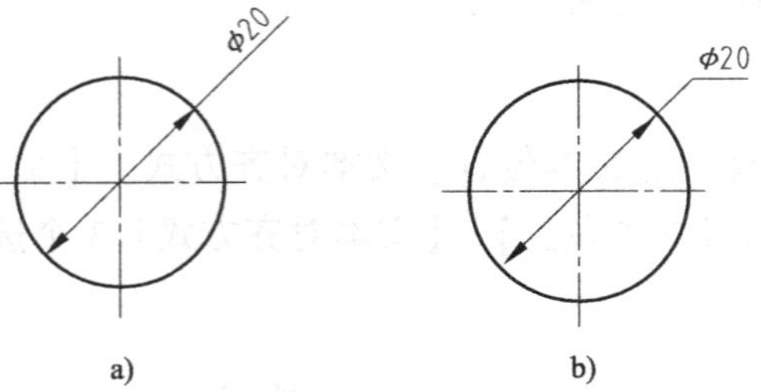

图 9-13　文本对齐方式的示例

a）平行于尺寸线　b）保持水平

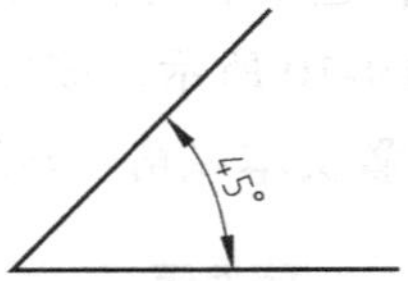

图 9-14　文本与尺寸线平行的示例

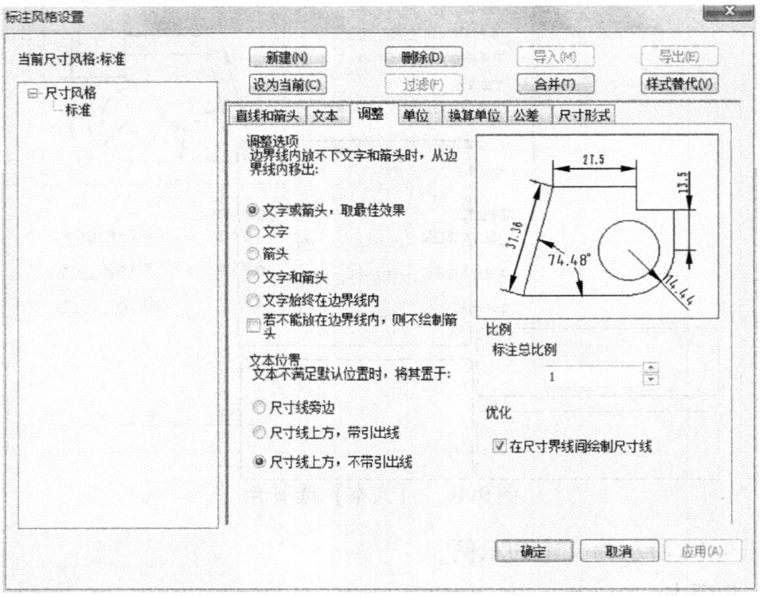

图 9-15　【调整】选项卡

图 9-16 所示为文本位置的示例。

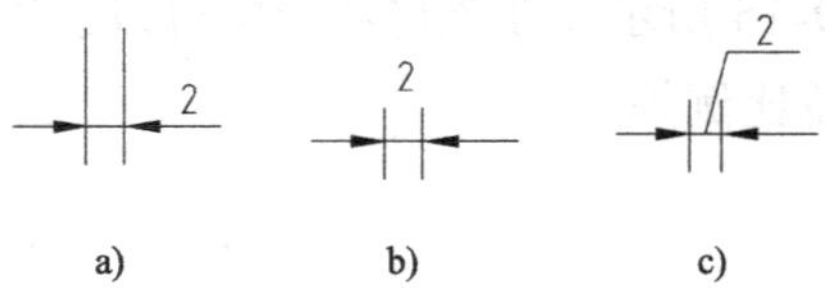

图 9-16　文本位置的示例

a）文本在尺寸线旁边　b）文本在尺寸线上方，不带引线　c）文本在尺寸线上方，带引线

4.【单位】选项卡

【单位】选项卡主要用于设置尺寸的精度。【单位】选项卡如图 9-17 所示。

5.【换算单位】选项卡

【换算单位】选项卡主要用于指定标注测量值中换算单位的显示并设置其格式和精度。【换算单位】选项卡如图 9-18 所示。当选择显示换算单位后，可以设置换算单位的单位制、精度、零压缩、显示位置等参数。

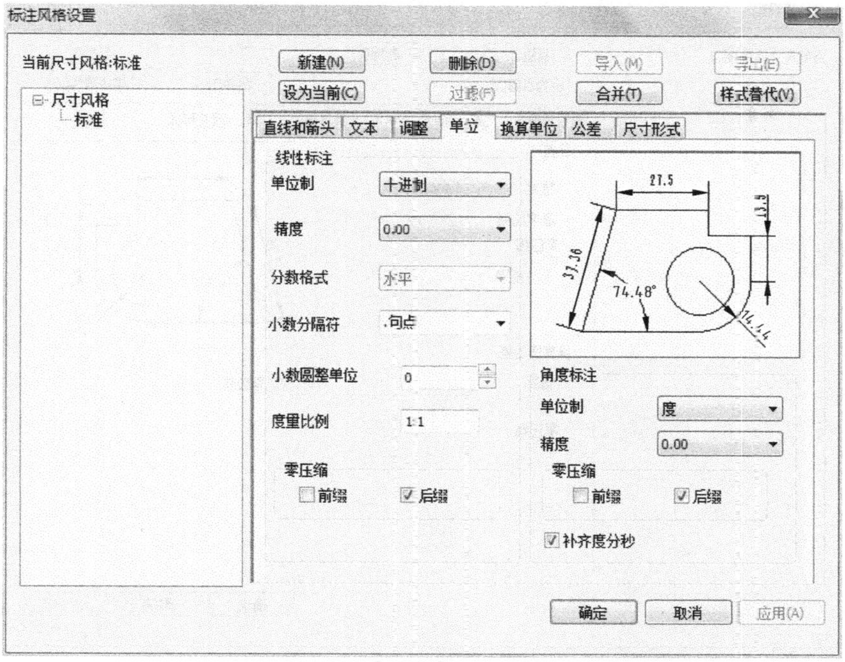

图 9-17 【单位】选项卡

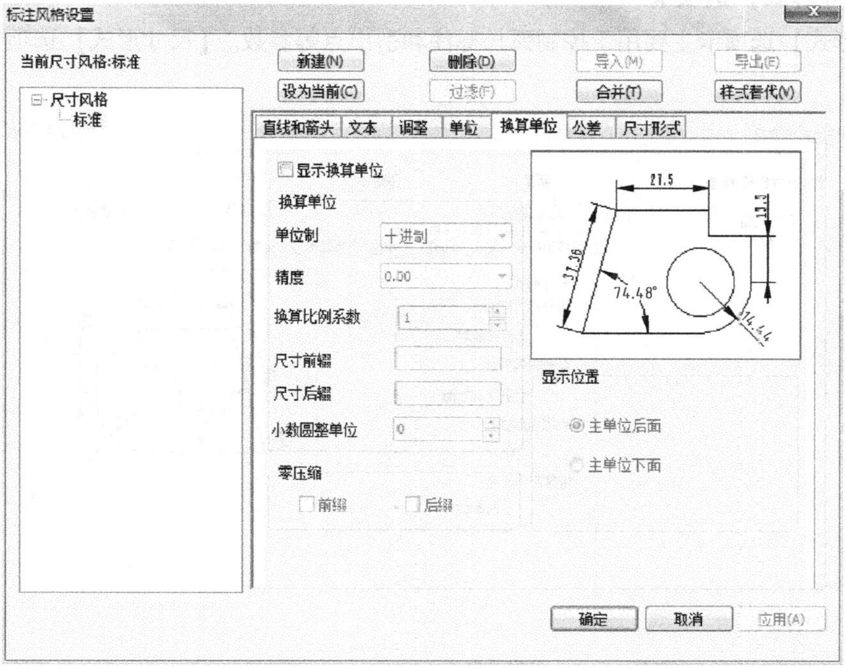

图 9-18 【换算单位】选项卡

6.【公差】选项卡

【公差】选项卡主要用于控制标注文字中公差的格式及显示。【公差】选项卡如图 9-19

所示。

注意：换算值公差仅在显示换算单位开启时才可使用。

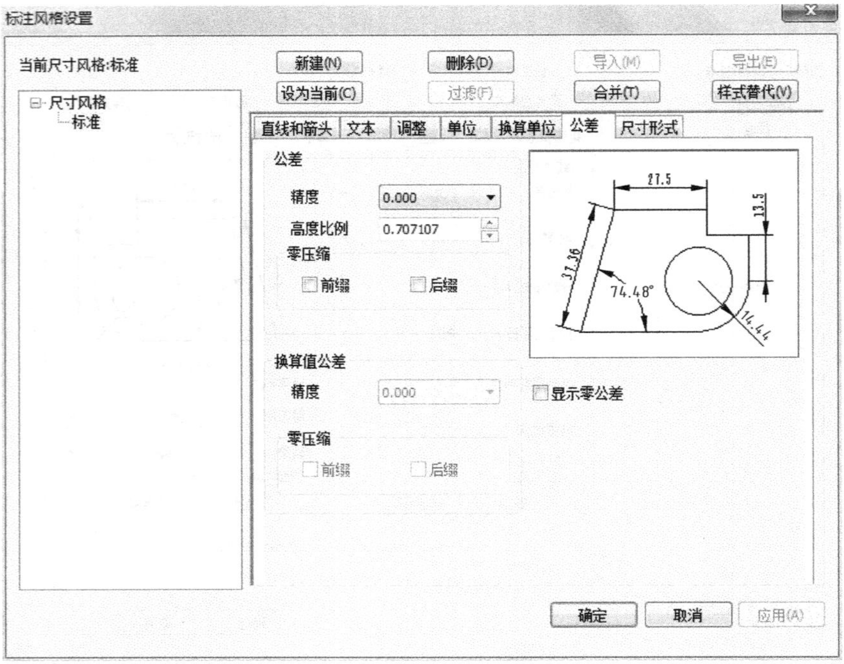

图 9-19 【公差】选项卡

7.【尺寸形式】选项卡

【尺寸形式】选项卡主要用于控制弧长标注和引出点等参数。【尺寸形式】选项卡如图 9-20 所示。

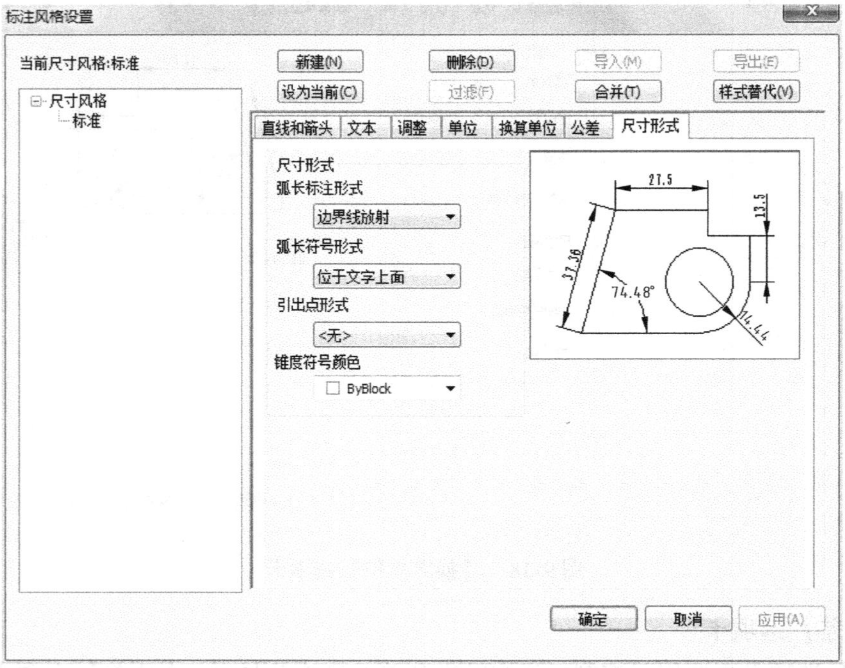

图 9-20 【尺寸形式】选项卡

图9-21所示为圆弧标注的示例。

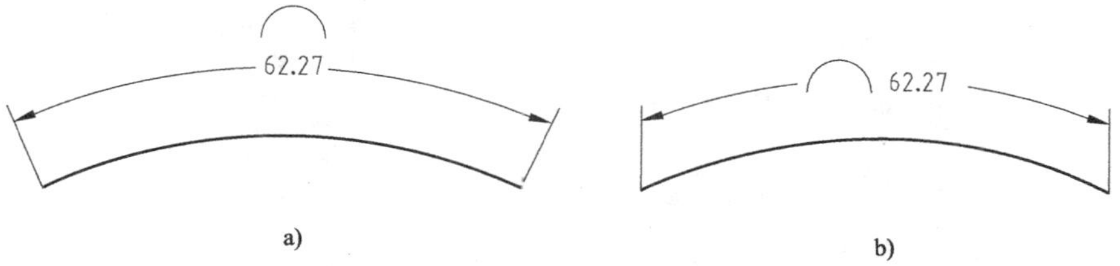

图9-21 圆弧标注的示例

a）弧长标注边界线放射，符号位于文字上面 b）弧长标注边界线垂直于弦长，符号立于文字左边

上面介绍的是系统默认的尺寸样式，用户可根据需要进行修改，也可新建一个尺寸样式。

新建尺寸样式的基本步骤如下。

1）在对话框中单击【新建】按钮。

2）系统弹出图9-22所示的对话框。

3）单击【是】按钮，出现【新建风格】对话框，可设置风格名称及基准风格，如图9-23所示。

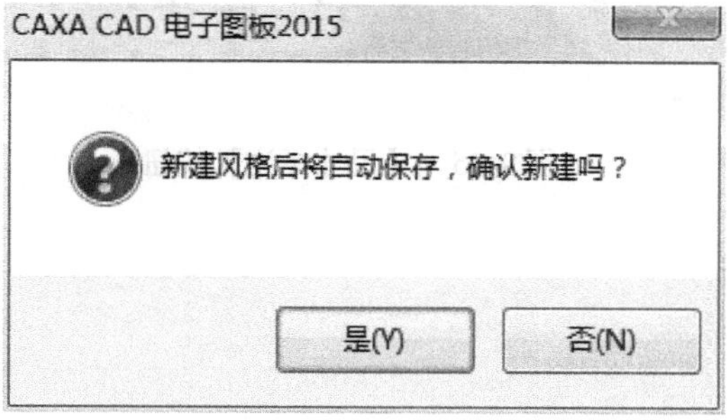

图9-22 系统提示对话框

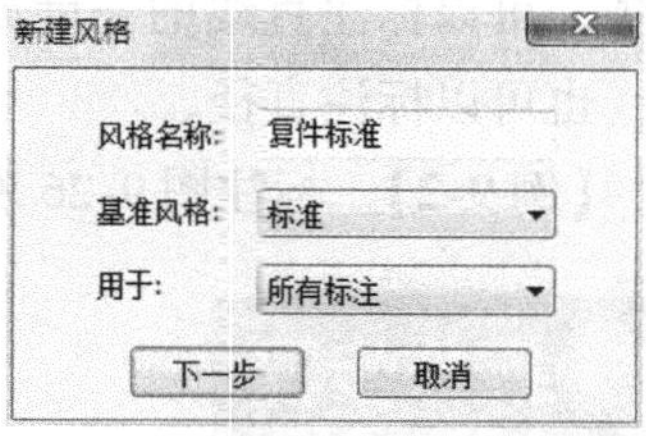

图9-23 【新建风格】对话框

4）单击【下一步】按钮可完成新建尺寸样式。

选择一个已有的尺寸样式后，在弹出的对话框中可以对已选择的尺寸样式进行相关内容的修改。

9.2.3 尺寸标注方法

应用CAXA电子图板2015进入尺寸标注状态通常有三种方式。

1）下拉菜单。选择【标注】/【尺寸标注】命令，再从其子菜单中进行选择，如图9-24所示。

2）工具栏。单击【标注】选项卡中【标注】选项组中的按钮 ，如图9-25所示。

3）命令行。输入“dim”并按〈Enter〉键。

基本标注包括线性尺寸、直径尺寸、半径尺寸、角度尺寸等基本类型的标注。CAXA电子图板2015的基本标注可以根据所拾取对象自动判别要标注的尺寸类型，智能而又方便。由于篇幅所限，仅就常见的几种标注进行介绍。

选择【尺寸标注】立即菜单中基本标注，命令行提示“拾取标注元素或点取第一点”，

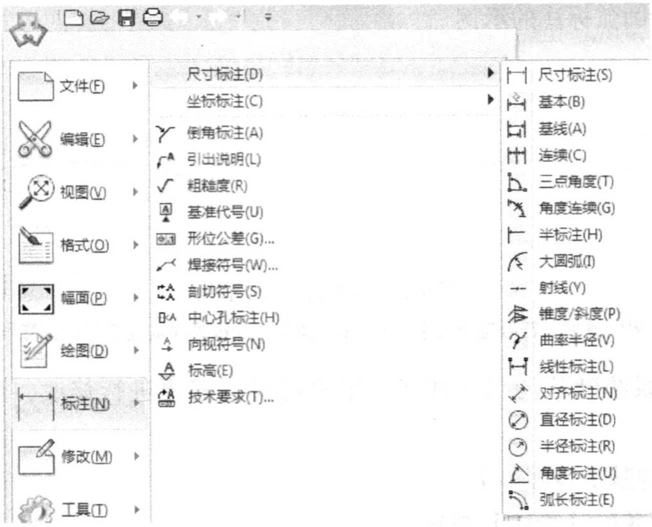

图 9-24 【尺寸标注】命令

用鼠标拾取直线、圆或圆弧，也可连续拾取两个元素。

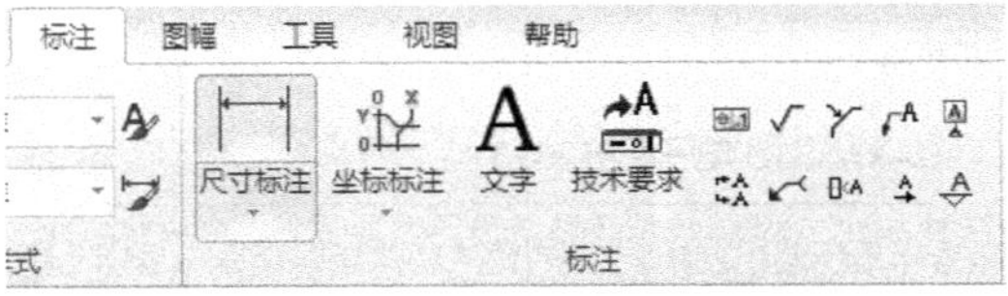

图 9-25 【尺寸标注】按钮

1. 直线的标注

拾取要标注的直线，通过不同的立即菜单选项，可以标注直线的长度或与另一直线的夹角，也可以标注直径。

【例 9-2】 标注图 9-26 所示三角形的尺寸。

操作步骤

1）单击【尺寸标注】按钮。

2）立即菜单及命令行提示如图 9-27 所示。

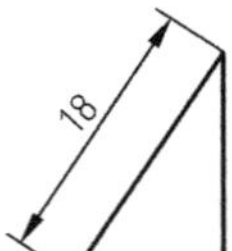

图 9-26 【例 9-2】图

图 9-27 立即菜单及命令行提示

3）拾取水平直线，弹出立即菜单，如图 9-28 所示。

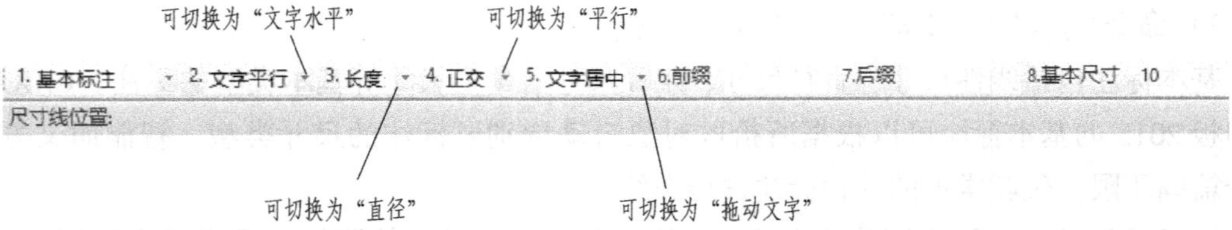

图 9-28 直线标注的立即菜单 1

4）在适当位置单击确定尺寸线位置。

5）拾取斜线，将弹出的立即菜单中的“正交”切换为“平行”，如图9-29所示。

图9-29 直线标注的立即菜单2

6）在适当位置单击确定尺寸线的位置。

在图9-28中单击各项，可实现选项的切换。通过选择不同的选项可标注直线的长度、与坐标轴的夹角以及直径。

注意：立即菜单【8. 基本尺寸】中，默认尺寸值为自动测量值；单击文本框，可修改尺寸值。

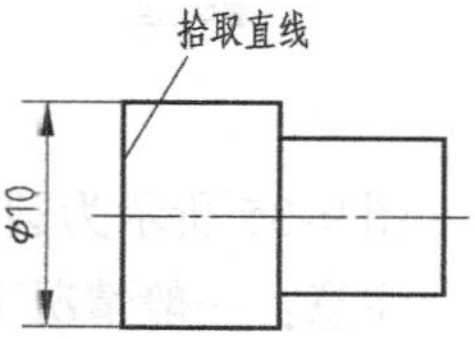

图9-30 【例9-3】图

【例9-3】 标注图9-30所示的直径尺寸。

操作步骤

1）单击【尺寸标注】按钮。

2）拾取垂直直线，设置立即菜单，如图9-31所示。

图9-31 直径标注的立即菜单

3）在适当位置单击确定尺寸线的位置。

注意：在标注直径时，立即菜单【3.】需切换为“直径”。切换菜单为“直径”时，即标注直径，其标注方式与长度标注基本相同，区别在于在尺寸值前加前缀“ϕ”。

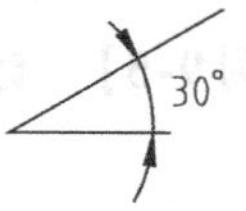

图9-32 【例9-4】图

【例9-4】 标注图9-32所示的角度尺寸。

操作步骤

1）单击【尺寸标注】按钮。

2）拾取倾斜直线，设置立即菜单，如图9-33所示。

图9-33 角度标注的立即菜单

3）在适当位置单击确定尺寸线的位置，即可标注出直线与X轴的夹角。

注意：角度标注方式下，自动在角度值后加“o”（在基本尺寸文本框中以“%d”显示）；一条直线与某一坐标轴有四个夹角，系统依据光标所在位置进行标注。

2. 圆的标注

单击【尺寸标注】按钮，选择 1: 基本标注，命令行提示“拾取标注元素或点取第一点”，拾取要标注的圆，出现立即菜单，如图 9-34 所示。

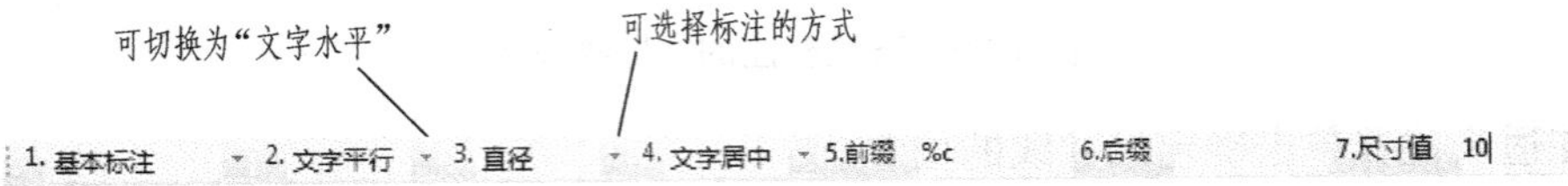

图 9-34　圆标注的立即菜单

图 9-35 所示为圆标注的示例。

注意：一般情况下超过一半以上的圆弧标注直径，小于一半的圆弧标注半径。

3. 圆弧的标注

单击【尺寸标注】按钮，选择 1: 基本标注，命令行提示“拾取标注元素或点取第一点”，拾取的元素为一段圆弧时，出现立即菜单，如图 9-36 所示。

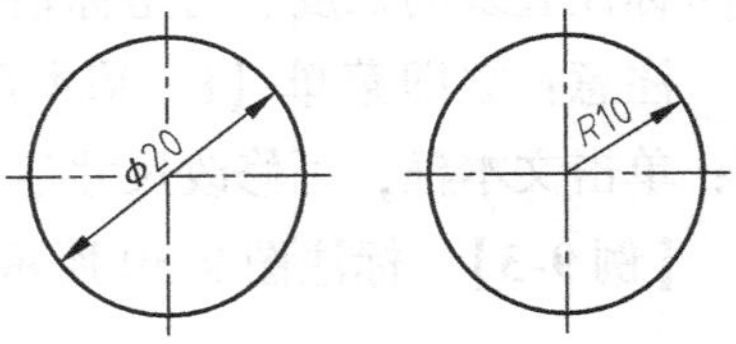

a)　　b)

图 9-35　圆标注的示例

a）标注直径　b）标注半径

图 9-36　圆弧标注的立即菜单

图 9-37 所示为圆弧标注的示例。

【例 9-5】 标注图 9-38 所示图形的尺寸。

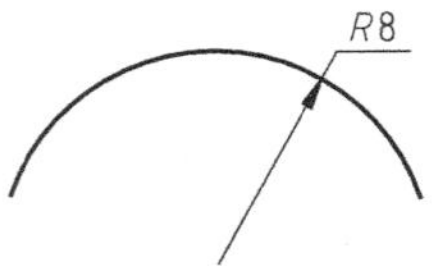

图 9-37　圆弧标注的示例

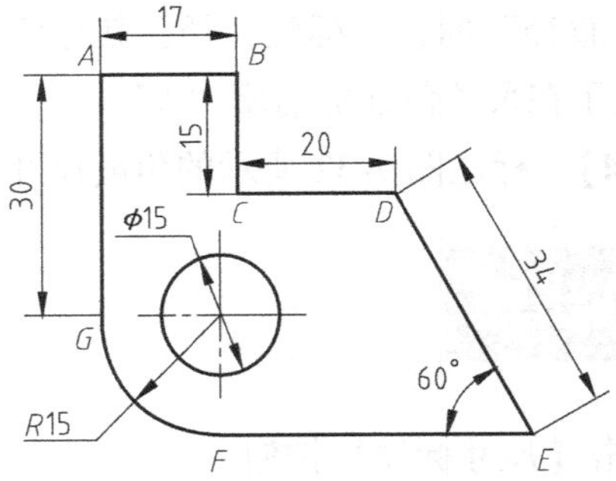

图 9-38　【例 9-5】图

操作步骤

1）标注直线 *AB* 长度。单击【尺寸标注】按钮，选择基本标注，拾取直线 *AB*，设置立即菜单如图 9-39 所示，单击指定尺寸线的位置。

2）用相同的方法标注直线 *AG*、*BC*、*CD*、*DE* 的长度，如图 9-40 所示。

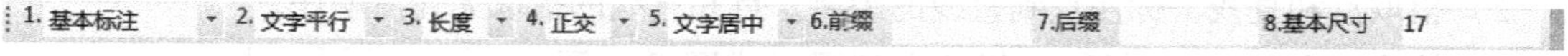

图 9-39 标注直线 *AB* 长度的立即菜单

注意：标注直线 *DE* 时，需将图 9-39 所示立即菜单中的【4.】切换为“平行”。

3）标注角度 60°。单击【尺寸标注】按钮，拾取直线 *DE*、*EF*，单击确定尺寸线位置，完成角度标注。图 9-41 所示为标注结果。标注角度的立即菜单如图 9-42 所示。

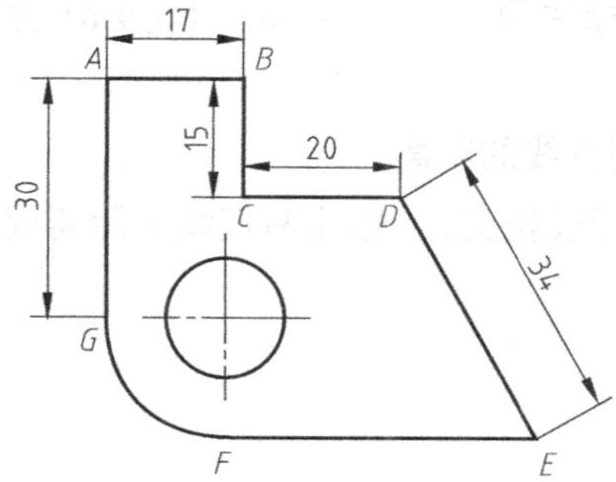

图 9-40 标注直线长度

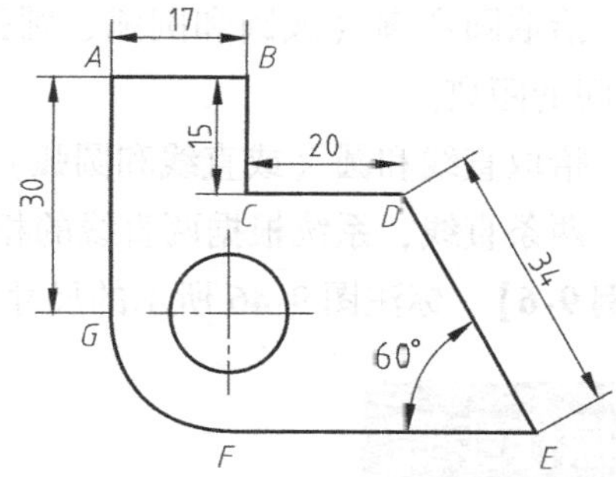

图 9-41 标注直线角度

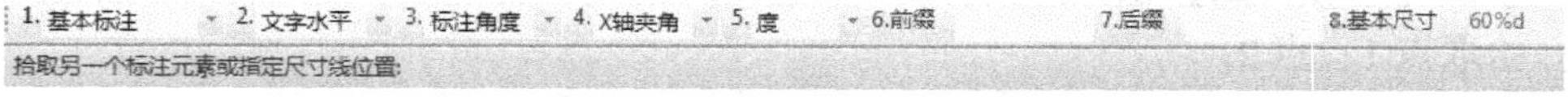

图 9-42 标注角度的立即菜单

4）标注圆弧半径 *R*15。单击【尺寸标注】按钮，拾取圆弧 *GF*，设置图 9-43 所示立即菜单，单击确定尺寸线位置，完成尺寸 *R*15 的标注，如图 9-44 所示。

图 9-43 标注圆弧半径的立即菜单

5）标注圆直径 ϕ15。拾取圆，设置立即菜单，在合适位置单击指定尺寸线位置，完成直径尺寸标注，如图 9-38 所示。标注圆直径的立即菜单如图 9-45 所示。

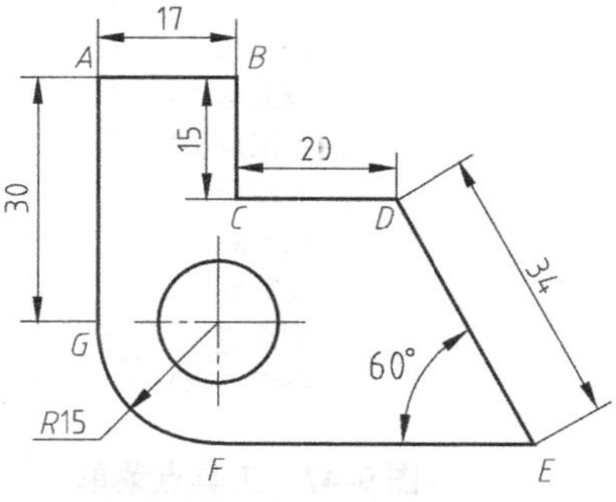

图 9-44 标注圆弧半径

4. 两个元素的标注

在基本标注中，拾取了一个标注元素后，命令行提示“拾取另一个标注元素或指定尺寸线位置”。如果在空白处单击一点指定尺寸线位置，则直接标注该元素的尺寸。如果接着拾取另外一个元素，系统会自动判断两次拾取元素的类型，标注两者之间相应的尺寸。

1）拾取点和点，如屏幕点、孤立点或各种控制点（如端点、中点、象限点等），标注两点之间的距离。

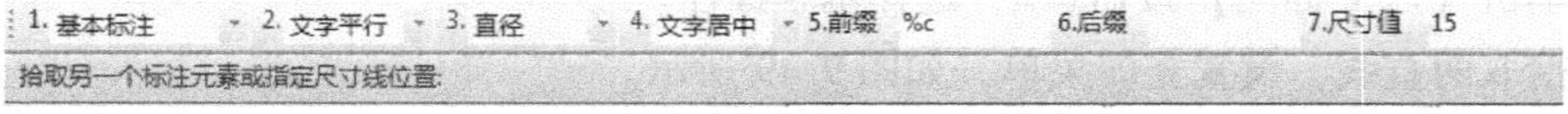

图 9-45 标注圆直径的立即菜单

2）拾取点和直线，标注点到直线的距离。点和直线的拾取无先后顺序。

3）拾取点和圆（或圆弧），标注点到圆（或圆弧）圆心的距离。

注意：在标注点和圆（或圆弧）的尺寸时，若先拾取点，则点可以是任意点，如屏幕点、孤立点或各种控制点（端点、中点等）；如果先拾取圆（或圆弧），则点不能是屏幕点。

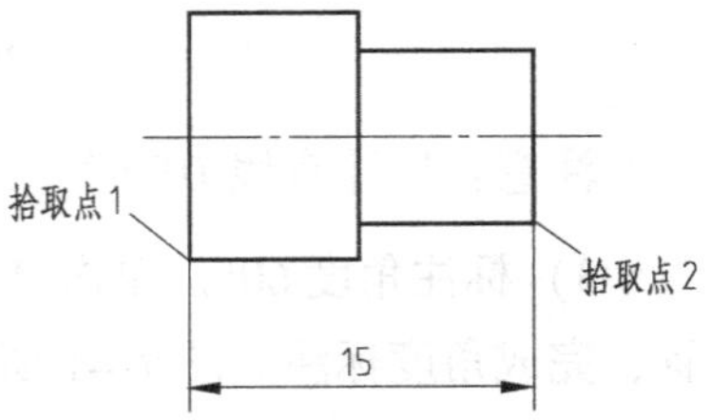

图 9-46 【例 9-6】图

4）拾取圆和圆（或圆和圆弧、圆弧和圆弧），标注两圆心之间的距离。

5）拾取直线和圆（或直线和圆弧），标注圆心到直线的距离。

6）两条直线，系统根据两直线的相对位置（平行或相交），标注两直线的距离或夹角。

【例 9-6】 标注图 9-46 所示的尺寸。

操作步骤

1）单击【尺寸标注】按钮，选择基本标注。

2）拾取点 1、点 2。

3）在适当位置单击确定尺寸线的位置。

4）完成后单击鼠标右键退出标注。

注意：拾取点时可将屏幕点切换为“智能”状态，或单击〈Space〉键，弹出图 9-47 所示工具点菜单，选择端点。

【例 9-7】 标注图 9-48 所示的尺寸。

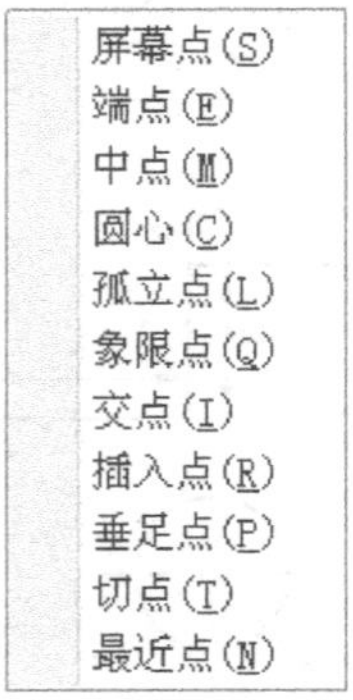

图 9-47 工具点菜单

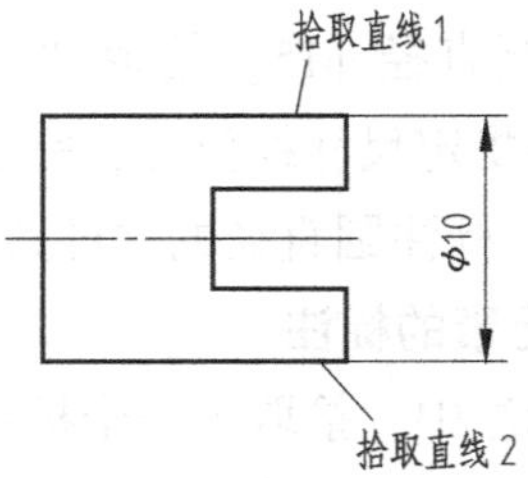

图 9-48 例【9-7】图

操作步骤

1）单击【尺寸标注】按钮，选择基本标注。

2）拾取两直线，设置立即菜单，如图 9-49 所示。

3）在合适位置单击确定尺寸线的位置。

4）完成后单击鼠标右键退出标注。

图9-49　设置立即菜单

5. 基线标注

基线标注是指一组具有相同基准且尺寸线相互平行的尺寸标注。

选择【标注】/【尺寸标注】命令或单击按钮，选择基线，命令行提示“拾取线性尺寸或第一引出点”。

1）如果拾取一个已标注的线性尺寸，则该线性尺寸就作为基准尺寸中的第一基准尺寸，并按拾取点的位置确定尺寸基准界线。此时可标注后续基准尺寸，相应的立即菜单如图9-50所示。

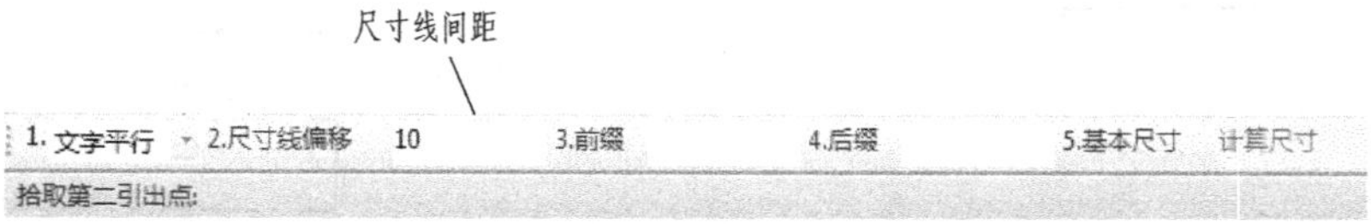

图9-50　基准标注立即菜单1

2）如果拾取一个点为第一引出点，则此引出点为尺寸基准界线的引出点，命令行提示“拾取另一个引出点”，用户拾取另一个引出点后，立即菜单如图9-51所示。确定完尺寸线位置，立即菜单切换为图9-50所示。依次拾取第二引出点，即可标注一组基准尺寸。按〈Esc〉键退出标注。

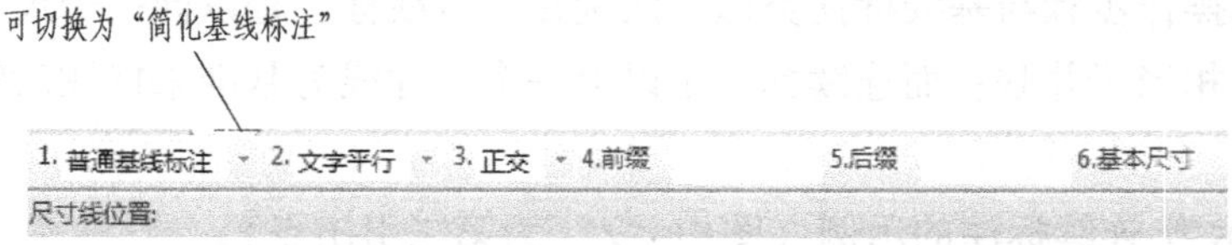

图9-51　基准标注立即菜单2

【例9-8】　在图9-52a基础上标注基准尺寸，如图9-52b所示。

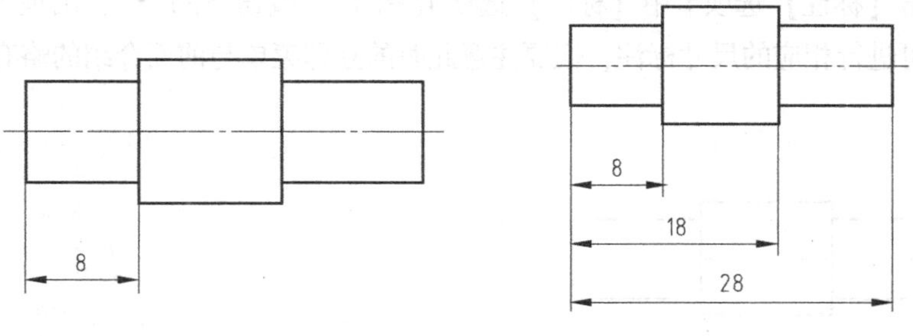

a)　b)

图9-52　【例9-8】图

操作步骤

1）单击【尺寸标注】按钮，选择基线。

2）拾取线性尺寸，如图 9-53 所示。注意，单击的位置不同，则基准边界不同。若单击“8”尺寸线靠近右边界的位置，则会以右边界为基准边界引出尺寸线。

3）设置图 9-50 所示的立即菜单。

4）依次拾取第二引出点，完成后按〈Esc〉键退出标注，如图 9-54 所示。

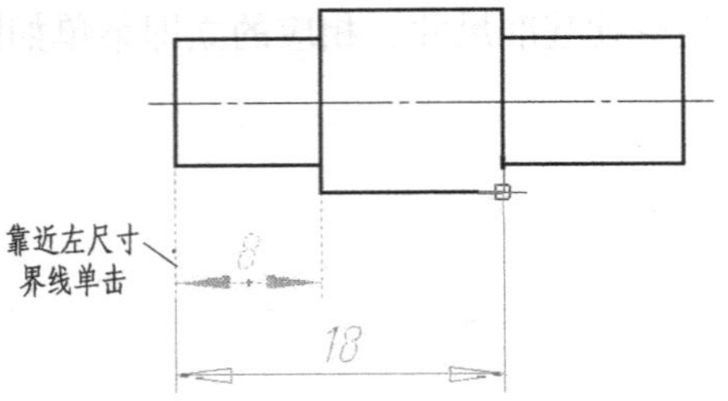

图 9-53　拾取基准

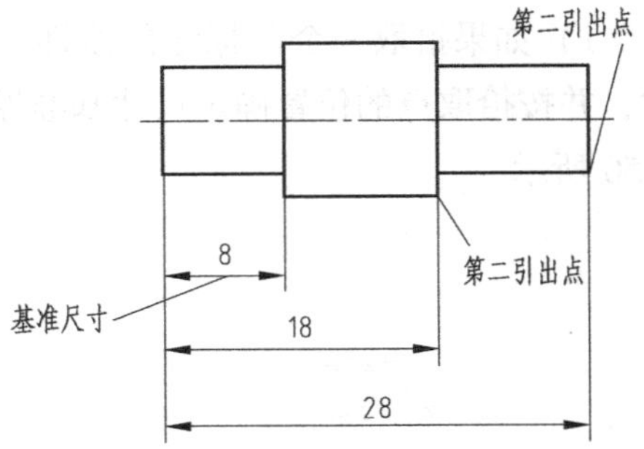

图 9-54　拾取第二引出点

6. 连续标注

连续标注可实现多个尺寸的串联标注，也称为“链标注”。

选择【标注】/【尺寸标注】命令或单击按钮，在立即菜单中选择连续标注，即可进行标注。

连续标注的操作步骤与基线标注类似，区别在于基线标注是以同一个尺寸线为基准，标注后续尺寸的，相当于并联；而连续标注是以上一个尺寸线为基准来标注后续尺寸的，相当于串联。

图 9-55 所示为 连续标注的示例（图中“/”为第二引出点）。

结束连续标注或基线标注操作时，按〈Esc〉键退出，或单击鼠标右键，弹出【尺寸标注属性】对话框，单击对话框中的【退出】按钮，即可结束标注操作。

注意：单击【标注】选项卡中【标注】选项组中的按钮下的，出现下拉菜单，如图 9-56 所示，也可进行相应的尺寸标注，但要注意此时的立即菜单与前面介绍的略有不同。

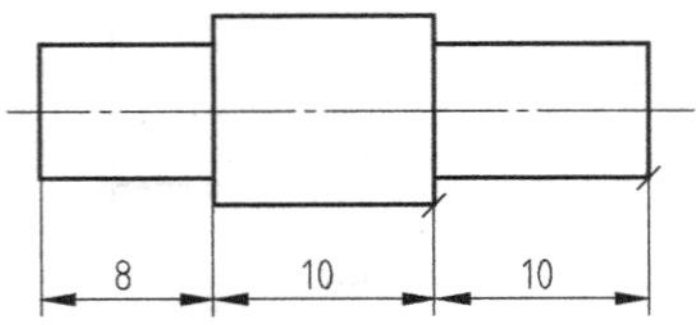

图 9-55　连续标注的示例

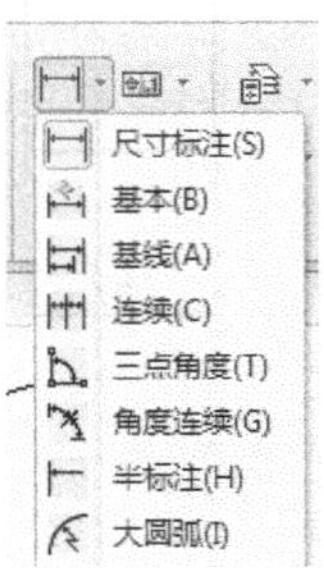

图 9-56　【尺寸标注】下拉菜单

9.3 引出说明

引出说明命令的输入方式如下。

1）下拉菜单。选择【标注】/【引出说明】命令。

2）选项组。单击【标注】选项卡中【标注】选项组中的按钮。

3）命令行。输入“ldtext”并按〈Enter〉键。

引出说明的基本操作步骤如下。

1）单击【引出说明】按钮，弹出【引出说明】对话框，如图 9-57 所示。

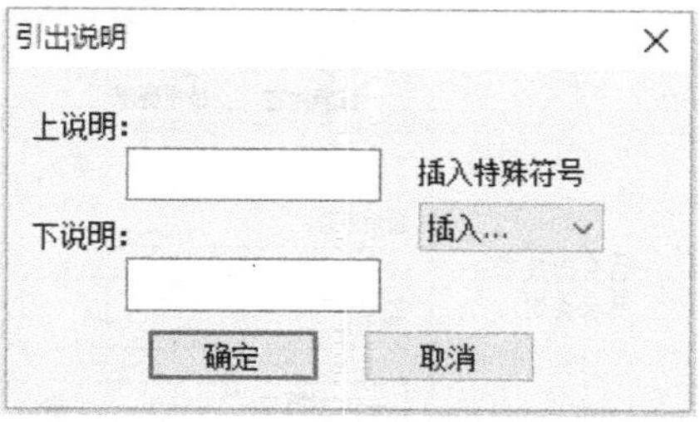

图 9-57 【引出说明】对话框

2）在对话框中输入相应上下说明文字，单击【确定】按钮，进入下一步操作；单击【取消】按钮，结束此命令。

3）单击【确定】按钮后，弹出立即菜单 1: 文字方向缺省 2: 延伸长度 3 。

4）按命令行提示输入第一点后，接着提示输入第二点，输入第二点后，完成标注。

注意：若只需一行说明则只输入“上说明”。

图 9-58 所示为引出说明标注的示例。

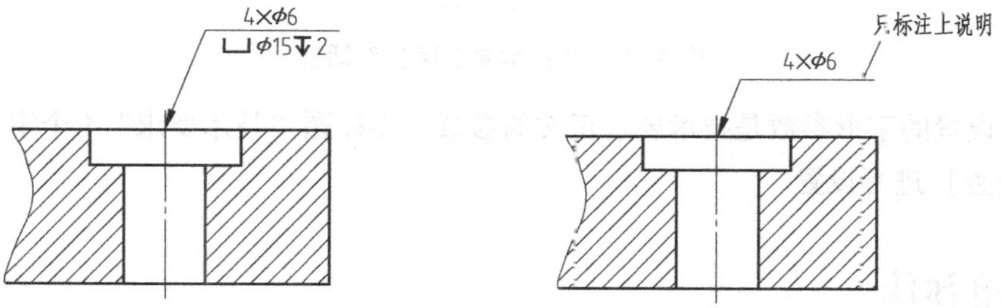

图 9-58 引出说明标注的示例

9.4 技术要求

CAXA 电子图板用数据库文件分类记录了常用的技术要求文本项，可以辅助生成技术要求文本插入工程图，也可以对技术要求库的文本进行添加、删除和修改。

技术要求命令的输入方式如下。

1）下拉菜单。选择【标注】/【技术要求】命令。

2）选项组。单击【标注】选项卡中【标注】选项组中的按钮。

3）命令行。输入“speclib”并按〈Enter〉键。

执行任一种技术要求命令的输入方式后弹出图 9-59 所示的对话框。左下角的列表框中列出了所有已有的技术要求类别，右下角的表格中列出了当前类别的所有文本项。如果技术要求库中已经有了要用到的文本，则可以用鼠标直接将文本从表格中拖到上面的编辑框中合适的位置；也可以直接在编辑框中输入和编辑文本。

单击【正文设置】按钮可以进入【文字标注参数设置】对话框，可修改技术要求文本要采用的参数。完成编辑后，单击【生成】按钮，根据提示指定技术要求所在的区域，系统自动生成技术要求。

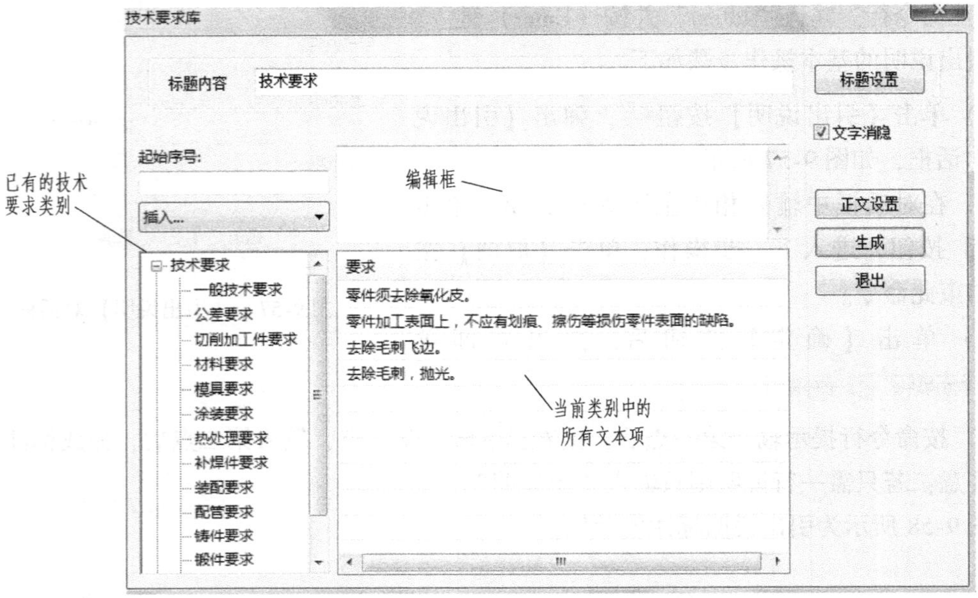

图 9-59 【技术要求库】对话框

注意：设置的字形参数是技术要求正文的参数，而标题“技术要求”4 个字通过标题旁的【标题设置】进行设置。

9.5 倒角标注

倒角标注命令的输入方式如下。

1）下拉菜单。选择【标注】/【倒角标注】命令。

2）选项组。单击【标注】选项卡中【标注】选项组中的按钮。

3）命令行。输入“dimch”并按〈Enter〉键。

执行任一种倒角标注命令的输入方式，屏幕左下角即出现立即菜单，如图 9-60 所示。

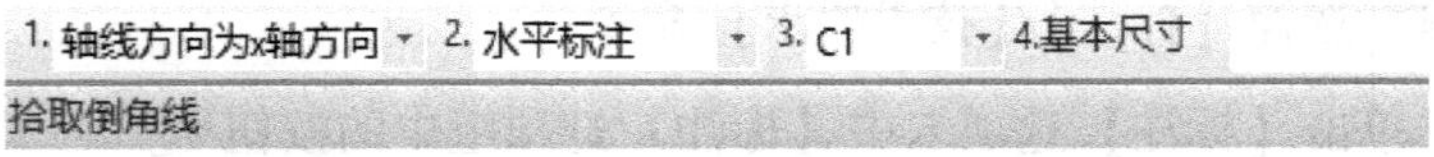

图 9-60 【倒角标注】立即菜单

用户拾取一段倒角后，立即菜单中显示出该直线的标注值，可以编辑标注值，然后再指定尺寸线位置即可。

简化倒角标注 *C*2 代表 2×45°的倒角，如图 9-61 所示。

【例 9-9】 完成图 9-62 所示的倒角标注。

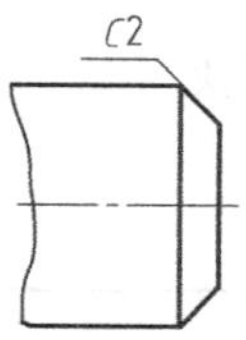

图 9-61 简化倒角标注

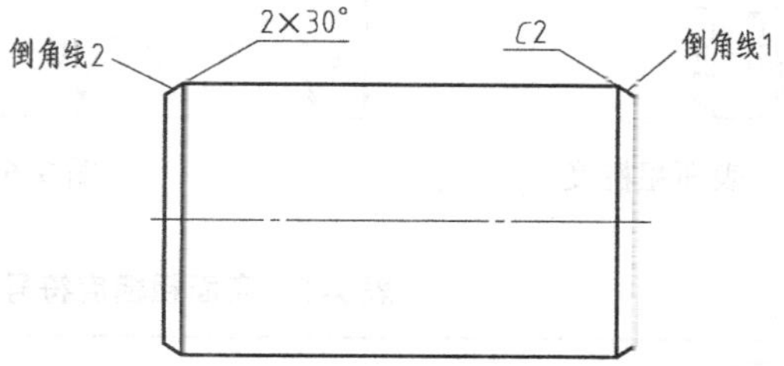

图 9-62 【例 9-9】图

操作步骤

1）单击【倒角标注】按钮，弹出图 9-60 所示的【倒角标注】立即菜单。

2）单击拾取倒角线 1，拖动光标到适当位置确定标注位置。

3）切换立即菜单，如图 9-63 所示。

4）单击拾取倒角线 2，拖动光标到适当位置确定标注位置。

5）完成后，按〈Esc〉键退出。

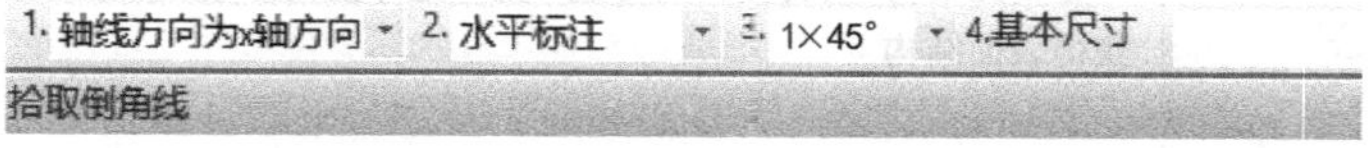

图 9-63 切换立即菜单

9.6 表面粗糙度

9.6.1 表面粗糙度简介

加工表面上具有的较小间距峰谷所组成的微观几何形状特性称为表面粗糙度，如图9-64 所示。

表面粗糙度反映了零件表面的质量，其对零件的配合、耐磨性、耐蚀性、密封性、外观等都有影响，是零件图中必不可少的技术要求。

表面粗糙度用代号标注在图样上。其代号由符号、数字及说明文字等组成。表面粗糙度符号及其含义见表 9-1，符号画法如图 9-65 所示。

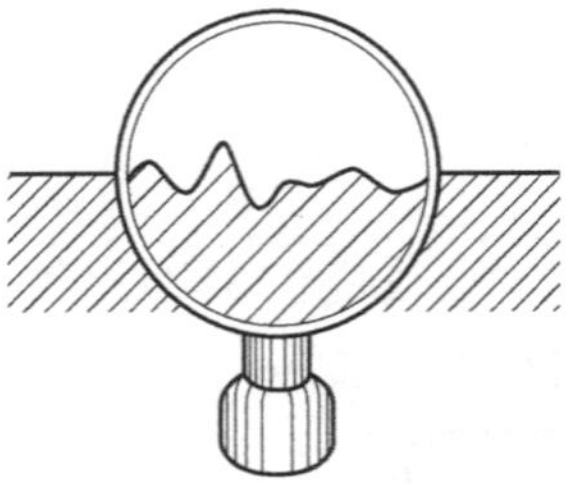

图 9-64　表面粗糙度

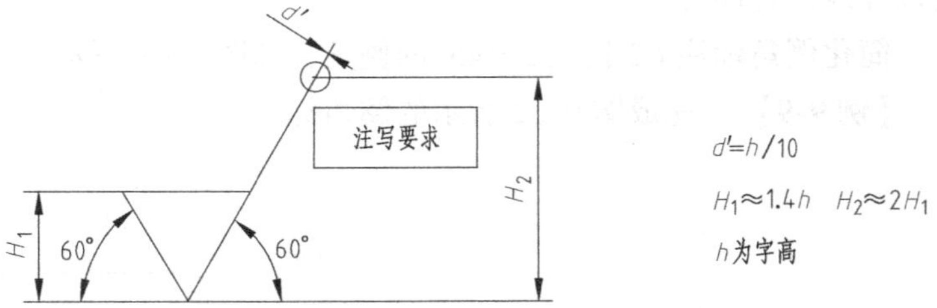

图 9-65　表面粗糙度符号画法

表 9-1　表面粗糙度符号及其含义

符号	含　义
	基本图形符号，表示可用任何方法获得，一般不单独使用
	基本图形符号上加一短横，表示表面是用去除材料的方法获得的，如车、铣、钻、磨、剪切、抛光、腐蚀、电火花加工、气割等
	基本图形符号上加一小圆圈，表示表面是用不去除材料的方法获得的，如铸、锻、冲压变形、热轧、粉末冶金等；或者用于保持原供应状况的表面（包括保持上道工序的状况）
	完整图形符号，自左向右分别用于“允许任何工艺”、“去除材料”和“不去除材料”获得表面结构
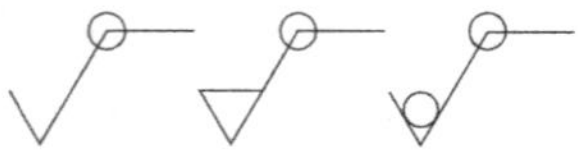	上述符号上均可加一小圆圈，表示某个视图上构成封闭轮廓的各表面具有相同的表面粗糙度要求

9.6.2　插入表面粗糙度

表面粗糙度命令的输入方式如下。

1）下拉菜单。选择【标注】/【粗糙度】命令。

2）选项组。单击【标注】选项卡中【标注】选项组中的按钮 √ 。

3）命令行。输入“rough”并按〈Enter〉键。

执行任一种表面粗糙度命令的输入方式，屏幕左下角即出现立即菜单，如图 9-66 所示。简单标注只标注表面处理方法和表面粗糙度值，而当切换菜单为 1:标准标注 时，立即菜

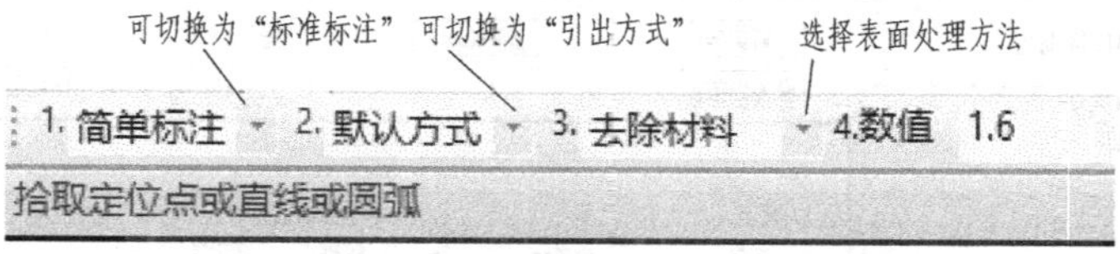

图 9-66 【表面粗糙度】立即菜单

单改变，同时弹出对话框，如图 9-67 所示。

输入相应的参数，单击【确定】按钮，按照命令行提示即可完成表面粗糙度的标注。

图 9-68 所示为表面粗糙度标注的示例。其中√Ra 0.8 的标注为默认标注，其立即菜单如图 9-69 所示；√Ra 3.2 的标注为引出标注，其立即菜单如图 9-70 所示。

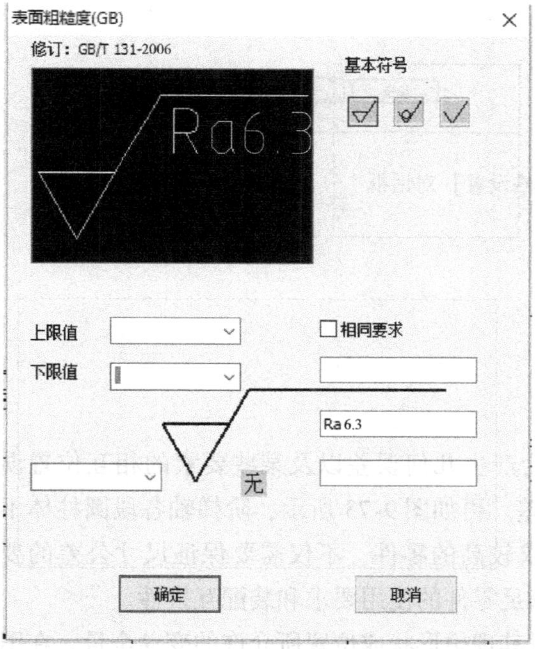

图 9-67 【表面粗糙度】对话框

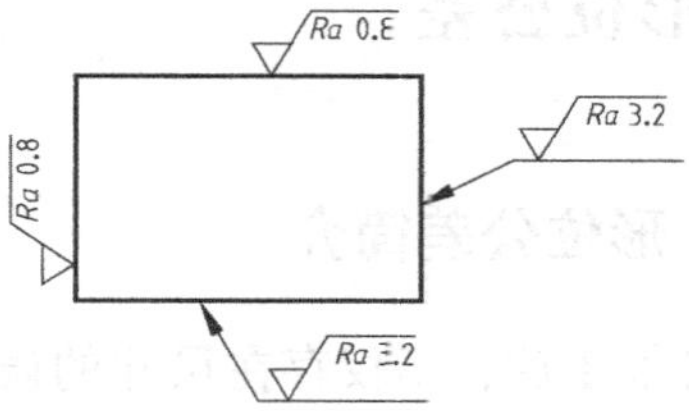

图 9-68 表面粗糙度标注的示例

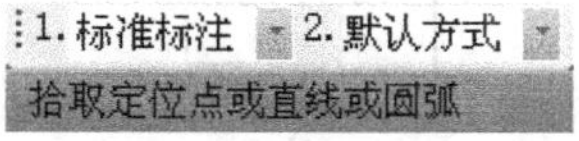

图 9-69 标准默认标注的立即菜单

图 9-70 标准引出标注的立即菜单

9.6.3 表面粗糙度样式

选择【粗糙度风格设置】对话框如图 9-71 所示。该对话框可完成表面粗糙度样式的文字、引线、符号的设置。

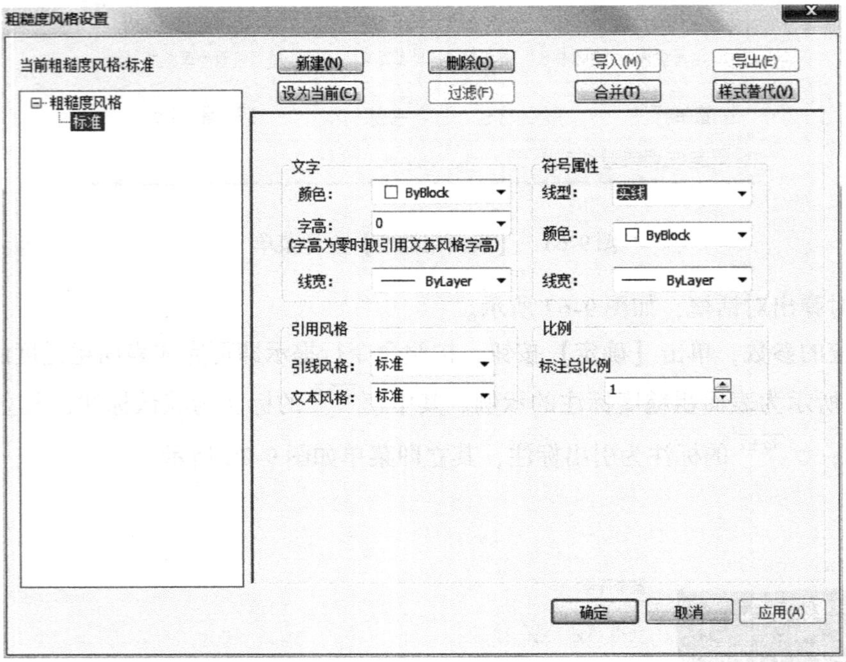

图 9-71 【粗糙度风格设置】对话框

9.7 形位公差

9.7.1 形位公差简介

零件加工后，不仅存在尺寸的误差，而且会产生几何误差以及某些要素的相互位置误差。如图 9-72 所示，圆柱体的几何形状出现误差。再如图 9-73 所示，阶梯轴各段圆柱体不同轴线，轴线的位置出现误差。机器中某些要求较高的零件，不仅需要保证尺寸公差的要求，而且还要保证形位公差的要求，这样才能满足零件的使用要求和装配互换性。

形位公差是指零件表面的实际形状或位置对其理想形状或位置所允许的变动全量。在图样中，形位公差的标注如图 9-74 所示。

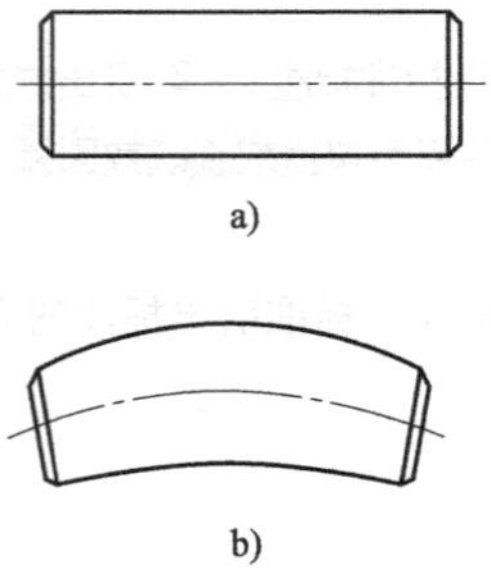

图 9-72 几何误差

a）理想形状 b）实际形状

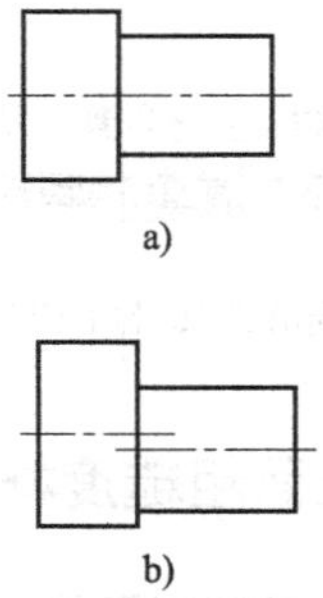

图 9-73 相互位置误差

a）理想形状 b）实际形状

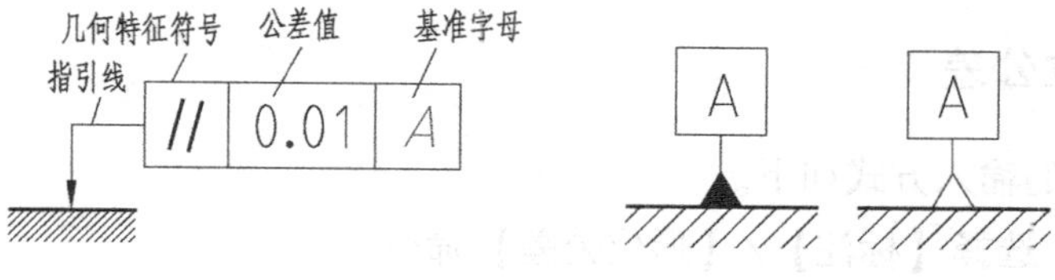

a)　　　　　　　　b)

图 9-74　形位公差的标注

a）形位公差　b）基准代号

形位公差的几何特征、符号见表 9-2。

表 9-2　形位公差的几何特征、符号

公差类型	几何特征	符　号
形状公差	直线度	—
	平面度	▱
	圆度	○
	圆柱度	⌭
	线轮廓度	⌒
	面轮廓度	⌓
方向公差	平行度	//
	垂直度	⊥
	倾斜度	∠
	线轮廓度	⌒
	面轮廓度	⌓
位置公差	位置度	⌖
	同心度（用于中心点）	◎
	同轴度（用于轴线）	◎
	对称度	⌯
	线轮廓度	⌒
	面轮廓度	⌓
跳动公差	圆跳动	↗
	全跳动	⌰

9.7.2 插入形位公差

形位公差命令的输入方式如下。

1）下拉菜单。选择【标注】/【形位公差】命令。

2）选项组。单击【标注】选项卡中【标注】选项组中的按钮 。

3）命令行。输入“fcs”并按〈Enter〉键。

执行任一种形位公差命令的输入方式，弹出【形位公差】对话框，如图 9-75 所示。利用对话框，用户可以直观、方便地填写形位公差框格内各项内容，而且可以填写多行，允许删除行的操作。

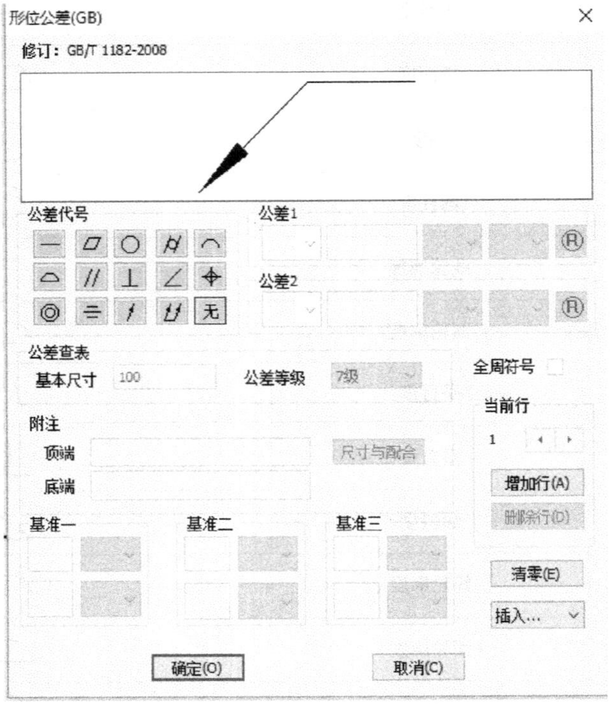

图 9-75 【形位公差】对话框

形位公差标注的基本步骤如下。

1）单击【形位公差】按钮 ，弹出图 9-75 所示的【形位公差】对话框。

2）在对话框中选择输入应标注的形位公差。

3）单击【确定】按钮确认后，弹出图 9-76 所示立即菜单。

图 9-76 【形位公差】立即菜单

4）选择“水平标注”或者“垂直标注”。

5）拾取标注元素后，命令行提示“引线转折点”。

6）输入引线转折点后，即完成形位公差的标注。

9.7.3 设置形位公差样式

【形位公差风格设置】对话框如图 9-77 所示。该对话框有【符号和文字】和【单位】选项卡，单击不同选项卡可完成形位公差样式的文本风格、颜色、引线风格、边框线型、标注总比例及单位格式、单位精度等内容的设置。

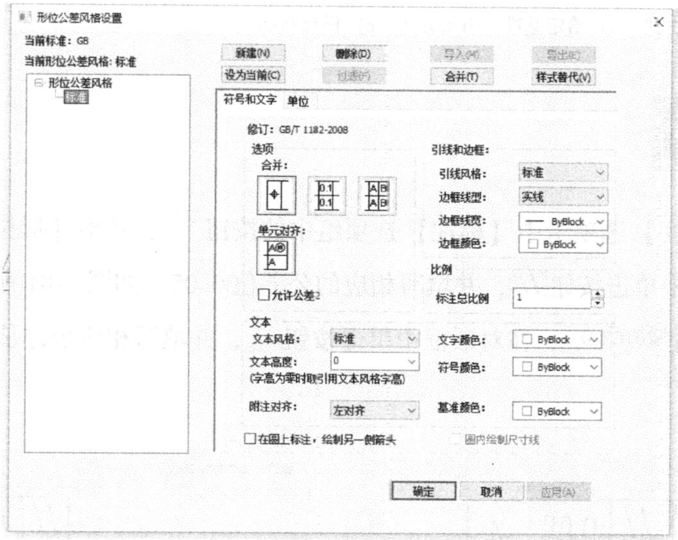

图 9-77 【形位公差风格设置】对话框

9.7.4 插入基准代号

基准代号是用于标注形位公差中的基准部位的代号。

基准代号命令的输入方式如下。

1）下拉菜单。选择【标注】/【基准代号】命令。

2）选项组。单击【标注】选项卡中【标注】选项组中的按钮。

3）命令行。输入“datum”并按〈Enter〉键。

执行任一种基准代号命令的输入方式，屏幕左下角即出现立即菜单，如图 9-78 所示。

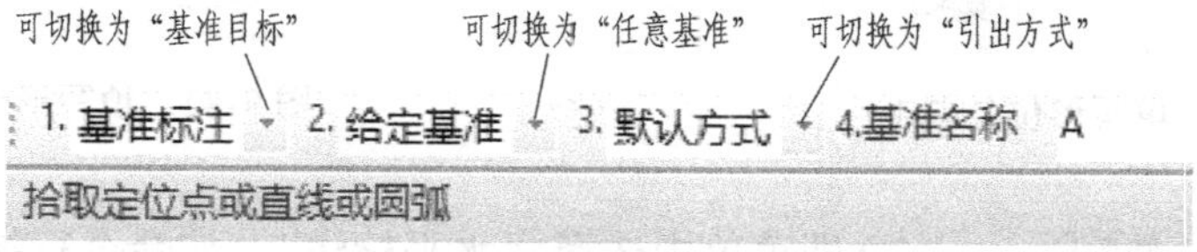

图 9-78 【基准代号】立即菜单

注意：系统默认基准名称为 *A*，用户也可输入所需基准名称。

按命令行提示即可完成基准代号的标注。

图 9-79 所示为基准代号标注的示例。

【例 9-10】 完成图 9-80 所示形位公差的标注。

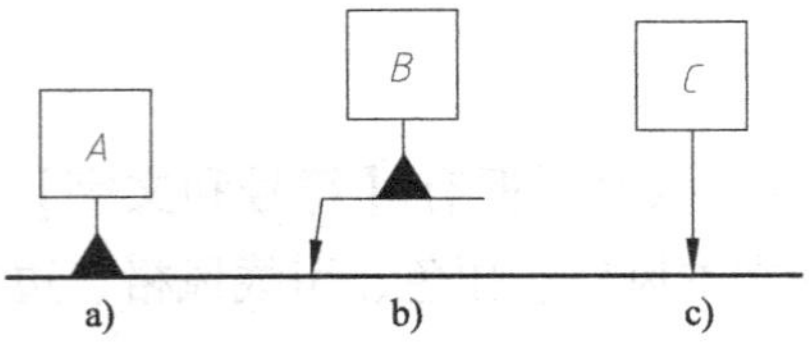

图 9-79 基准代号标注的示例

a）给定基准、默认方式 b）给定基准、引出方式 c）任意基准

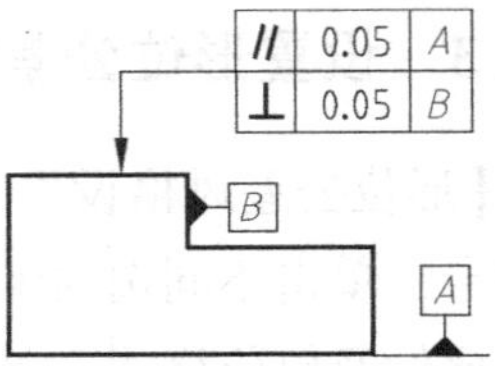

图 9-80 【例 9-10】图

操作步骤

1）单击【标注】选项卡中【标注】选项组中的按钮，弹出【形位公差】对话框。

2）在对话框中单击按钮//，并填写相应的公差值 0.05，如图 9-81 所示。

3）单击按钮 增加行(A)，在对话框中单击按钮⊥，并填写相应公差值 0.05，如图 9-82 所示。

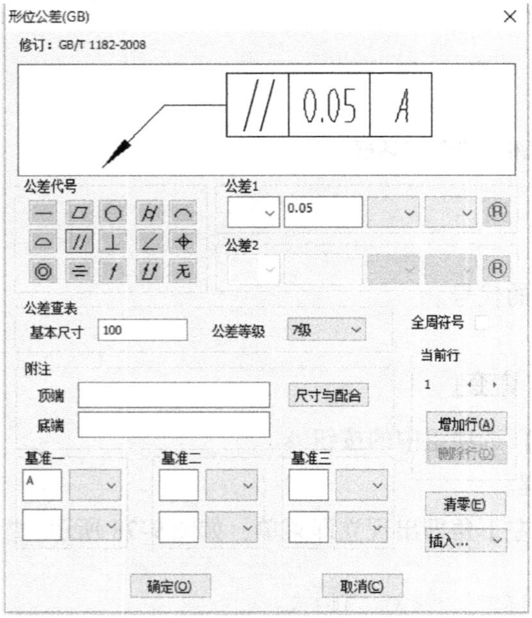

图 9-81 填写形位公差 1

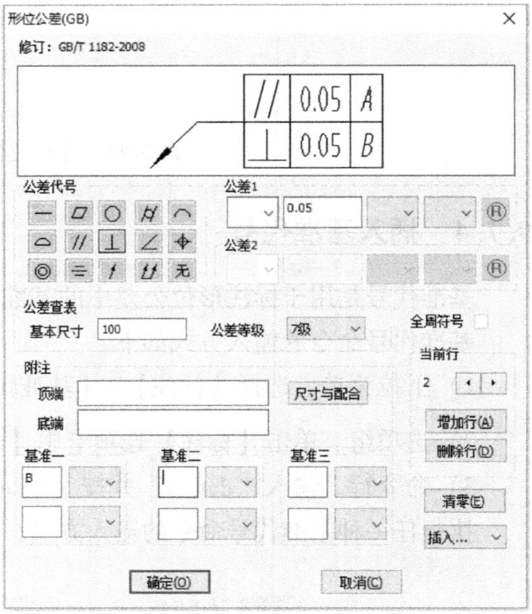

图 9-82 填写形位公差 2

4）单击按钮 确定(O)，在立即菜单中选择“水平标注”，按命令行提示拾取直线 1。

5）命令行提示“引线转折点”，在适当位置指定引线转折点，完成形位公差标注，如图 9-83 所示。

6）单击按钮，设置立即菜单如图 9-84 所示。

7）拾取直线 2，完成基准 *A* 的标注。

8）按相同方法拾取直线 3，完成基准 *B* 的标注。

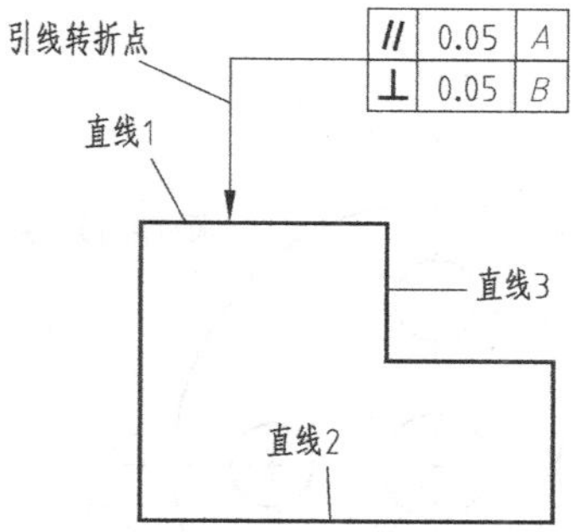

图 9-83 标注形位公差

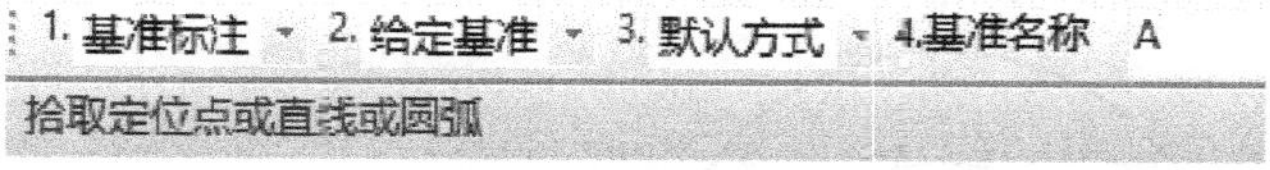

图 9-84 基准 *A* 的立即菜单

9.8 剖切符号

剖切符号用于标出剖面的剖切位置。

剖切符号命令的输入方式如下。

1）下拉菜单。选择【标注】/【剖切符号】命令。

2）选项组。单击【标注】选项卡中【标注】选项组中的按钮。

3）命令行。输入“hatchpos”并按〈Enter〉键。

执行任一种剖切符号命令的输入方式，屏幕左下角即出现立即菜单，如图 9-85 所示。

剖切符号的一般操作步骤如下。

1）选择【剖切符号】命令后，根据提示画出剖切轨迹线，当绘制完成后，单击鼠标右键结束画线状态。

2）在剖切轨迹线的终止点显示出沿最后一段剖切轨迹线法线方向的两个箭头标志，如图 9-86 所示。

图 9-85 【剖切符号】立即菜单

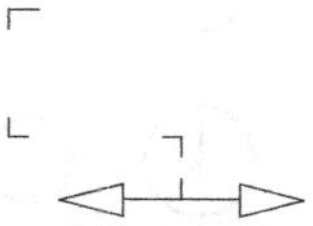

图 9-86 剖切迹及标识箭头

3）命令行提示“请单击箭头选择剖切方向”，在两个箭头的一侧单击以确定箭头的方向或单击鼠标右键取消箭头。

4）命令行提示“指定剖面名称标注点”，拖动一个表示文字大小的矩形到所需位置单击确认，此步骤可以重复操作，直至单击鼠标右键结束。

【例 9-11】 标注图 9-87 所示剖切符号。

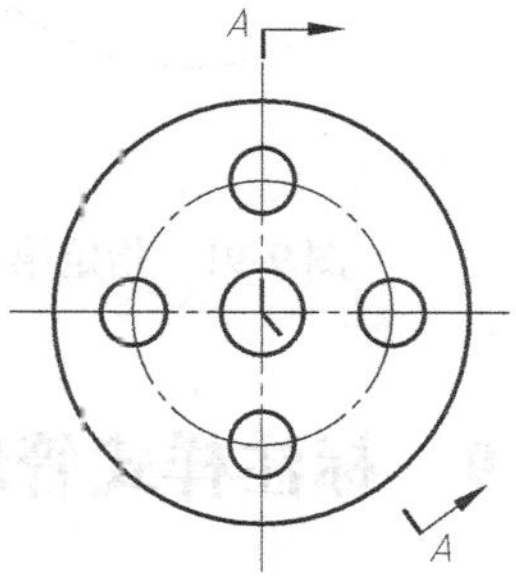

图 9-87 【例 9-11】图

操作步骤

1）单击按钮。

2）弹出立即菜单，如图 9-85 所示。

3）用鼠标捕捉大圆圆心，光标锁定后，拖动光标垂直向上引出一条虚线，指定第一点，如图 9-88 所示。

4）单击大圆圆心为第二点，如图 9-89 所示。

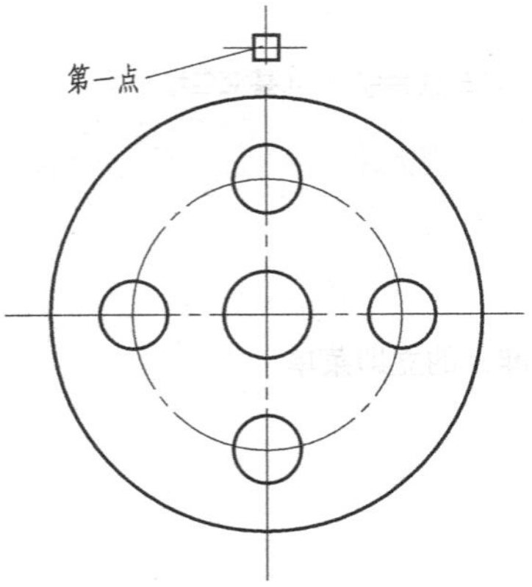

图 9-88　指定第一点

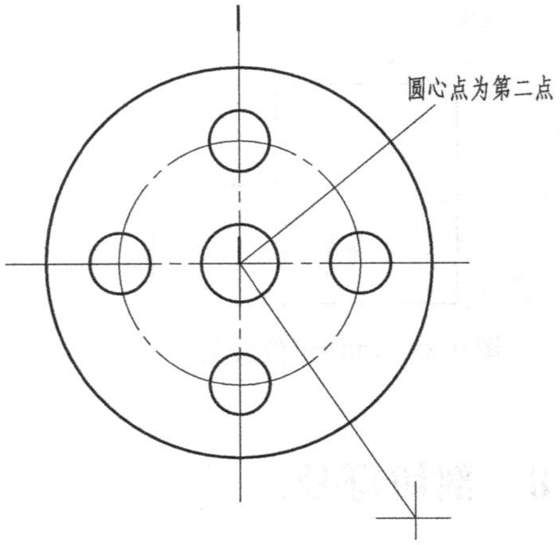

图 9-89　指定第二点

5）单击第二点后，设置立即菜单，如图 9-90 所示。

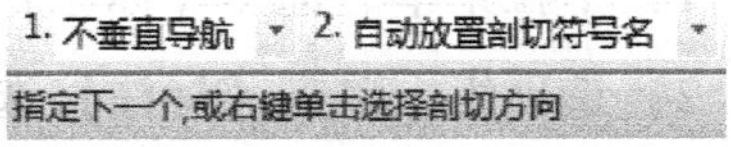

图 9-90　设置立即菜单

6）再指定第三点后，单击鼠标右键完成剖切轨迹线，出现双向箭头，如图 9-91 所示。选择方向，指定剖面名称 *A* 的标注点，如图 9-92 所示，单击鼠标右键完成标注。

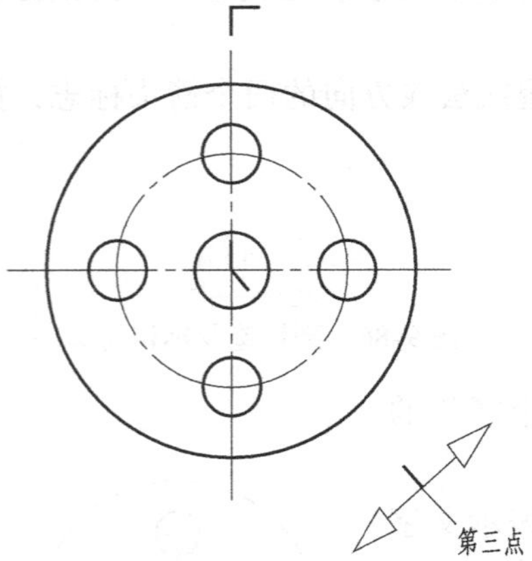

图 9-91　指定第三点

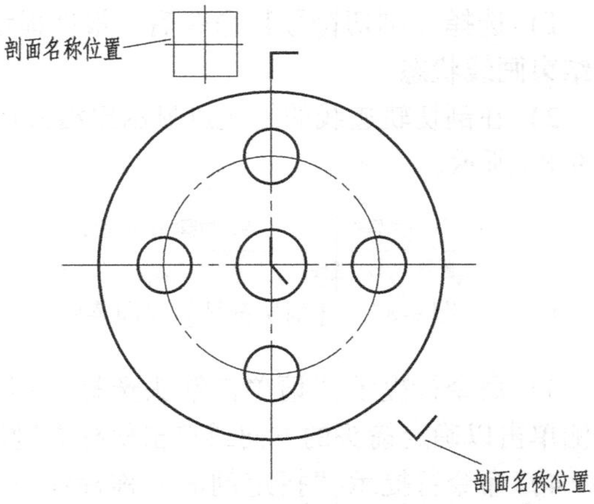

图 9-92　指定剖面名称位置

9.9　标注样式管理

不同制图标准及环境下对标注的需求都不同，通过标注样式管理可以设置和控制各种标注的外观参数，方便使用及维护标注标准。

CAXA 电子图板的标注样式包括文字样式、尺寸样式、引线样式、形位公差样式、粗糙度样式、焊接符号样式、基准代号样式、剖切符号样式等。

样式管理命令的输入方式如下。

1）单击【标注】选项卡中【标注样式】选项组中的【样式管理】按钮，如图9-93所示；或单击其下的，执行相应的命令。

2）单击【工具】选项卡中【选项】选项组中的【样式管理】按钮，如图9-94所示；或单击其下的，执行相应的命令。

3）选择【格式】菜单也可打开样式管理的各个命令，如图9-95所示。

除此之外，还可在命令行输入相应的命令打开样式管理的各个命令。

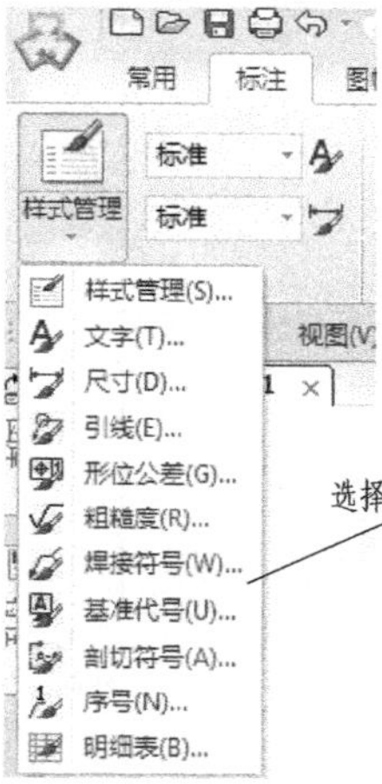

图9-93　样式管理命令的输入方式1

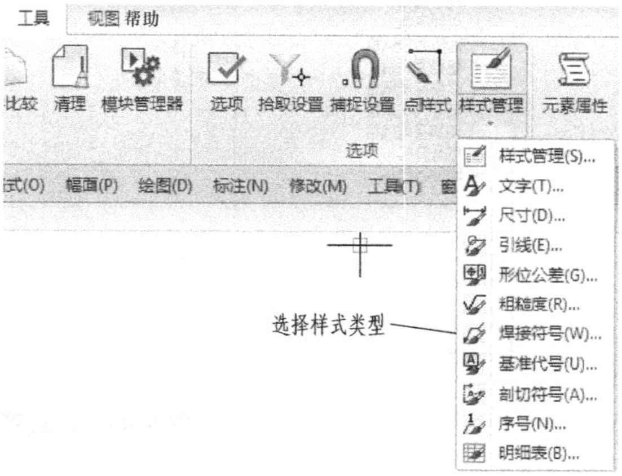

图9-94　样式管理命令的输入方式2

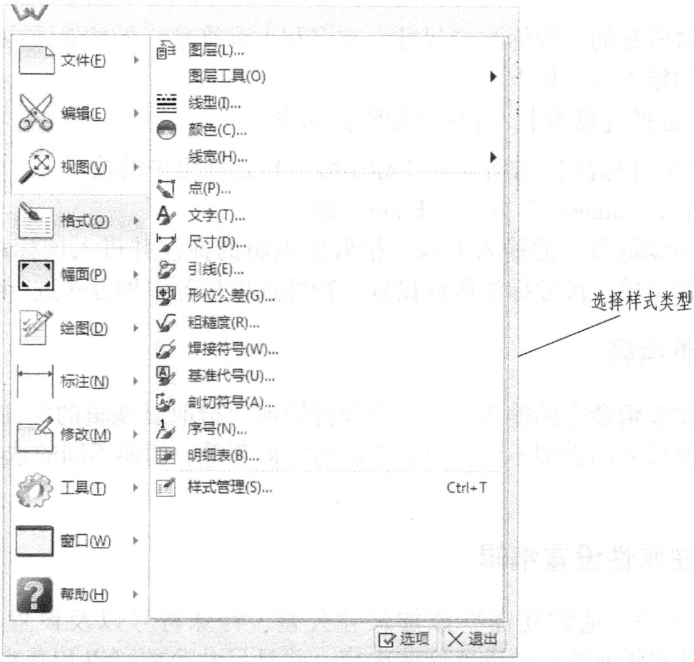

图9-95　样式管理命令的输入方式3

图 9-96 所示为【样式管理】对话框，左端为样式管理列表，单击可选择不同的样式，右端为选中样式的内容。

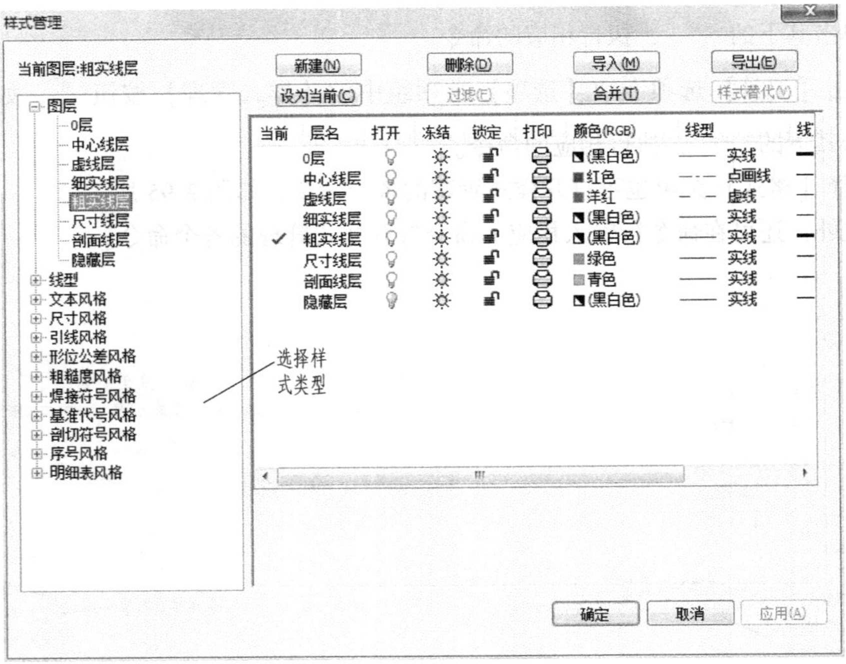

图 9-96 样式管理对话框

9.10 标注编辑

标注编辑可以对所有的工程标注（尺寸、文字和工程符号）的位置或内容进行编辑。

标注编辑命令的输入方式如下。

1）下拉菜单。选择【修改】/【标注编辑】命令。

2）工具栏，单击【标注】选项卡中【标注编辑】选项组中的按钮 。

3）命令行。输入“dimedit”并按〈Enter〉键。

执行任一种标注编辑命令的输入方式，拾取要编辑的标注并进入该标注对象的编辑状态，就可以通过立即菜单、尺寸标注属性设置、特性选项板等多种方式进行编辑。

9.10.1 立即菜单编辑

执行任一种标注编辑命令的输入方式，命令行提示“拾取要编辑的标注”，拾取一个尺寸后，系统根据拾取尺寸的类型不同，出现相应的立即菜单。切换不同的选项可完成相应的相关编辑。

9.10.2 尺寸标注属性设置编辑

尺寸标注除尺寸外，通常还需要添加尺寸公差、特殊符号以及设置一些特殊参数。CAXA 电子图板可以方便地添加和设置这些内容，并且尺寸公差可以和基本尺寸关联变化，从而提高编辑修改效率。

在生成尺寸标注时单击鼠标右键进入图 9-97 所示的【尺寸标注属性设置】对话框。该对话框共有【基本信息】、【标注风格】、【公差与配合】三个选项组。

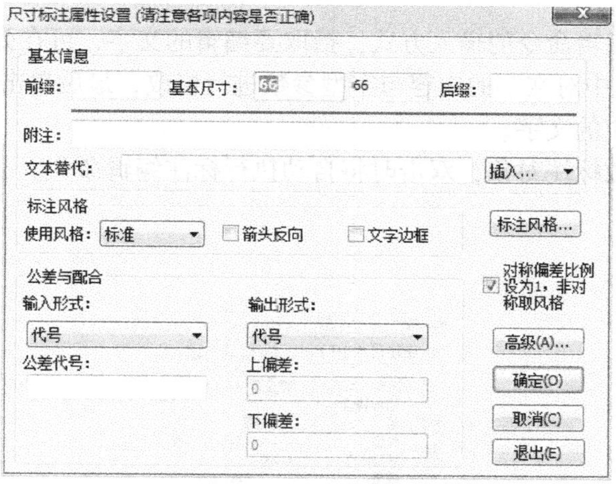

图 9-97　【尺寸标注属性设置】对话框

【例 9-12】　将图 9-98 所示的尺寸标注修改为图 9-99 所示的形式。

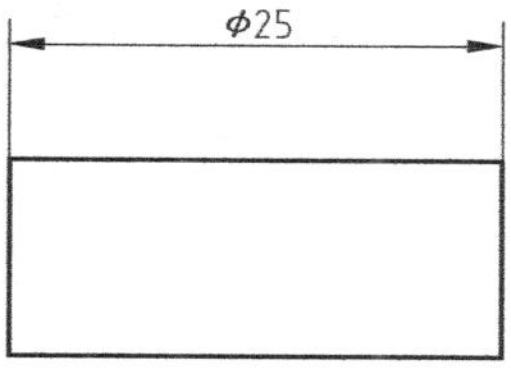

图 9-98　尺寸修改前

图 9-99　尺寸修改后

操作步骤

1）单击按钮 。

2）命令行提示“拾取要编辑的标注”，拾取要编辑的尺寸。

3）单击鼠标右键，系统弹出【尺寸标注属性设置】对话框，在该对话框中填写相应的数值和选择相应的选项，如图 9-100 所示。

4）单击【确定】按钮完成操作。

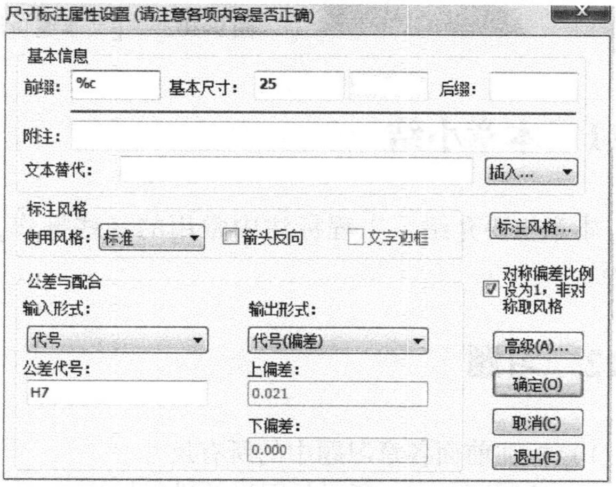

图 9-100　【尺寸标注属性设置】对话框

9.10.3　特性选项板编辑

尺寸标注后，拾取尺寸，用鼠标右键单击【特性】或单击左边的

【特性】按钮，打开特性选项板，如图 9-101 所示，在其中可以修改编辑内容和各种参数。

9.10.4 文字编辑

执行任一种标注编辑命令的输入方式，拾取要编辑的文字，可在弹出的图 9-102 所示的【文本编辑器】对话框中对文字的内容与字型参数进行修改，最后单击【确定】按钮结束编辑，系统重新生成对应的文字。

注意：对于大多数标注对象，双击时将自动执行标注编辑命令。

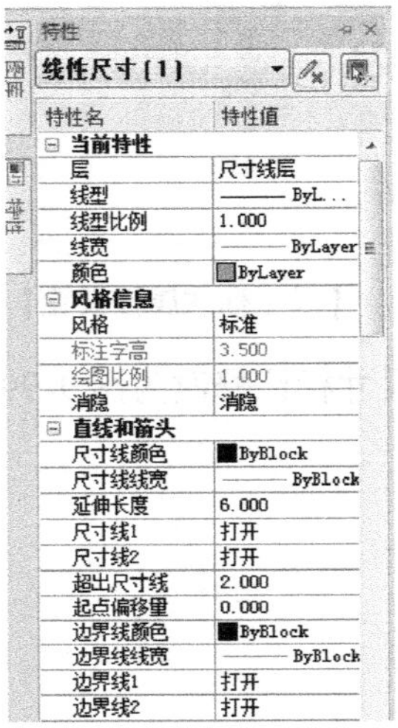

图 9-101 特性选项板

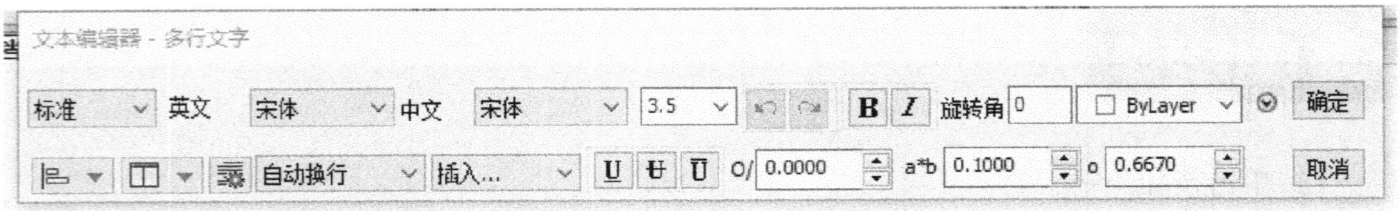

图 9-102 【文本编辑器】对话框

9.11 本章小结

本章主要介绍了工程标注中常用的一些操作，主要有尺寸标注、文字标注及标注编辑等。

9.12 习题

1）标注前面各章习题中的所有尺寸。

2）绘制图 9-103 所示的图形并进行标注。

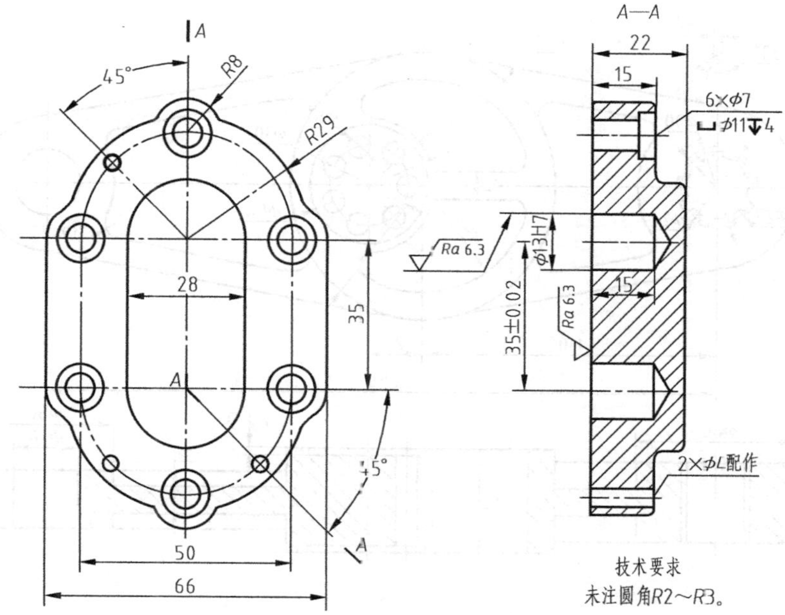

a)

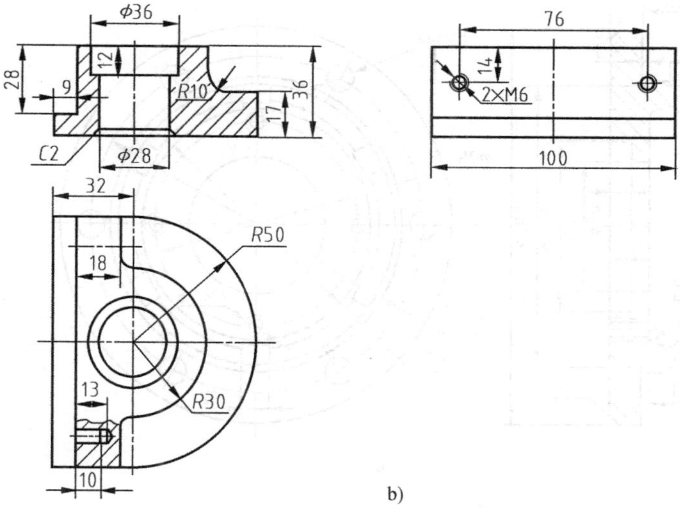

b)

图 9-103 第 9 章习题图

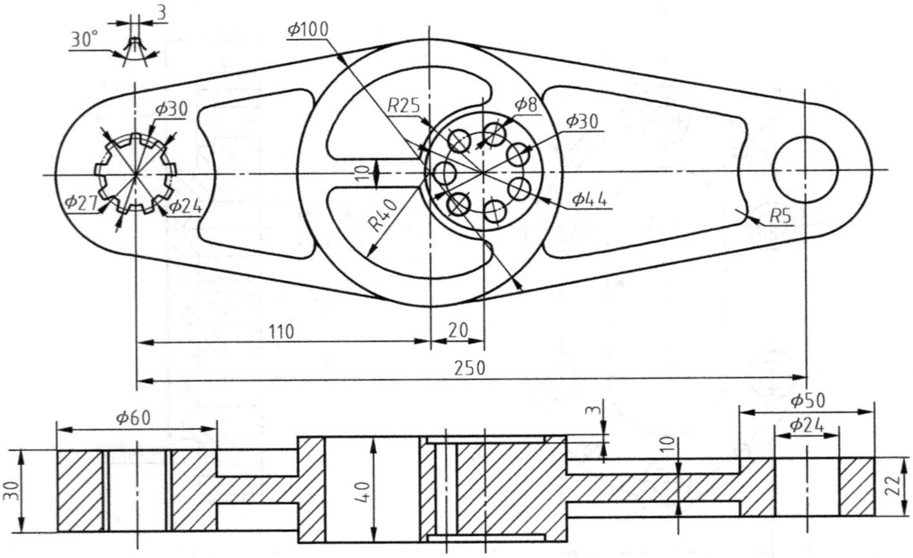
3
30°
Φ100
Φ30
R25
Φ8
Φ30
10
Φ27
Φ24
R40
Φ44
R5
110
20
250
Φ60
3
Φ50
Φ24
10
30
40
22

c)

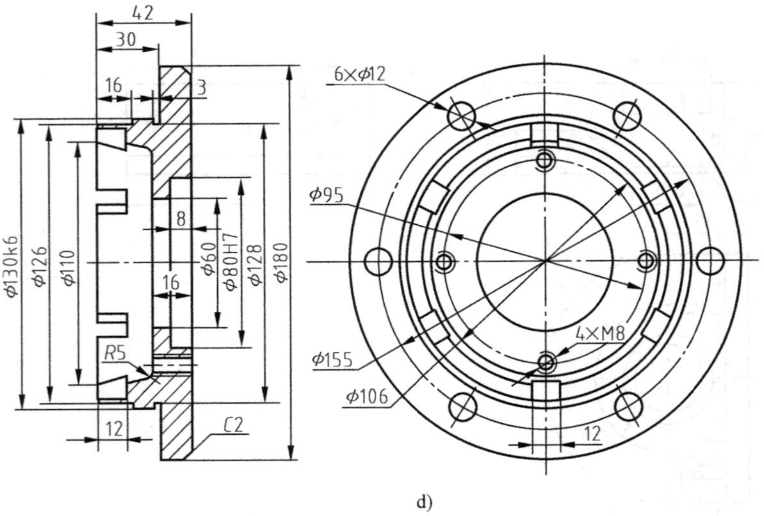
42
30
16
3
6×Φ12
8
Φ95
Φ130k6
Φ126
Φ110
Φ60
Φ80H7
Φ128
Φ180
16
4×M8
R5
Φ155
Φ106
12
C2
12

d)

图 9-103　第 9

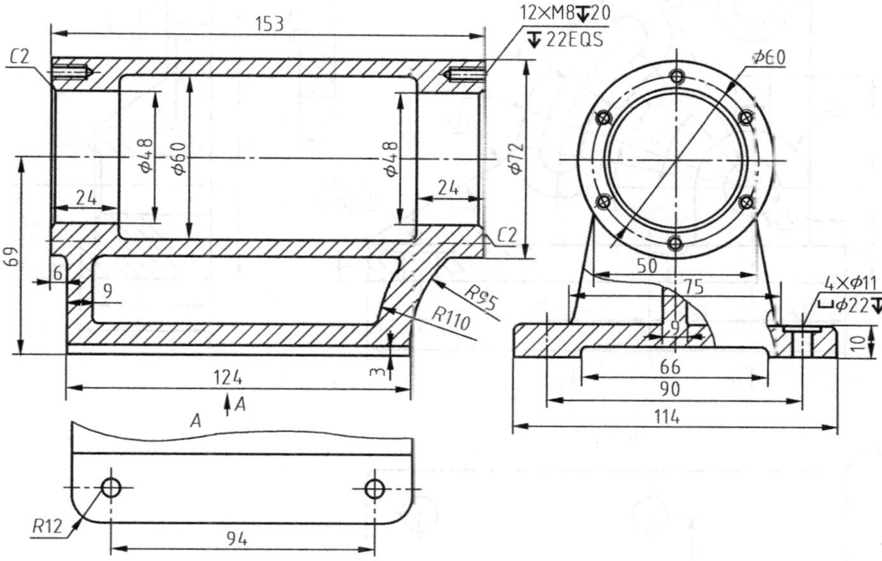
153
12×M8↧20
↧22EQS
C2
φ60
φ48
φ60
φ48
φ72
24
24
C2
69
6
9
R95
R110
50
75
4×φ11
⌴φ22↧2
9
10
3
124
66
90
114
A
A
R12
94

e)

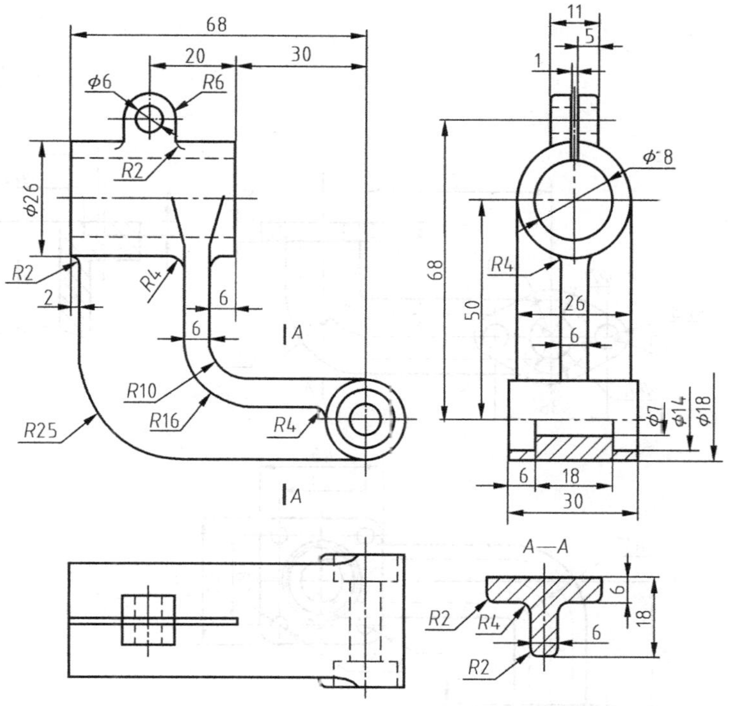
68
20
30
φ6
R6
R2
φ26
R2
R4
2
6
6
A
R10
R16
R4
R25
A
11
5
1
φ8
68
50
R4
26
6
φ7
φ14
φ18
6
18
30
A—A
R2
R4
6
18
6
R2

f)

章习题图（续）

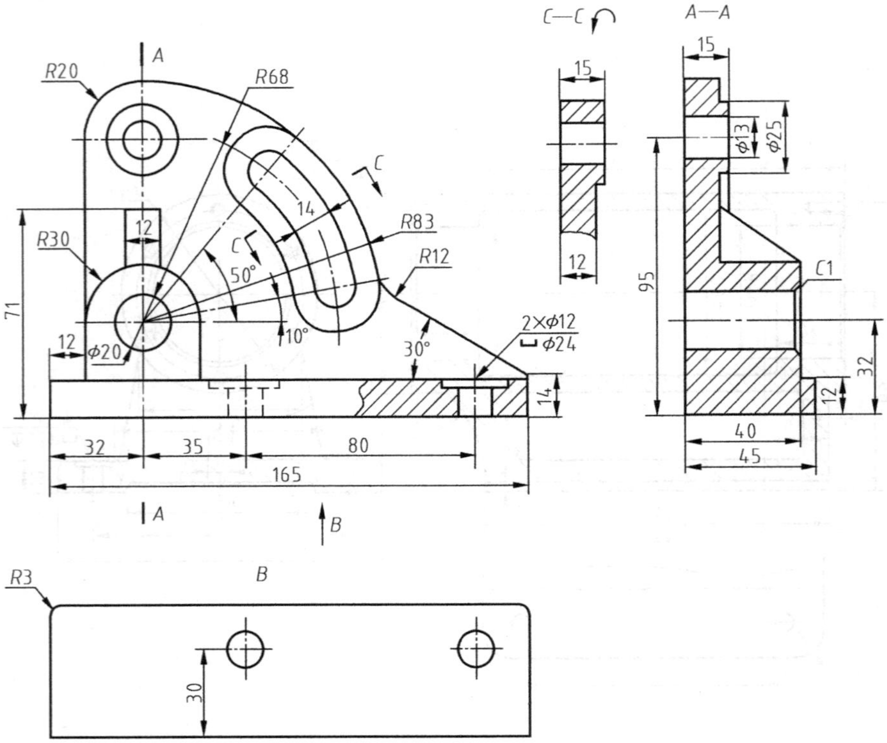

g)

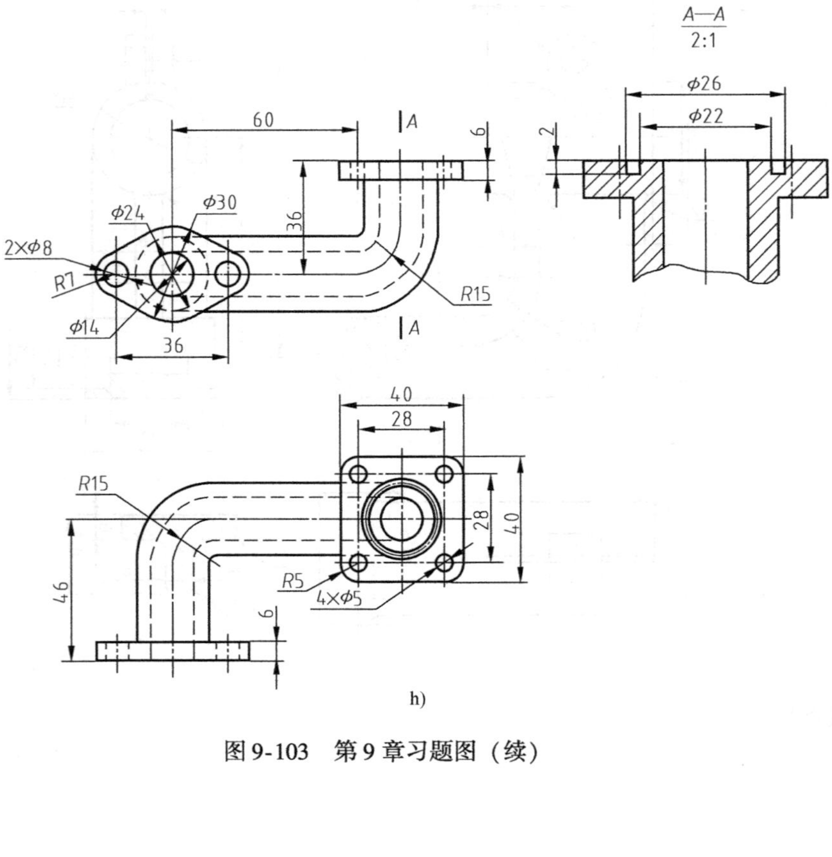

h)

图 9-103　第 9 章习题图（续）

第10章

标准件及其画法

在各种机器和设备上，经常要使用一些起连接作用的零件。由于这些零件使用量大，往往需要成批或大量生产。为了减轻设计工作，提高产品质量，降低生产成本，便于专业化生产制造，国家标准对这些零件的结构、尺寸以及成品质量实行了标准化，这类零件称为标准件，如螺钉、螺柱、螺栓、螺母、垫圈、键、销等。

为了绘图方便，国家标准对标准件的一些结构要素的画法做了规定。本章将介绍标准件的基本知识、规定画法。

重点知识

➢标准件的基本知识

➢螺纹及螺纹连接的规定画法

练习案例

➢块生成的应用

➢图库的调用

10.1 标准件的基本知识

在机器或部件的装配、安装中，广泛使用螺纹紧固件或其他连接件来进行紧固连接。这些被大量使用的零件，在结构和尺寸方面都已经系列化、标准化，称为标准件。

10.1.1 螺纹紧固件及其画法

螺纹紧固件是以一对内、外螺纹的连接作用来连接和紧固零部件的。常用的螺纹紧固件有螺栓、螺钉、螺柱、螺母、垫圈等，如图 10-1 所示。螺纹紧固件的种类很多，其结构形式和尺寸都已标准化，又称为标准件。

1. 外螺纹的规定画法

外螺纹的大径画粗实线；小径画细实线；螺纹终止线画粗实线；螺杆的倒角或倒圆部分也应画出；小径通常画成大径的 0.85 倍。在垂直于螺纹轴线的视图中，表示小径的细实线画约 3/4 圈，此时倒角圆省略不画。外螺纹的规定画法如图 10-2 所示。

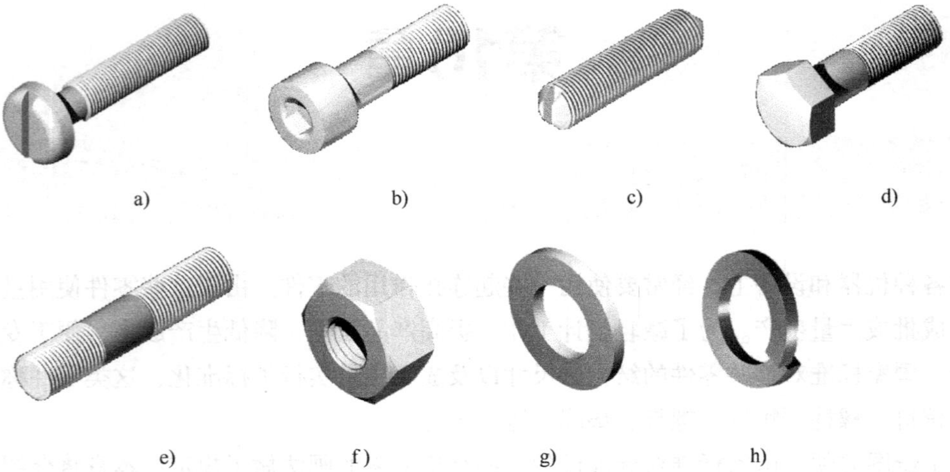

a)　b)　c)　d)　e)　f)　g)　h)

图 10-1　常用的螺纹紧固件

a）开槽圆柱头螺钉　b）内六角圆柱头螺钉　c）开槽锥端紧定螺钉　d）六角头螺栓　e）双头螺柱　f）1 型六角螺母　g）平垫圈　h）弹簧垫圈

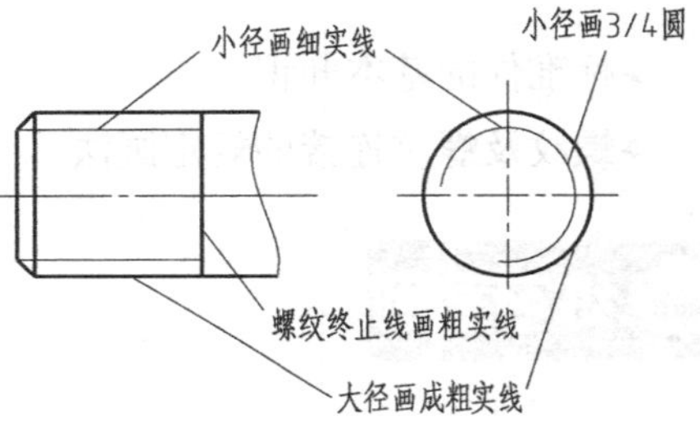

图 10-2　外螺纹的规定画法

2. 内螺纹的规定画法

在剖视图中，螺纹的小径画粗实线；大径画细实线；剖面线画到粗实线。在垂直于螺纹轴线的视图中，表示大径的细实线只画 3/4 圈，倒角圆也省略不画。不通孔的螺孔，钻孔深度一般比螺孔深度深 $0.5D$。由于钻头的刃锥角约为 120°，因此钻孔底部以下的圆锥孔的锥角应画成 120°。内螺纹的规定画法如图 10-3 所示。

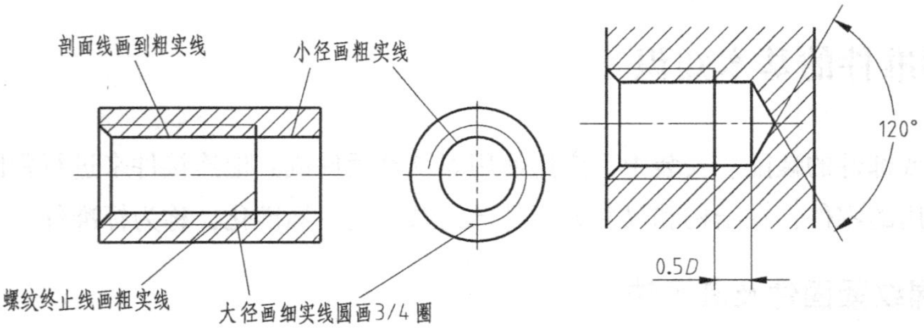

a)　b)

图 10-3　内螺纹的规定画法

a）通孔内螺纹的规定画法　b）不通孔内螺纹的规定画法

3. 螺栓连接的规定画法

螺栓连接由螺栓、螺母、垫圈组成，用于被连接的两零件厚度不大，容易钻出通孔的情况下，如图 10-4 所示。连接前，在被连接的零件上钻出比螺栓大径略大的通孔（约为 $1.1d$）。先将螺栓穿过被连接件上的通孔，一般以螺栓的头部抵住被连接件的下端，然后在螺栓上部套上垫圈，以增加支承面积和防止损伤零件的表面，最后用螺母拧紧，如图 10-5a 所示。螺栓连接装配图一般根据公称直径 d 按比例关系画出，如图 10-5 所示。

在画螺栓连接装配图时首先做如下规定。

1）两零件的接触表面画一条线，不接触表面画两条线。

2）当剖切平面通过螺杆的轴线时，螺栓、螺柱、螺钉及螺母、垫圈等均按未剖切绘制。

3）在剖视图上，相接触的两个零件的剖面线的方向或间隔应不同。同一零件在各视图上的剖面线的方向和间隔必须一致。

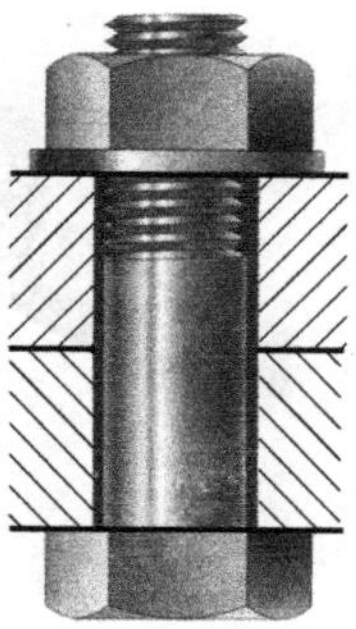

图 10-4　螺栓连接

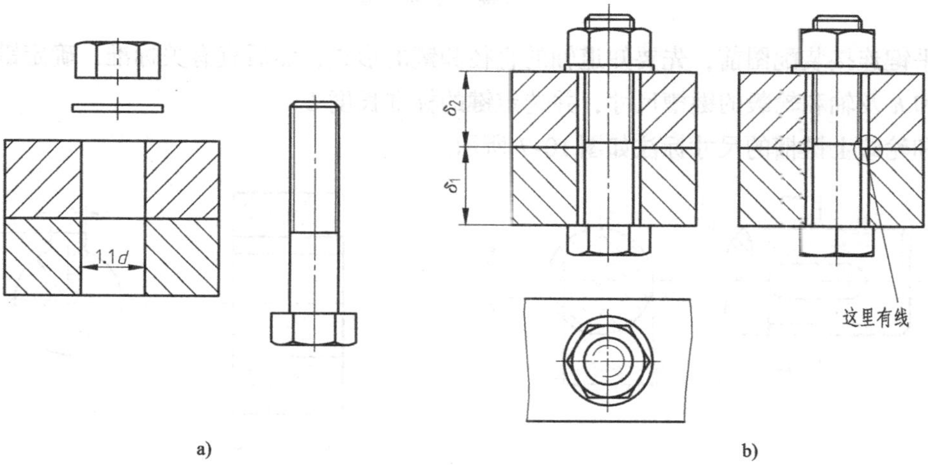

图 10-5　螺栓连接的规定画法

a）连接前　b）连接后

在画图过程中应注意以下两问题。

1）被连接件的孔径≈1.1d。

2）螺栓的有效长度按下式计算后查国家标准取标准值。

$$L_{计} = \delta_1 + \delta_2 + 0.15d(\text{垫圈厚}) + 0.8d(\text{螺母厚}) + 0.3d$$

10.1.2　键与销

键连接和销连接是机器中常用的两种连接方式。键和销都是标准件，关于它们的结构、形式和尺寸，国家标准都有具体规定，设计时可以从有关标准中选用。

1. 键连接

键用来连接轴和装在轴上的转动零件，如齿轮、带轮、联轴器等，起传递转矩的作用。通常在轴上和轮毂上分别制出一个键槽，装配时先将键嵌入轴的键槽内，然后将轮毂上的键槽对准轴上的键装入，使轴和齿轮相连接，如图 10-6a 所示。

常用键有普通平键、半圆键和钩头楔键等，如图 10-6b 所示。它们均为标准件，结构和尺寸以及相应的键槽尺寸都可以在相应的国家标准中查得。

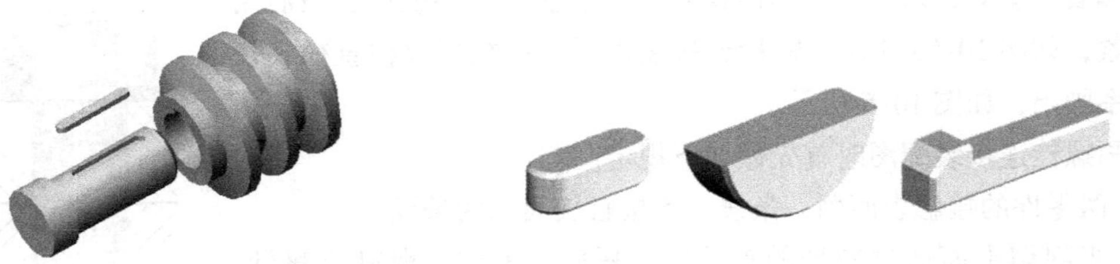

a)　　　　　　　　b)

图 10-6　键连接

a）键连接　b）常用键

画平键连接装配图前，先要知道轴的直径和键的形式，然后查有关标准，确定键的公称尺寸 b 和 h 及轴和轮毂的键槽尺寸，并选定键的标准长度 L。

轴和轮毂上键槽的尺寸标注如图 10-7 所示。

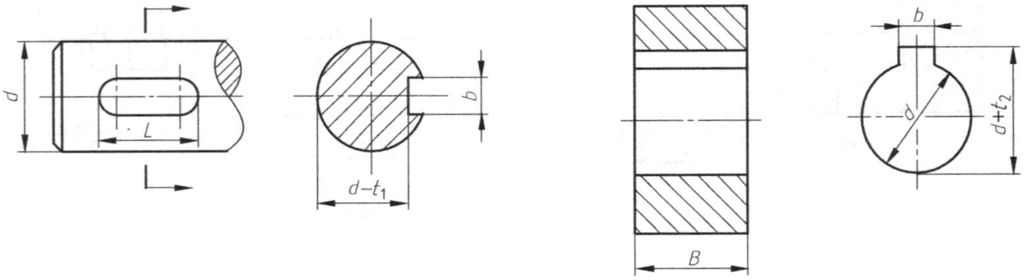

a)　　　　　　　　b)

图 10-7　轴和轮毂上键槽的尺寸标注

a）轴上的键槽　b）轮毂上的键槽

普通平键两侧面为工作面，其两侧面和下底面均与轴上、轮毂上键槽的相应表面接触，而普通平键顶面与轮毂上键槽顶面之间不接触，留有间隙。键连接的画法如图 10-8 所示。

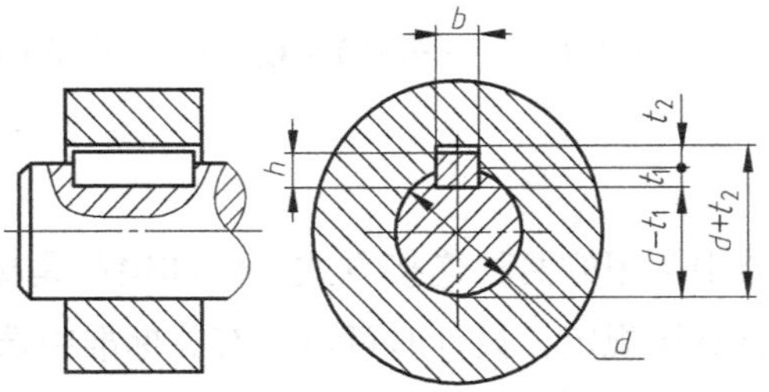

图 10-8　键连接的画法

注意：在装配图中，对于键等实心零件，当剖切平面通过其对称平面纵向剖切时，键按不剖绘制。

2. 销连接

销在机器中主要起定位和连接作用。连接时，销只能传递不大的转矩。常用销有圆柱销、圆锥销和开口销等，如图 10-9 所示。销是标准件，其结构形式、尺寸和标记都可以在相应的国家标准中查得。

图 10-10 所示为销连接的画法。当剖切平面通过销的轴线时，销按不剖处理。

图 10-9 常用销

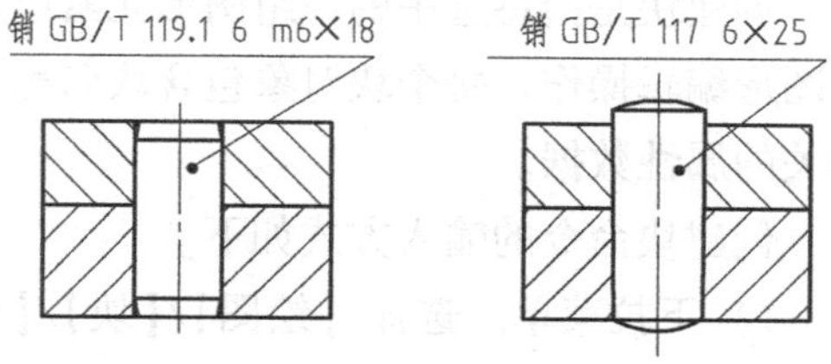

图 10-10 销连接的画法

10.2 块与图库操作

在使用 CAXA 电子图板 2015 绘制工程图的时候，经常会遇到一些经常使用的、形状相同或基本相同的图形。为了进一步提高绘图效率，简化相同或类似结构的绘制，CAXA 电子图版 2015 为用户提供了块的操作及多种标准件和常用件的参数化图库，用户可以通过块操作进行类似于其他实体的移动、复制、删除等各种编辑操作或按规格尺寸从图库中直接调用各标准件，可以根据需要将各标准件的图形按一定比例缩放、旋转、插入到指定的位置，也可以输入非标准件的尺寸，使标准件和非标准件有机地结合在一起。另外，CAXA 电子图版 2015 的自定义图符工具使用户可以快捷地建立自己的图形库。

10.2.1 块操作

块的各种功能操作主要包括创建块、插入块、块消隐和块打散、编辑块等。

块操作命令的输入方式如下。

1）下拉菜单。选择【绘图】/【块】命令，选择子菜单中相应的命令，如图 10-11 所示。

2）选项组。单击【常用】选项卡中【基本绘图】选项组中的按钮后的，弹出下拉菜单，选择相应的命令，如图 10-12 所示。

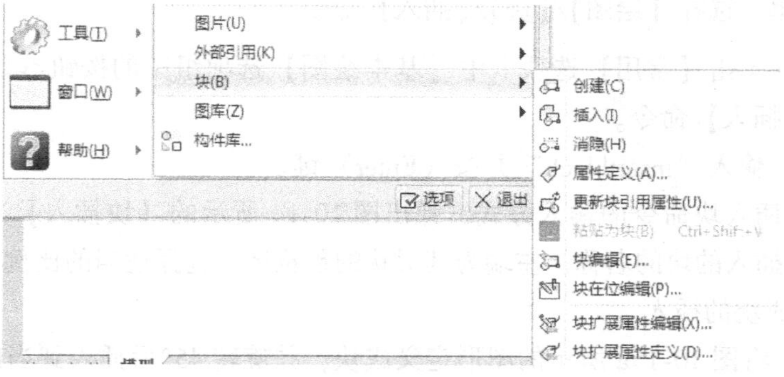

图 10-11 块操作的下拉菜单

3）命令行。输入相应的命令名并按〈Enter〉键。

1. 创建块

创建块是指将选中的一组图形元素组成一个块实体。生成的块位于当前层，并可对其进行图形编辑操作。每个块对象包含块名称、一个或者多个对象、用于插入块的基点坐标值和相关的属性数据。

创建块命令的输入方式如下。

1）下拉菜单。选择【绘图】/【块】/【创建】命令。

2）选项组：单击【常用】选项卡中【基本绘图】选项组中的按钮后的，弹出下拉菜单，选择【创建】命令。

3）命令行。输入“block”并按〈Enter〉键。

执行任一种创建块命令的输入方式，拾取欲组合为块的图形对象并确认，指定块的基准点后将弹出【块定义】对话框，如图 10-13 所示。在对话框中的【名称】文本框中输入块的名称，名称最多可以包含 255 个字符，包括字母、数字、空格以及操作系统或程序未作他用的任何特殊字符。块名称及块定义保存在当前图形中。

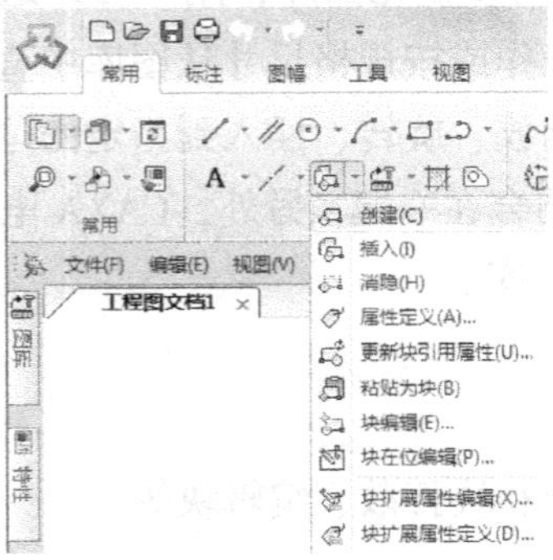

图 10-12　块操作的功能区下拉菜单

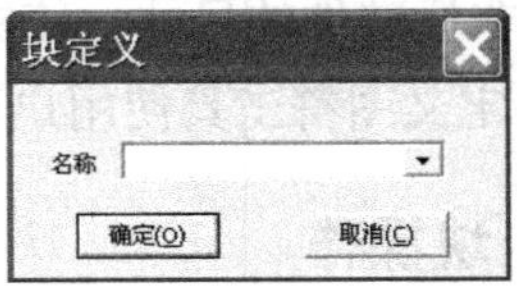

图 10-13　【块定义】对话框

2. 插入块

选择一个块并插入当前图形中称为插入块。

插入块命令的输入方式如下。

1）下拉菜单。选择【绘图】/【块】/【插入】命令。

2）选项组。单击【常用】选项卡中【基本绘图】选项组中的按钮后的，弹出下拉菜单，选择【插入】命令。

3）命令行。输入“insertblock”并按〈Enter〉键。

执行任一种插入块命令的输入方式，弹出图 10-14 所示的【块插入】对话框。在该对话框中输入将要插入的块的名称，左端为其形状的预览区，选择适当的比例、旋转角，单击【确定】按钮完成块的插入。

【例 10-1】 将图 10-15a 所示的图形定义成块，并旋转 45°后插入到当前图样中，如图 10-15b 所示。

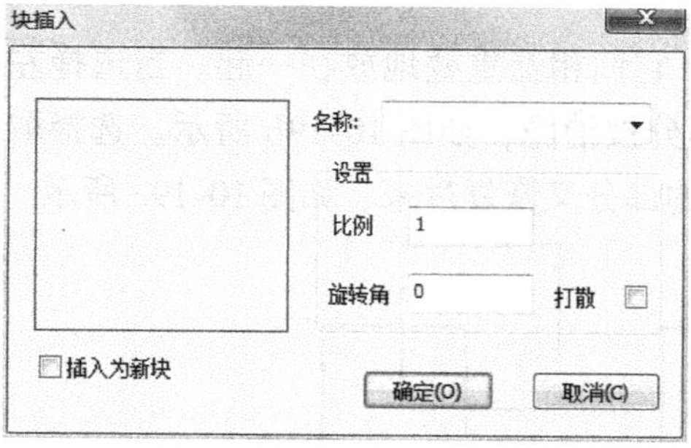

图 10-14 【块插入】对话框

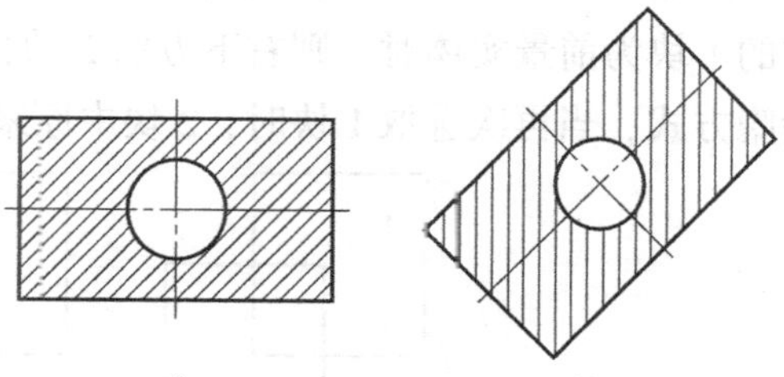

图 10-15 【例 10-1】图
a) 原图 b) 插入块

操作步骤

1）单击【创建】按钮，命令行提示“拾取元素”，框选图形，单击鼠标右键确定，如图 10-16 所示。

2）命令行提示“基准点”，拾取图形中心点为基准点。

3）在弹出的【块定义】对话框中输入名称，如图 10-17所示。

4）单击【确定】按钮，完成块的创建。

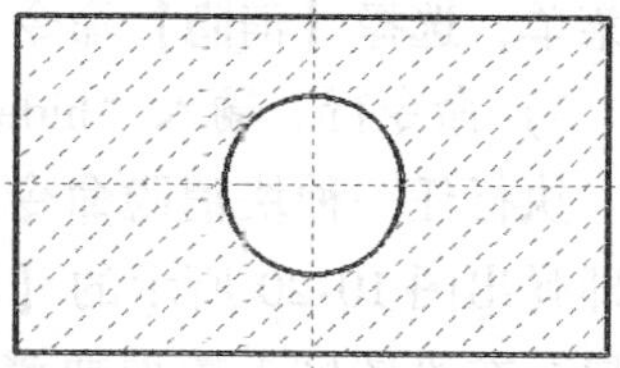

图 10-16 框选图形

5）单击【插入】按钮，在弹出的【块插入】对话框中选择块的名称，设置块的比例及旋转角，如图 10-18 所示。

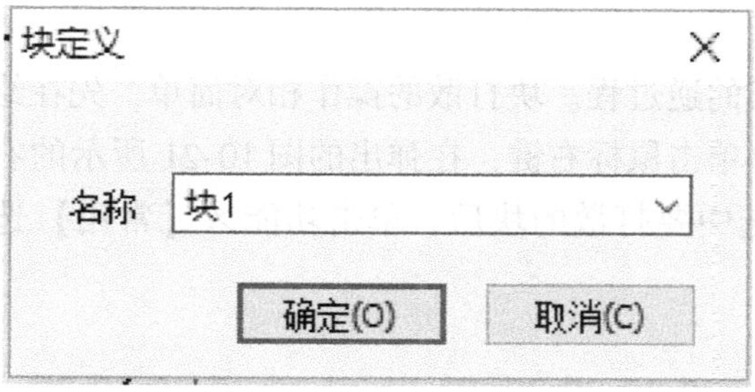

图 10-17 输入名称

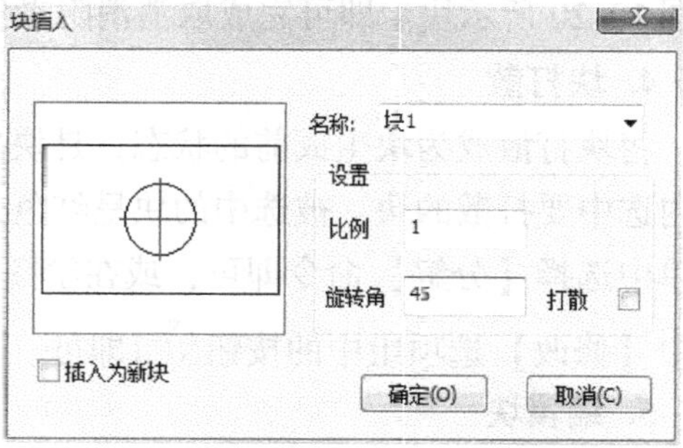

图 10-18 设置【块插入】对话框

6）单击【确定】按钮，要插入的块将随光标在绘图区内移动。

7）命令行提示“插入点”，在适当位置单击指定插入点，即可完成插入块的操作。

3. 块消隐

块消隐是指当前图形元素、块等之间发生相互遮掩时，通过块消隐操作，将具有封闭外轮廓的块图形作为前景图形区，自动擦除该区内其他图形。电子图板提供的二维自动消隐功能，给作图带来了方便。特别是在绘制装配图的过程中，当零件的位置发生重叠时，此功能的优势更加突出。

如图 10-19a 所示，两个矩形被定义成两个块，它们相互重叠地放在一起。当选择左上方的 1 块为前景实体时，则右下方的 2 块的相应部分被消隐，如图 10-19b 所示。选择取消消隐方式，当再次选取 1 块时，2 块中原来被消隐的部分又恢复过来，如图 10-19c 所示。

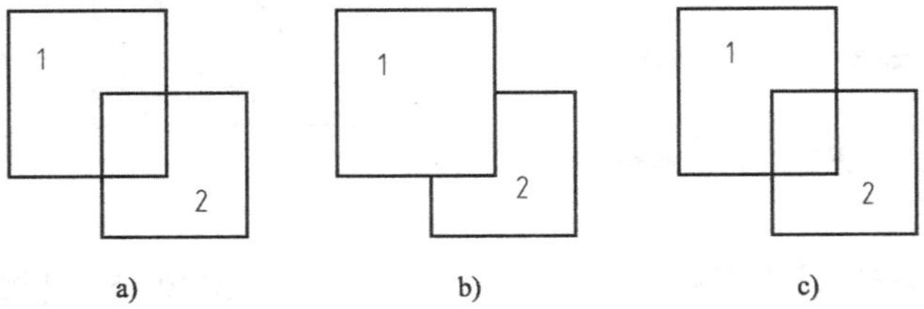

图 10-19 块消隐实例

a）原图 b）消隐 c）取消消隐

块消隐命令的输入方式如下。

1）下拉菜单。选择【绘图】/【块】/【消隐】命令。

2）选项组。单击【常用】选项卡中【基本绘图】选项组中的按钮后的，弹出下拉菜单，选择【消隐】命令。

3）命令行。输入“hide”并按〈Enter〉键。

执行任一种块消隐命令的输入方式，屏幕左下角即弹出图 10-20 所示的【块消隐】立即菜单，移动鼠标在绘图区上拾取要消隐的块，如图 10-19 所示块 1 即可完成消隐。

如果要取消消隐，则将图 10-20 所示的立即菜单切换为“取消消隐”，再拾取要取消消隐的块，如图 10-20 所示块 1 即可完成取消消隐操作。

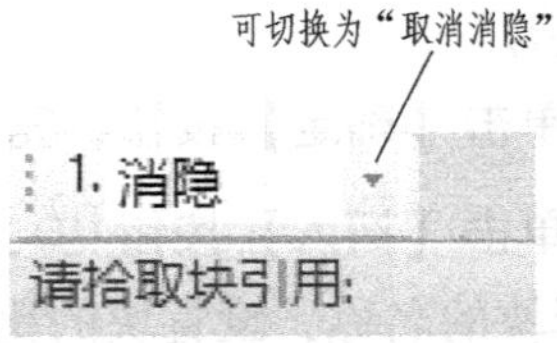

图 10-20 【块消隐】立即菜单

4. 块打散

将块打散成为块生成前的状态，是块生成的逆过程。块打散的操作相对简单，先在绘图区内选中要打散的块，被选中的块呈红色，再单击鼠标右键，在弹出的图 10-21 所示的右键菜单中选择【分解】命令即可；或在绘图区选中要打散的块后，单击功能区【常用】选项卡中【修改】选项组中的按钮即可。

5. 编辑块

对于插入到当前图形的块可以编辑其各种特性，包括块的对象、颜色和线型、块特性数据等。

块的特性编辑和查询主要通过【特性】选项板来操作。选中一个块并打开【特性】选项板，如图 10-22 所示，可以修改块的层、线型、线宽、颜色等特性，以及定位点、旋转角、缩放比例、消隐选择等。

10.2.2 图库操作

图库是由各种图符组成的，而图符是由一些基本图形对象组合而成的对象，同时具有参数、尺寸等多种特殊属性。通过提取图符可以按所需参数快速生成一组图形对象，并且方便后续的各种编辑操作。

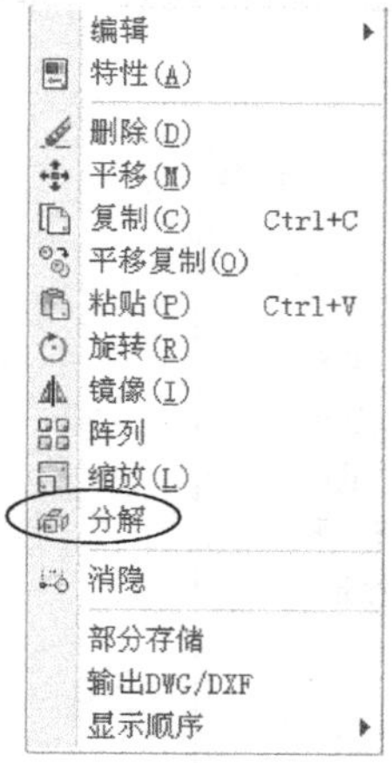

图 10-21 块打散的右键菜单

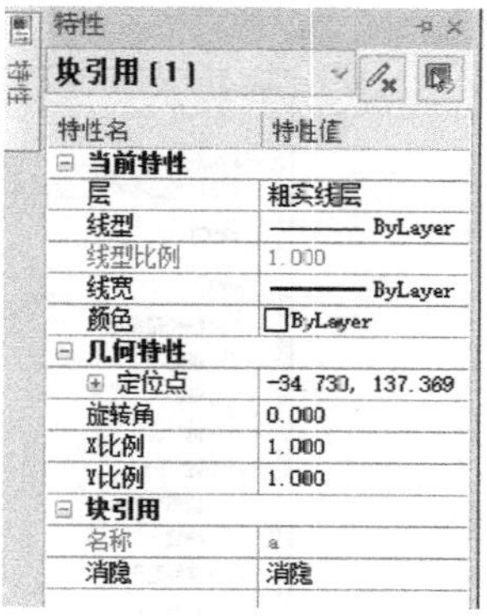

图 10-22 【特性】选项板

图符按是否参数化分为参数化图符和固定图符。图符可以由一个视图或多个视图（不超过六个视图）组成。图符的每个视图在提取出来时可以定义为块，因此在调用时可以进行块消隐。利用图库及块操作，为用户绘制零件图、装配图等工程图样提供了极大的方便。

选择【绘图】/【图库】命令，弹出【图库】子菜单，如图 10-23 所示，可以从中选择各个命令，进行命令的操作；或者单击【图库】按钮，也可单击功能区【常用】选项卡中【基本绘图】选项组中的按钮后的，从中选择相应命令操作，如图 10-24 所示。

本节重点介绍提取图符命令的使用。

图 10-23 图库操作的子菜单

提取图符就是从图库中选择合适的图符，将其插入到图中合适的位置。

提取图符命令的输入方式如下。

1）下拉菜单。选择【绘图】/【图库】/【提取图符】命令。

2）选项组。单击【常用】选项卡中【基本绘图】选项组中的按钮。

3）命令行。输入“sym”并按〈Enter〉键。

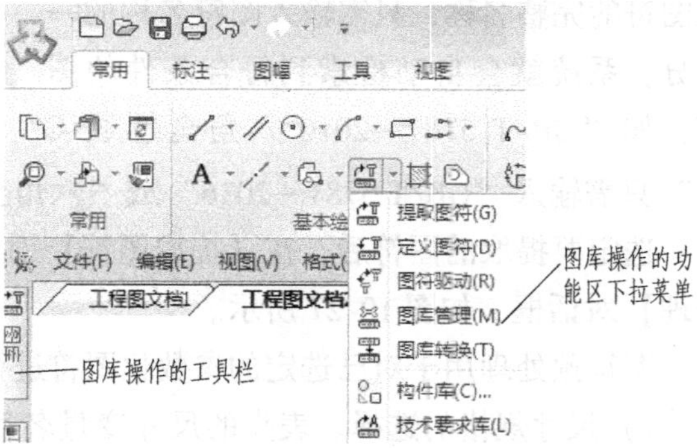

图 10-24 图库操作的工具栏和功能区下拉菜单

执行任一种提取图符命令的输入方式，弹出【提取图符】对话框，如图10-25所示。对话框中将图符类别分为大类和小类，查找时，先单击“图符大类”的下拉按钮，从中选择所需大类，按同样方法在“图符小类”中选择小类，然后在“图符列表”框中选择具体的图符。

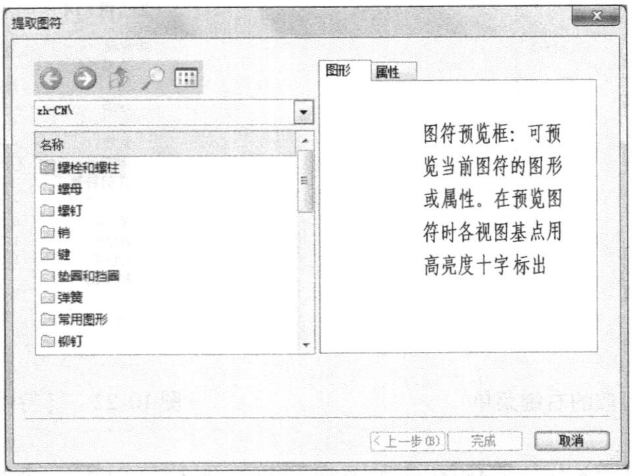

图10-25 【提取图符】对话框1

CAXA电子图板2015图库中的图符数量非常大，提取图符时又需要快速查找到要提取的图符，因此CAXA电子图板2015图库中所有的图符均按类别进行划分并存储在不同的目录中，这样能方便区分和查找。如图10-25所示，对话框左边为图符选择部分，右边为选择图符的预览区。提取图符时可以通过此对话框中的按钮和控件进行快速检索。

1）分别为后退、前进、向上按钮，这几个按钮可以协助在不同目录之间进行切换。

2）为浏览模式切换按钮，单击此按钮可以在列表模式和缩略图模式之间切换。

3）为查找按钮，单击该按钮将弹出【搜索图符】对话框，如图10-26所示。可通过图符名称来检索图符。检索时不必输入图符的完整名称，只需输入图符名称的一部分，系统就会自动检索到符合条件的图符，如“GB/T 5781—2016 六角全螺纹C级”只需输入“GB/T 5781—2016”或“六角全螺纹”就可以检索到。

图10-26 【搜索图符】对话框1

选定要提取的图符后，在【提取图符】对话框中单击【下一步】按钮，弹出【图符预处理】对话框，如图10-27所示。

图符预处理用于对已选定的参数化图符进行设置。

1）尺寸规格的选择。表头的尺寸变量名后如果有“*”，说明该变量为系列变量，其所对应的列中，各单元格中只给出了一个范围，如“30～120”，用户必须从中选取一个具体值。单击相应行中系列尺寸对应单元格右端的按钮▼，弹出一个下拉列表框，可从中选择合适的系列尺寸，如图10-28所示。

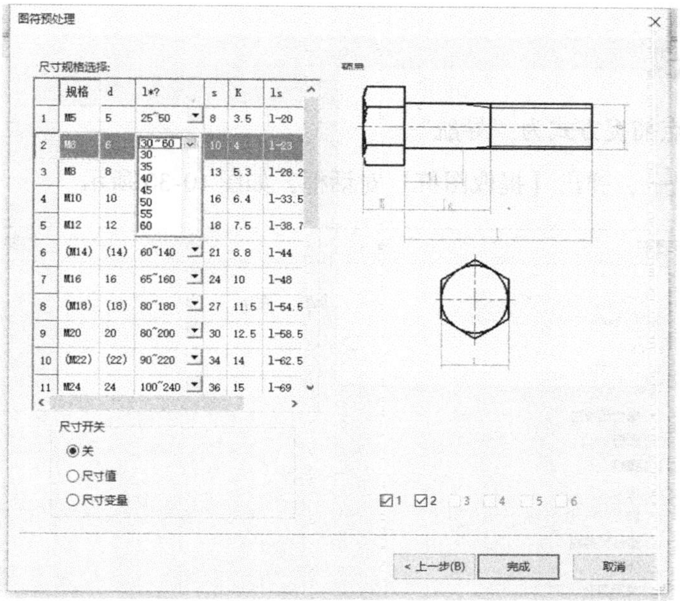

图10-27 【图符预处理】对话框1

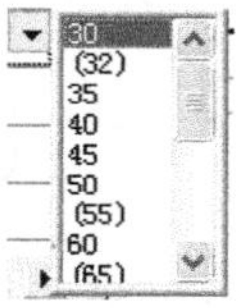

图10-28 系列尺寸的选择

2）尺寸开关。尺寸开关控制图符提取后的尺寸标注情况。“关”表示提取后不标注任何尺寸；“尺寸值”表示提取后标注实际尺寸；“尺寸变量”表示只标注尺寸变量名，而不标注实际尺寸。

3）图符预显。对话框右半部是图符预显区，下面排列有六个视图控制开关，单击可打开或关闭任意一个视图，被关闭的视图将不被提取出来。

【例10-2】 用M6螺栓连接图10-29a所示的两零件，连接后的图形如图10-29b所示。

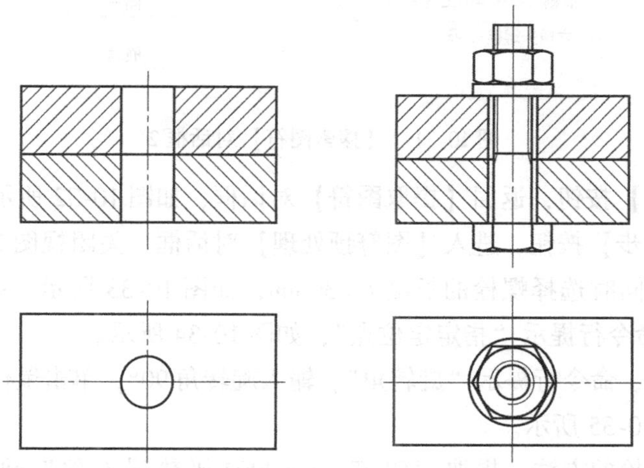

图10-29 【例10-2】图

要求：提取 GB/T 5780—2000 六角头螺栓-C 级，GB/T 95—2002 平垫圈-C 级，GB/T 41—2000 六角螺母-C 级。

操作步骤

1）设置屏幕点捕捉方式为“导航”。

2）单击按钮，弹出【提取图符】对话框，如图 10-30 所示。

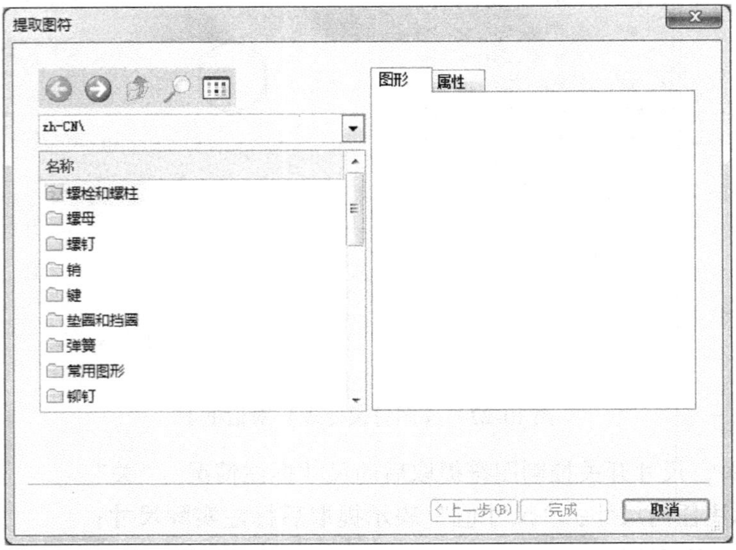

图 10-30 【提取图符】对话框 2

3）单击按钮，在对话框内输入“六角头螺栓-C 级，如图 10-31 所示。

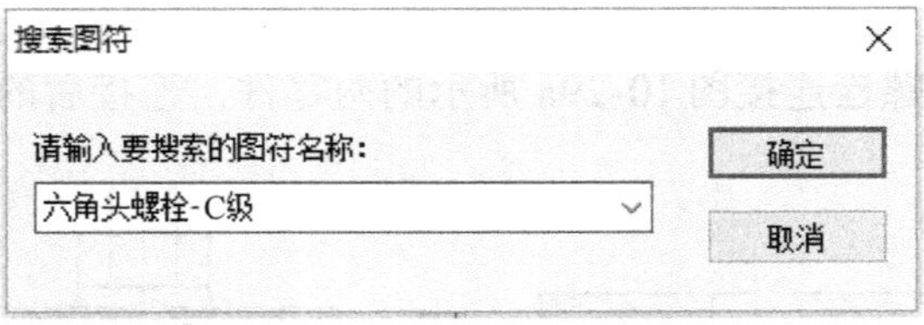

图 10-31 【搜索图符】对话框 2

4）单击【确定】按钮，返回【提取图符】对话框，如图 10-32 所示。

5）单击【下一步】按钮，进入【图符预处理】对话框，关闭视图 2，并在尺寸规格选择列表中选中 M6，同时选择螺栓的长度 $l = 30$mm，如图 10-33 所示。单击【完成】按钮，图符随光标移动，命令行提示“指定定位点”，如图 10-34 所示。

6）图符定位后，命令行提示“旋转角”，输入旋转角 90°，单击鼠标右键确定完成插入螺栓的操作，如图 10-35 所示。

7）按照提取螺栓的方法，提取“GB/T 95—2002 平垫圈-C 级”垫圈，在其【图符预处理】对话框中，关闭视图 1 并在尺寸规格列表中选中相应的尺寸规格，如图 10-36 所示。

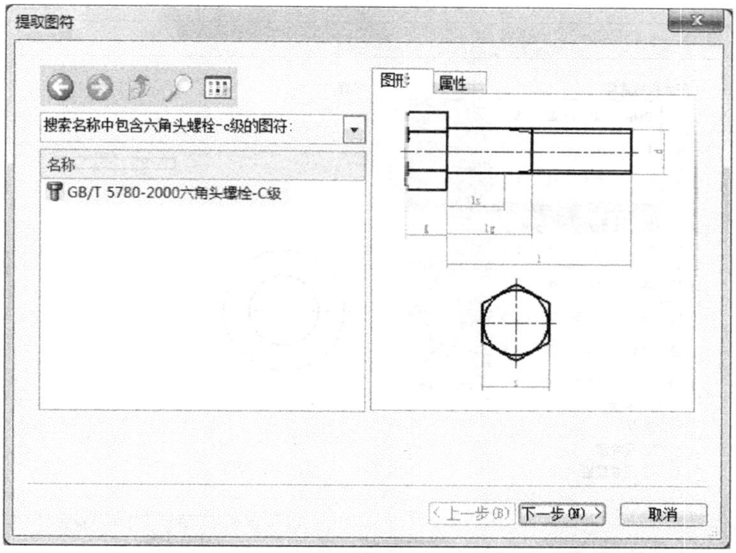

图 10-32　【提取图符】对话框 3

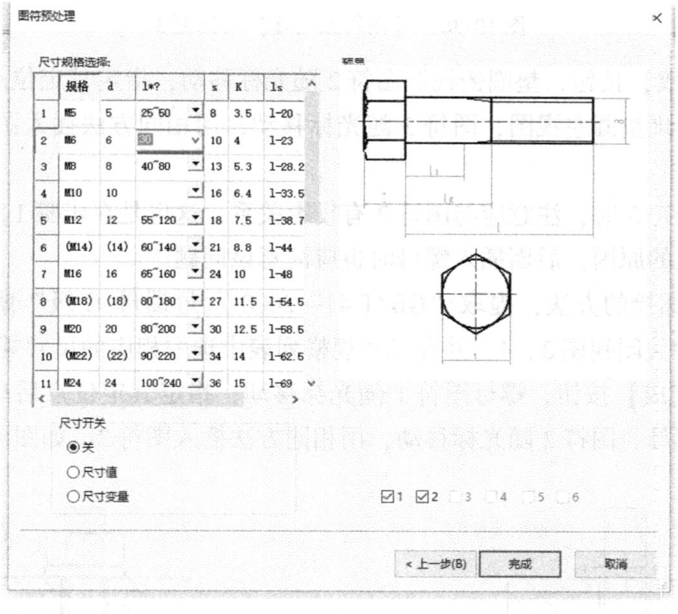

图 10-33　【图符预处理】对话框 2

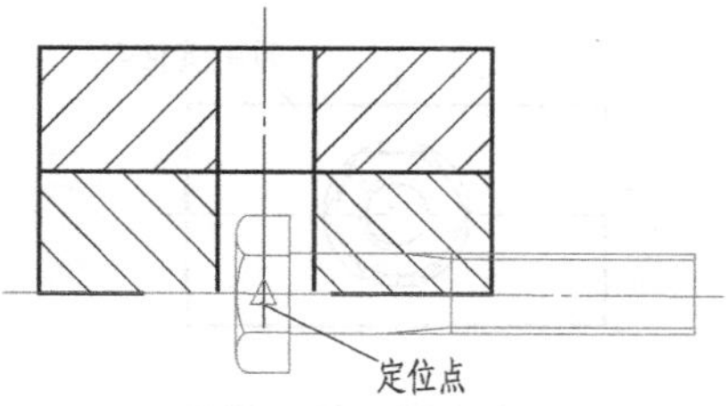

图 10-34　指定定位点

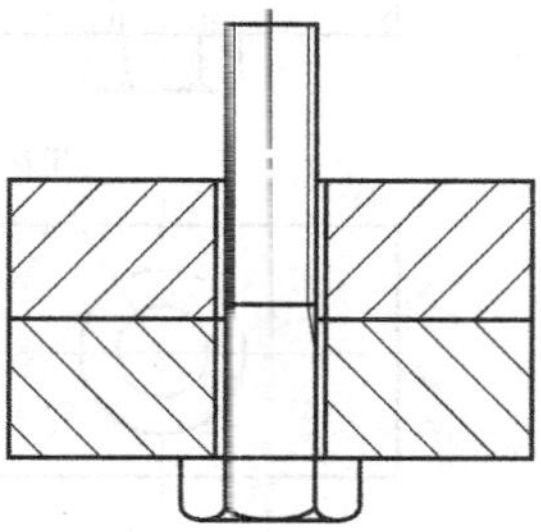

图 10-35　插入螺栓

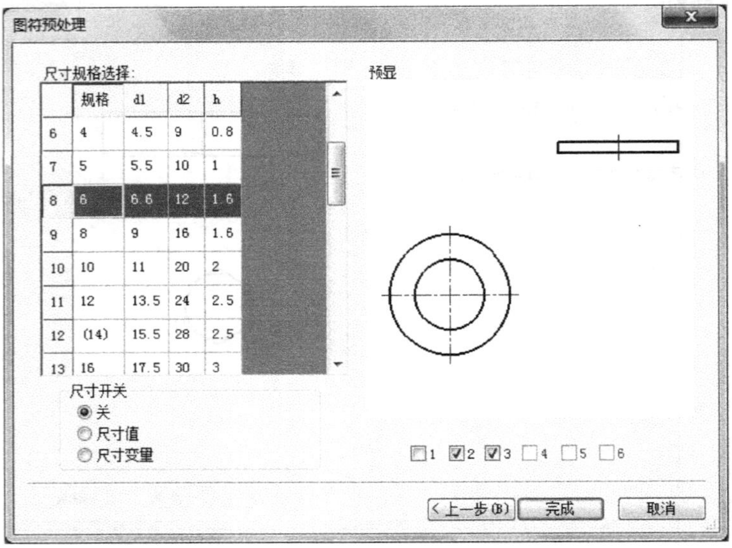

图 10-36 【图符预处理】对话框 3

8）单击【完成】按钮，垫圈俯视图图符 2 随光标移动，指定其定位点后单击鼠标右键结束操作；屏幕出现垫圈左视图，图符 3 随光标移动，用相同方法插入图符 3，如图 10-37 所示。

注意：插入图符 3 时，注意应与图符 2 有投影关系，这也是在步骤 1）中要将屏幕点捕捉方式切换到导航的原因。后面插入螺母时也应注意该问题。

9）按照提取螺栓的方法，提取“GB/T 41—2000 六角螺母-C 级”螺母，在其【图符预处理】对话框中关闭视图 3、4，并在尺寸规格列表中选中相应的尺寸规格。

10）单击【完成】按钮，螺母图符 1 随光标移动，指定其定位点后单击鼠标右键结束操作；屏幕出现螺母，图符 2 随光标移动，用相同方法插入图符 2，如图 10-38 所示。

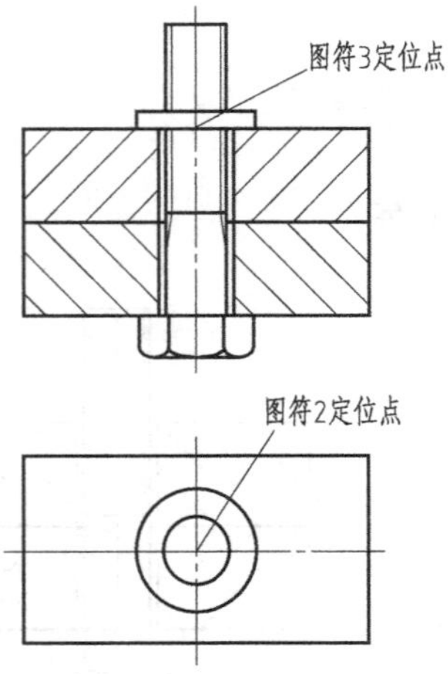

图 10-37 插入垫圈

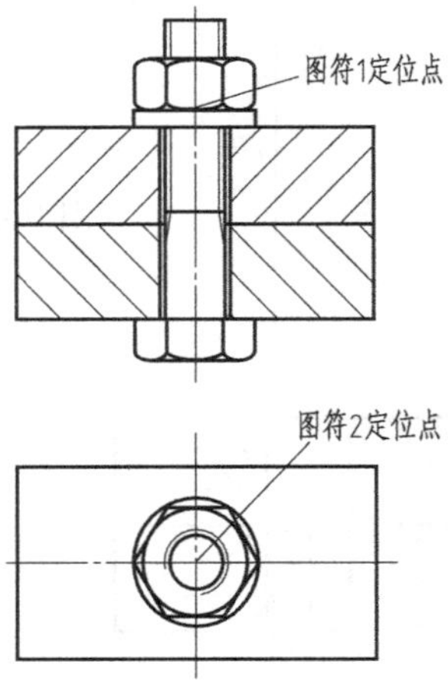

图 10-38 插入螺母

注意1：在插入垫圈和螺母时注意应切换立即菜单为消隐，如图10-39所示。

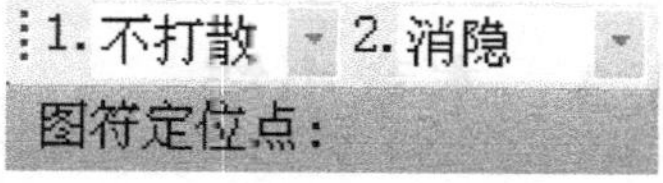

图10-39 插入图符的立即菜单

注意2：图10-40所示为提取“GB/T 41—2000 六角螺母-C级”螺母时的【图符预处理】对话框。

11）将俯视图打散，修改完成图形。

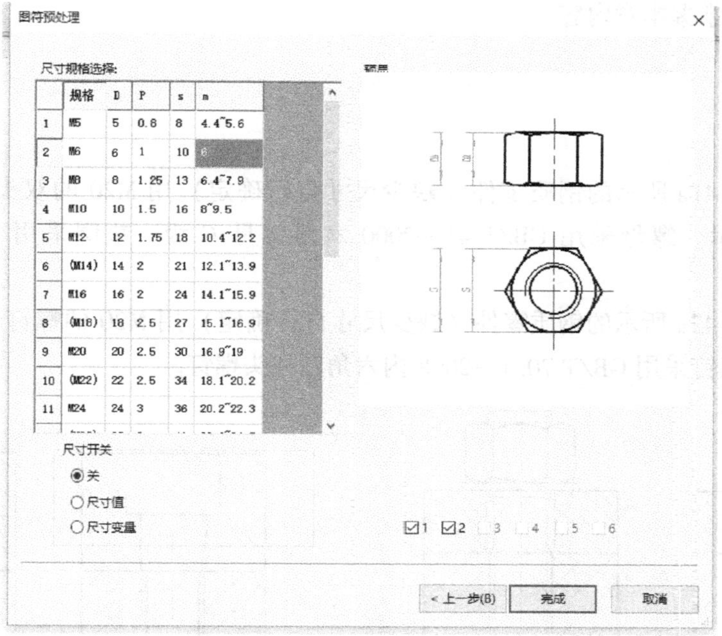

图10-40 【图符预处理】对话框4

图符驱动是对已提取出的没有打散的图符进行驱动，更换图符或者改变已提取图符的尺寸规格、尺寸标注情况和图符输出形式等参数。

注意：图符驱动不改变图形的插入点和旋转角。

图符驱动命令的输入方式如下。

1）下拉菜单。选择【绘图】/【图库】/【图符驱动】命令。

2）选项组。单击【常用】选项卡中【基本绘图】选项组中的按钮。

3）命令行：输入“symdrv”并按〈Enter〉键。

注意：直接双击要驱动的图符也可图符驱动

操作步骤如下。

1）执行图符驱动命令，命令行提示“请选择想要变更的图符:”。

2）拾取要驱动的图符，弹出【图符预处理】对话框。在此对话框中将所选的图符作为当前图形显示出来。与提取图符操作一样，可对图符的尺寸规格、尺寸开关以及图符处理等项目进行修改。

3）修改完成单击【完成】按钮，则绘图区内原图符被修改。

10.3 本章小结

本章主要介绍标准件的基本常识及 CAXA 电子图板 2015 中块和图库的基本操作。在块中主要介绍了块创建、块插入、块消隐、块打散及编辑块的操作。在图库操作中主要介绍了图符的提取、图符的驱动，举例讲解了如何提取图符。这些内容为绘图工作提供了方便。因此，读者应熟练掌握本章内容。

10.4 习题

1）将图 10-41a 所示的钢质零件（缺少尺寸自行确定）用 M20 的双头螺柱连接起来，如图 10-41b 所示。螺母采用 GB/T 41—2000 六角螺母-C 级，垫圈采用 GB/T 95—2002-C 级。

2）将图 10-42a 所示的钢质零件（缺少尺寸自行确定）用 M20 的螺钉连接起来，如图 10-42b 所示。螺钉采用 GB/T 70.1—2008 内六角圆柱头螺钉。

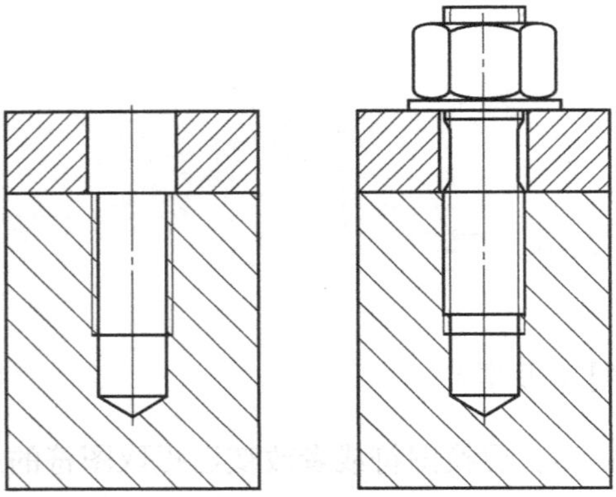

a) b)

图 10-41 双头螺栓连接图

a）原图 b）双头螺栓连接

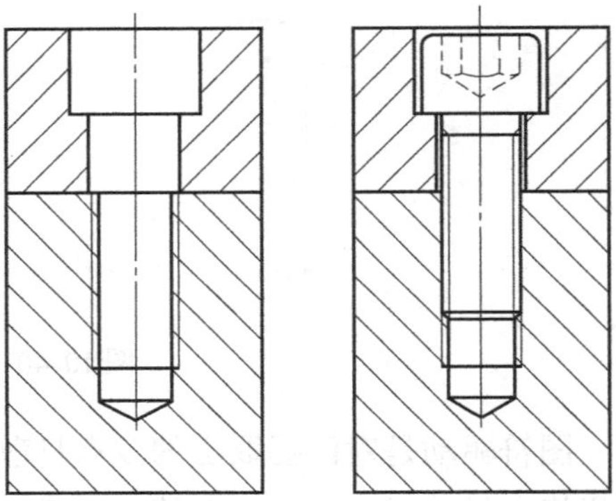

a) b)

图 10-42 螺钉连接图

a）原图 b）螺钉连接

第11章

零件的表达方法和零件图的绘制

零件是组成机器的最小单元。在生产实际中，零件的结构是多种多样的，国家标准为此规定了零件的多种表达方法。

重点知识

➢常用的零件表达方法
➢零件图的基本内容
➢绘制零件图的步骤

练习案例

➢绘制零件图
➢零件图的标注

11.1 零件的表达方法

在生产实际中，零件的形状往往是多种多样的，为将零件的内、外形状和结构表达清楚，国家标准《技术制图》规定了表达零件的各种方法。

11.1.1 视图

根据有关标准和规定，用正投影法所绘制的图形称为视图。视图主要表达零件的外部结构形状，一般只画零件的可见部分，必要时才画其不可见部分。视图分为基本视图、向视图、局部视图和斜视图四种。

1. 基本视图

当用三视图不能完全表达清楚零件的结构形状时，可在原有三个投影面的基础上再增设三个投影面，组成一个正六面体，如图 11-1 所示。将零件置于六投影面体系中，可从前、后、上、下、左、右六个方向分别向基本投影面投射，得到六个基本视图。制图标准中规定，以正六面体的六个面为基本投影面，把零件放置在空的六面体内，分别向六个基本投影面投射，所得到的视图称为基本视图。

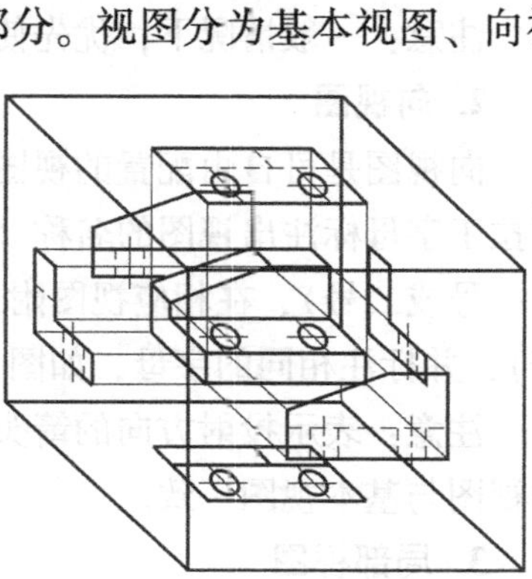

图 11-1 基本投影面

在基本视图中，除前面介绍过的主视图、俯视图和左视图外，其他三个基本视图为：

右视图——从右向左投射所得到的视图。

仰视图——从下向上投射所得到的视图。

后视图——从后向前投射所得到的视图。

展开六个基本投影面时仍保持 *V* 面不动，其他基本投影面按图 11-2 所示箭头方向展开至与 *V* 面共面。

六个基本视图的配置关系如图 11-3 所示。

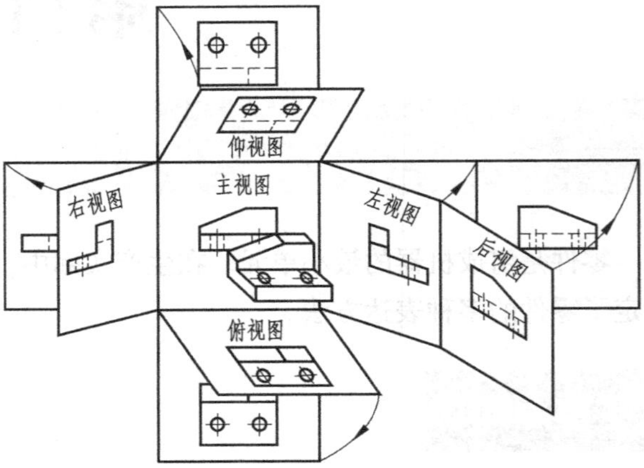

图 11-2　基本投影面展开

六个基本视图之间仍保持“长对正，高平齐，宽相等”的投影关系。

六个基本视图的配置，反映零件的上下、左右和前后的位置关系，如图 11-3 所示。特别应注意，除后视图外，其他视图靠近主视图的一侧表示零件的后面，远离主视图的一侧表示零件的前面。

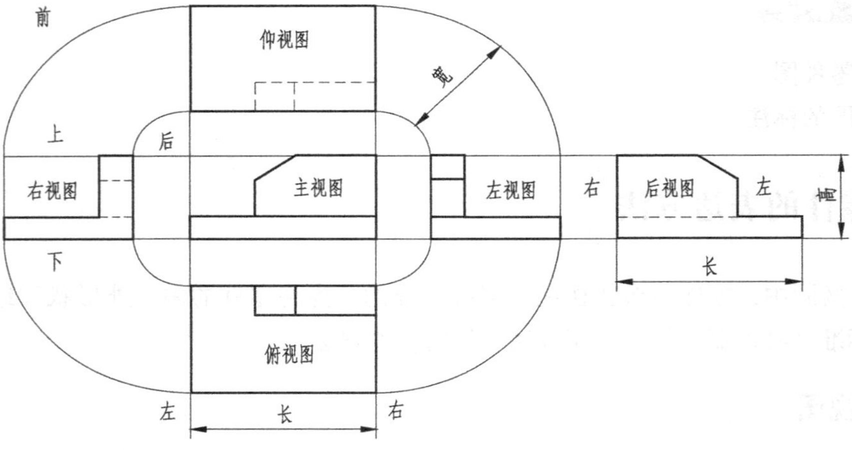

图 11-3　六个基本视图的配置关系

注意：一般情况下，优先使用主、俯、左视图。

2. 向视图

向视图是可自由配置的视图。为了便于读图，向视图必须进行标注。在视图的上方用大写拉丁字母标注出视图的名称“×”（“×”字母一律水平书写，且较图中所注尺寸的数字大一号或二号），在相应视图附近用箭头指明投射方向（箭头比所注尺寸的箭头大一或二倍），并标注相同的字母，如图 11-4 所示。

注意：表示投射方向的箭头应尽可能配置在主视图的四周，方向指向主视图，以便获得的视图与基本视图一致。

3. 局部视图

将零件的某一部分向基本投影面投射所得到的视图，称为局部视图。当采用一定数量的

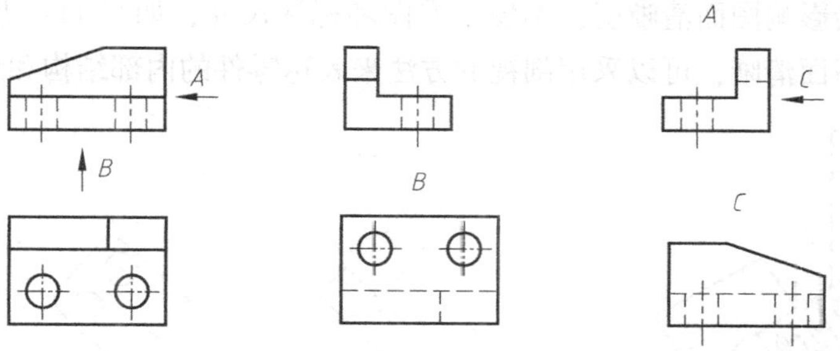

图 11-4 向视图

基本视图后，零件上仍有部分结构形状尚未表达清楚，而又没有必要再画出完整的其他基本视图时，可采用局部视图来表达。

如图 11-5 所示，在主、俯视图中已经将零件主体形状基本表达清楚，只有左侧上端的法兰以及右侧凸台的结构形状尚未表达清楚，而又没必要画出完整的左视图和右视图，此时可以使用局部视图表达左右两侧的结构形状。

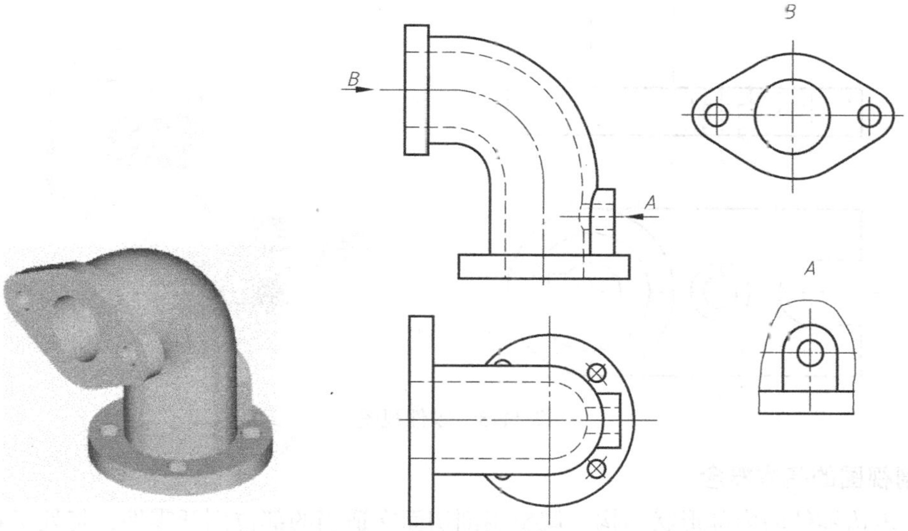

图 11-5 局部视图

4. 斜视图

当零件上某部分的结构具有不平行于基本投影面的倾斜部分时，在基本投影面上的投影不能反映该部分的真实形状，为了表达倾斜部分的真实结构形状，可设置一个与倾斜结构平行并垂直于基本投影面的辅助投影面，将倾斜部分的结构形状向辅助投影面投射，如图 11-6 所示，然后再将辅助投影面旋转到与其垂直的投影面共面的位置，就可获得倾斜部分结构形状的真实投影图。这种将零件向不平行于基本投影面的平面投射所得到的视图，称为斜视图。

图 11-7 所示为斜视图的配置和标注 。

11.1.2 剖视图

在用视图表达零件时，其内部结构都用虚线来表达。内部结构形状复杂，视图中会出现许多虚线，这样会影响图面清晰度，不便于看图和标注尺寸，如图 11-8 所示。为了减少视图中的虚线，使图面清晰，可以采用剖视的方法来表达零件的内部结构和形状。

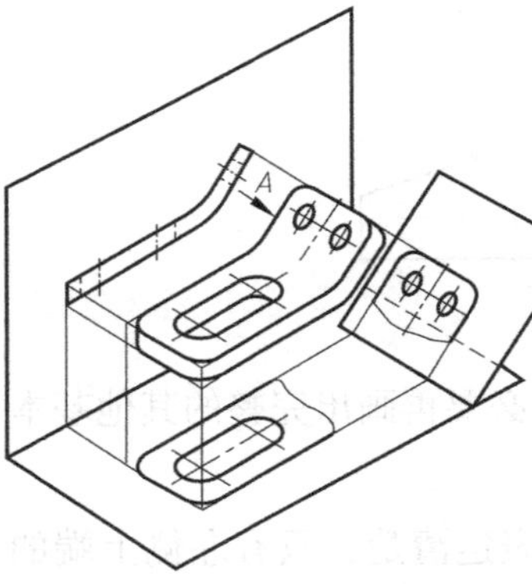

图 11-6　斜视图的形成

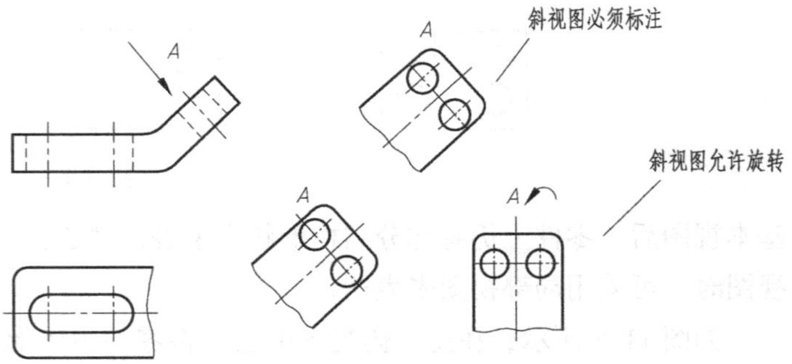

图 11-7　斜视图的配置和标注

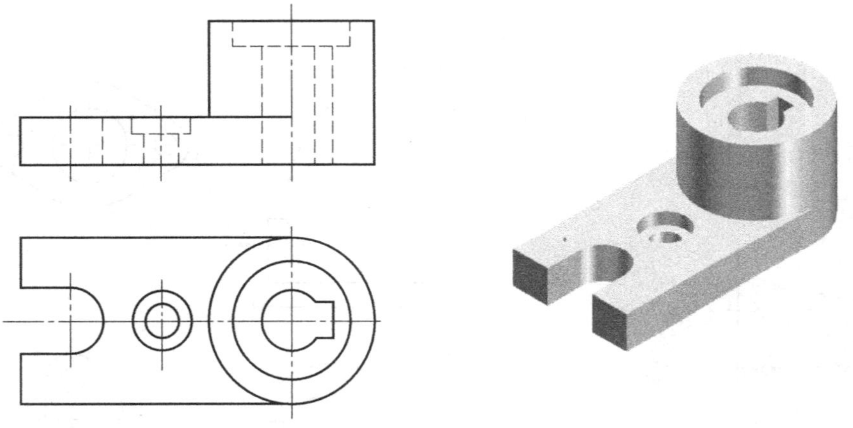

图 11-8　零件视图

1. 剖视图的基本概念

为了表达零件的内部形状结构，假想用剖切面在适当的部位剖开零件，将处于观察者和剖切面之间的部分移去，而将剩余的部分向投影面投射，并在剖面区域内画上剖面符号，所得的图形称为剖视图，简称剖视，如图 11-9 所示。

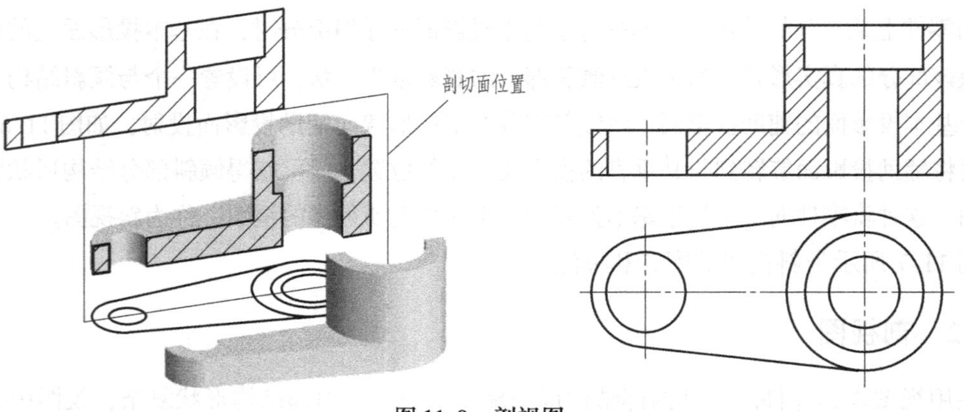

图 11-9　剖视图

国家标准对各种材料的剖面符号进行了详细规定。各种材料的剖面符号见表11-1。

表11-1 各种材料的剖面符号

材料名称	剖面符号	材料名称	剖面符号	材料名称	剖面符号
金属材料(已有规定剖面符号者除外)		玻璃及供观察用的其他透明材料		混凝土	
线圈绕组元件		木材 纵剖面		钢筋混凝土	
转子、电枢、变压器和电抗器等的迭钢片		木材 横剖面		砖	
非金属材料(已有规定剖面符号者除外)		木质胶合板(不分层数)		格网(筛网、过滤网等)	
型砂、填砂、粉末冶金、陶瓷刀片、硬质合金刀片等		基础周围的泥土		液体	

2. 剖视图的种类

按剖切面剖开零件范围的大小不同，剖视图分为全剖视图、半剖视图和局部剖视图。

（1）全剖视图 用剖切面（一个或几个）完全地剖开零件所得的剖视图称为全剖视图。全剖视图主要用于表达内部结构比较复杂、外形比较简单的零件，如图11-9所示。

注意：全剖视图也可用两个或两个以上的剖切面完全地剖开。

（2）半剖视图 当零件具有对称平面时，向垂直于对称平面的投影面上投射所得到的图形，可以对称中心为界，一半画成剖视图，另一半画成视图，这种剖视图称为半剖视图。如图11-10所示底座，其主视图如采用全剖视图，则圆柱体前的凸台就不能表达出来，此时可采用半剖视图，既可表达外部形体又可看清内部结构，如图11-11所示。

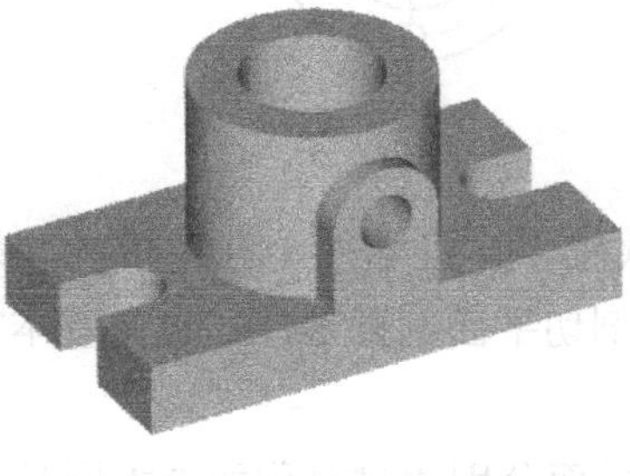

图11-10 底座

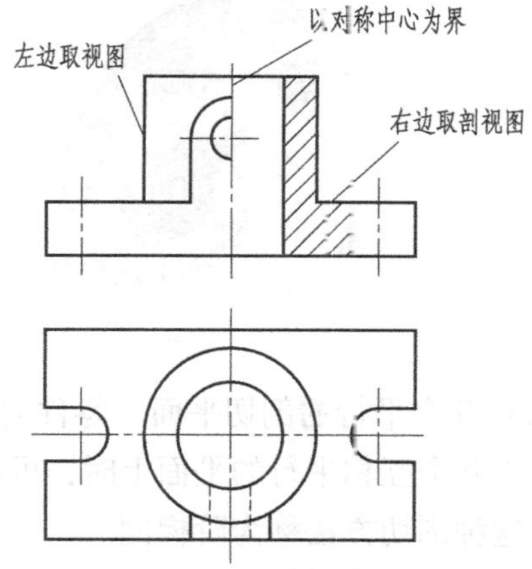

图11-11 半剖视图

（3）局部剖视图 用剖切面局部地剖开零件所得的剖视图称为局部剖视图，如图11-12所示。

零件局部剖切后，其视图部分与剖视图部分以波浪线为分界线。局部剖视图既可表达零件的外形又能表达零件的内部结构，表达方法灵活，剖切位置和剖切范围可根据需要灵活选定。

注意：在局部剖视图中，波浪线也可用双折线代替。

3. 剖视图的剖切方法

前面图中的全剖视图、半剖视图和局部剖视图，都是用单个剖切面剖切零件而得到的。由于零件内部结构形状的多样性和复杂性，常需选用不同数量和位置的剖切面来剖切零件，才能把零件的内部结构表达清楚。国家标准规定，根据零件的结构特点，可选用不同的剖切面和剖切方法。

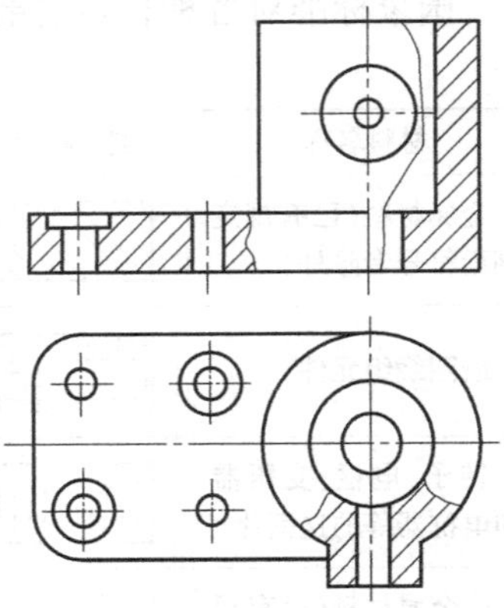

图 11-12　局部剖视图

（1）不平行于任何基本投影面的剖切面　当零件上需表达的内部结构呈倾斜状态，在基本投影面上不能反映实形时，可用一个与倾斜部分的主要平面平行且不平行于任何基本投影面的平面剖切，再投射到与剖切平面平行的投影面上，即可得到该倾斜部分内部结构的实形，这种剖切方法称为斜剖。图 11-13 所示的“*A—A*”全剖视图就是用单一的斜剖切平面剖切画出的，表达了零件上倾斜部分的内部结构。

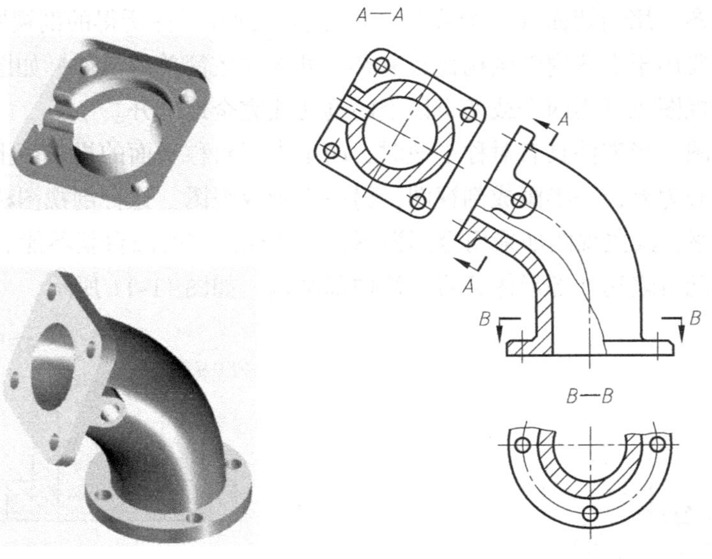

图 11-13　斜剖

（2）几个平行的剖切平面　零件需表达的结构层次较多，且零件上孔、槽的轴线或对称面位于几个互相平行的平面上时，可以用几个平行的剖切平面剖开零件，再向基本投影面投射，这种剖切方法称为阶梯剖。

图 11-14 所示零件上有三个孔，用两个互相平行的平面分别通过对称面上大圆柱孔和右侧小圆柱孔的轴线剖开零件。这样画出的剖视图，就能把零件多层次的内部结构完全表达清楚。

注意：剖切平面的转折处，不允许与零件的轮廓线重合。在剖视图上，两平行剖切平面转折处的投影不画。

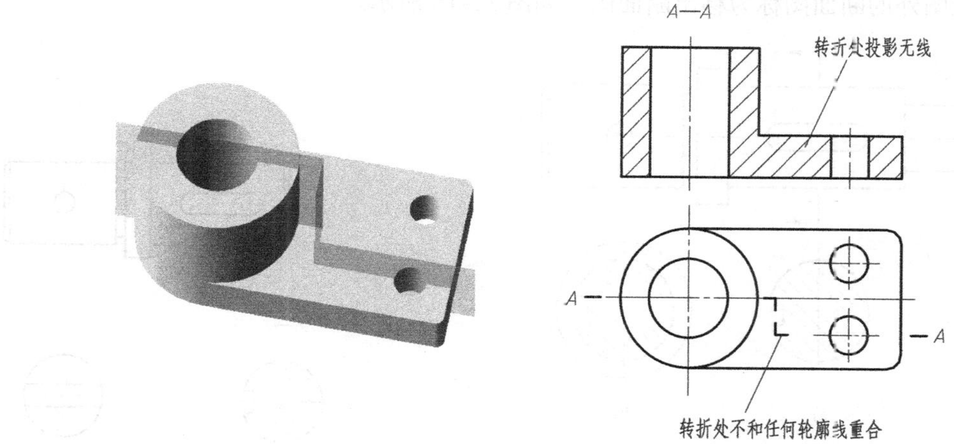

图 11-14 阶梯剖

（3）几个相交的剖切面 当零件的内部结构用一个剖切平面不能表达完全，而其整体结构具有明显的回转轴线时，可以用几个相交的剖切面（交线垂直于某一基本投影面）剖开零件，并将不平行于投影面的剖切平面剖开的结构及其有关部分旋转到与选定的基本投影面平行后再进行投射，这种剖切方法称为旋转剖，如图 11-15 所示。

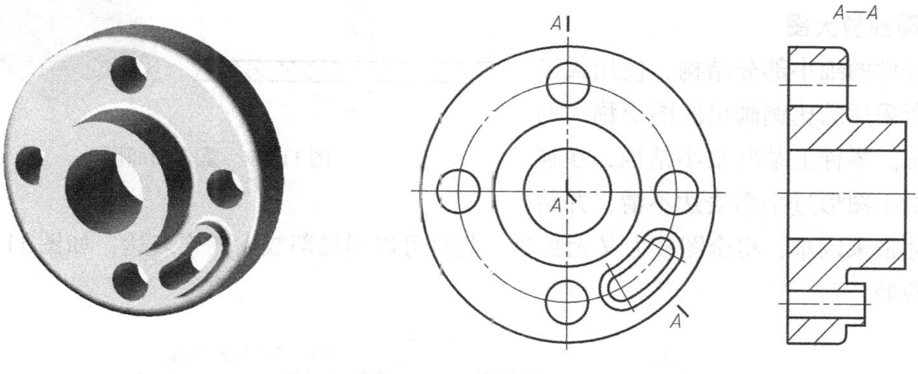

图 11-15 旋转剖

11.1.3 断面图

假想用剖切面把零件的某处切断，仅画出剖切面与零件接触部分的图形称为断面图（简称为断面）。断面图用来表达零件上某一局部的断面形状，如图 11-16 所示。

断面图与剖视图的区别是：断面图只画出零件剖切处的断面形状，而剖视图除了画出断面形状外，还要画出剖切面后面部分的零件轮廓投影。图 11-17a 所示为断面图；图 11-17b 所示为剖视图。

根据断面图的配置位置，断面图分为移出断面图和重合断面图两种。

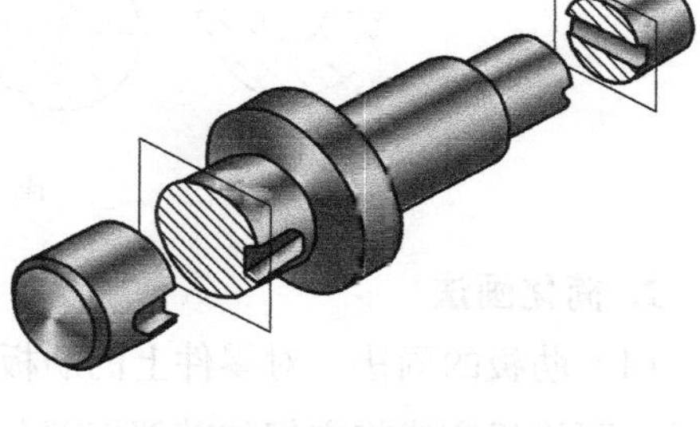

图 11-16 断面图

画在视图外的断面图称为移出断面图，如图 11-18 所示。

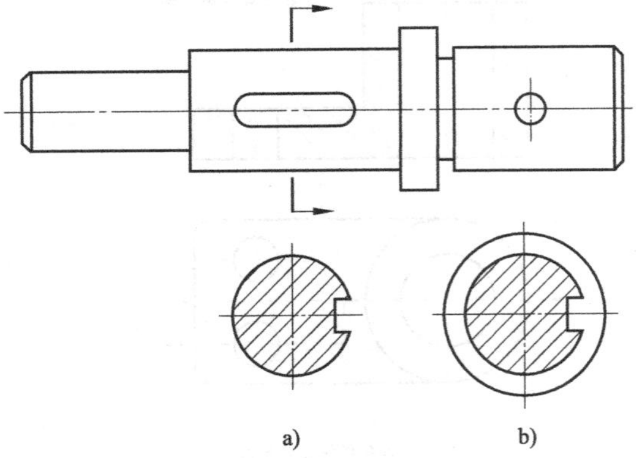

图 11-17 断面图与剖视图的区别

a) 断面图 b) 剖视图

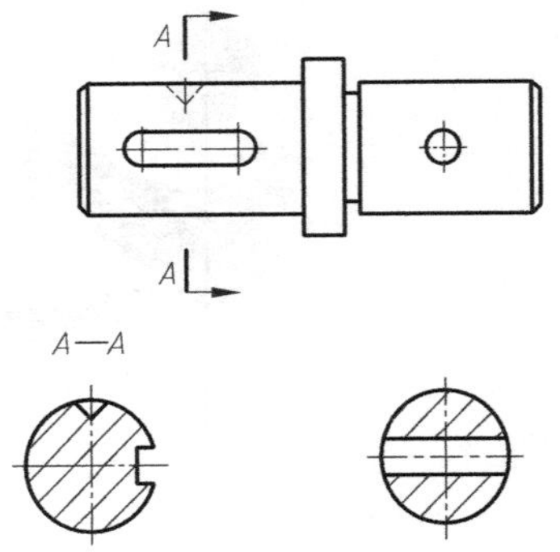

图 11-18 移出断面图

在不影响图形清晰度的条件下，断面图可以画在视图之内，称为重合断面图，如图 11-19所示。

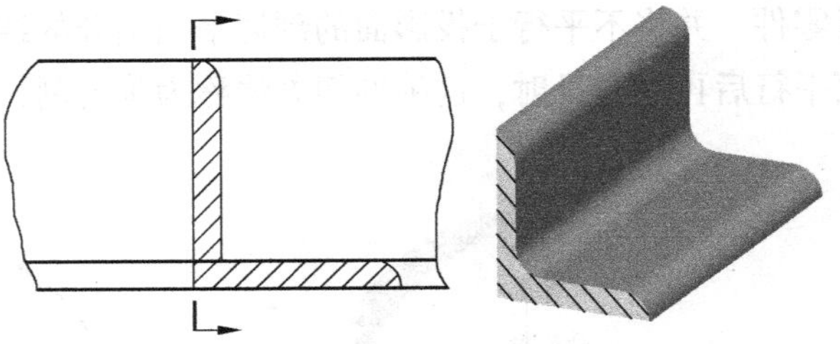

图 11-19 重合断面图

11.1.4 其他表达方法

1. 局部放大图

将零件的细小部分结构，使用大于原图形所采用的比例画出的图形称为局部放大图。零件上某些细小结构，在视图上常由于图形过小而表达不清，并给标注尺寸带来困难，将全图放大又无必要，此时可以用局部放大图来表达，如图 11-20 所示Ⅰ、Ⅱ两处。

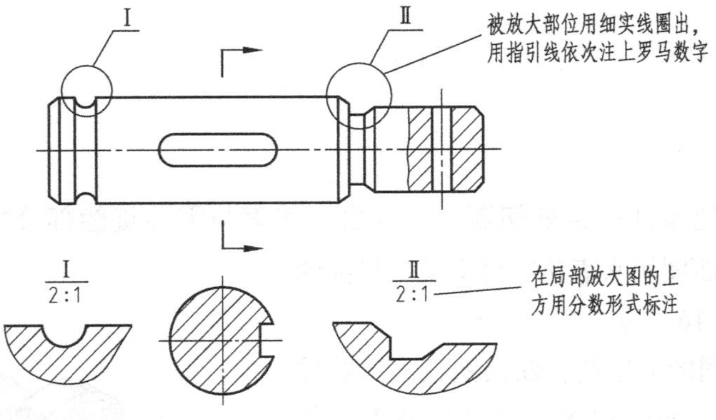

图 11-20 局部放大图

2. 简化画法

(1) 肋板的画法 对零件上的肋板、轮辐及薄壁等，如按纵向剖切，这些结构不画剖面符号，而用粗实线将它们与其邻接部分分开，如图 11-21 所示。

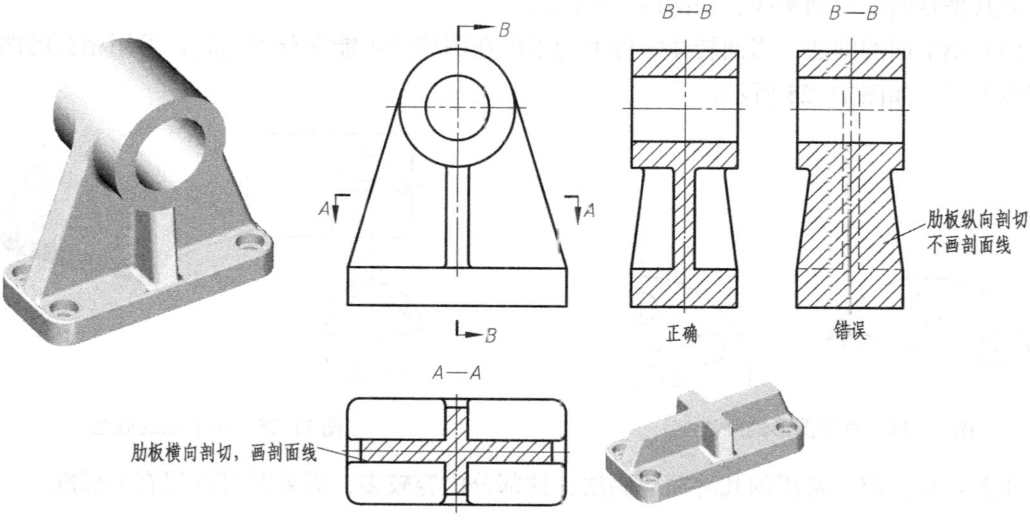

图 11-21 肋板的画法

注意：按纵向剖切即剖切平面与肋、轮辐或薄壁厚度方向的对称平面重合或平行。

(2) 均匀分布的肋板及孔的画法　当需要表达零件回转体结构上均匀分布的肋板、轮辐、孔等，而这些结构又不处于剖切平面上时，可以把这些结构旋转到剖切平面位置上画出，如图 11-22 所示。

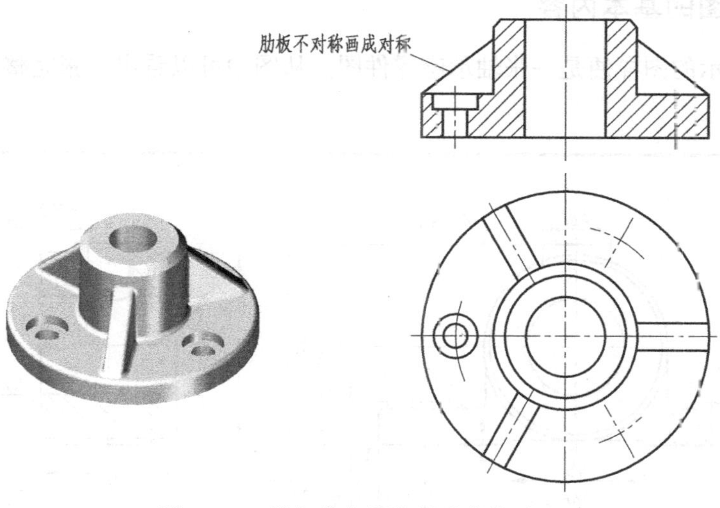

图 11-22 均匀分布的肋板及孔的画法

注意：若干直径相同且成规律分布的孔，可以仅画出一个或几个，其余只需用细点画线表示其中心位置。

(3) 断开的画法　轴、杆类较长的零件，当沿长度方向形状相同或按一定规律变化时，允许断开画出。标注尺寸时仍注实长，如图 11-23 所示。

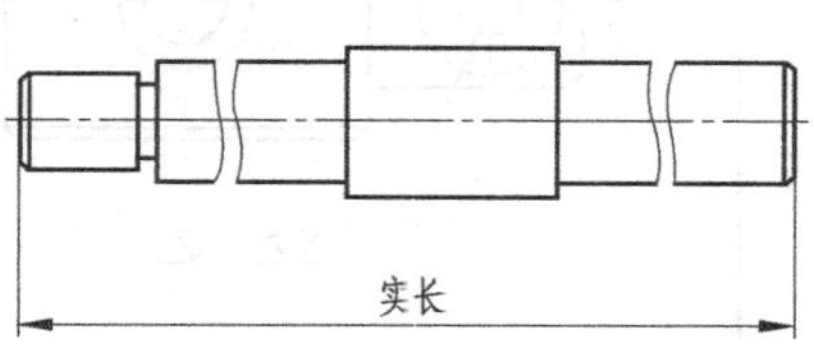

图 11-23 断开的画法

(4) 对称图形的画法　在不致引起误解时，对称图形可只画 1/2 或 1/4，并在对称中心线的两端画出两条与其垂直的平行细实线，如图11-24所示。

(5) 小平面的画法　当回转体零件上的平面在图形中不能充分表达时，可用相交的两条细实线表示，如图 11-25 所示。

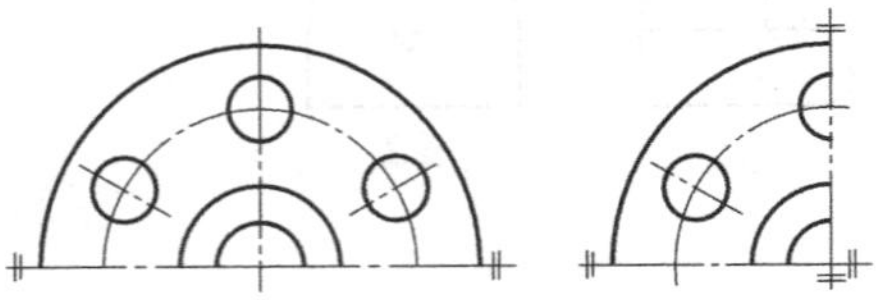

图 11-24　对称图形的画法

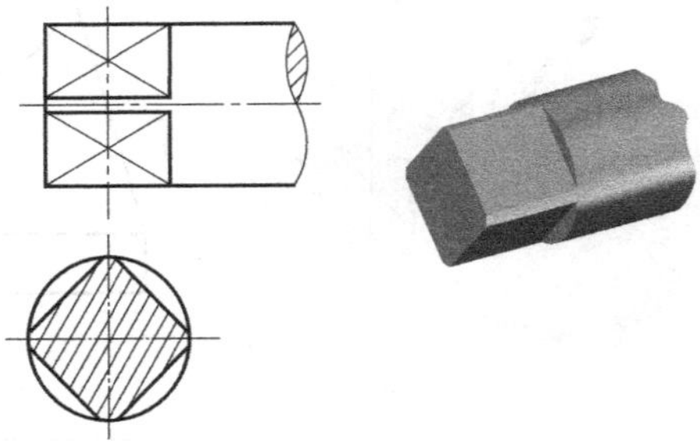

图 11-25　小平面的画法

注意：只介绍了常用的几种简化画法，这部分内容较多，需要时可查阅有关标准。

11.2　零件图的基本知识

零件是组成机器或部件的基本单位。在实际生产中，生产工人根据技术人员提供的零件图制造出经检验后合格的零件，然后再装配成机器或部件。

11.2.1　零件图的基本内容

图 11-26 所示的图样便是一张轴承座零件图。从图中可以看出一张完整的零件图应包括以下基本内容。

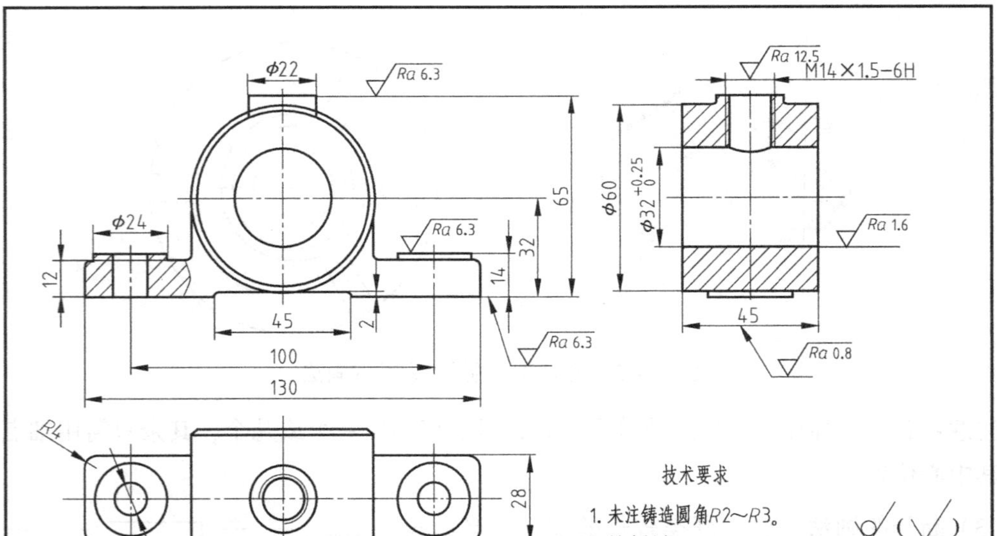

图 11-26　轴承座零件图

1. 一组视图

用一组视图（包括视图、剖视图、断面图、局部放大图等）完整、正确、清晰和简洁地表达零件的内外结构形状。

2. 尺寸

用一组尺寸，正确、完整、清晰和合理地标注出制造、检验零件所需的全部定形、定位尺寸。

3. 技术要求

用一些规定的符号、数字、字母和文字注释，简明、准确地给出零件在使用、制造和检验时需达到的一些技术要求，如表面粗糙度、尺寸公差、几何公差、热处理要求等。

4. 标题栏

用标题栏明确地填写出零件的名称、材料、比例以及相关责任人的签字等内容。

注意：标题栏的方向一般为看图的方向。

11.2.2 零件图的尺寸标注

零件图的尺寸标注着重解决标注尺寸的合理性要求。所谓合理标注尺寸，就是既要满足设计要求，以保证机器的质量，又要满足工艺要求，以便于加工制造和检测。要达到合理的要求，必须具备一定的生产实践经验，掌握有关的专业知识。

1. 尺寸基准

尺寸基准就是确定尺寸位置的几何要素。零件有长、宽、高三个方向，每个方向必须有一个主要的尺寸基准，另外可有一个或几个辅助基准。根据基准的作用不同，尺寸基准又分为设计基准和工艺基准。

如图 11-27 所示的轴承座，分别选下底面和对称平面为高度方向和长度方向的设计基

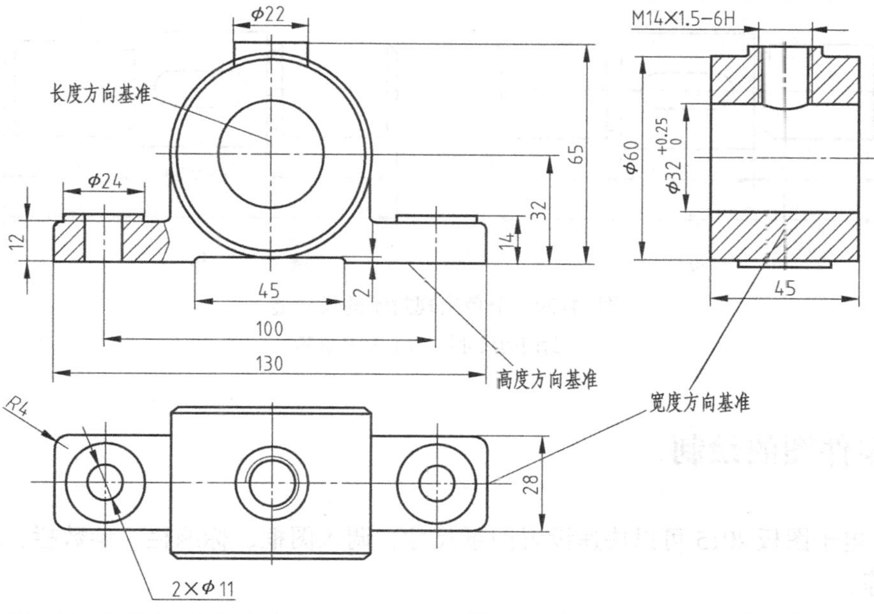

图 11-27 基准的选择

准。一根轴通常要用两个轴承座支承，两者的轴孔应在同一轴线上。两个轴承座都以底面与机座贴合，确定高度方向位置，以对称平面确定长度方向位置。所以，在设计时以底面为基准来确定高度方向的尺寸，以对称面为基准确定底板上两个螺栓孔的中心距及其对于轴孔的对称关系，最终实现两轴承座安装后轴孔同心，保证功能。

2. 合理标注尺寸的原则

(1) 零件上的重要尺寸必须直接注出　重要尺寸是指直接影响零件工作性能、有配合要求和确定各部分相对位置的尺寸，如零件间的配合尺寸、重要的安装定位尺寸等。如图 11-27所示的轴承座，轴承孔的中心高 32mm 和安装孔的中心距 100mm 必须直接注出。

(2) 尺寸标注要便于测量　图 11-28a 所示注法测量方便，图 11-28b 所示注法测量不方便。

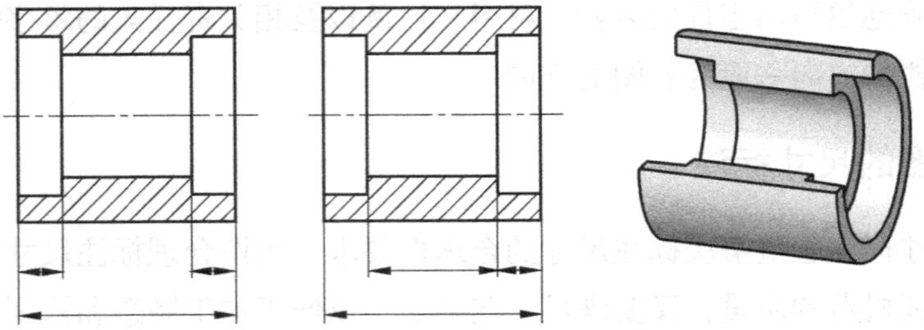

a)　　b)　　c)

图 11-28　尺寸标注要便于测量

a) 测量方便　b) 测量不方便　c) 立体图

(3) 避免出现封闭的尺寸链　首尾相连的链状尺寸组称为尺寸链，如图 11-29a 所示。在几个尺寸构成的尺寸链中，选一个不重要的尺寸空出不注，如图 11-29b 所示，使所有尺寸误差都积累到这一段，以保证重要尺寸的精度，提高加工的经济性。

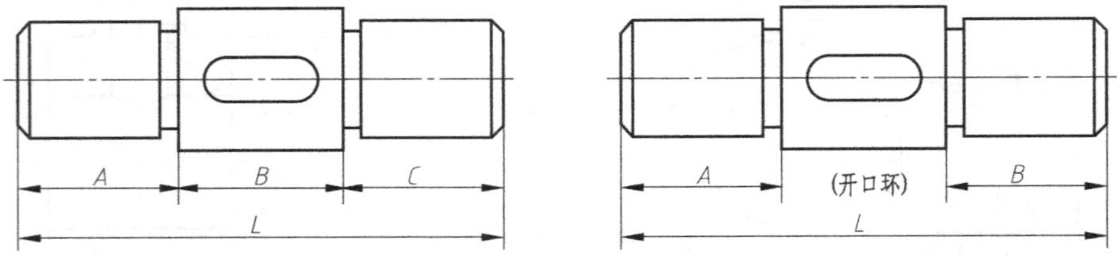

a)　　b)

图 11-29　避免出现封闭的尺寸链

a) 封闭的尺寸链　b) 有开口环

11.3　零件图的绘制

CAXA 电子图板 2015 可以快速设置图纸尺寸，调入图框、标题栏、参数栏，填写图纸属性信息等。

选择【幅面】下拉菜单中的命令，如图 11-30 所示；或在功能区单击【图幅】选项卡中的按钮，如图 11-31 所示，可以完成上述操作。

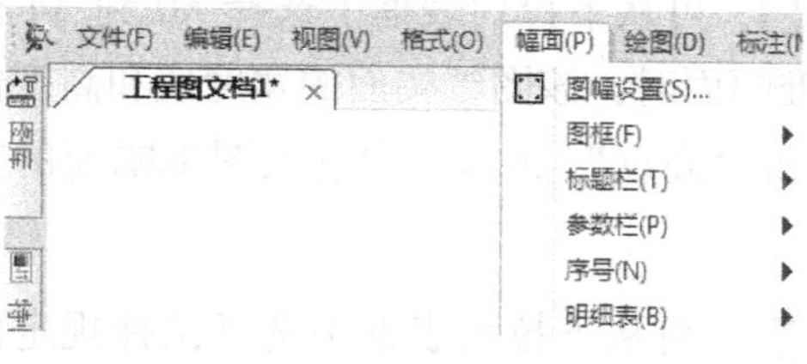

图 11-30 【幅面】下拉菜单

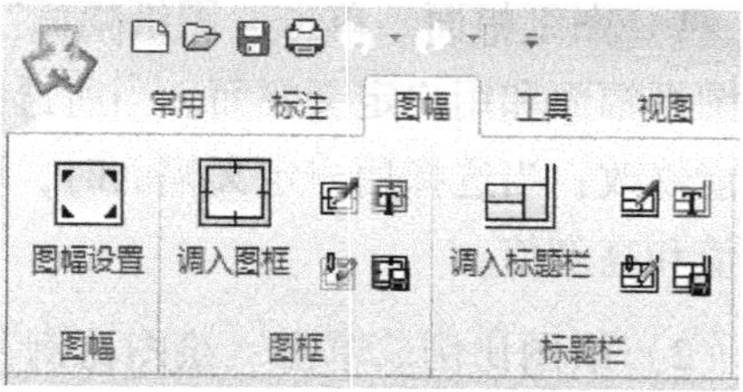

图 11-31 【图幅】选项卡

11.3.1 图幅设置

图幅设置用于选择标准图纸幅面或自定义图纸幅面，也可变更绘图比例或选择图纸放置方向。在进行图幅设置时，除了可以指定图纸尺寸、绘图比例、图纸方向外，还可以调入图框和标题栏并设置当前图纸内所绘装配图中的零件序号、明细栏样式等。

国家标准规定了 5 种基本图幅，并分别用 A0、A1、A2、A3、A4 表示。CAXA 电子图板 2015 除了设置了这 5 种基本图幅以及相应的图框、标题栏和明细栏外，还允许自定义图幅和图框。

图幅设置命令的输入方式如下。

1）下拉菜单。选择【幅面】/【图幅设置】命令。

2）选项组。单击【图幅】选项卡中【图幅】选项组中的按钮。

3）命令行。输入 “setup” 并按〈Enter〉键。

执行任一种图幅设置命令的输入方式，弹出【图幅设置】对话框，如图 11-32 所示。

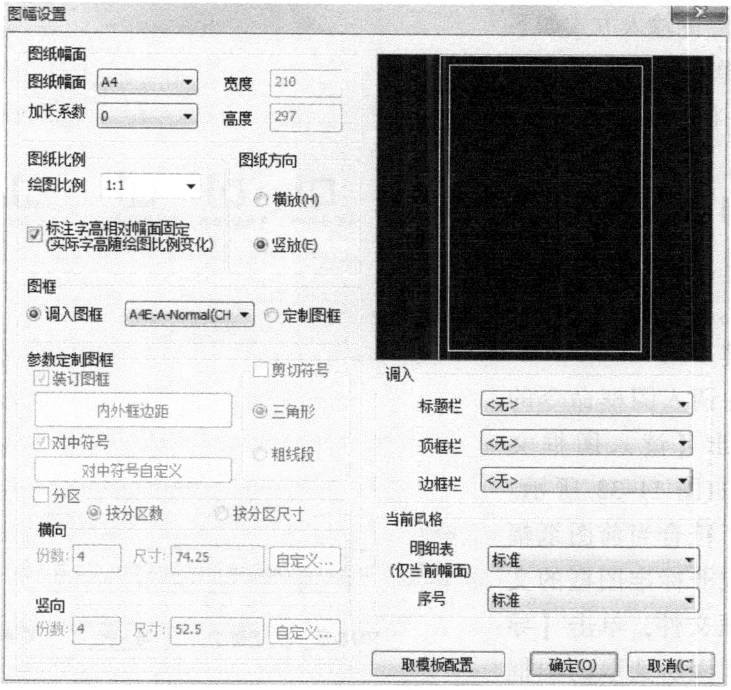

图 11-32 【图幅设置】对话框

【图幅设置】对话框的内容和功能说明如下。

1）图纸幅面。单击“图纸幅面”右边的按钮，可从下拉列表框中选择 A0 到 A4 标准图纸幅面和用户定义幅面。当所选择的幅面为标准幅面时，该图纸幅面的宽度值和高度值不能修改；当选择用户定义幅面时，可在“宽度”和“高度”文本框中输入图纸幅面的宽度值和高度值。

2）绘图比例。单击“绘图比例”右边的按钮，可从下拉列表框中选择国标规定的系列值。用户也可以激活文本框由键盘直接输入新的比例数值。

3）图纸方向。图纸放置方向由“横放”或“竖放”两个按钮控制，被选中者呈黑点显示状态。

4）调入图框。单击“调入图框”右边的按钮，弹出一个下拉列表框，其中的图框为系统默认图框。所选图框会自动在预显区中显示出来。

5）调入标题栏。操作同“调入图框”。

11.3.2 图框设置

CAXA 电子图板 2015 的图框功能包括图框的调入、定义、存储、填写和编辑等几个部分。图框尺寸可随图纸幅面大小的变化而进行相应的比例调整。比例变化的原点为标题栏的插入点，一般来说是标题栏的右下角点。

除了可在【图幅设置】对话框中对图框进行设置外，也可通过【图幅】选项卡中【图框】选项组中的各种命令进行图框设置。

1. 调入图框

调入图框命令的输入方式如下。

1）下拉菜单。选择【幅面】/【图框】/【调入图框】命令。

2）选项组。单击【图幅】选项卡中【图框】选项组中的按钮。

3）命令行。输入“frmload”并按〈Enter〉键。

执行任一种调入图框命令的输入方式，弹出【读入图框文件】对话框，如图 11-33 所示。对话框中列出了符合当前图纸幅面的标准图框或非标准图框的文件名。选中图框文件，单击【导入】按钮，即调入所选取的图框文件。

图 11-33 【读入图框文件】对话框

2. 定义图框

定义图框就是将屏幕上的某些图形定义为图框以备调用。通常有很多属性信息，如描图、底图总号、签字、日期等需要附加到图框中，定义图框后可以填写这些属性信息。这些属性信息都可以通过属性定义的方式加入到图框中。

定义图框命令的输入方式如下。

1）下拉菜单。选择【幅面】/【图框】/【定义图框】命令。

2）选项组。单击【图幅】选项卡中【图框】选项组中的按钮。

3）命令行。输入“frmdef”并按〈Enter〉键。

执行任一种定义图框命令的输入方式，根据提示拾取要定义为图框的图形元素。若所选图形元素的尺寸大小与当前图纸幅面匹配，在指定基准点后将弹出【保存图框】对话框，输入图框名称并单击【确定】按钮即可。

注意：基准点用来定位标题栏，一般选择为图框的右下角点。

若所选图形元素的尺寸大小与当前图纸幅面不匹配，在指定基准点后将弹出【选择图框文件的幅面】对话框。

3. 存储图框

存储图框就是将定义好的图框存盘，以便其他文件调用。

存储图框命令的输入方式如下。

1）下拉菜单。选择【幅面】/【图框】/【存储图框】命令。

2）选项组。单击【图幅】选项卡中【图框】选项组中的按钮。

3）命令行。输入“frmsave”并按〈Enter〉键。

执行任一种存储图框命令的输入方式，系统弹出【存储图框文件】对话框，在输入图框名称的位置输入要存储的图框名称（如新建图框）。单击【确定】按钮后，系统自动加上文件扩展名“.FRM”，一个文件名为“新建图框.FRM”的图框文件被存储在EB/SUPPORT目录中。下次执行调入图框命令时，就会在【读入图框文件】对话框中出现该图框以供选择。

11.3.3 标题栏设置

CAXA电子图板2015设置了多种标题栏供用户调用，其功能包括标题栏的调入、定义、存储、填写和编辑几个部分。

图11-34所示为【标题栏】选项组。

注意：标题栏调入时的定位点为其右下角点。

1. 调入标题栏

调入标题栏功能用于为当前图纸调入一个标题栏。如果屏幕上已有一个标题栏，则新标题栏将替代原标题栏。

调入标题栏命令的输入方式如下。

1）下拉菜单。选择【幅面】/【标题栏】/【调入标题栏】命令。

2）选项组。单击【图幅】选项卡中【标题栏】选项组中的按钮。

3）命令行。输入“headload”并按〈Enter〉键。

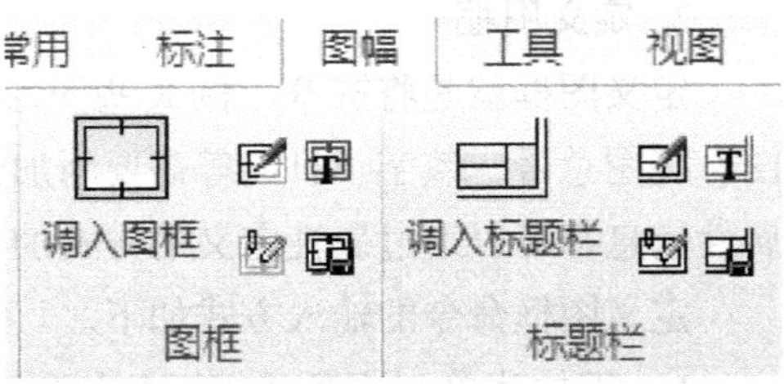

图 11-34 【标题栏】选项组

执行任一种调入标题栏命令的输入方式，弹出【读入标题栏文件】对话框，如图 11-35 所示。

对话框中列出了已有标题栏的文件名，从中选取所需标题栏，单击【导入】按钮，则所选标题栏显示在图框的标题栏定位点处。

2. 定义标题栏

标题栏通常由线条和文字对象组成，另外如图样名称、图样代号、企业名称等属性信息需要附加到标题栏中，这些属性信息都可以通过属性定义的方式加入到标题栏中。定义标题栏就是将已经绘制好的图形定义为标题栏（包括文字）。系统允许将任何图形定义成标题栏文件以备调用。

图 11-35 【读入标题栏文件】对话框

定义标题栏命令的输入方式如下。

1）下拉菜单。选择【幅面】/【标题栏】/【定义标题栏】命令。

2）选项组。单击【图幅】选项卡中【标题栏】选项组中的按钮。

3）命令行。输入“headdef”并按〈Enter〉键。

定义标题栏操作的步骤如下。

1）单击按钮，按命令行提示拾取构成标题栏的图形元素，单击鼠标右键确认。

2）命令行提示“基准点:”，单击表格内一点，弹出【保存标题栏】对话框，如图 11-36 所示。

3）输入新标题栏名称，单击【保存】按钮完成定义。

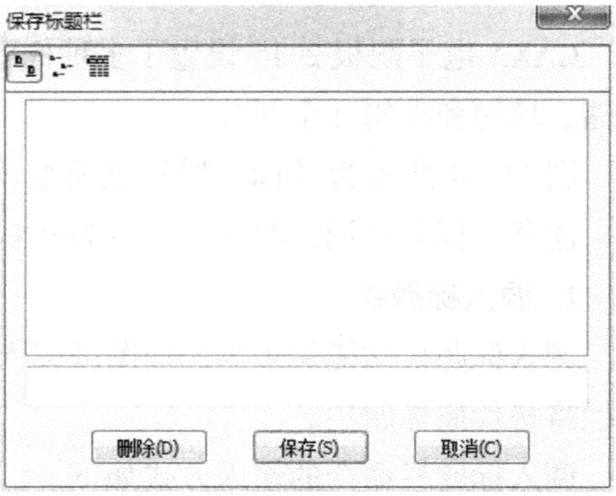

图 11-36 【保存标题栏】对话框

3. 存储标题栏

存储标题栏将定义好的标题栏以文件形式存

盘，以备调用。

存储标题栏命令的输入方式如下。

1）下拉菜单。选择【幅面】/【标题栏】/【存储标题栏】命令。

2）选项组。单击【图幅】选项卡中【标题栏】选项组中的按钮。

3）命令行。输入“headsave”并按〈Enter〉键。

执行任一种存储标题栏命令的输入方式，弹出【存储标题栏文件】对话框。用户可以在对话框底部的输入行内输入要存储标题栏的文件名（如“新标题栏”）。单击【确定】按钮，系统自动加上文件扩展名“.HDR”，一个文件名为“新标题栏.HDR”的标题栏文件即存储在EB/SUPPORT目录下。下次执行“调入标题栏”命令时，就会在【读入标题栏文件】对话框中出现该标题栏以供选择。

4. 填写标题栏

填写标题栏命令的输入方式如下。

1）下拉菜单。选择【幅面】/【标题栏】/【填写标题栏】命令。

2）选项组。单击【图幅】选项卡中【标题栏】选项组中的按钮。

3）命令行。输入“headerfill”并按 <Enter> 键。

执行任一种填写标题栏命令的输入方式，并拾取可以填写的标题栏，弹出图11-37所示【填写标题栏】对话框，

注意：如果拾取的标题栏不是系统所提供的或没有标题栏，则无法实现填写标题栏的操作。

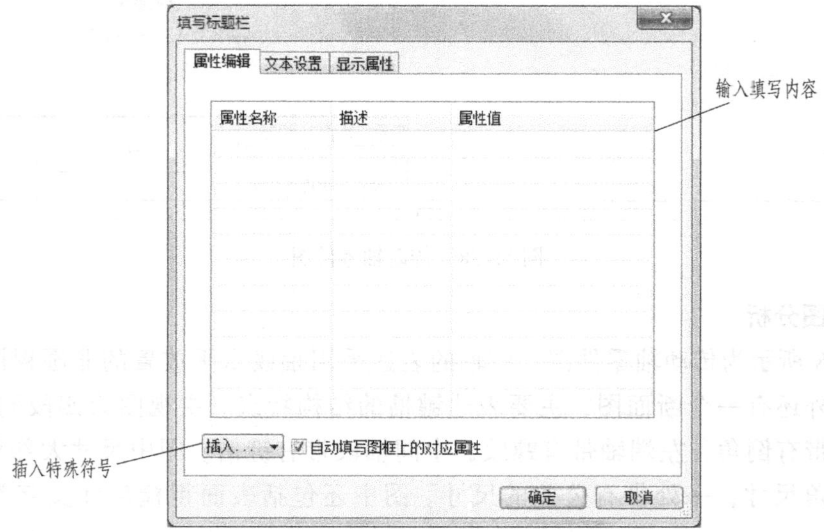

图11-37 【填写标题栏】对话框

在对话框中填写所有内容，单击【确定】按钮即可完成标题栏的填写。其中标题栏的相关属性可以在【文本设置】和【显示属性】选项卡中设置。

如果勾选【自动填写图框上的对应属性】复选框，可以自动填写图框中与标题栏相同

字段的属性信息。

注意：双击填写完成的标题栏，弹出图 11-37 所示的对话框，可进行标题栏内容的修改。

11.3.4 轴类零件的绘制

轴是机器中重要的零件之一，主要用来支承旋转的零件，如齿轮、带轮等。CAXA 电子图板 2015 专门定义了轴/孔绘制命令，因而绘制轴类零件比较简单。在绘制轴类零件的过程中主要用到的知识要点：轴/孔命令；尺寸公差标注方法；标注编辑命令。

下面以图 11-38 所示的传动轴为例来介绍轴类零件的绘制方法和过程。

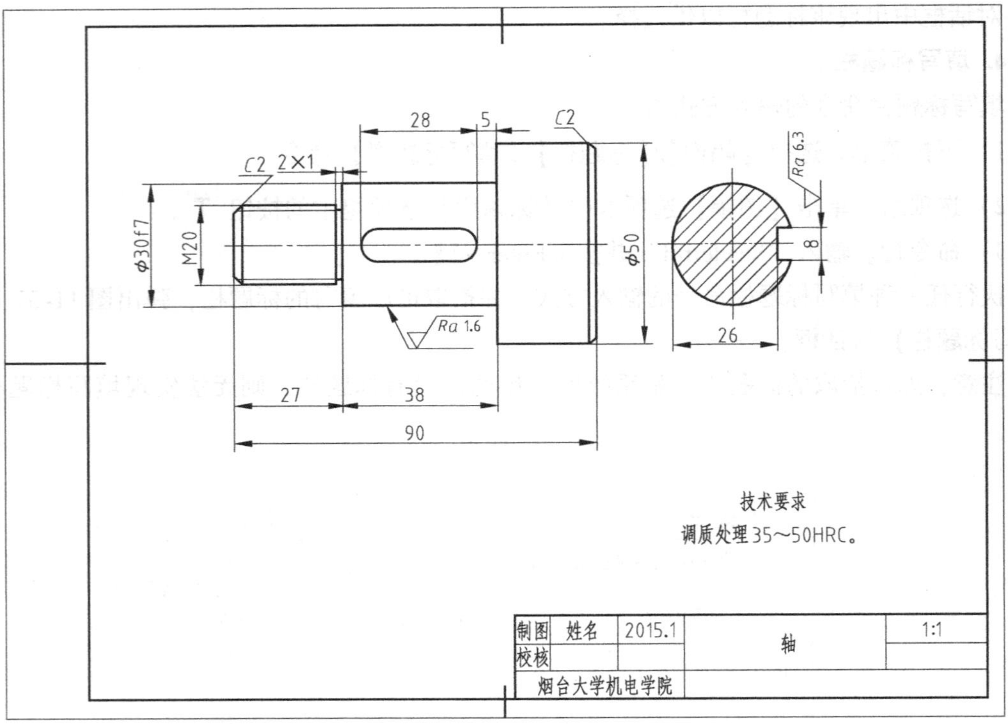

图 11-38 传动轴零件图

1. 零件图分析

图 11-38 所示为传动轴零件图。该轴的表达采用轴线水平放置的非圆视图作为主视图，除此之外还有一个断面图，主要表达键槽的结构特点。主视图为四段同轴圆柱体，轴左右两端带有倒角，左端轴带有螺纹，中间轴段带有键槽。图中尺寸大部分是公称尺寸，两处倒角尺寸，一处带有公差的尺寸。图中还包括表面粗糙度和文字类型的技术要求。

2. 设定图纸

根据图形大小，调入 A4 图纸横放，比例为 1:1，标题栏为学生用的标题栏，按要求填写标题栏。

图幅设置如图 11-39 所示。设置【图幅设置】对话框，如图 11-40 所示。

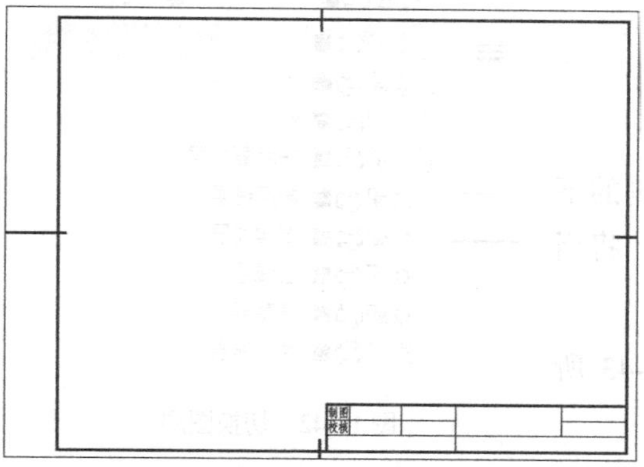

图 11-39 图幅设置

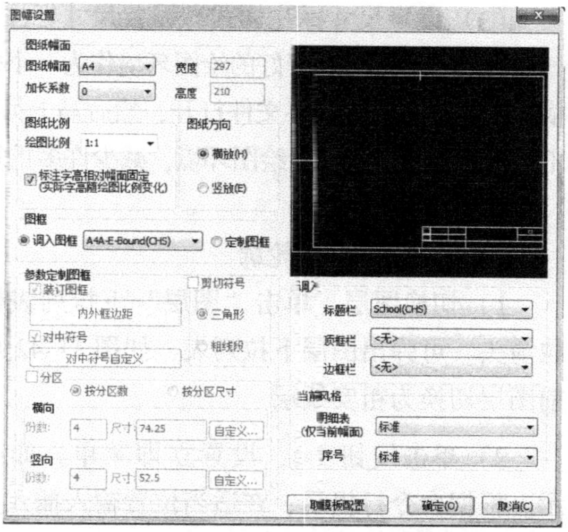

图 11-40 设置【图幅设置】对话框

3. 设置绘图环境

绘图环境主要指文字、标注、图层的设置。若以后要利用所绘制的零件图拼装装配图，则应把各零件的图层、尺寸标注样式等设置得尽可能一致，以使后面的装配图不致出现过多的层和尺寸标注样式。

（1）图层设置 单击按钮，弹出【层设置】对话框，由于该图有标题栏内容，所以添加一个文本层。

（2）设置文字样式 单击按钮，弹出【文本风格设置】对话框，设置中、西文字体，如图 11-41 所示。

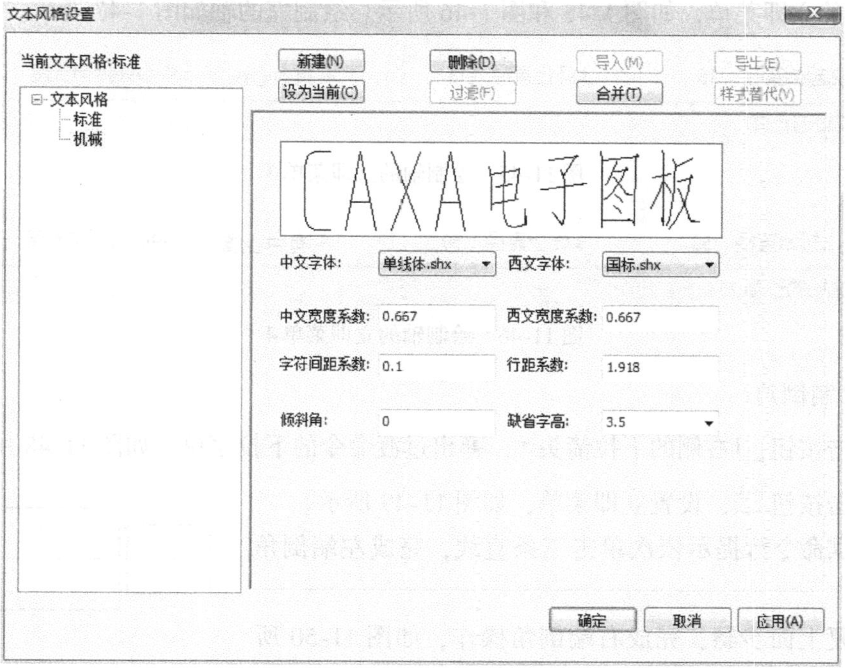

图 11-41 【文本风格设置】对话框

（3）设置尺寸标注样式　设置尺寸标注样式，本图可以使用默认样式。

注意：建议将设置好的绘图环境作为一个模板保存，如 A4 图纸横放，则后面再用到 A4 图纸横放的图样可以直接将文件打开，然后马上另存，这样就不用每次都要重新设置绘图环境，减少许多重复工作。

4. 绘制图形

（1）绘制轴的外轮廓

1）切换图层。单击“图层”下拉列表框右侧的下拉箭头，可弹出图层下拉列表，如图 11-42 所示，将当前图层切换为粗实线层。

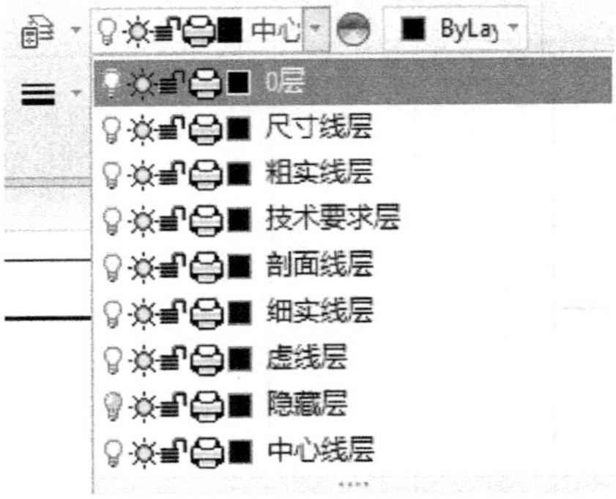

图 11-42　切换图层

2）单击按钮，设置立即菜单，如图 11-43 所示。根据命令行提示，在适当位置输入插入点。

图 11-43　绘制轴的立即菜单 1

3）设置立即菜单中的相关选项，并输入轴的长度 25，如图 11-44 所示。

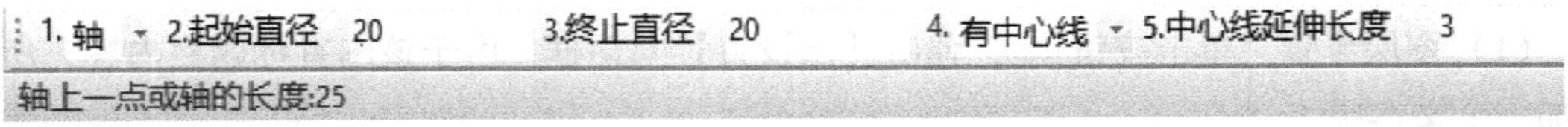

图 11-44　绘制轴的立即菜单 2

4）重复步骤 3），设置不同的立即菜单并输入相应的长度、绘制轴。绘制轴径为 18mm 和 50mm 轴的立即菜单，如图 1-45 和图 1-46 所示。绘制完的轴如图 1-47 所示。

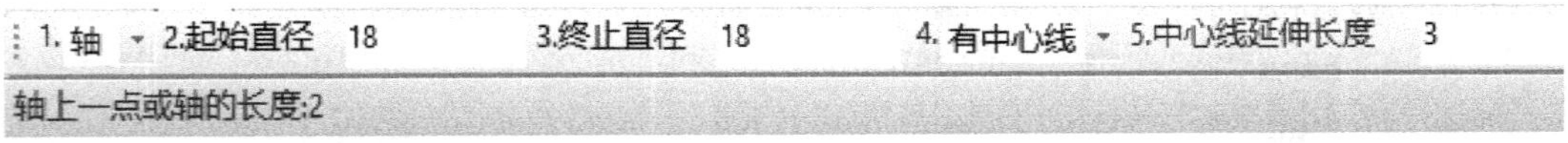

图 11-45　绘制轴的立即菜单 3

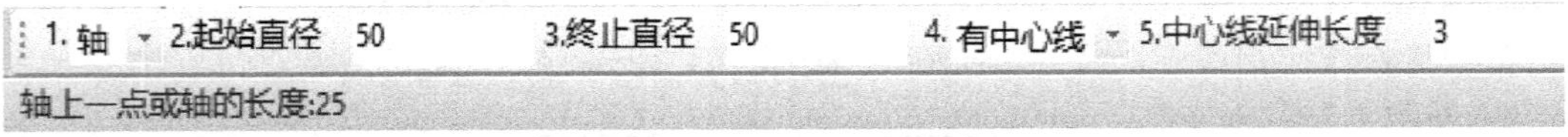

图 11-46　绘制轴的立即菜单 4

（2）绘制倒角

1）单击按钮右侧的下拉箭头，弹出过渡命令的下拉菜单，如图 11-48 所示。

2）单击按钮，设置立即菜单，如图 11-49 所示。

3）根据命令行提示依次单击三条直线，完成左端倒角操作。

4）重复上面步骤，完成右端倒角操作，如图 11-50 所示。单击鼠标右键退出倒角操作。

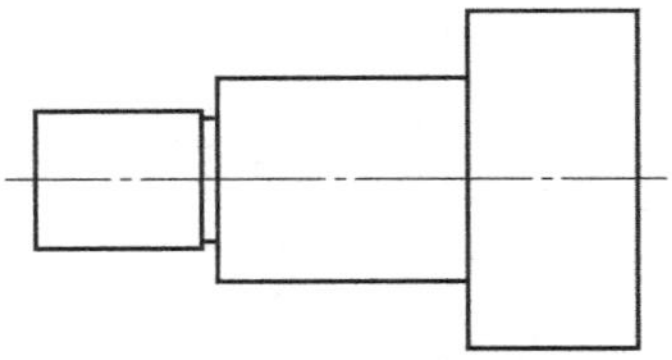
图 11-47　绘制轴

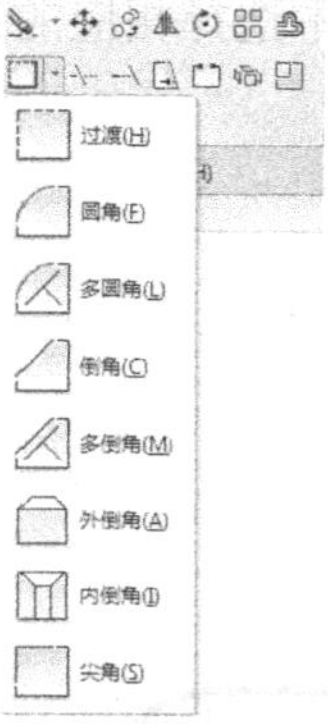

图 11-48 “过渡”命令的下拉菜单

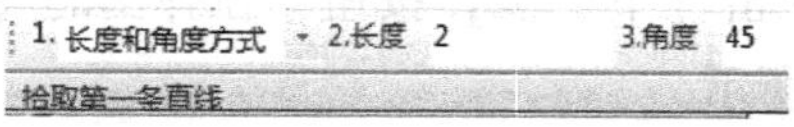

图 11-49 【倒角】立即菜单

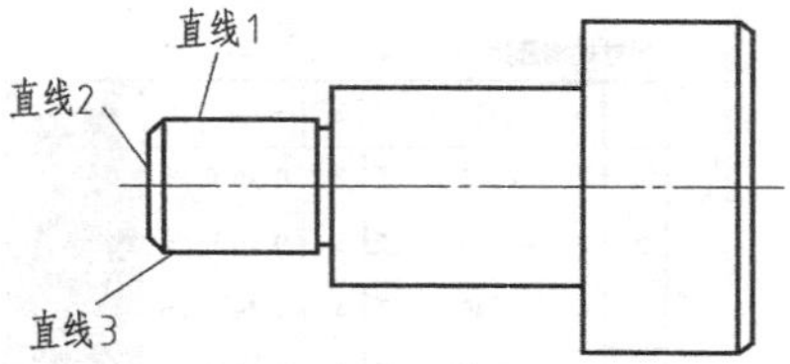

图 11-50 绘制倒角

(3) 绘制主视图键槽

1) 将图层切换到中心线层，单击按钮，设置立即菜单，如图 11-51 所示，拾取直线，输入偏移距离 5，如图 11-52 所示。

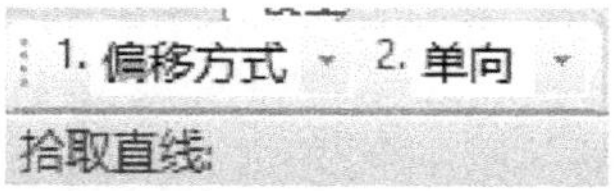

图 11-51 【平行线】立即菜单

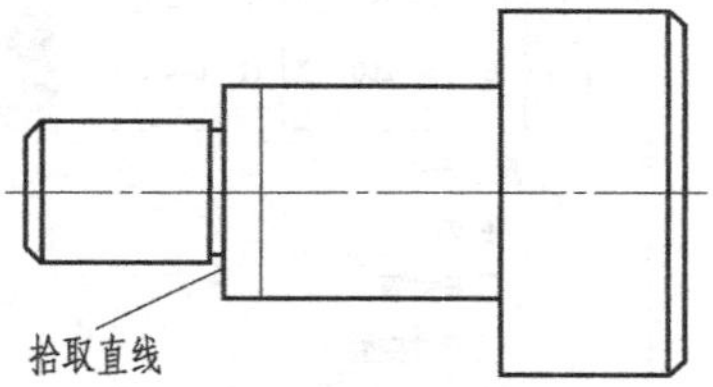

图 11-52 绘制平行线

注意：绘制该平行线的目的是方便下面键槽的插入。

2) 单击按钮，在弹出的【提取图符】对话框中找到 A 型平键，如图 11-53 所示。

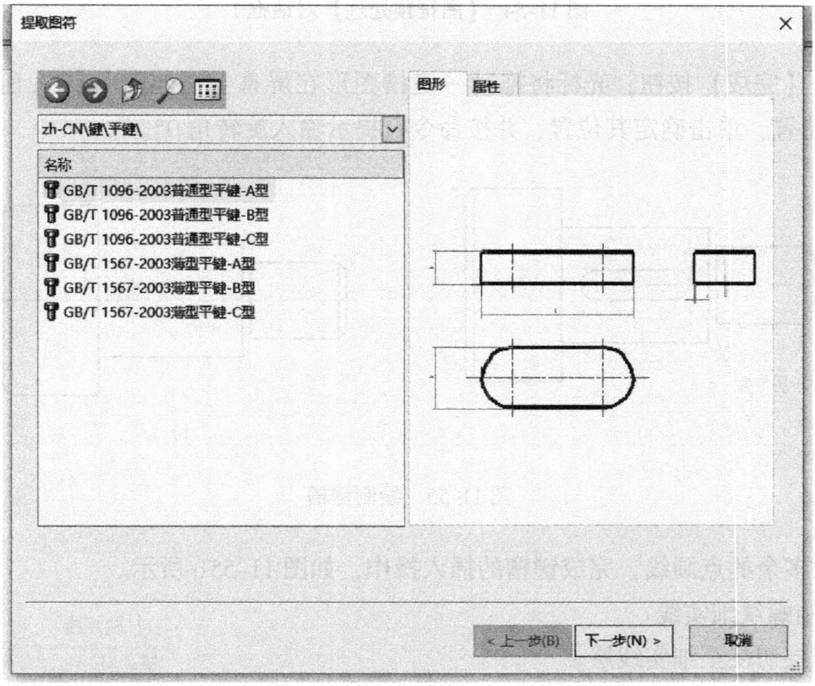

图 11-53 【提取图符】对话框 1

3）单击【下一步】按钮，在弹出的【图符预处理】对话框中选择相应的键槽尺寸，如图 11-54 所示。

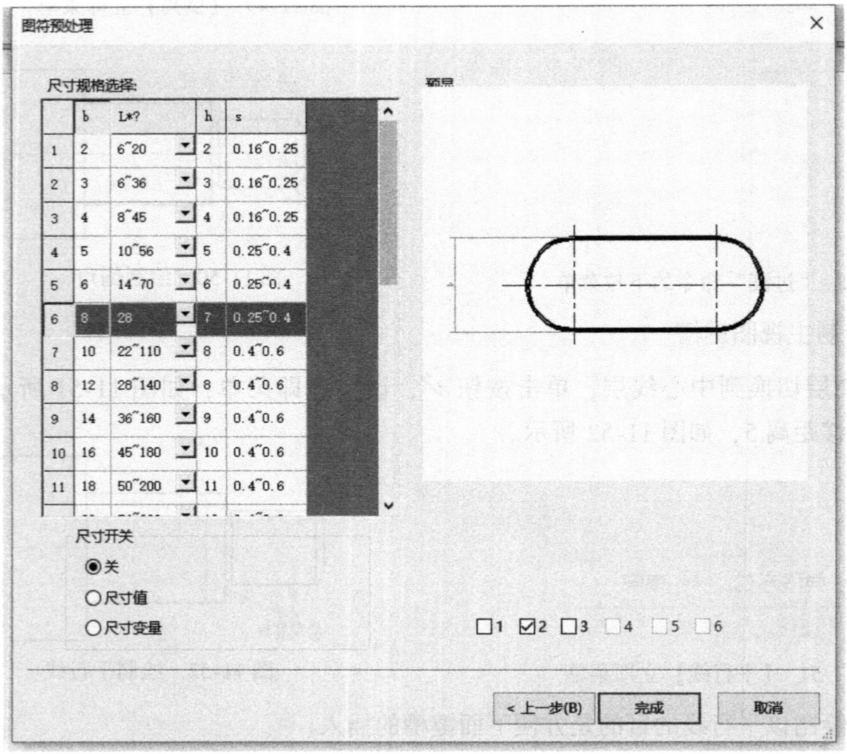

图 11-54 【图符预处理】对话框 1

4）单击【完成】按钮，光标将拖动一键槽图形在屏幕上，如图 11-55a 所示。将光标拖动到图中位置，单击确定其位置，并按命令行提示输入旋转角 0°。

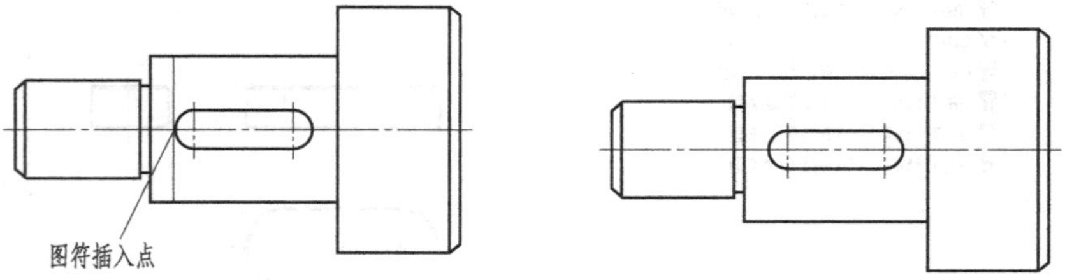

a) b)

图 11-55 绘制键槽

5）删除多余的点画线，完成键槽的插入操作，如图 11-55b 所示。

（4）绘制螺纹细实线

1）将图层切换至细实线层。

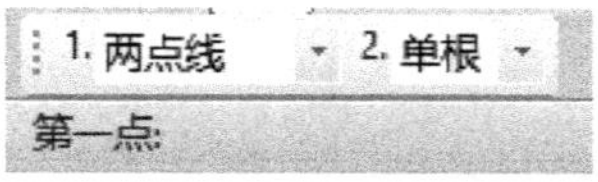

图 11-56 【两点线】立即菜单

2）单击按钮，设置立即菜单如图 11-56 所示。绘制螺纹细实线，如图11-57所示。

（5）绘制断面图

1）将图层切换到粗实线层。

2）单击按钮，在弹出的【提取图符】对话框中找到轴截面，如图11-58所示。

3）单击【下一步】按钮，在弹出的【图符预处理】对话框中选择相应的键槽尺寸，如图11-59所示。

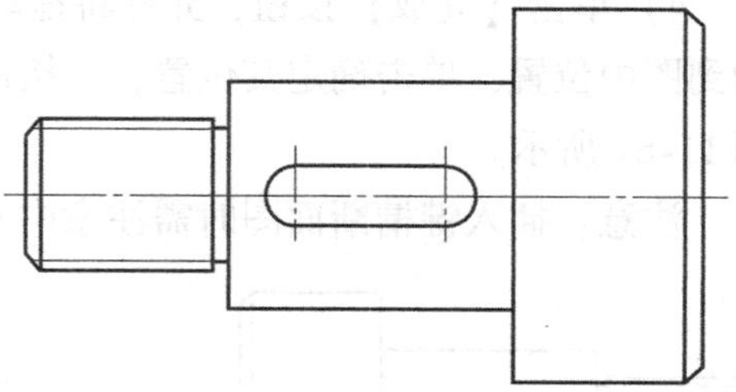

图11-57 绘制螺纹细实线

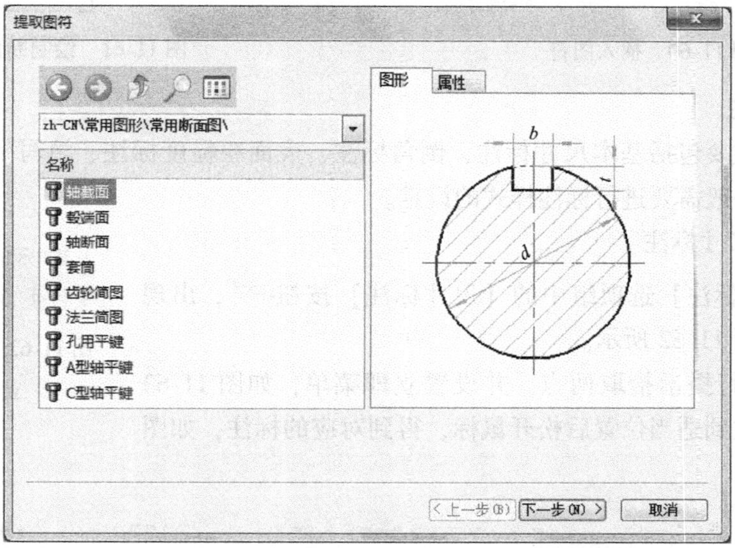

图11-58 【提出图符】对话框2

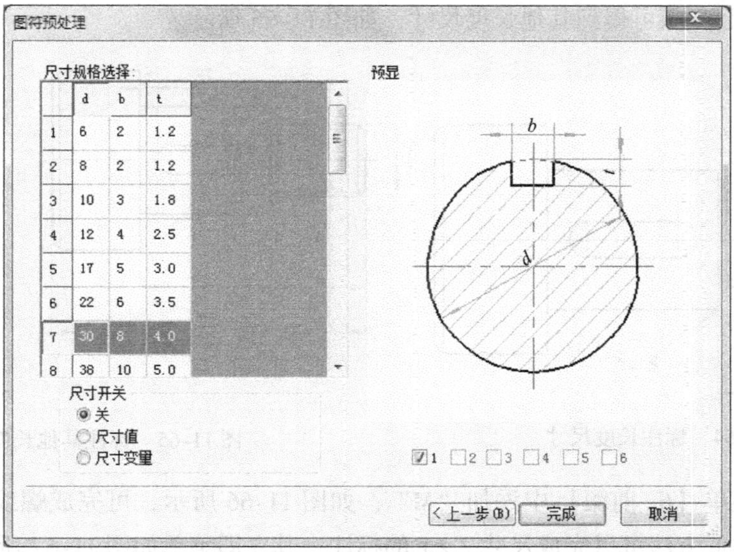

图11-59 【图符预处理】对话框2

4）单击【完成】按钮，光标将拖动一键槽图形在屏幕上，如图 11-60 所示。将光标拖动到图中位置，单击确定其位置，并按命令行提示输入旋转角 90°，完成断面图的操作，如图 11-61 所示。

注意：插入键槽断面图时需注意中心线要对齐，可打开状态栏上的“导航”。

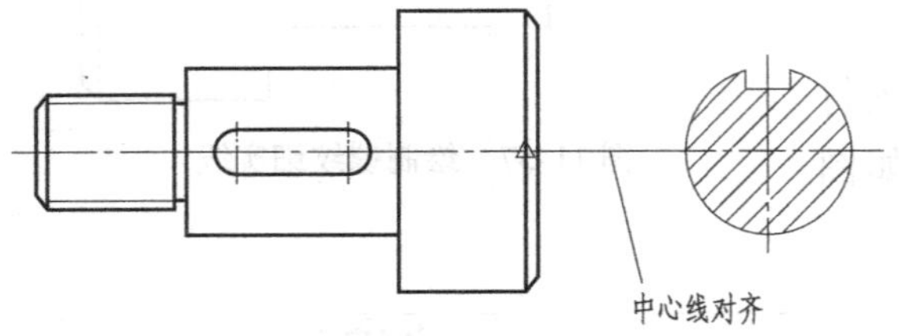

图 11-60　插入图符

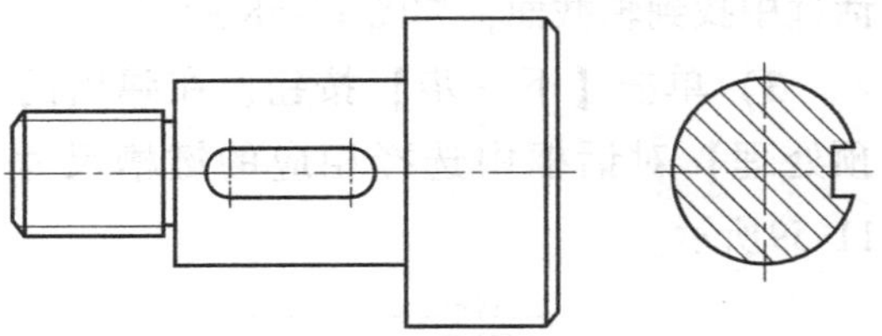

图 11-61　绘制断面图

5. 工程标注

工程标注主要包括基本尺寸标注，倒角标注、表面粗糙度标注、填写标题栏等文字标注。在标注前一般需要进行标注样式的设定。

（1）基本尺寸标注

1）单击【标注】选项组中的【尺寸标注】按钮，出现立即菜单，如图 11-62 所示。

图 11-62　【尺寸标注】立即菜单

2）按命令行提示拾取两点，并设置立即菜单，如图 11-63 所示。拖动标注到适当位置后松开鼠标，得到对应的标注，如图 11-64 所示。

图 11-63　设置立即菜单

3）重复上面步骤可得到其他长度尺寸，如图 11-65 所示。

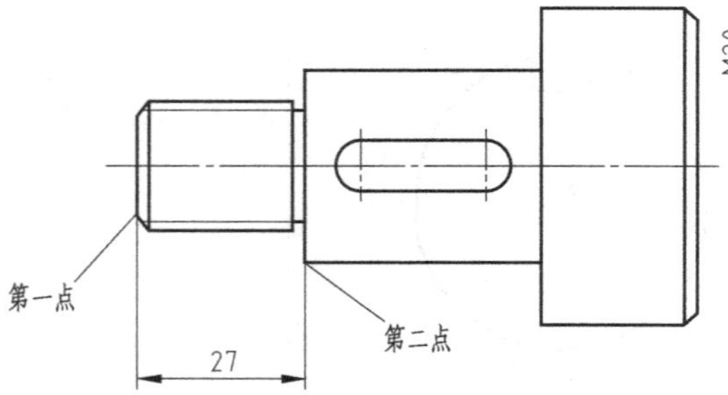

图 11-64　标注长度尺寸

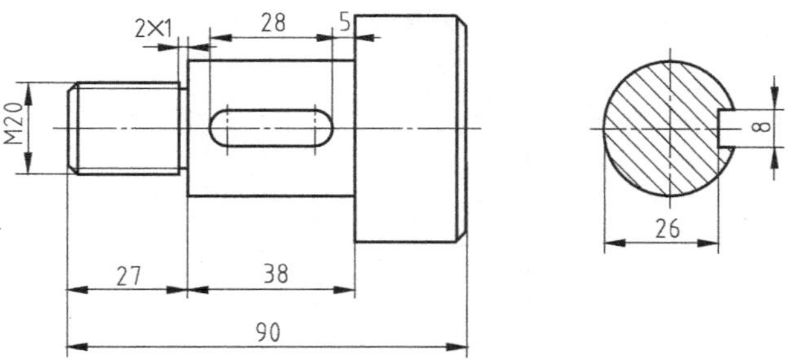

图 11-65　标注其他长度

注意：在菜单【6. 前缀】中添加“M”，如图 11-66 所示，可完成螺纹 M20 的尺寸标注。同理，用类似方法可以完成尺寸 2×1 的标注，其立即菜单如图 11-67 所示。

（2）标注直径尺寸 ϕ30f7 和 ϕ50

图 11-66 标注螺纹的立即菜单

图 11-67 标注 2×1 的立即菜单

1）单击按钮，拾取需要标注的直线。

2）单击鼠标右键设置图 11-68 所示的【尺寸标注属性设置】对话框。

3）单击【确定】按钮，完成直径尺寸 $\phi30f7$ 的标注；用类似方法可完成尺寸 $\phi50$ 的标注如图 11-69 所示。

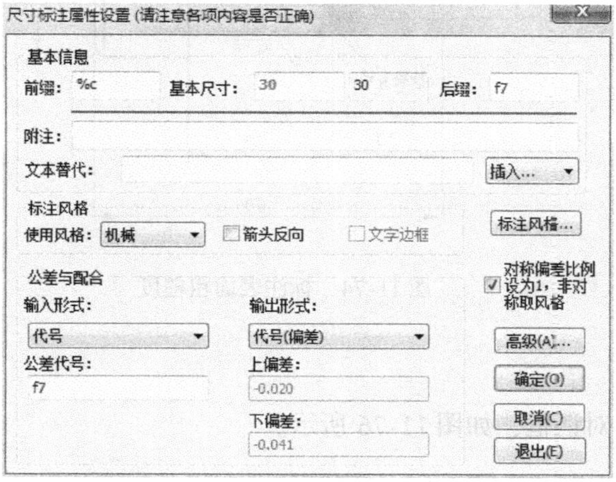

图 11-68 【尺寸标注属性设置】对话框

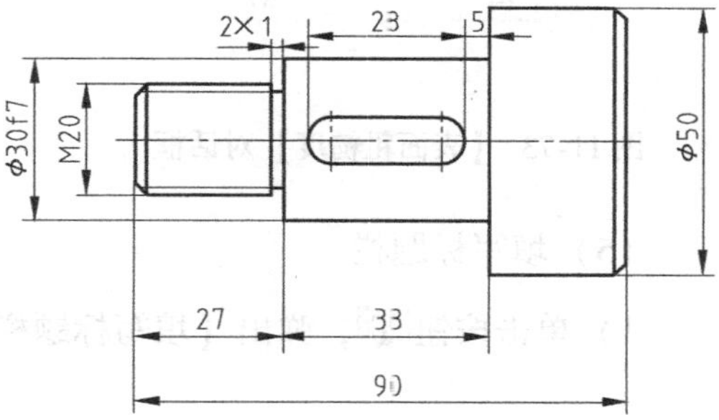

图 11-69 标注直径尺寸

(3) 标注倒角

1）单击按钮，设置立即菜单如图 11-70 所示。

图 11-70 标注倒角的立即菜单

2）拾取倒角，在适当位置单击确定标注的位置，如图 11-71 所示。

(4) 标注表面粗糙度

1）单击按钮。

2）设置立即菜单，如图 11-72 所示。

3）设置图 11-73 所示的【表面粗糙度】对话框，单击【确定】按钮。

4）按命令行提示，拾取 $\phi30$ 轴下面的转向线。

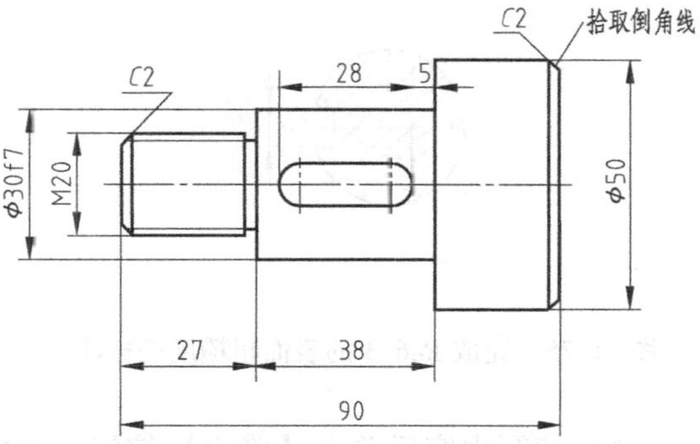

图 11-71 标注倒角

5）在适当位置单击确定表面粗糙度的标注位置，如图 11-74 所示。

6）用相同方法完成 *Ra*6.3 的表面粗糙度的标注，如图 11-75 所示。

图 11-72　表面粗糙度的立即菜单

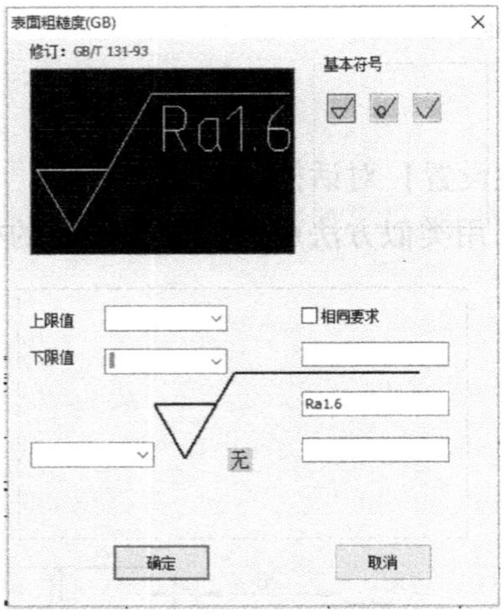

图 11-73 【表面粗糙度】对话框

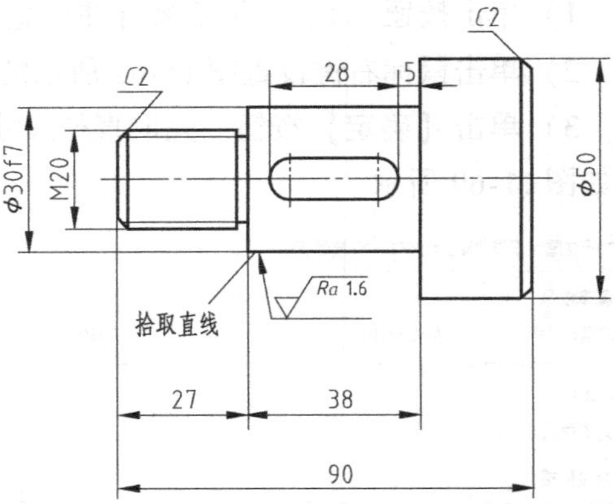

图 11-74　标注表面粗糙度

(5) 填写标题栏

1）单击按钮，弹出【填写标题栏】对话框，如图 11-76 所示。

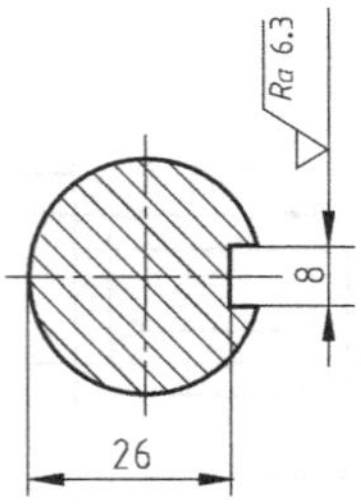

图 11-75　完成 *Ra*6.3 的表面粗糙度的标注

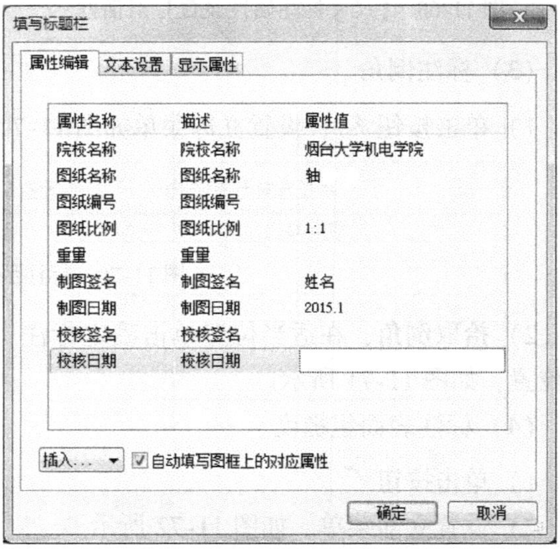

图 11-76 【填写标题栏】对话框

2）填写内容后单击【确定】按钮，完成操作，如图 11-77 所示。

制图	姓名	2015.1	轴	1:1
校核				
烟台大学机电学院				

图 11-77　填写标题栏

注意：标题栏会因【图幅设置】中标题栏的选项不同而不同。

(6) 填写技术要求

1) 单击按钮，填写内容，如图 11-78 所示。

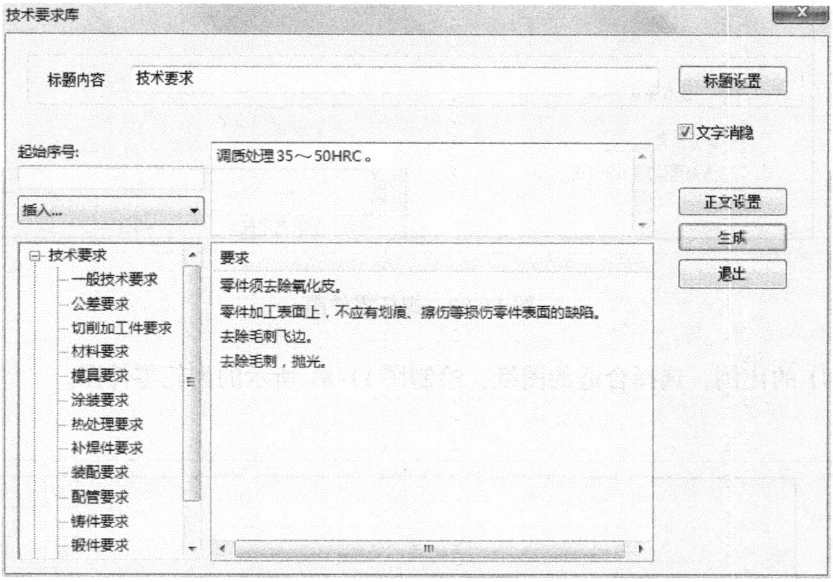

图 11-78　【技术要求库】对话框

2) 单击【生成】按钮，按命令行提示指定两点。

3) 完成操作，如图 11-79 所示。

技术要求
调质处理 35～50HRC。

图 11-79　填写技术要求

11.4　本章小结

本章主要介绍了零件的常用表达方法，零件图的基本知识，并以轴类零件为实例，详细地介绍了绘制零件图的一般步骤。

11.5　习题

1) 以 1:1 的比例，选择合适的图纸，绘制图 11-80 所示的螺杆零件图。

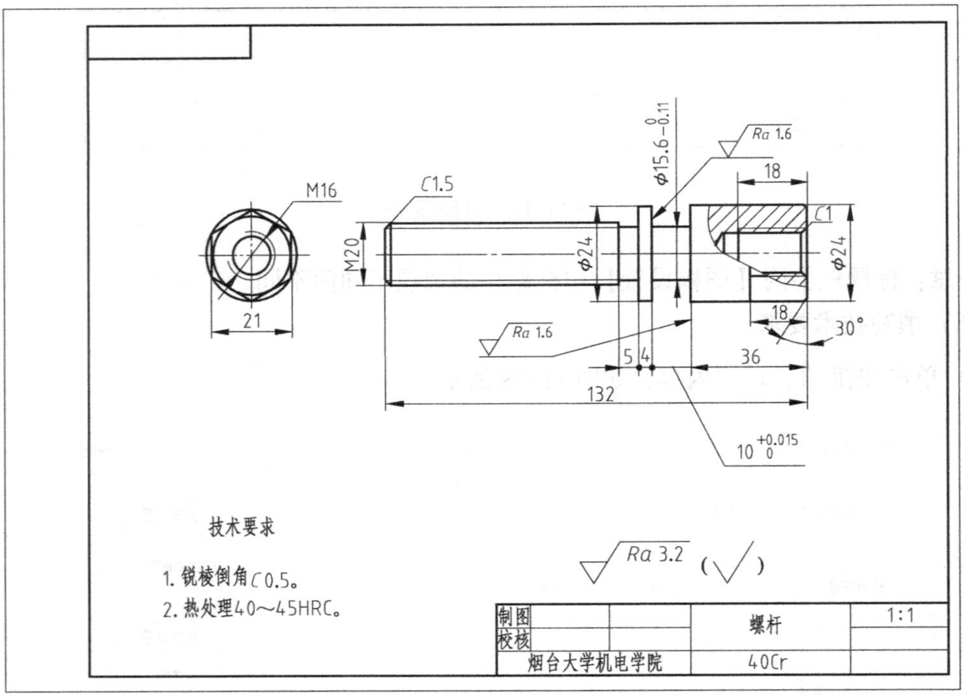

图 11-80　螺杆零件图

2）以 1:1 的比例，选择合适的图纸，绘制图 11-81 所示的齿轮零件图。

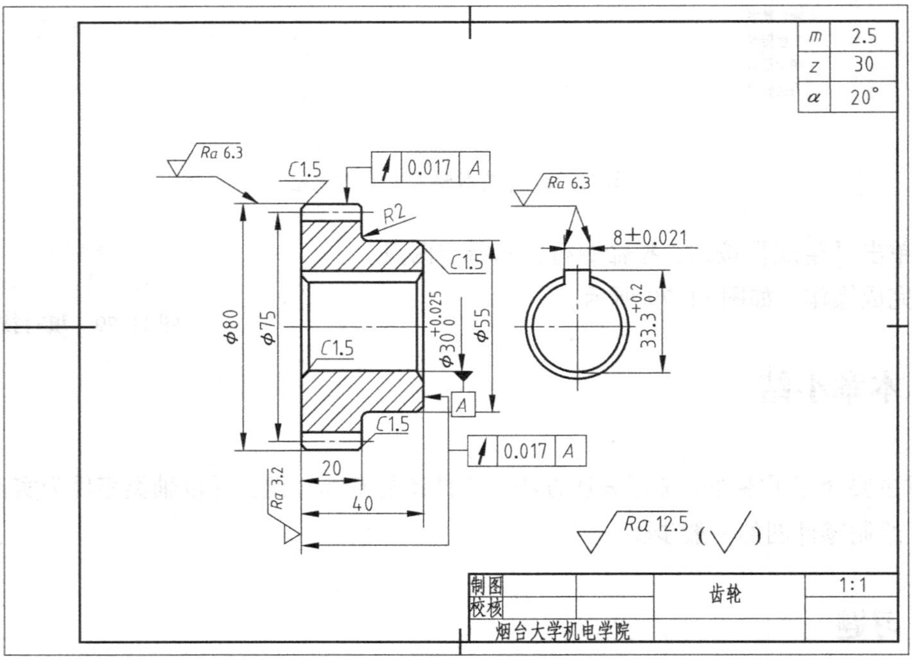

图 11-81　齿轮零件图

3）绘制表 11-2 中轴承的零件图，并保存留待后用。

表 11-2　轴承的零件图

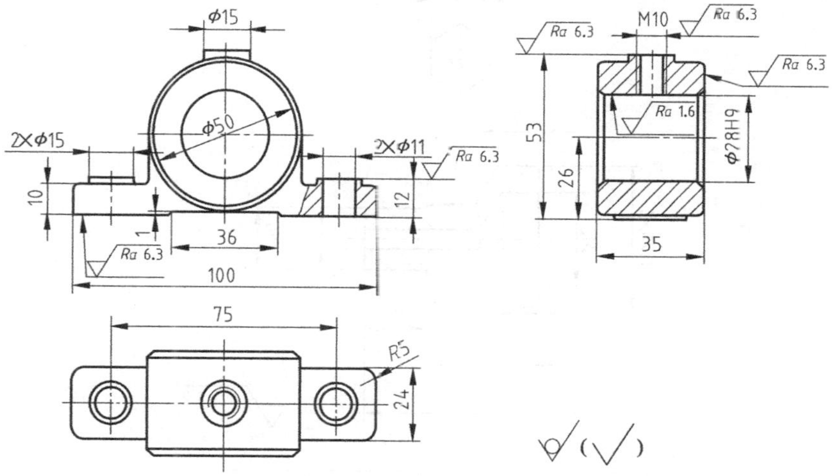

轴承座	序号	1
	材料	HT150

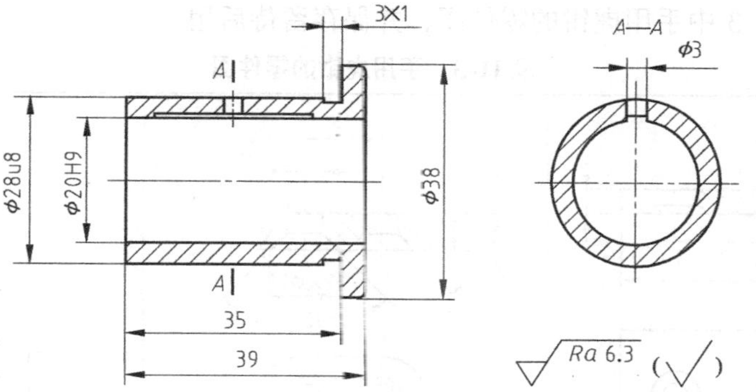

轴衬	序号	2
	材料	ZQSn6-6-3

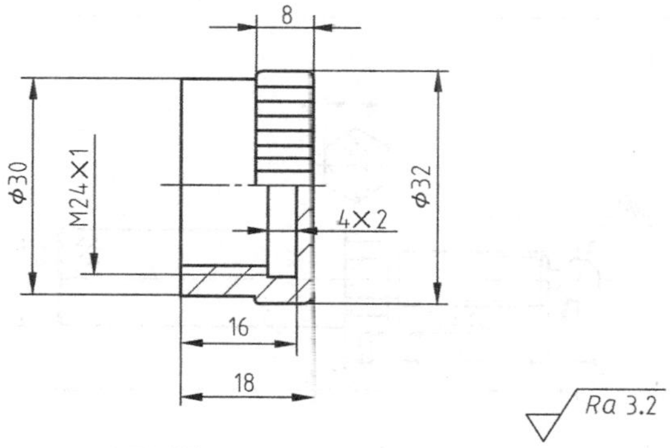

油杯盖	序号	4
	材料	Q235A

（续）

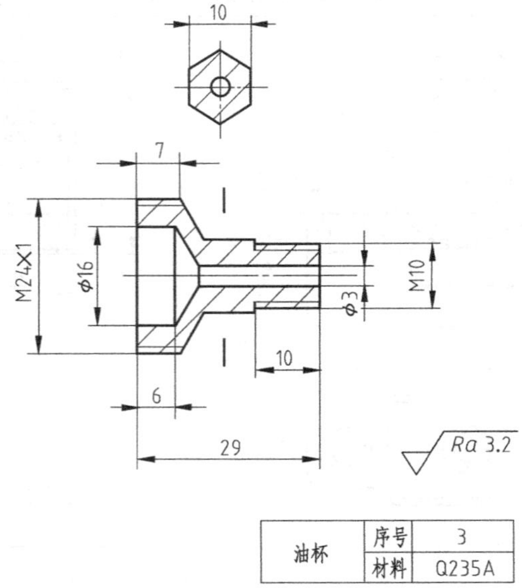

4）绘制表 11-3 中手用虎钳的零件图，并保存留待后用。

表 11-3　手用虎钳的零件图

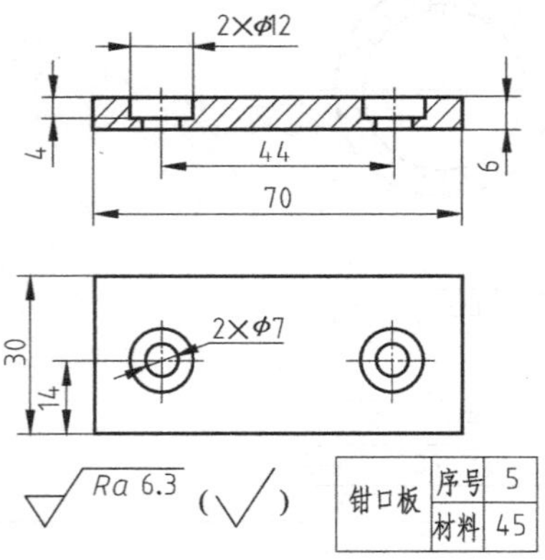	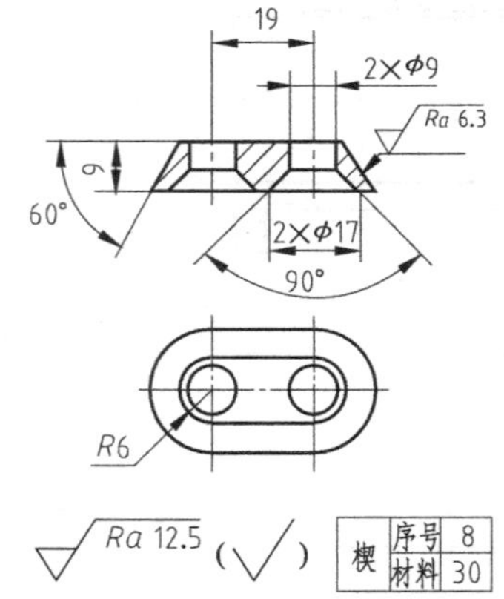	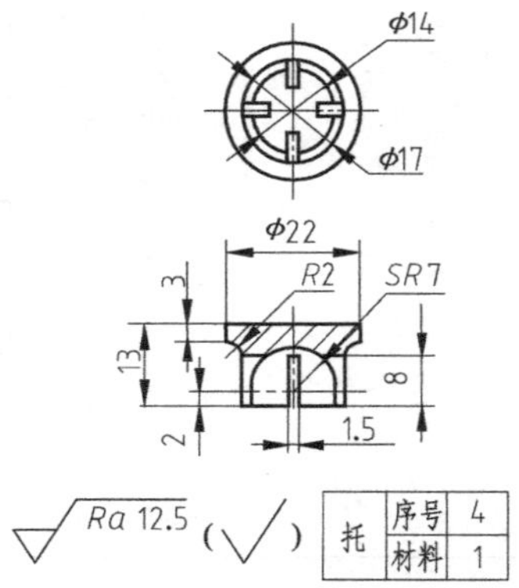

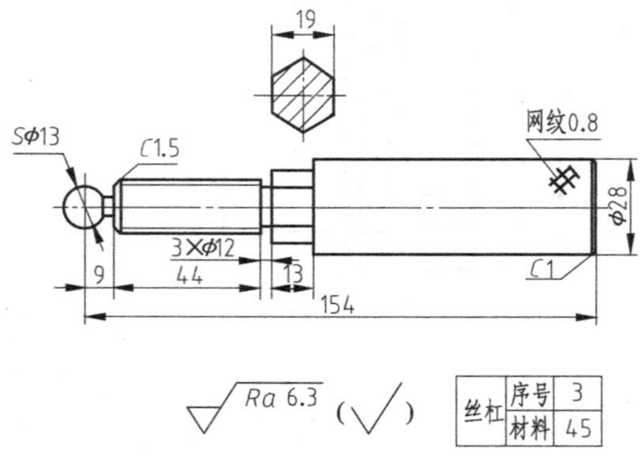

（续）

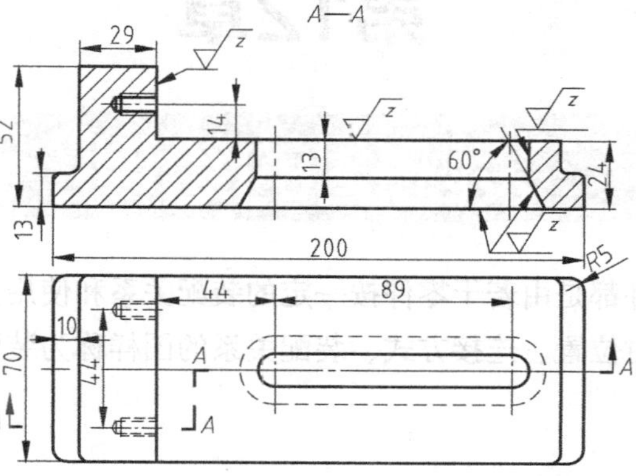

技术要求
未注圆角R3。　$\sqrt{z} = \sqrt{Ra\ 6.3}$　　$\sqrt{}$（$\sqrt{}$）

钳身	序号	1
	材料	HT200

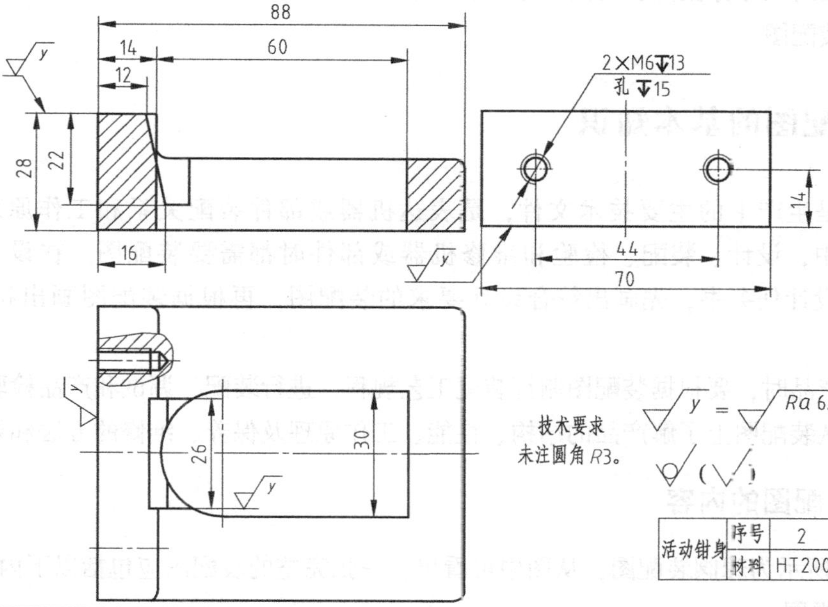

$\sqrt{y} = \sqrt{Ra\ 6.3}$

技术要求
未注圆角R3。　$\sqrt{}$（$\sqrt{}$）

活动钳身	序号	2
	材料	HT200

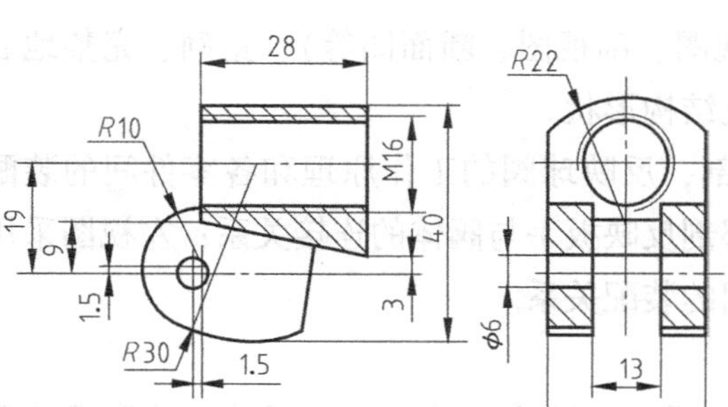

$\sqrt{Ra\ 6.3}$（$\sqrt{}$）

摇臂	序号	10
	材料	45

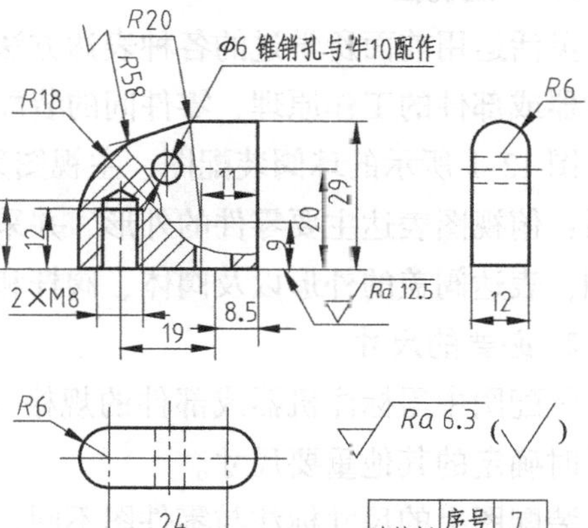

$\sqrt{Ra\ 6.3}$（$\sqrt{}$）

连接板	序号	7
	材料	45

第12章

装配图的绘制

任何一台机器或部件都是由若干零件按一定的装配关系和使用要求装配而成的。表示机器或部件中零件间的相对位置、连接方式、装配关系的图样称为装配图。

重点知识

- 装配图的表达方法
- 装配图的尺寸标注和装配图中序号、明细栏的编排方法
- 绘制装配图

12.1 装配图的基本知识

装配图是生产中的主要技术文件，是表达机器或部件装配关系和工作原理的图样。在工业生产中，设计、装配、检验和维修机器或部件时都需要装配图。在设计产品时，通常是根据设计任务书，先画出符合设计要求的装配图，再根据装配图画出符合要求的零件图。

在制造产品时，要根据装配图制订装配工艺规程，进行装配、调试和产品检验。在使用产品时，要从装配图上了解产品的结构、性能、工作原理及保养、维修的方法和要求。

12.1.1 装配图的内容

图 12-1 所示为球阀装配图，从图中可看出，一张完整的装配图应包括以下内容。

1. 一组视图

灵活运用前面所学过的各种表达方法（如视图、剖视图、断面图等），正确、完整地表达机器或部件的工作原理、零件间的装配关系及结构形状。

图 12-1 所示的球阀装配图，主视图采用全剖，反映球阀的工作原理和各零件间的装配关系；俯视图表达主要零件的外形，并采用局部剖反映扳手与阀体的连接关系；左视图采用半剖，表达阀盖的外形以及阀体、阀杆和阀芯间的装配关系。

2. 必要的尺寸

装配图中需标注机器或部件的规格（性能）尺寸、装配尺寸、安装尺寸、外形尺寸及设计时确定的其他重要尺寸。

装配图上的尺寸标注与零件图不同，一般只需注出下列几种尺寸。

1）规格（性能）尺寸。说明机器或部件的规格或性能的尺寸。它是设计和用户选用产

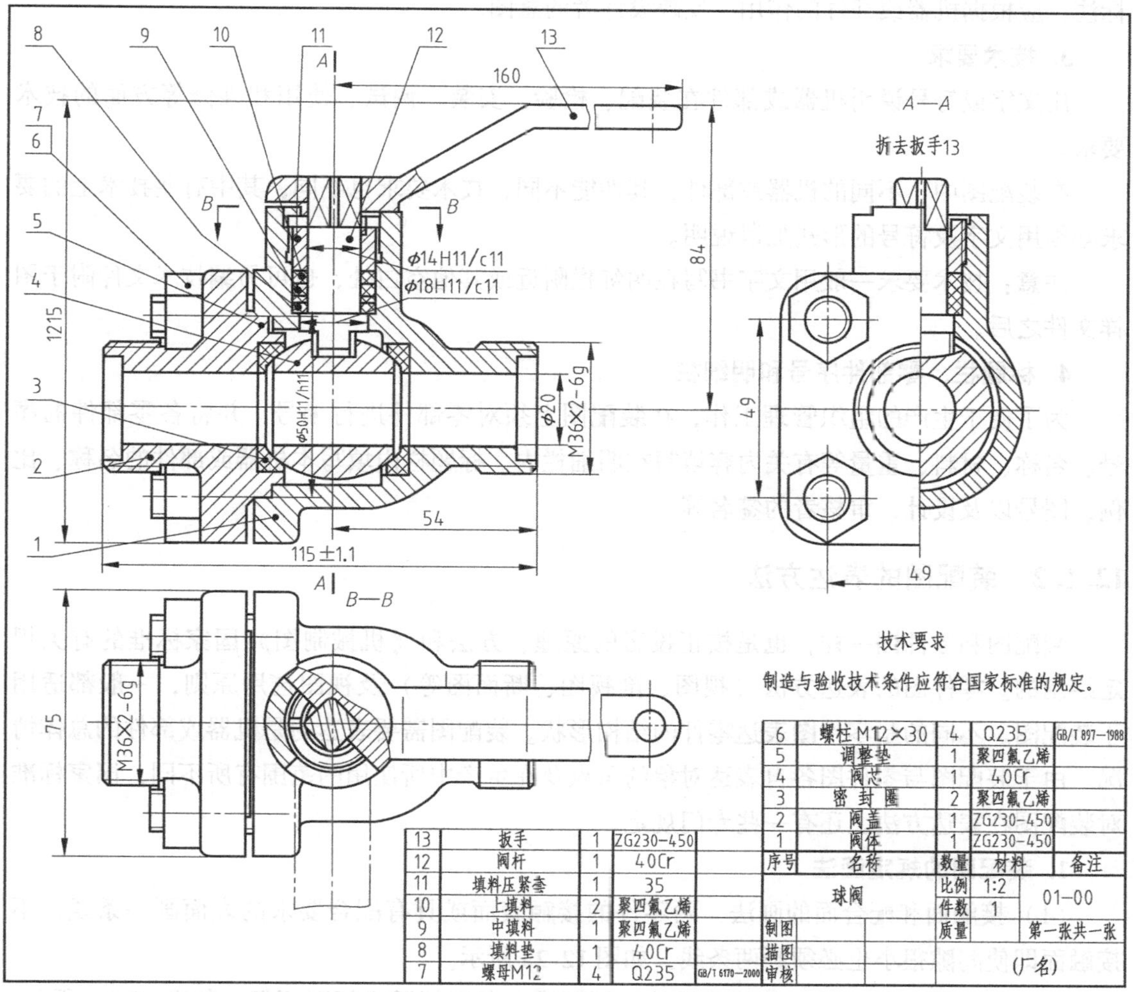

图 12-1 球阀装配图

品的主要依据，如图 12-1 所示球阀的管口直径尺寸 $\phi20$。

2）装配尺寸。保证机器或部件正确装配及说明装配要求的尺寸。配合尺寸是表示零件间的配合性质和公差等级的尺寸，这种尺寸与部件的工作性能和装配方法有关，如图 12-1 所示的尺寸 $\phi50H11/h11$。相对位置尺寸是表示装配时需要保证的零件间相对位置的尺寸，如重要的间隙、距离、连接件的定位尺寸等。图 12-1 所示的尺寸 49 是相对位置尺寸。

3）安装尺寸。将机器或部件安装到其他零、部件或基座上所需的尺寸，如图 12-1 所示的尺寸 84、54、M36×2-6g。

4）外形尺寸。表示机器或部件总长、总宽、总高的尺寸，为包装、运输和安装过程所占的空间提供依据。图 12-1 所示球阀的总长、总宽和总高尺寸分别为 115±1.1、75 和 121.5。

5）其他重要尺寸。它们是在设计中确定，又不属于上述几类尺寸的重要尺寸，如运动零件的极限尺寸和主体零件的重要尺寸等。

注意：不是每一张装配图都具有上述尺寸，有时某些尺寸兼有几种意义。装配图的尺寸标注，应根据机器或部件的作用，反映设计者的意图。

3. 技术要求

用文字或符号说明机器或部件在装配、检验、安装、调试、使用和维修等方面的技术要求。

在装配图中，不同的机器或部件，其性能不同，技术要求也不同，其中有些技术上的要求必须用文字及符号的形式加以说明。

注意：技术要求一般用文字书写在明细栏附近或其他空白处，也可另编技术文件附于图样文件之后。

4. 标题栏、零部件序号和明细栏

为了便于生产的组织管理工作，在装配图上须对零部件进行编号，并将各零部件的序号、名称、材料、重量等有关内容填写在明细栏内。标题栏内填写本机器或部件的名称、比例、图号以及设计、审核者的签名等。

12.1.2 装配图的表达方法

装配图和零件图一样，也是按正投影的原理、方法和《机械制图》国家标准的有关规定绘制的。零件图的表达方法（视图、剖视图、断面图等）及视图选用原则，一般都适用于装配图。不同的是零件图表达零件的结构形状。装配图需要表达的是机器或部件的总体情况。由于装配图与零件图各自表达对象的重点及在生产中所使用的范围有所不同，国家标准对装配图在表达方法上还有一些专门规定。

1. 装配图的规定画法

（1）接触面和配合面的画法　两零件的接触表面或具有配合要求的表面画一条线，不接触面即使间隙很小也必须画两条线，如图 12-2a 所示。

（2）剖面符号的画法　相邻两零件的剖面线方向应相反或间隔不等，如图 12-2a 所示。若有 3 个以上零件相邻，还应使剖面线间隔不同来区别不同的零件。但同一个零件在各个视图中的剖面线方向和间隔应一致。

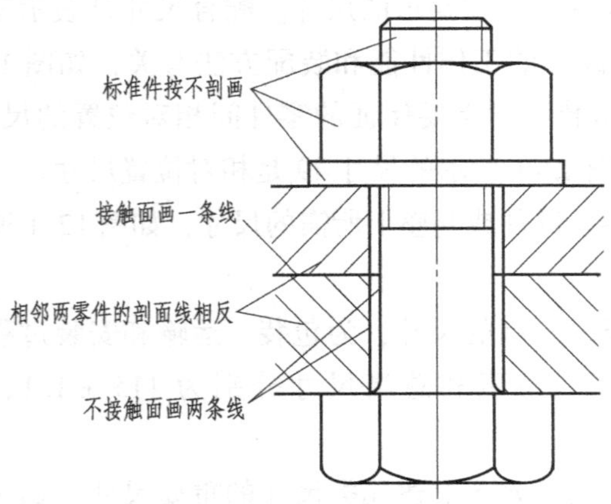

a)

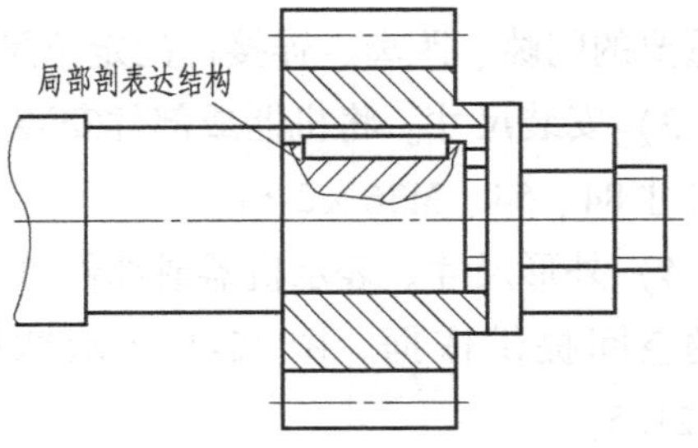

b)

图 12-2　装配图的规定画法

（3）实心杆件和标准件的画法　对于标准件以及实心的轴、手柄、连杆、拉杆、球、钩子等零件，在剖视图中，若剖切平面通过其基本轴线时，均按不剖绘制，如图12-2a所示。如需表达这些零件的某些结构，如键槽、销孔等，可以使用局部视图，如图12-2b所示。

2. 装配图的特殊画法

（1）拆卸画法　在装配图中，当一个或几个零件遮住了需表达的内容时，或为了减少不必要的绘图工作量，可假想拆去一个或几个零件后绘制视图，这种画法称为拆卸画法。图12-1所示的左视图即采用了拆去扳手的拆卸画法。

注意：采用拆卸画法时该视图上方需注明："拆去××"等字样。

（2）沿接合面剖切画法　为了表达装配体内部结构，可假想沿某个接合面剖切，然后将剖切平面与观察者之间的零件拿去，画出剖视图。它的优点在于：既能表达内部装配情况，又能省略剖面线，使图形清晰，重点突出。图12-3中的*A—A*剖视图就是沿泵盖与泵体接合面剖切后画出的。

注意：沿接合面剖切时，零件的接合面不画剖面线，其他被剖切的零件应画剖面线。

（3）假想画法　为了表示与本部件有装配关系但又不属于本部件的其他相邻零件，或为了表示运动零件的运动范围或极限位置，可用双点画线假想将相关部分画出，如图12-1所示，用双点画线假想画出扳手的另一极限位置。

（4）夸大画法　在画装配图时，常遇到一些薄片零件、细丝弹簧、小锥度、微小间隙等，若无法用实际尺寸或比例画出，可采用夸大画法，如图12-4所示的间隙和垫片厚度采用了夸大画法，否则难以表达。

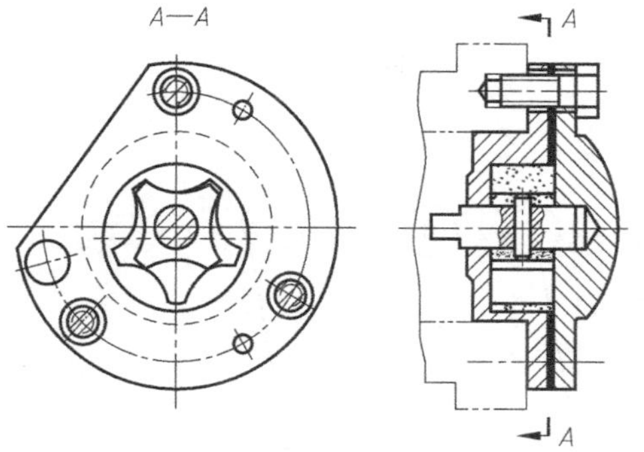

图12-3　装配图的特殊画法

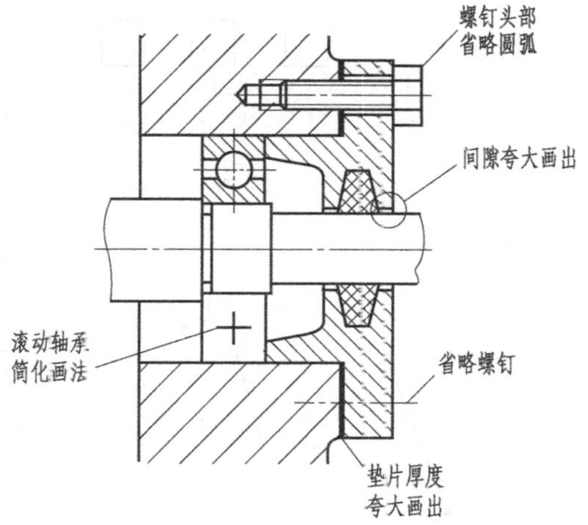

图12-4　装配图的特殊画法和简化画法

3. 装配图的简化画法

在装配图中，零件的某些工艺结构，如小圆角、倒角、退刀槽等允许省略不画。装配图中螺母和螺栓等头部的圆弧可省略不画，滚动轴承允许一半画剖视，另一半简化，如图12-4所示。

在装配图中，对于若干相同的零件组，如几组规格相同的螺纹连接，在不影响理解的前提下，可详细地画出一组或几组，其余用点画线表示其中心装配位置即可，如图 12-4 所示的点画线表示螺纹连接的中心。

12.1.3 装配图中的零部件序号和明细栏

装配图上所有的零部件都必须编注序号，并填写明细栏，以便统计零部件数量，进行生产的准备工作。同时，在看装配图时，也是根据序号查阅明细栏，了解零部件的名称、材料和数量等。编注序号有助于看图和图样管理。

1. 编排零部件序号

(1) 序号的标注方法 标注一个完整的序号，一般应有三个部分，即指引线、水平线(或圆圈)及序号数字。

1) 指引线用细实线绘制，应自所指部分的可见轮廓内引出，并在可见轮廓内的起始端画一圆点，指引线的另一端可弯折成水平横线、为细实线圆或为直线段终端，如图 12-5a 所示。

2) 若所指零件很薄或为涂黑断面，可在指引线末端画出箭头，并指向该部分的轮廓，如图 12-5b 所示。

3) 一组紧固件或装配关系清楚的零件组，可采用公共指引线，如图 12-5c 所示。

4) 水平线或圆圈用细实线绘制。序号的字高比该装配图中所注尺寸数字高度大一号，也允许大两号。当不画水平线或圆圈，在指引线附近注写序号时，序号字高必须比该装配图中所标注尺寸数字的高度大一号或两号。

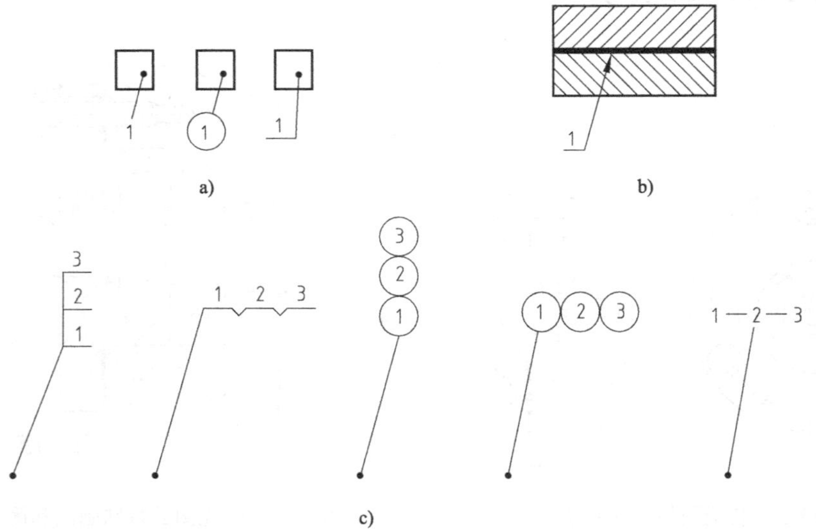

图 12-5 零部件序号的标注方法

a) 一般标注方法 b) 特殊标注方法 c) 公共指引线标注方法

(2) 编排零部件序号的一般规定

1) 装配图中所有的零部件都必须编注序号并应与明细栏中的序号一致。

2) 装配图中相同的零部件只编一个序号，数量在明细栏中写明。

3）指引线尽可能分布均匀且不要彼此相交，也不要过长。指引线通过有剖面线的区域时，要尽量不与剖面线平行，必要时可画成折线，但只允许曲折一次。

4）装配图中序号应按水平或垂直方向整齐排列，并按顺时针或逆时针方向顺次排列。如果零部件数量比较少，序号可只在水平或垂直方向顺次排列。

注意：为了使全图的零部件序号布置得美观整齐，无重复和遗漏，应先按一定位置画好横线或圆，然后再与零部件对应画出指引线，最后书写序号。

2. 明细栏的格式

明细栏是机器或部件中全部零件的详细目录，应画在标题栏上方，当位置不够用时，可续接在标题栏左方。明细栏下边线与标题栏上边线重合，长度相等。

在明细栏中，零部件序号应按自下而上的顺序填写，以便在增加零部件时可继续向上画格。国家标准规定了标题栏和明细栏的统一格式。学校制图作业可采用图12-6所示的明细栏。

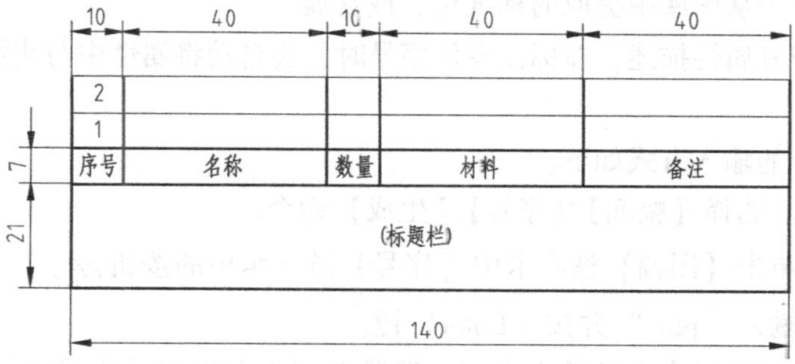

图12-6 学校制图作业用明细栏

12.2 绘制装配图的方法和步骤

在绘制装配图的过程中主要用到“部分存储”“并入文件”“提取图幅”“尺寸标注”“定制明细表㊀”“生成序号”“填写标题栏”等命令。

绘制装配图的一般步骤如下。

1）图形分析。

2）绘制非标准件零件图。

3）部分存储零件图。

4）新建装配图文件并设置绘图环境。

5）并入部分存储文件。

6）调入标准库文件。

7）标注装配尺寸。

8）制定明细表。

9）生成零件序号。

㊀ 为了与软件保持一致，后面采用“明细表”一词，而不采用“明细栏”一词。

10）填写技术要求。

11）填写标题栏。

下面重点讲解绘制过程中涉及的绘制命令。

12.2.1 序号

CAXA 电子图板 2015 的序号功能包括序号样式设置以及序号的生成、删除、交换和编辑几个部分，为绘制装配图和编制零件序号提供了方便条件。

图 12-7 所示为【序号】选项组。

图 12-7 【序号】选项组

1. 生成序号

生成或插入零件序号，且与明细表联动。在生成或插入零件序号的同时，允许用户填写或不填写明细表中的各表项。对于从图库中提取的标准件，或含属性的块，其本身带有属性描述，在标注零件序号时，会自动将属性中与明细表表头对应的属性填入。

生成序号命令的输入方式如下。

1）下拉菜单。选择【幅面】/【序号】/【生成】命令。

2）选项组。单击【图幅】选项卡中【序号】选项组中的按钮。

3）命令行。输入“ptno”并按〈Enter〉键。

执行任一种生成序号命令的输入方式，屏幕左下角即出现【生成序号】立即菜单，如图 12-8 所示。

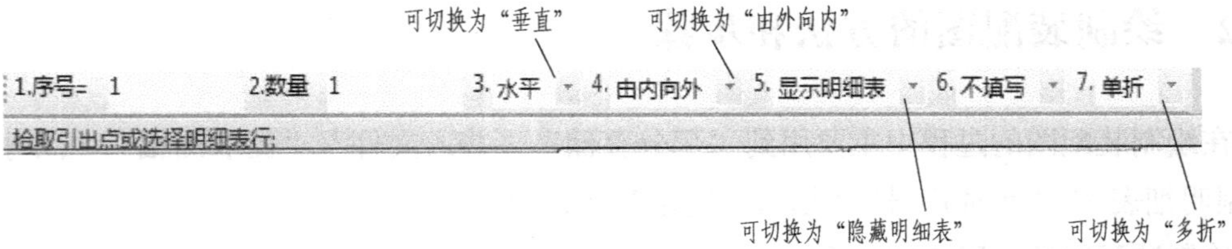

图 12-8 【生成序号】立即菜单

立即菜单各选项的含义如下。

1）序号。指零件序号值，系统默认初值为 1，并且根据当前序号自动递增生成下次标注时的序号值。选取此项，可以改变序号，数字前还可以加前缀。系统可根据当前零件序号值判断生成零件序号或插入零件序号。前缀的符号和功用是：第一位符号为“~”，序号及明细表中均显示为六角；第一位符号为“!”，序号及明细表中均显示有小下划线；第一位符号为“@”，序号及明细表中均显示为圈；第一位符号为“#”，序号及明细表中均显示为圈下加下划线；第一位符号为“$”，序号显示为圈，明细表中显示没有圈。

注意：前缀和数值最多只能输入 3 位，(即最多可输入共 6 位的字串)。

2）数量。若数量大于 1，则采用公共指引线形式表示。

3）水平或垂直。选择零件序号水平或垂直的排列方向。

4）由内向外或由外向内。表示零件序号的排列方向。

5）不填写或填写。在“生成明细表”的情况下，用来选择是否同时填写明细表。在“不生成明细表”的情况下无此选项。

6）单折或多折。用来选择标注线折弯数。

在生成序号操作时，要注意以下几点。

1）如果输入序号值只有前缀而无数字值，根据当前序号情况生成新序号，新序号值为当前前缀的最大值加 1。

2）如果输入序号值小于当前相同前缀的最大序号值、大于等于最小序号值时，标注零件序号，系统提示是否插入序号，如果选择插入序号形式，则系统重新排列相同前缀的序号值和相关的明细表。

3）如果输入的序号与已有序号相同，弹出图 12-9 所示的【注意】对话框。单击【插入】按钮，则生成新序号，在此序号后的其他相同前缀的序号依次顺延；如果单击【取重号】按钮，则生成与已有序号重复的序号；如果单击【取消】按钮，则输入序号无效。

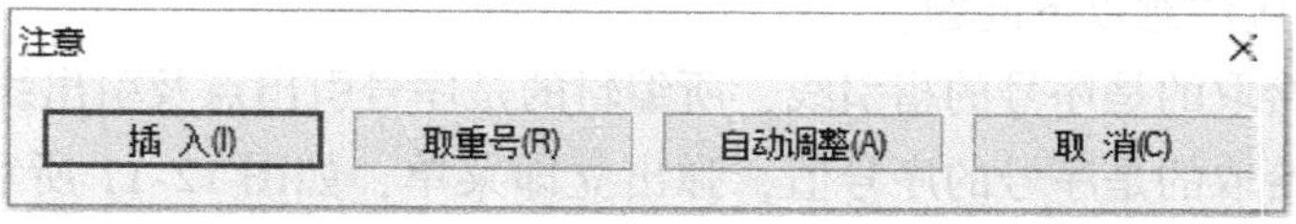

图 12-9　【注意】对话框

图 12-10 所示为各种形式的零件序号标注示例。

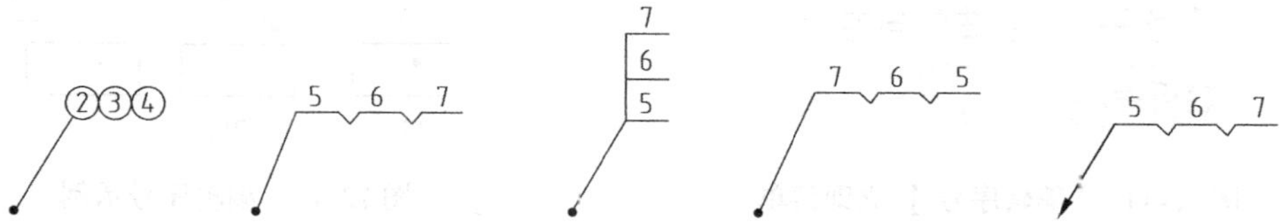

图 12-10　各种形式的零件序号标注示例

2. 删除序号

删除序号就是在已有的序号中删除不需要的序号。在删除序号的同时，也删除明细表中的相应表项。

删除序号命令的输入方式如下。

1）下拉菜单。选择【幅面】/【序号】/【删除】命令。

2）选项组。单击【图幅】选项卡中【序号】选项组中的按钮。

3）命令行。输入“ptnodel”并按〈Enter〉键。

执行任一种删除序号命令的输入方式，命令行提示“请拾取要删除的序号”，用鼠标拾取待删除的序号，该序号即被删除。

删除零件序号时应注意以下问题。

1）对于多个序号共用一条指引线的序号结点，如果拾取位置为序号，则删除被拾取的序号，拾取到其他部位，则删除整个结点。

2）如果所要删除的序号没有重名的序号，则同时删除明细表中相应的表项，否则只删除所拾取的序号。

3）如果删除的序号为中间项，系统会自动将该项以后的序号值顺序减一，以保持序号的连续性。

3. 编辑序号

编辑序号功能用于修改指定序号的位置。

编辑序号命令的输入方式如下。

1）下拉菜单。选择【幅面】/【序号】/【编辑】命令。

2）选项组。单击【图幅】选项卡中【序号】选项组中的按钮。

3）命令行，输入“ptnoedit”并按〈Enter〉键。

执行任一种编辑序号命令的输入方式，命令行提示“请拾取零件序号”，用鼠标拾取待编辑的序号，根据鼠标拾取位置的不同，可以分别修改序号的引出点或转折点位置。

编辑零件序号应注意以下问题。

1）如果鼠标拾取的是序号的指引线，所编辑的是序号引出点及引出线的位置。

2）如果鼠标拾取的是序号的序号值，弹出立即菜单，如图 12-11 所示。在其中设置相关选项，输入转折点后，所编辑的是转折点及序号的位置。

注意：编辑序号只编辑修改其位置，而不能修改序号本身。

图 12-12 所示为编辑序号示例。

图 12-11 【编辑序号 】立即菜单

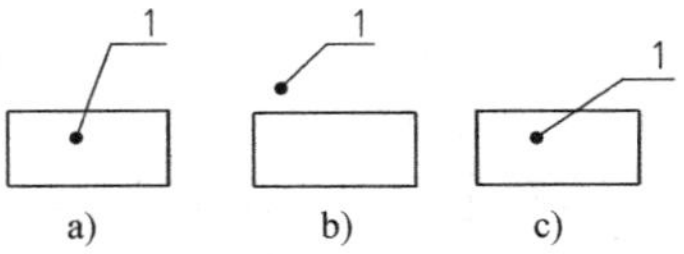

图 12-12 编辑序号示例

a）原图 b）拾取引线 c）拾取序号

4. 交换序号

交换序号就是交换序号的位置，并根据需要交换明细表内容。

交换序号命令的输入方式如下。

1）下拉菜单。选择【幅面】/【序号】/【交换】命令。

2）选项组。单击【图幅】选项卡中【序号】选项组中的按钮。

3）命令行。输入“ptnoswap”并按〈Enter〉键。

执行任一种交换序号命令的输入方式，屏幕左下角即弹出立即菜单，如图 12-13 所示。拾取要交换的零件序号，命令行提示“请拾取第二个零件序号”，拾取另外一个零件序号，则两序号交换位置。

若拾取的序号为连续标注，则拾取完第一个序号后，弹出对话框，如图 12-14 所示。选择要交换的序号，单击【确定】按钮，继续拾取第二个序号，按同样方法操作。

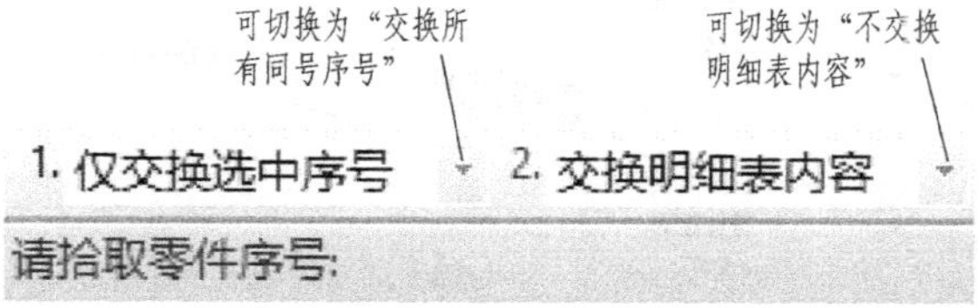

图 12-13 【交换序号】立即菜单

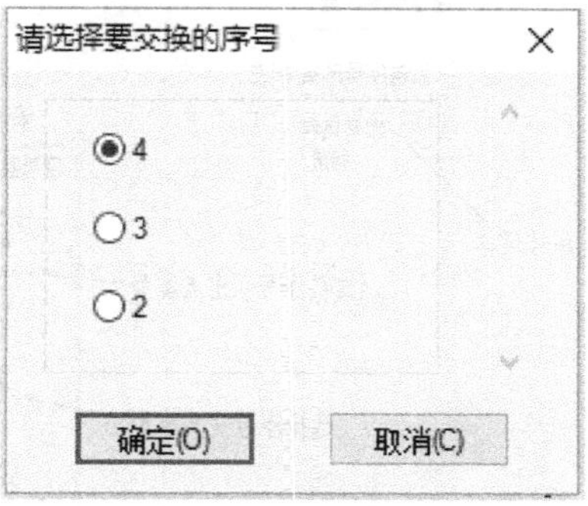

图 12-14 【请选择要交换的序号】对话框

图 12-15 所示为交换序号示例。

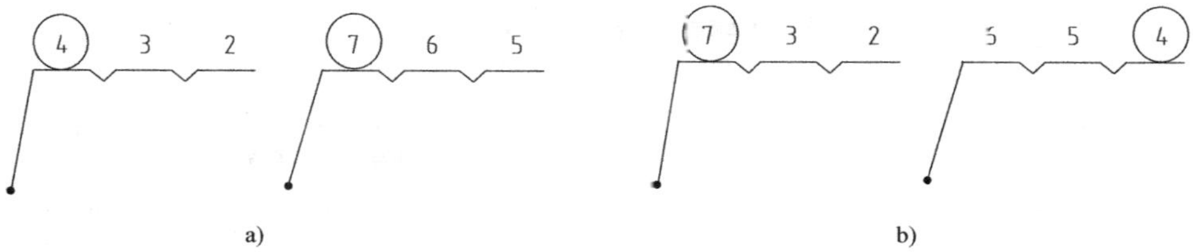

图 12-15 交换序号示例

a）交换前 b）交换后

5. 序号设置

不同的工程图样中通常需要不同的序号样式，如显示不同的外观、文字的风格等。通过设置参数选择多种样式，包括箭头样式、文本样式、序号格式、特性显示，以及序号的尺寸参数，如横线长度、圆圈半径、垂直间距等。

序号设置就是选择零件序号的标注形式。

序号设置命令的输入方式如下。

1）下拉菜单。选择【格式】/【序号】命令。

2）功能区：单击【图幅】选项卡中【序号】选项组中的按钮。

3）命令行。输入“partnoset”并按〈Enter〉键。

执行任一种序号设置命令的输入方式，弹出【序号风格设置】对话框，如图 12-16 所示。该对话框共有【序号基本形式】和【符号尺寸控制】两个选项卡。

【序号基本形式】选项卡上各参数的含义及设置方法如下。

1）箭头样式。可以选择不同的引出点样式，如圆点、斜线、空心箭头、直角箭头等。

2）文本样式。可以选择序号中文本的样式以及文本的高度。

3）形状。可以选择序号的形式。

单击【符号尺寸控制】选项卡，在弹出的对话框中可以设置符号的样式，在此不进行详述。

单击【新建】按钮可新建一个不同于系统自动配置的序号风格。

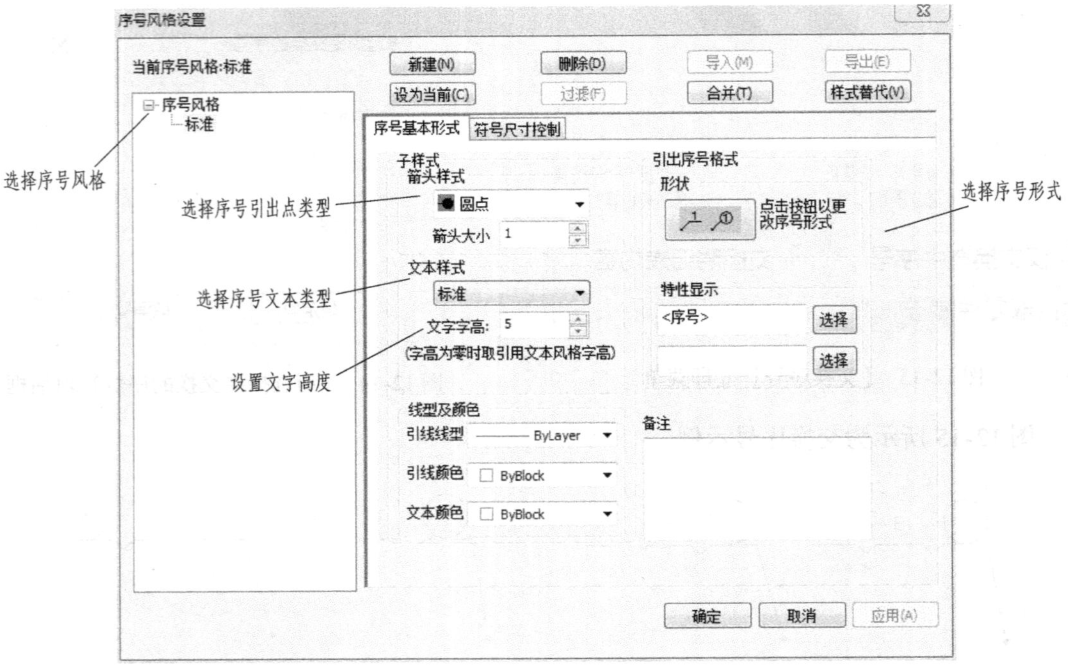

图 12-16 【序号风格设置】对话框

在【序号风格】列表下选择风格名称，再单击【设为当前】按钮，可切换不同风格的序号样式；或在功能区内选择【图幅】选项卡中【序号】选项组中【序号设置】按钮后的下拉列表中的选项，也可选择序号样式，如图 12-17 所示。

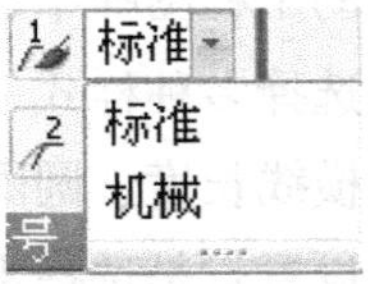

图 12-17 【序号设置】下拉列表

12.2.2 明细表

CAXA 电子图板 2015 为绘制装配图设置了明细表。明细表与零件序号联动，可随零件序号的生成、插入和删除产生相应的变化。

选择【幅面】/【明细表】子菜单，该菜单右侧弹出下一级菜单命令，如图 12-18 所示。图 12-19 所示为【明细表】选项组。

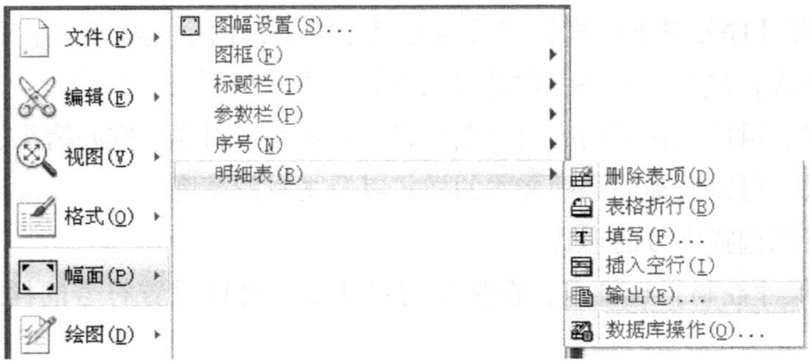

图 12-18 【明细表】子菜单

1. 填写明细表

明细表随生成序号而生成，但如果生成序号时没有填写明细表项，或填写不全或要修改时，可利用此功能填写或修改明细表的内容。

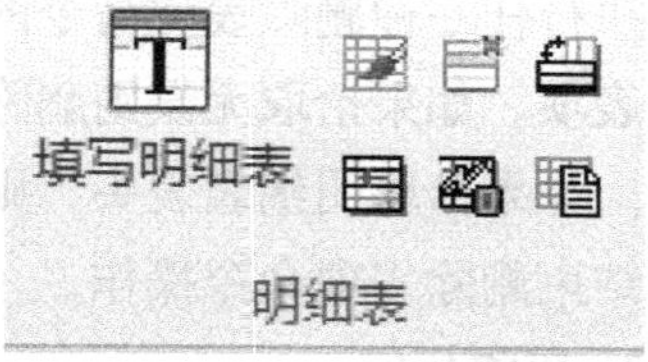

图 12-19 【明细表】选项组

填写明细表命令的输入方式如下。

1）下拉菜单。选择【幅面】/【明细表】/【填写】命令。

2）选项组。单击【图幅】选项卡中【明细表】选项组中的按钮。

3）命令行。输入“tbledit”并按〈Enter〉键。

执行任一种填写明细栏命令的输入方式，弹出【填写明细表】对话框，如图 12-20 所示。从中选择要修改或填写的表项，进行编辑，单击【确定】按钮，所填项目自动添加到明细表中。

注意：若此时屏幕中没有明细表，则无法进行填写明细表的操作。双击已存在的明细表也可弹出【填写明细栏】对话框。

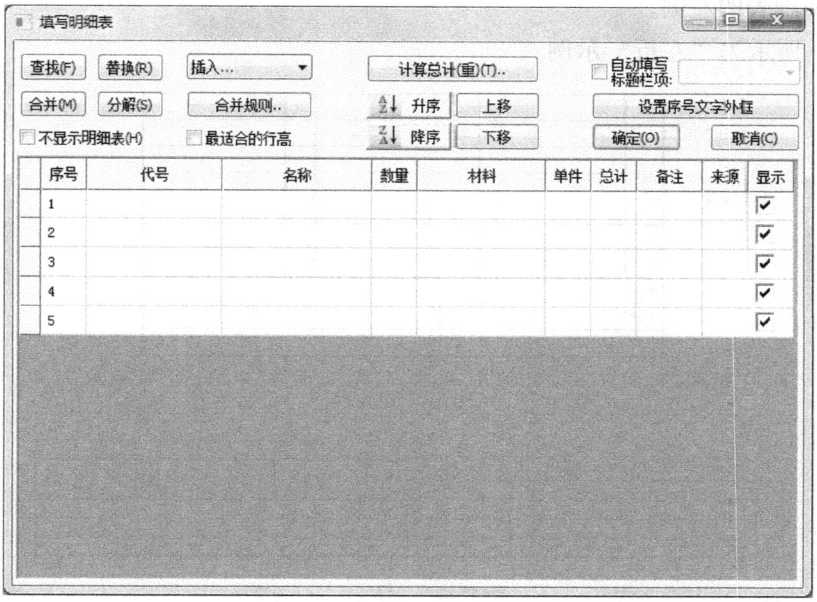

图 12-20 【填写明细表】对话框

2. 删除表项

删除表项就是从已有的明细表中删除某一个表项及其项目内容。

删除表项命令的输入方式如下。

1）下拉菜单。选择【幅面】/【明细表】/【删除表项】命令。

2）选项组。单击【图幅】选项卡中【明细表】选项组中的按钮。

3）命令行。输入“tbldel”并按〈Enter〉键。

执行任一种删除表项命令的输入方式，命令行提示“请拾取表项”，拾取所要删除的明细表表项。如果拾取无误则删除该表项及所对应的序号，同时该序号以后的序号将自动重新排列。如果拾取明细表表头，则可删除全部表项和序号。可重复执行以上操作。单击鼠标右键，结束删除表项命令操作。

3. 表格折行

表格折行就是将已存在的明细表的表格在所需要的位置处向左或向右转移。转移时，表格及项目内容一起转移。

表格折行命令的输入方式如下。

1）下拉菜单。选择【幅面】/【明细表】/【表格折行】命令。

2）选项组。单击【图幅】选项卡中【明细表】选项组中的按钮。

3）命令行。输入“tblbrk”并按〈Enter〉键。

执行任一种表格折行命令的输入方式，屏幕左下角即出现立即菜单，如图 12-21 所示。若选择“左折”，按提示用鼠标从已有的明细表中拾取某一待折行的表项，则该表项以上的表项（包括该表项）及其内容全部移到明细表的左侧。

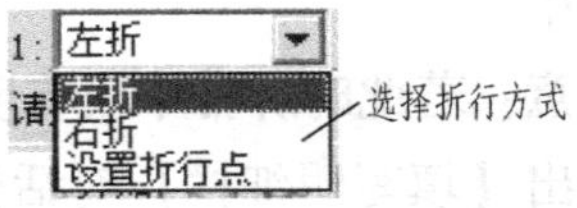

图 12-21 【表格折行】立即菜单

图 12-22 所示为“左折”示例。

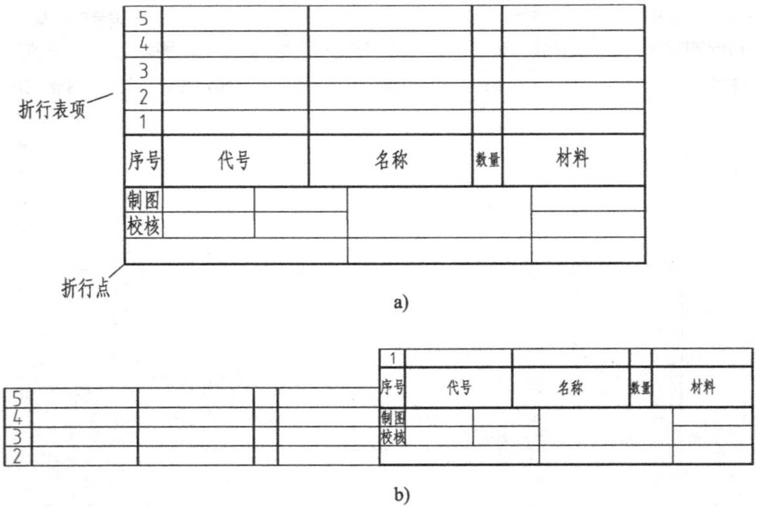

图 12-22 “左折”示例

a）折行前 b）折行后

注意：明细表内容较多时可以设置多个折行点。

4. 插入空行

插入空行命令的输入方式如下。

1）下拉菜单：选择【幅面】/【明细表】/【插入空行】命令。

2）选项组。单击【图幅】选项卡中【明细表】选项组中的按钮。

3）命令行。输入“tblnew”并按〈Enter〉键。

执行任一种插入空行命令的输入方式，命令行提示“请拾取表项”，拾取某一行表项，则在此行上部插入一个空白行。

5. 明细表设置

如果系统所提供的明细表的表头内容不符合用户的需求，用户可以修改或增删明细表的表头内容。CAXA 电子图板 2015 的明细表设置功能包含表头设置、颜色与线宽设置、文字设置等，可以定制各种样式的明细表。

明细表设置命令的输入方式如下。

1）下拉菜单。选择【格式】/【明细表】命令。

2）选项组。单击【图幅】选项卡中【明细表】选项组中的按钮。

3）命令行。输入“tdledit”并按〈Enter〉键。

执行任一种明细表设置命令的输入方式，弹出【明细表风格设置】对话框，如图 12-23 所示。该对话框中共有【定制表头】、【颜色与线宽】、【文本及其他】三个选项卡。

（1）【定制表头】选项卡　图 12-23 中为【定制表头】选项卡。该选项卡中列出了当前表头的各项内容。用户通过对各项内容的操作，可以建立一个新表头或修改原有表头。

在表项名称列表中列出当前明细表的所有表头字段。单击其中的一个字段，然后可以在右边修改这个字段的参数。各参数的含义如下。

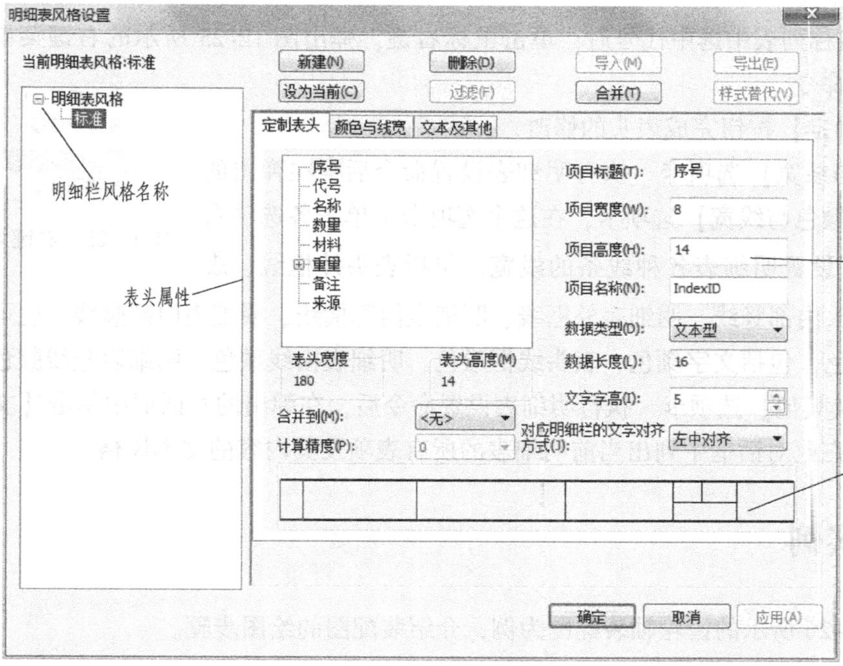

图 12-23　【明细表风格设置】对话框

1）项目宽度。表示在明细表表头中每一栏的宽度。

2）项目名称。表示在明细表表头中每一栏的名称。

3）数据类型。选择表项对应的数据类型。

4）数据长度。如果表项中的数据类型为字符型，则在此项中输入字符长度。

5）文字字高。调整明细表表头文字大小。

6）对齐方式。调整明细表表头文字的对齐方式。

7）项目高度。表示在明细表表头中每一栏的高度。

图 12-24a 所示为当前的明细表表头，若想将表头改为图 12-24b 所示，基本操作步骤如下。

序号	代号	名称	数量	材料	单件	总计	备注
					重量		

a)

序号	名称	数量	材料	单件	总计	备注
				重量		

b)

图 12-24 【定制表头的】实例

a）原表头 b）修改后表头

1）在图 12-23 所示【定制表头】选项卡中，在表项名称列表中先选中序号，将右端的项目宽度改为 16。

2）在表项名称列表中选中代号后，单击鼠标右键，弹出图 12-25 所示的右键菜单，选择【删除项目】命令。

3）单击【确定】按钮完成表头的修改。

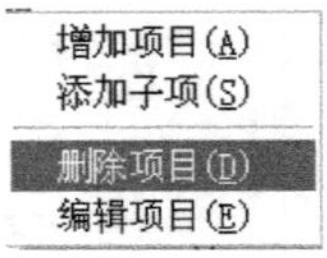

图 12-25 右键菜单

(2)【颜色与线宽】选项卡 执行明细表设置命令后，在弹出的对话框中单击【颜色与线宽】选项卡，在这个选项卡中单击各选项右边的按钮▼即可设置明细表各种线条的线宽，包括表头外框线、表头内部横线、表头内部竖线、明细表外框线、明细表内部横线、明细表内部竖线；也可以设置各种元素的颜色，包括文字颜色、表头线框颜色、明细表横线颜色、明细表竖线颜色。

(3)【文本及其他】选项卡 执行明细表设置命令后，在弹出的对话框中单击【文本及其他】对话框，在此对话框中列出当前明细表的所有表项及其内容的文本风格。

12.3 绘图实例

下面以图 12-26 所示的齿轮轴装配图为例，介绍装配图的绘图步骤。

12.3.1 图形分析

由图 12-26 所示的装配图可知，组成该装配体的共有 5 个零件，其中螺母、垫圈、键为标准件，在 CAXA 电子图板 2015 的图库中，已经有这些标准件的图形，用提取图符命令可将这些图形直接提取出来。齿轮和轴是主要零件，是图库中没有的。因此，首先要绘制出这两个零件的零件图，并将这两个零件图存盘以备后用。

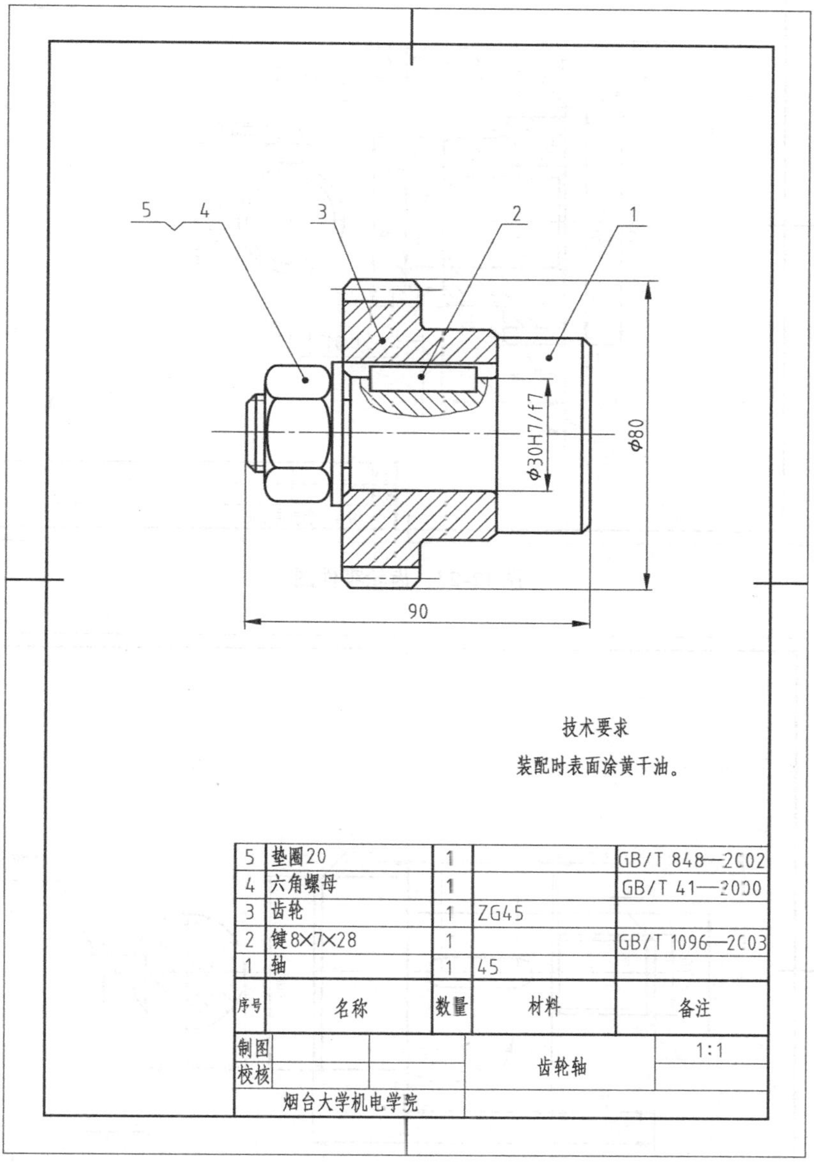

图 12-26 齿轮轴装配图

12.3.2 绘制零件图

零件图作为制造和检验零件的技术文件，不仅应将零件的内、外结构和大小表达清楚，而且还要为零件的加工、检验、测量提供必要的技术要求。因此，“一组视图、完整的尺寸、技术要求、标题栏”这四部分是一张完整零件图必备的内容。图 12-27 和图 12-28 所示为齿轮和轴零件图。零件图的绘制步骤在此不再重复。

注意：零件图作为重要的技术文件，最好完整。

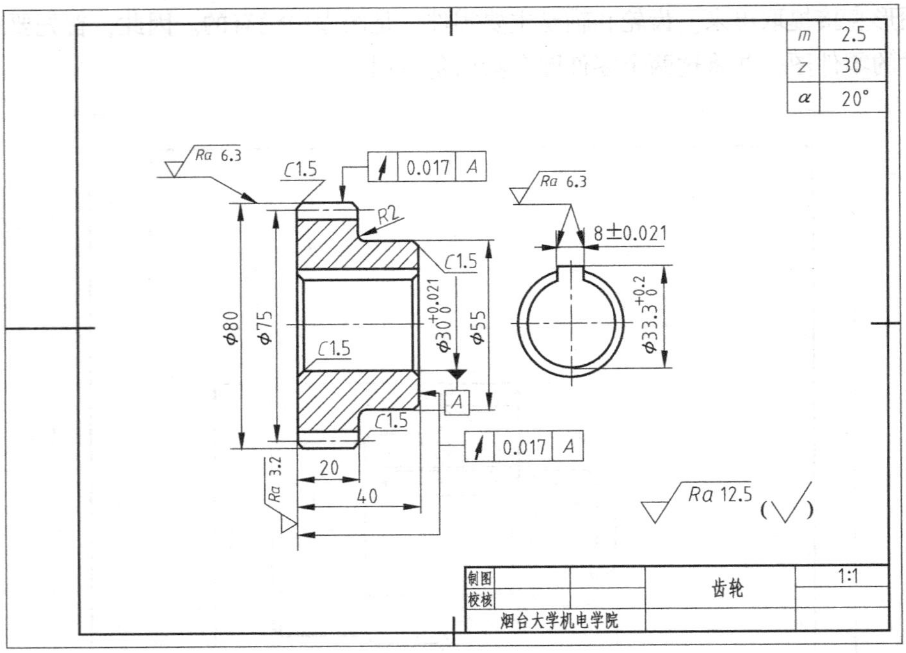

图 12-27　齿轮零件图

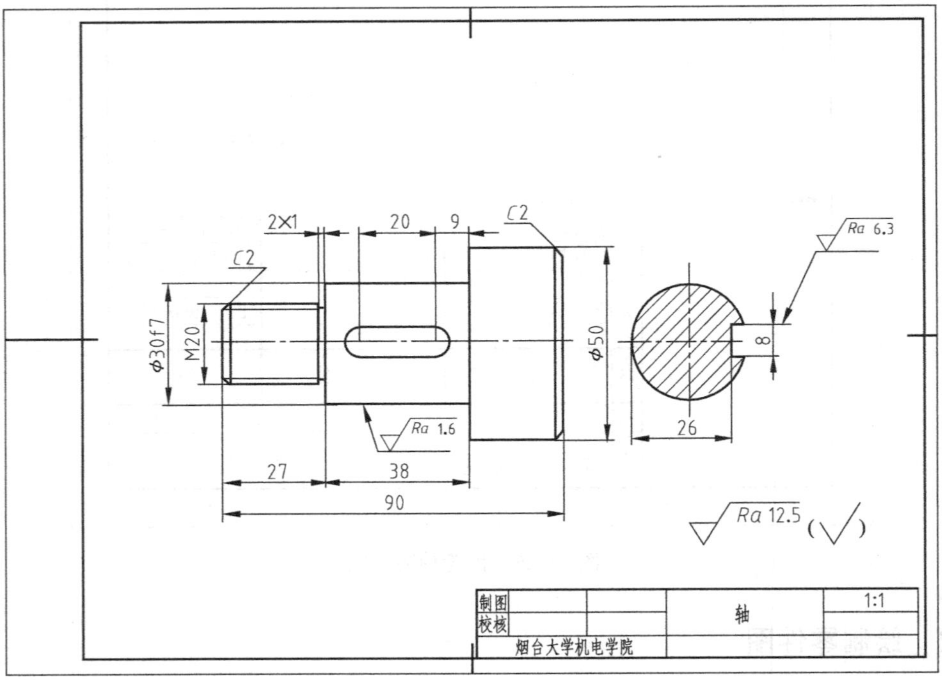

图 12-28　轴零件图

12. 3. 3　部分存储零件图

部分存储就是将当前绘制的图形中的一部分以文件的形式存储到磁盘上。

部分存储轴零件图的基本步骤如下。

1）打开轴零件图文件，单击按钮 ，在弹出的【层设置】对话框中关闭“尺寸线层”的层状态，如图 12-29 所示。单击【确定】按钮，这时可以看到零件图中仅有表达零件的一组视图。

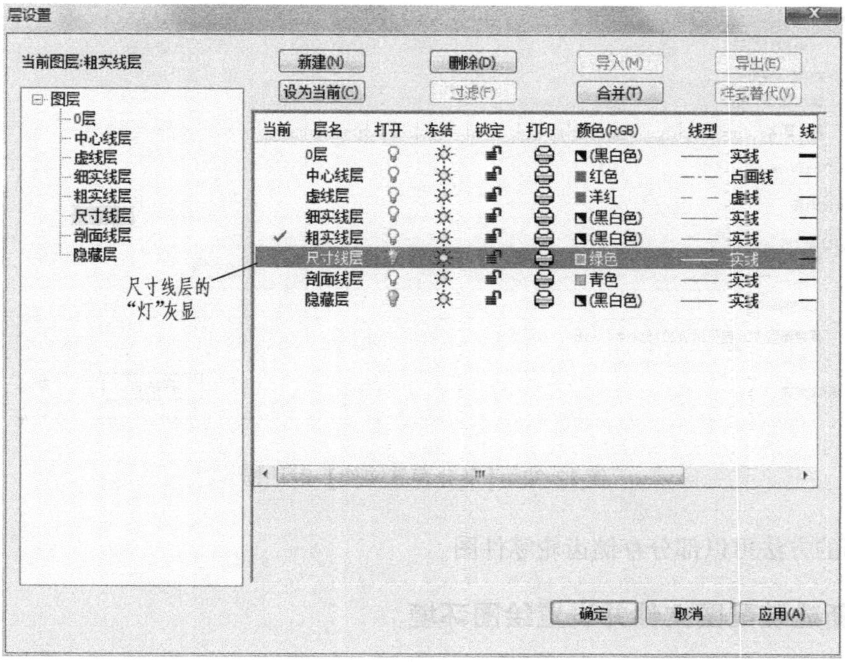

图 12-29　【层设置】对话框

2）将零件图与装配图中轴的表达方式相比较可以看出，轴零件图中键槽面向前，装配图中的键槽向上。因此，须按装配图的要求修改轴零件图，如图 12-30 所示。

3）在主菜单中选择【文件】/【部分存储】命令，如图 12-31 所示。根据提示选中主视图后单击鼠标右键确认。

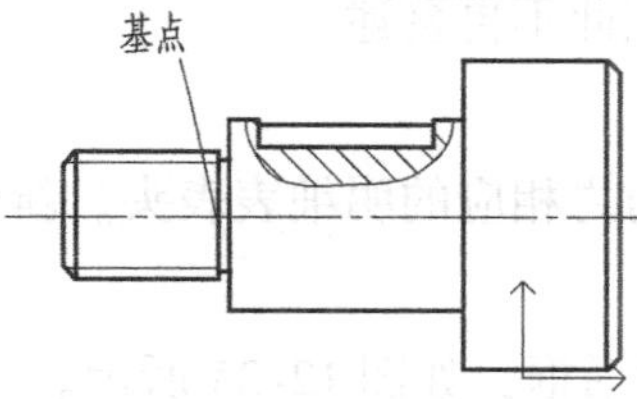

图 12-30　修改后的轴零件图

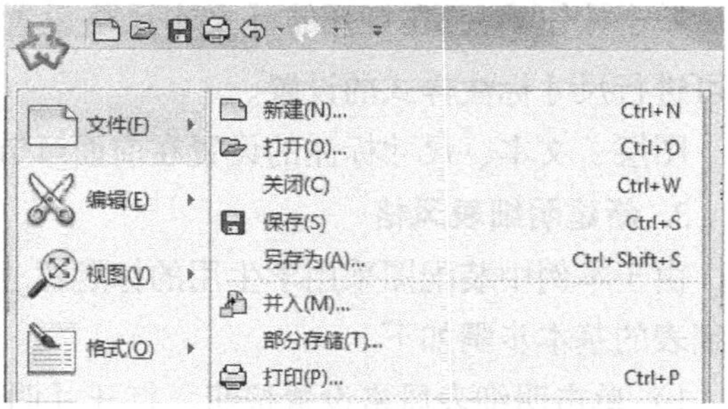

图 12-31　【部分存储】命令

4）命令行提示给出“部分存储”图形的基点，为了方便零件的装配，选择主视图中右面轴肩与中心线的交点为基点。此时弹出【部分存储文件】对话框，如图 12-32 所示。输入文件名，并将其保存到一个适当的文件夹中。

注意：部分存储零件图前需将零件图修改成与装配图相一致的图形。

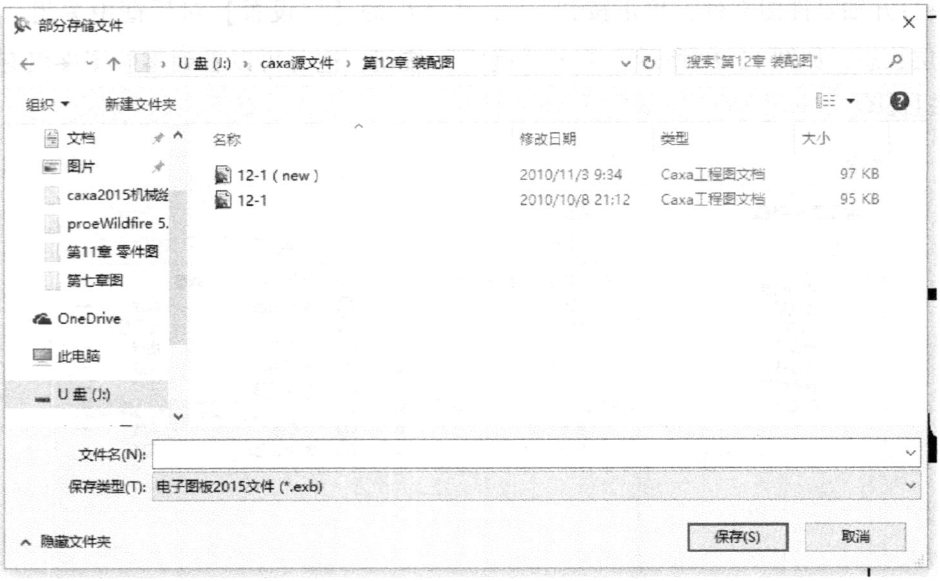

图 12-32 【部分存储文件】对话框

用相同的方法可以部分存储齿轮零件图。

12.3.4 新建装配图文件并设置绘图环境

1. 创建新文件

单击新建文件按钮，在弹出的【新建】文件对话框中选择空白模板，单击【确定】按钮，即可新建一个图形文件。

2. 设置绘图环境

绘图环境的设置主要是指图层设置、文本风格设置、标注风格设置等。单击按钮，在打开的【层设置】对话框中可进行图层、线型、颜色的设置。

单击按钮，在打开的【文本风格设置】对话框中，可进行文字样式的设置。同理，也可进行尺寸标注样式的设置。

图层、文本、尺寸标注的设置在前面章节都有详细讲解，在此不再赘述。

3. 新建明细表风格

由于本例中装配图采用学生用的标题栏，因此需新建一个与之相应的明细表表头。新建明细表的基本步骤如下。

1）单击明细表风格设置按钮，打开【明细表风格设置】对话框，如图 12-33 所示。

2）单击【新建】按钮，弹出 CAXA 电子图板 2015 提示对话框，如图 12-34 所示。单击【是】按钮，在弹出的【新建风格】对话框中设置风格名称“学校”，如图 12-35 所示。

3）在【定制表头】选项卡中，用鼠标右键单击不需要的选项，弹出右键菜单，删除多余选项，同时修改项目的宽度值，如图 12-36 所示。

4）单击【确定】按钮，即可新建一个名为“学校”的明细表风格。

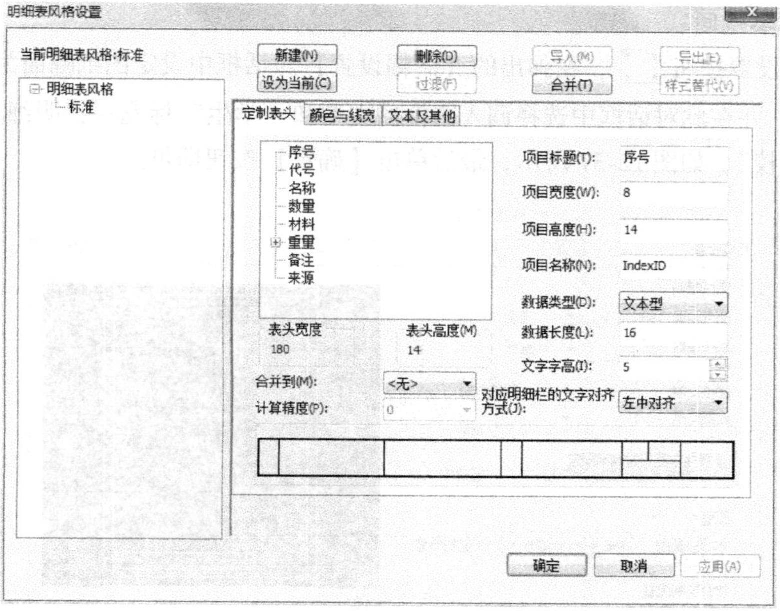

图 12-33　新建明细表的对话框 1

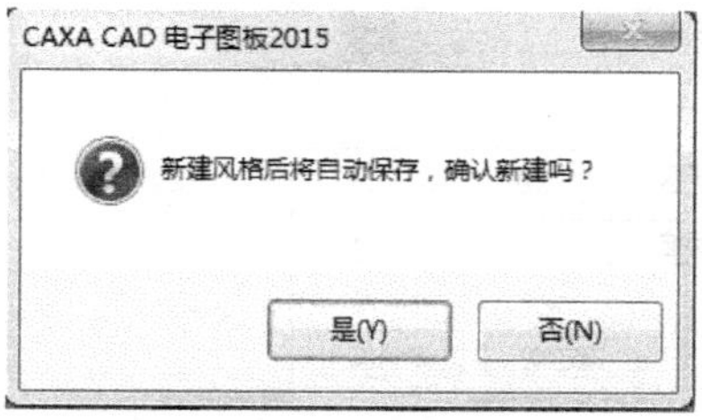

图 12-34　提示对话框

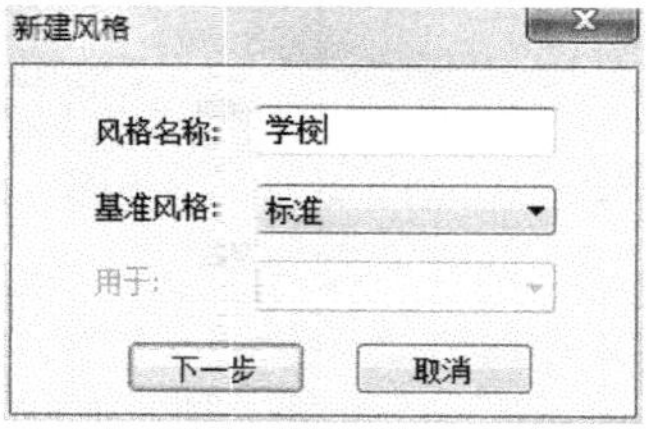

图 12-35　【新建风格】对话框

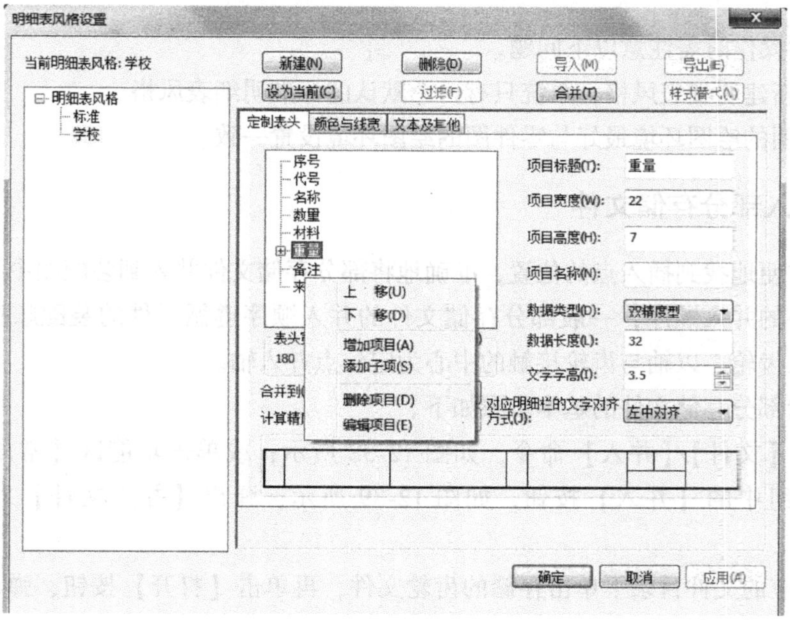

图 12-36　新建明细表的对话框 2

4. 设置图纸幅面

单击图幅设置按钮 ，在弹出的【图幅设置】对话框中设定图纸幅面为 A4 竖放，绘图比例为 1:1，并在此对话框中选择调入图框的类型和“学生”标题栏，明细表的风格也选学生用的“学校”，如图 12-37 所示，最后单击【确定】按钮即可。

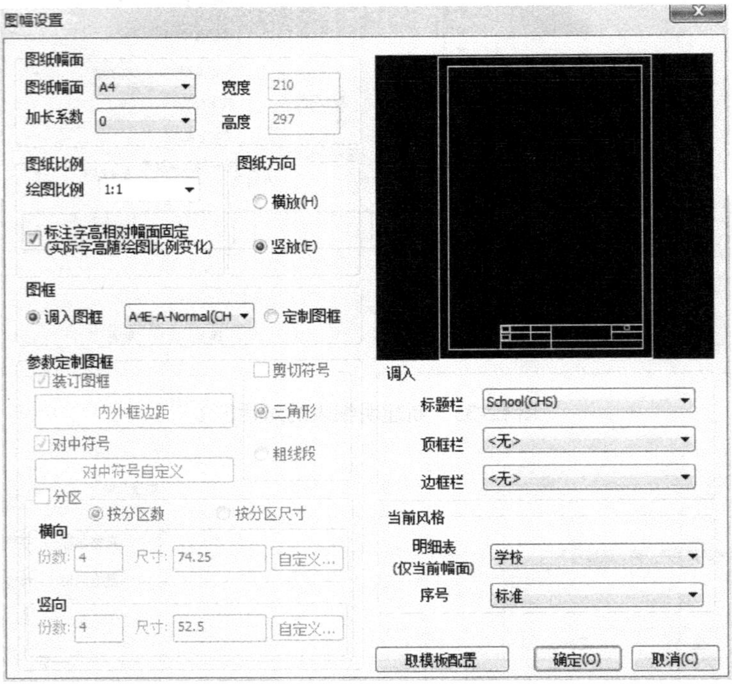

图 12-37 【图幅设置】对话框

进行上述操作时需注意以下问题。

1）若未新建明细表风格，系统只有一个默认的标准明细表风格。

2）装配图的绘图环境最好与零件图的绘图环境设置一致。

12.3.5 并入部分存储文件

为了能方便地找到插入点的位置，准确地将部分存储文件并入到装配图中，还应该考虑各个存储文件的并入顺序，一般部分存储文件的并入顺序遵循零件的装配顺序。从本例来看，应先并入齿轮，以轴与齿轮接触的中心为定位点并入轴。

并入齿轮部分存储文件的基本步骤如下。

1）选择【文件】/【并入】命令，如图 12-38 所示；或单击功能区【常用】选项卡中【常用】选项组中的【并入】按钮，如图 12-39 所示，弹出【并入文件】对话框，如图 12-40所示。

2）在相应的文件目录下单击存储的齿轮文件，再单击【打开】按钮，弹出图 12-41 所示的【并入文件】对话框。

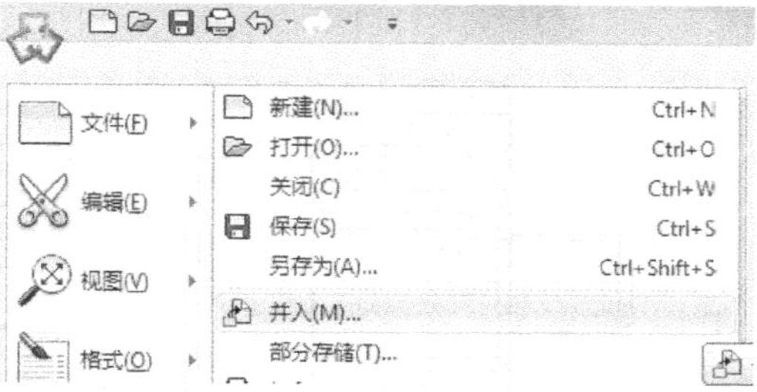

图 12-38 【并入】命令

图 12-39 【并入】按钮

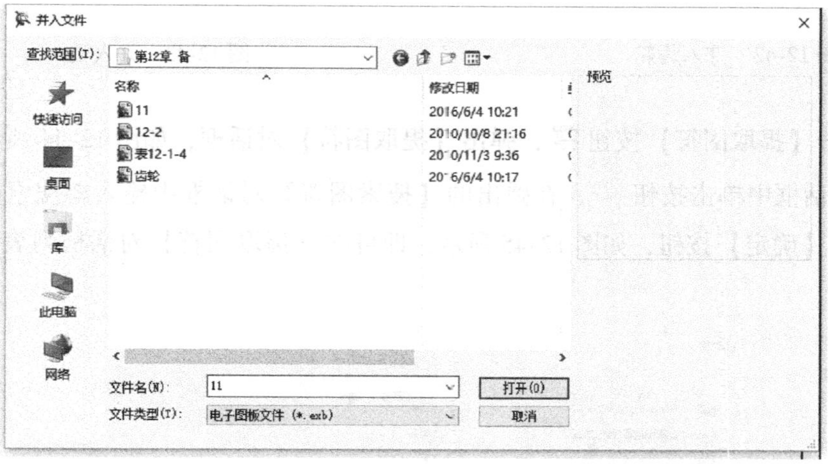

图 12-40 【并入文件】对话框 1

在【选项】选项组中可以选择并入设置，具体含义如下。

① 并入到当前图纸。将所选图纸作为一个部分并入到当前图纸中。

② 作为新图纸并入。将所选图纸作为新图纸并入到当前的文件中。

3）单击【确定】按钮，齿轮的动态图形即出现在绘图区。

4）在立即菜单中选择并入文件的相关要求并根据命令行提示，在绘图区中选择合适的位置和旋转角，完成并入操作，如图 12-42 所示。

用相同的方法可以并入轴的部分存储文件，如图 12-43 所示。

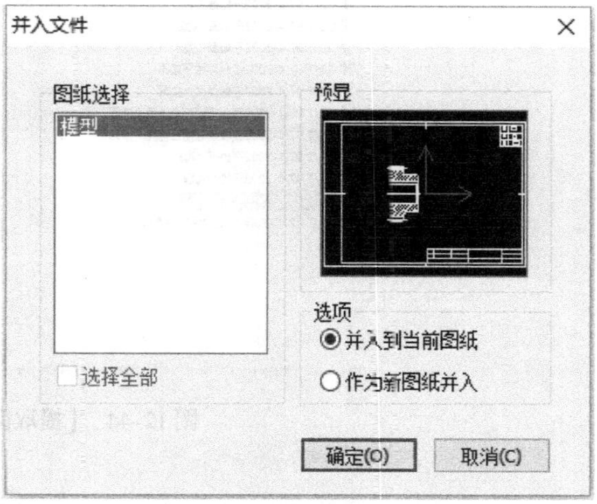

图 12-41 【并入文件】对话框 2

12.3.6 调入标准件文件

在绘制装配图的过程中，所有的标准件都可从系统提供的图库中提取。下面以垫圈为例，介绍提取图符的一般步骤。

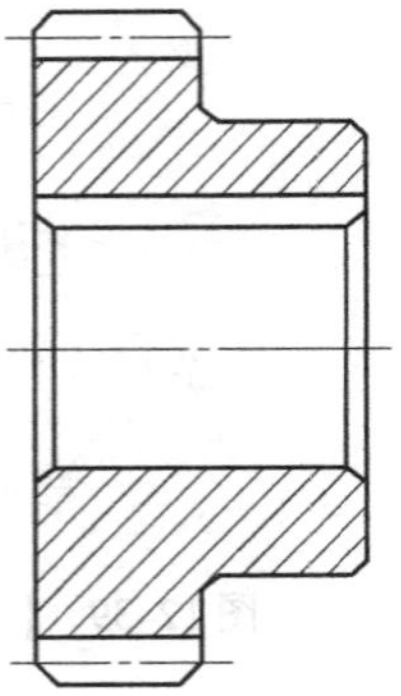

图 12-42　并入齿轮

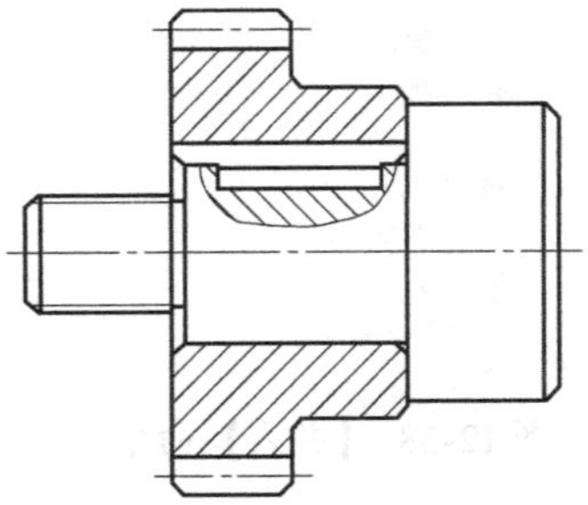

图 12-43　并入轴

1）单击【提取图符】按钮，弹出【提取图符】对话框，如图 12-44 所示。在【提取图符】对话框中单击按钮，在弹出的【搜索图符】对话框中输入要搜索的内容“垫圈”后单击【确定】按钮，如图 12-45 所示，即可在【提取图符】对话框列表中查找到相应的图。

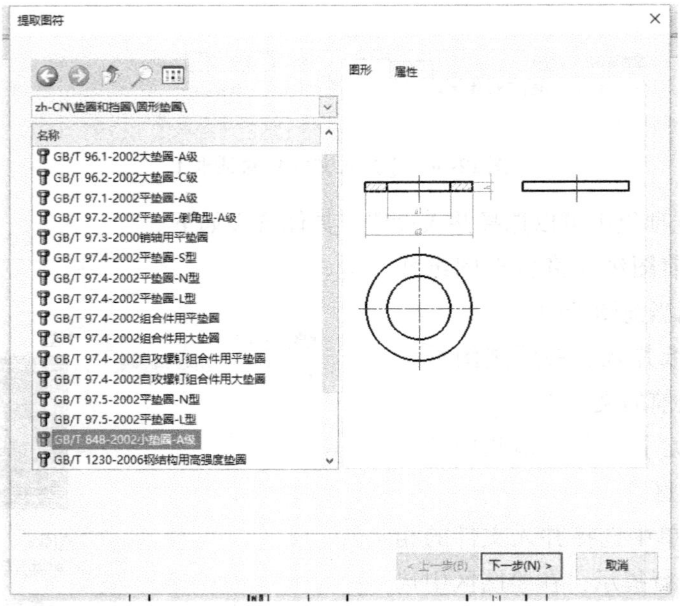

图 12-44　【提取图符】对话框

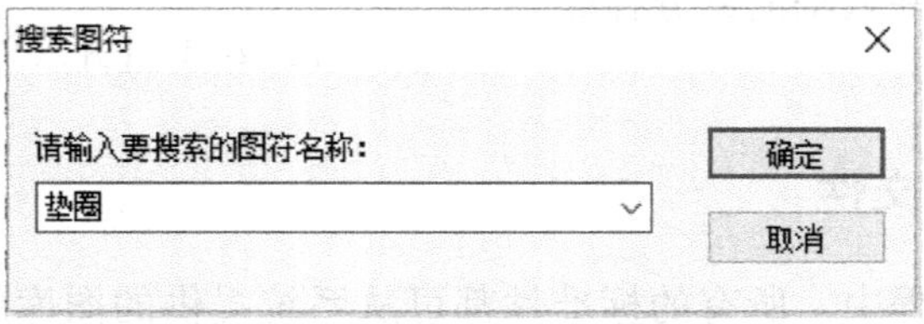

图 12-45　【搜索图符】对话框

2）在图 12-44 所示对话框中单击【下一步】按钮。

3）在弹出的【图符预处理】对话框中，选择垫圈的规格尺寸及需要的视图，如图 12-46所示。

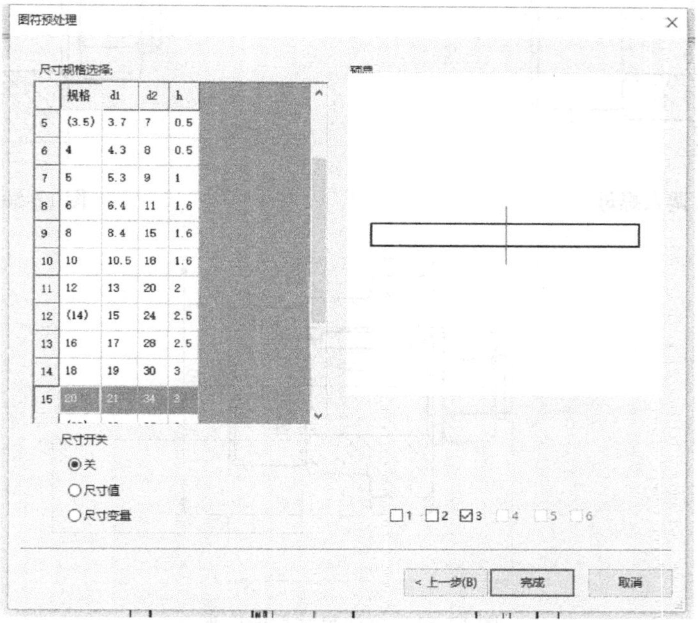

图 12-46　【图符预处理】对话框

4）单击【完成】按钮，图符随光标移动，选择图 12-47 所示的立即菜单。

输入恰当的定位点及旋转角 90°，如图 12-48 所示，完成垫圈的调入操作。

注意：输入定位点时将屏幕点设置为“智能”状态。垫圈图符定位点选为齿轮左端面的中心处。

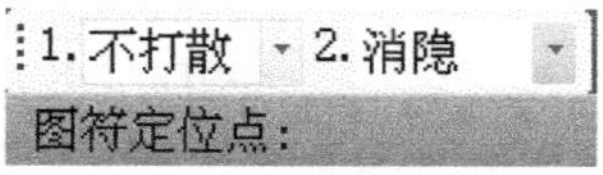

图 12-47　立即菜单

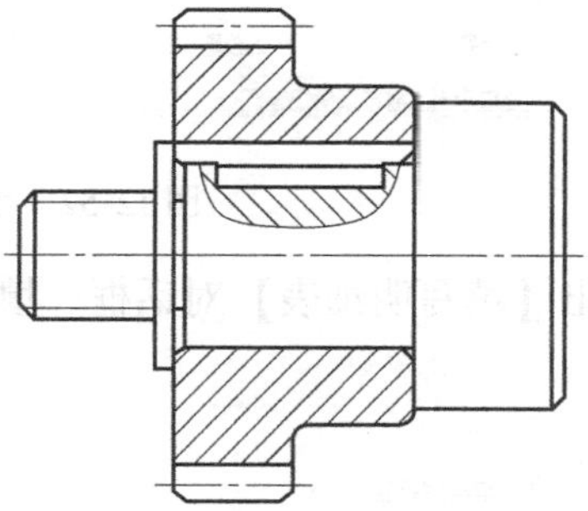

图 12-48　调入垫圈

用相同的方法可调入螺母和键，如图 12-49 和图 12-50 所示。

12.3.7　标注尺寸

尺寸标注方法在此不再介绍。标注尺寸后的图形如图 12-51 所示。

注意：标注尺寸时尽可能用工具点菜单捕捉点。

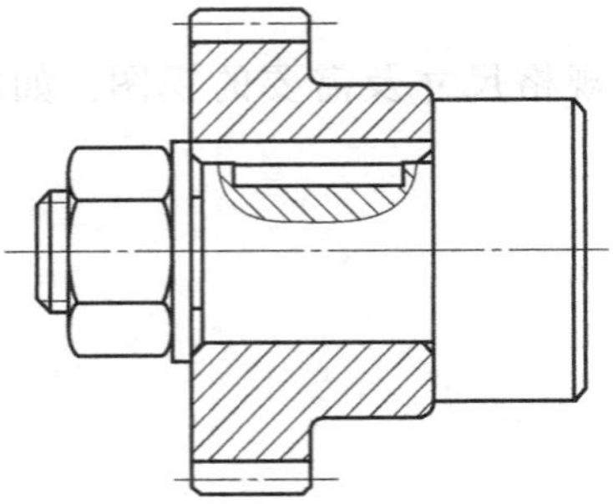

图 12-49　调入螺母

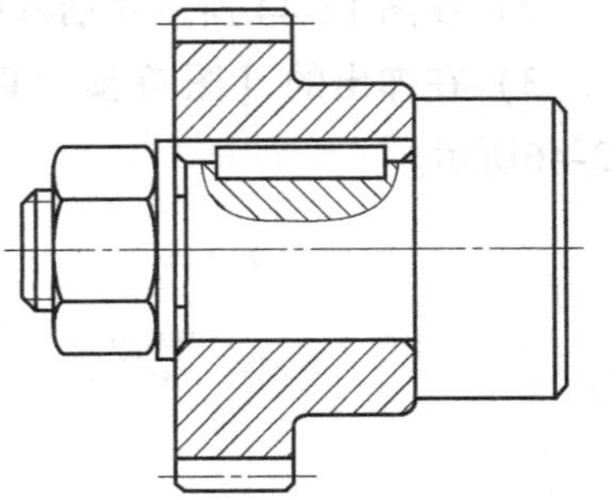

图 12-50　调入键

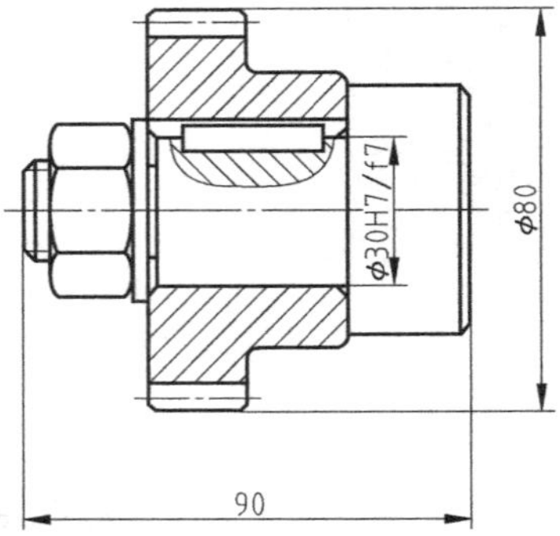

图 12-51　标注尺寸后的图形

12.3.8　生成零件序号和填写明细表

1）单击【图幅】选项卡中的按钮。

2）选择图 12-52 所示的立即菜单，在适当位置指定零件 1 的引出点和转折点。

图 12-52　生成零件序号的立即菜单

3）弹出【填写明细表】对话框，填写明细表相应的内容，如图 12-53 所示。

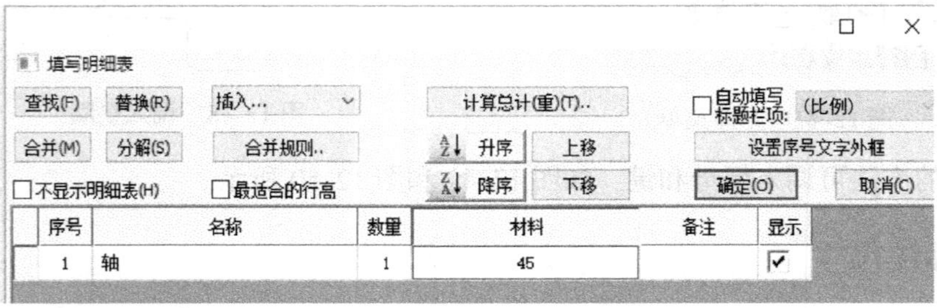

图 12-53　【填写明线表】对话框

4）生成零件序号及明细表，如图 12-54 和图 12-55 所示。

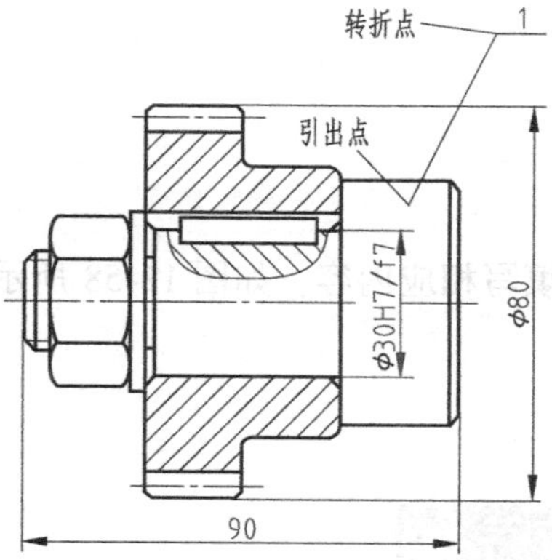

图 12-54　插入序号

1	轴	1	45	
序号	名称	数量	材料	备注
制图				
校核				

图 12-55　填写明细表

用相同的方法可以生成其他零件的序号和填写相应的明细表。

注意：明细表的格式如不符合图样要求，可单击按钮修改明细表。

12.3.9　填写技术要求和标题栏

1）单击按钮，在弹出的【技术要求库】对话框中填写技术要求，如图 12-56 所示。

2）单击【生成】按钮，在绘图区中适当的位置按命令行提示指定两点放置技术要求的矩形框，完成技术要求的标注，如图 12-57 所示。

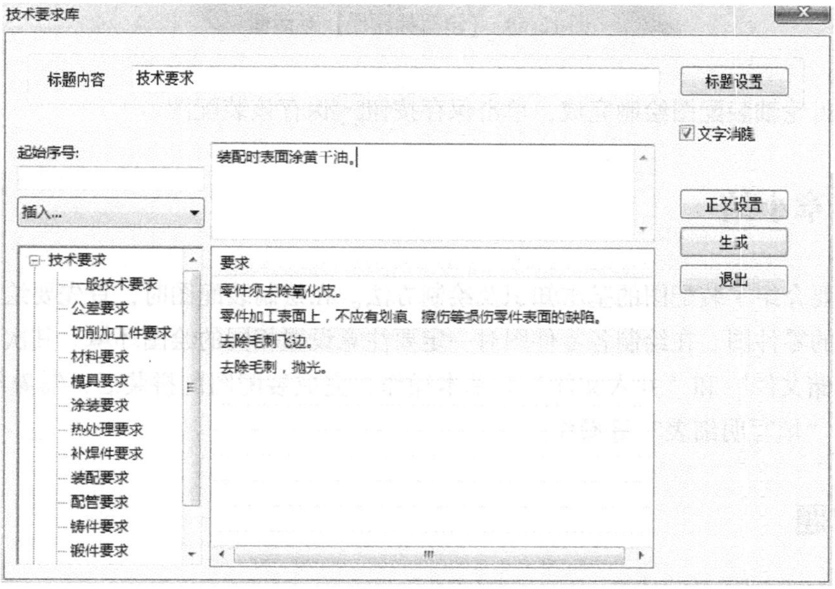

图 12-56　【技术要求库】对话框

技术要求
装配时表面涂黄干油。

图 12-57　技术要求

3）单击按钮，在弹出的【填写标题栏】对话框中填写相应内容，如图 12-58 所示。单击【确定】按钮完成标题栏的填写。

图 12-58　【填写标题栏】对话框

至此，齿轮轴装配图绘制完成，单击保存按钮保存该装配图。

12.4　本章小结

本章主要介绍了装配图的基本知识及绘制方法。在绘制装配图时，首先要绘制组成装配体的各零件的零件图。在绘制各零件图时一定要注意设置相同的绘图环境。其次，要熟悉掌握“部分存储文件”和“并入文件”等基本操作，完成装配图的拼装后，需熟练“生成零件序号”和“填写明细表”等操作。

12.5　习题

1）根据第 11 章表 11-2 中轴承的零件图，按 1:1 绘制图 12-59 所示的装配图。

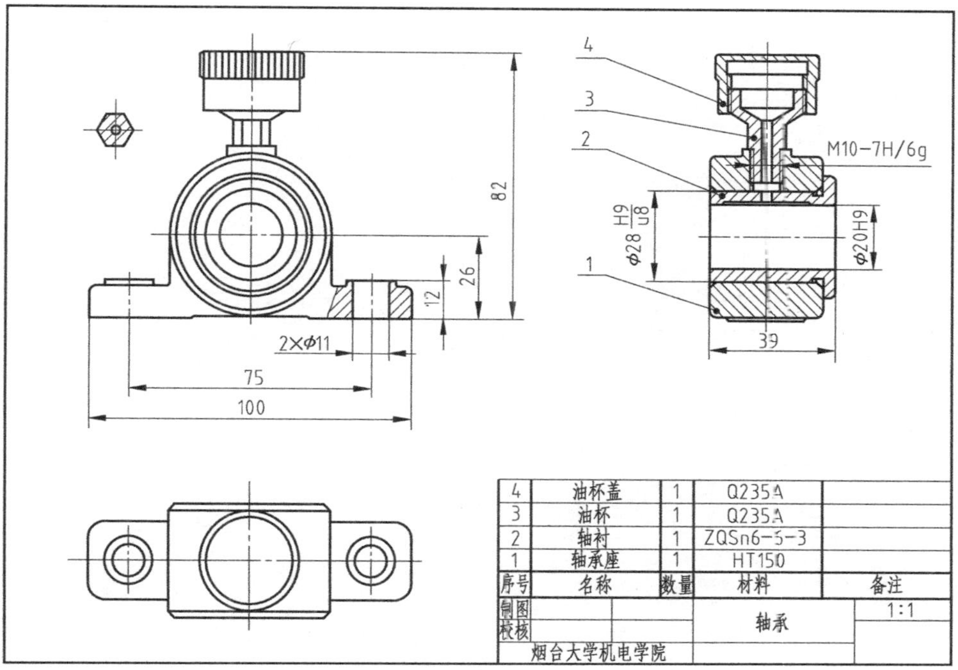

序号	名称	数量	材料	备注
4	油杯盖	1	Q235A	
3	油杯	1	Q235A	
2	轴衬	1	ZQSn6-6-3	
1	轴承座	1	HT150	

制图		轴承	1:1
校核			
烟台大学机电学院			

图 12-59　轴承装配图

2）根据第 11 章表 11-3 中手用虎钳的零件图，按 1:1 绘制图 12-60 所示的装配图。

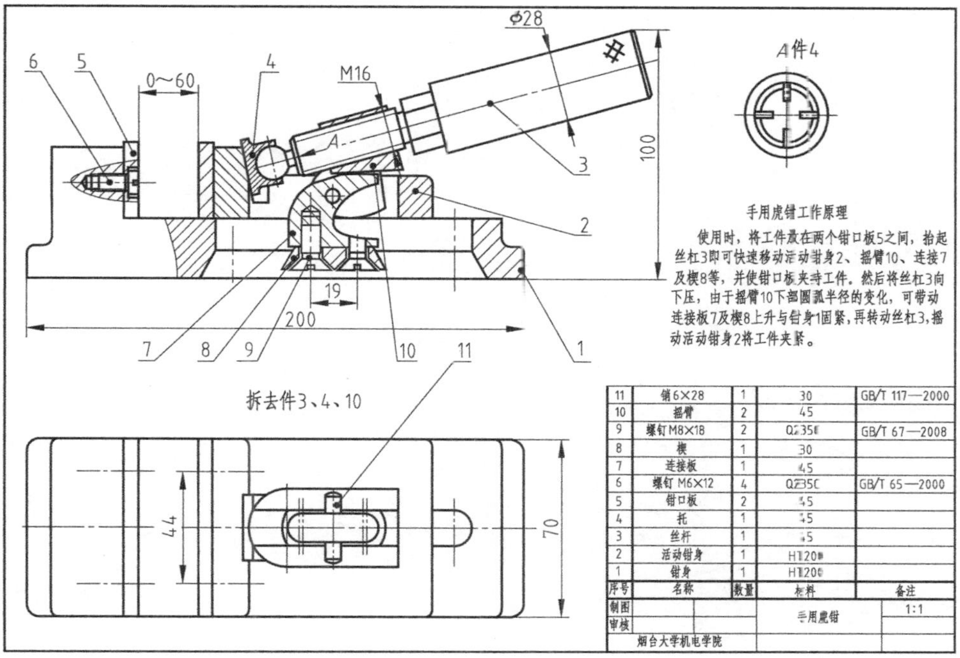

序号	名称	数量	材料	备注
11	销6×28	1	30	GB/T 117—2000
10	摇臂	2	45	
9	螺钉M8×18	2	Q235A	GB/T 67—2008
8	楔	1	30	
7	连接板	1	45	
6	螺钉 M6×12	4	Q235A	GB/T 65—2000
5	钳口板	2	45	
4	托	1	45	
3	丝杆	1	45	
2	活动钳身	1	HT200	
1	钳身	1	HT200	

制图		手用虎钳	1:1
审核			
烟台大学机电学院			

图 12-60　手用虎钳装配图